普通高等教育"十一五"国家级规划教材

管 理 信 息 系 统

主编　于本海

高等教育出版社

内容提要

本书是普通高等教育"十一五"国家级规划教材，也是普通高等学校经济管理类专业的主干课程教材。

本书从介绍管理、信息和系统 3 个主要概念入手，从信息系统方法论、系统开发和系统应用 3 个层面，系统地讲解了管理信息系统开发和应用的基本原理和方法。在信息系统方法论层面介绍了管理信息系统的基本概念、信息系统和其他学科的关系，详细分析了传统的结构化方法、面向对象方法和原型法以及最新的敏捷开发、极限编程等轻量级的开发方法；在信息系统开发层面介绍了信息系统规划、可行性分析、结构化系统分析、结构化系统设计、面向对象系统分析、面向对象系统设计、系统测试、系统切换等系统开发基本原理；在信息系统应用层面详细讲述了信息系统运行管理和安全管理的方法和步骤。

本书在写作过程中注重理论与实践的紧密结合，配备了大量的信息化案例和信息系统开发案例，可作为普通高等学校信息管理类、计算机应用类、经济管理类本专科学生的教材；本书还适用于 IT 企业、咨询公司和信息化管理部门的管理及技术人员阅读，也可作为管理类研究生的参考书。

图书在版编目（CIP）数据

管理信息系统/于本海主编. —北京:高等教育出版社，
2009.8
ISBN 978 – 7 – 04 – 027861 – 3

Ⅰ. 管… Ⅱ. 于… Ⅲ. 管理信息系统 – 高等学校 –
教材 Ⅳ. C931.6

中国版本图书馆 CIP 数据核字（2009）第 127638 号

策划编辑	耿　芳	责任编辑	俞丽莎	封面设计	张志奇	责任绘图	尹　莉
版式设计	张　岚	责任校对	王　超	责任印制	陈伟光		

出版发行	高等教育出版社	购书热线	010－58581118
社　　址	北京市西城区德外大街 4 号	咨询电话	400－810－0598
邮政编码	100120	网　　址	http://www.hep.edu.cn
总　　机	010－58581000		http://www.hep.com.cn
经　　销	蓝色畅想图书发行有限公司	网上订购	http://www.landraco.com
印　　刷	北京市鑫霸印务有限公司		http://www.landraco.com.cn
		畅想教育	http://www.widedu.com
开　　本	787×1092　1/16	版　　次	2009 年 8 月第 1 版
印　　张	29.25	印　　次	2009 年 8 月第 1 次印刷
字　　数	660 000	定　　价	37.10 元

前　言

20 世纪 90 年代以来，信息技术不断创新，信息产业持续发展，计算机网络广泛普及，信息化成为全球经济社会发展的显著特征，并逐步向一场全方位的社会变革演进。进入 21 世纪，信息化对经济社会发展的影响更加深刻。广泛应用、高度渗透的信息技术正孕育着新的重大突破。信息资源日益成为重要生产要素、无形资产和社会财富。《2006—2020 年国家信息化发展战略规划》明确指出，"坚持以信息化带动工业化、以工业化促进信息化，坚持以改革开放和科技创新为动力，大力推进信息化，充分发挥信息化在促进经济、政治、文化、社会和军事等领域发展的重要作用，不断提高国家信息化水平，走中国特色的信息化道路，促进我国经济社会又快又好地发展。"这充分表明了国家对信息化工作的高度重视。

企、事业单位的信息化建设是国家信息化建设的重要组成部分，而管理信息系统的开发和应用则是大部分企、事业单位进行信息化建设的首要工作。多年来，在学术界和产业界的共同努力下，我国信息化建设无论在理论上还是在实践应用方面都取得了长足的进步。编者通过认真地总结我国信息化建设现有研究成果，广泛地吸取中外信息系统研究的有关理论和方法，结合自身多年的信息系统开发经验，编写了此书。

本书尊重信息化人才成长规律，秉承以信息化项目为依托，培养复合型和创新型信息化人才的理念；强调学以致用、理论与实践相结合，既强调基础理论讲解，又高度重视实践性教学环节的作用，加强实践教学内容的编写，注重学生动手能力和实际操作能力的培养。

全书从信息系统方法论、系统开发和系统应用 3 个层面系统地讲解了管理信息系统开发和应用的基本原理和方法，共分 13 章，其中第 1～3 章从介绍管理、信息、系统三个主要概念入手，在信息系统方法论层面介绍了管理信息系统的基本概念、信息系统和其他学科的关系；第 4、5 章介绍了管理信息系统开发前期的公共阶段——可行性分析和系统规划论证工作的基本知识；第 6 章详细地分析了传统的结构化方法、原型法和面向对象方法以及最新的敏捷开发、极限编程等轻量级系统开发方法；第 7、8 章主要介绍了结构化系统分析和系统设计的理论和方法；第 9、10 章主要介绍了面向对象系统分析和系统设计的理论和方法；第 11～13 章介绍了系统开发后期的公共阶段——系统实施、运行管理和安全管理的方法和步骤。

本书的特点如下：

① 立足于培养应用型信息管理专业人才的需要，面向管理信息系统（MIS）的开发与管理，注重理论与实践的良好结合，在介绍信息系统基本理论的同时配备了大量的案例，帮助学生更好地理解信息系统的理论知识。

② 紧密结合信息系统学科最新发展动态，拓宽学生的视野，如在第6章不仅介绍了传统的结构化开发方法、原型法和面向对象的方法，还介绍了敏捷开发、极限编程等轻量级开发方法。

③ 选用两个经典的案例贯穿全书，在讲解结构化开发方法时，本书选用物资供应管理信息系统作为案例，突出系统流程性的特点；在讲解面向对象方法时，本书采用人力资源管理信息系统作为案例，突出系统是由各类对象组成的特点；两个综合性的案例增强了教材的整体性，有利于学生从总体上掌握信息系统开发原理和方法。

④ 根据我国企、事业单位信息化应用的实际情况以及未来发展的需要，本书加强了信息系统实施、系统测试、运行管理、安全管理等信息系统生命周期环节教学内容的安排，为学生将来到大中型企事业单位从事信息系统管理工作奠定基础。

⑤ 应用大量的图示将复杂的理论内容，直观清晰地展现给学生，生动地描述了信息系统开发设计以及使用、管理、维护的全过程，使学生对所学知识一目了然，并达到举一反三的效果。

学习本书的前导课程包括管理学、信息管理学和数据库与程序设计等方面的课程。通过本书的学习，学生可以掌握管理信息系统分析、设计与开发的基本原理，具备信息系统分析与设计能力，可以独立进行信息系统开发和维护工作。

本书由于本海任主编，陈涛、马谦杰、于本海、吴恒亮、郑丽伟参加了编写工作，各章的执笔者为：

陈涛：第1章；

马谦杰：第2章；

于本海：第3~10章；

吴恒亮：第11、13章；

郑丽伟：第12章。

对于工商管理、市场营销、人力资源、统计学、财务管理、会计学等偏管理的专业，第9、10章和部分偏技术内容可以不讲或略讲，总学时控制在56学时，其中，课堂教学40学时，上机实验16学时；对于信息管理与信息系统、电子商务、管理科学、计算机科学与技术、计算机应用等专业应讲述全部内容，总学时控制在80学时，其中，课堂教学56学时，上机实验 24 学时。

　　本书在编写过程中得到了中国科学院软件研究所王青研究员、华中科技大学张金隆教授、首都经济贸易大学王传生教授、辽宁工程技术大学邵良杉教授、中南财经政法大学刘腾红教授、福州大学张文德教授、华中师范大学卢新元副教授、南京大学朱庆华教授、中南大学高阳教授、合肥工业大学刘业政教授、国防科技大学徐培德教授、厦门大学杨律青教授、北京交通大学黄明和教授、中国科学院数学与系统科学研究院谢刚博士、浙江工商大学丛国栋博士、上海大学张玉蓉博士、北京航空航天大学阮利博士、内蒙古财经大学赵志运副教授和内蒙古工业大学李弘副教授的指导；对外经济贸易大学陈恭和教授在百忙之中审阅教材，并提出了宝贵的修改意见；在此一并表示感谢。

　　本书在编写过程中，陈要军、张东风、丛国栋、郭晖、户现标、伊西平、武秀焕、曹国强、张振东、张鹏、许焕霞、刘东明、柴志刚、张海波、侯恩振等提供了大量翔实的案例资料，赵杰、王新昊、陈章良、姜慧、杨永清、马福晶、邢华、瞿慧、刘明政、吴克文、陈心光为本书的排版和文字校对做了大量的工作，在此一并向他们的辛勤工作表示感谢。

　　本书在编写过程中参考了大量的中外文献，谨向这些文献的作者表示衷心的感谢；对于部分参考内容，由于我们的疏忽，对参考文献中没有列出的作者，也一并表示诚挚的歉意，也希望您通知我们，以便本书再版时予以补充。

　　由于管理信息系统是一门涉及管理学、信息科学、系统科学、计算机科学等多学科知识的综合性课程，加之编者水平所限、经验不足，书中难免有诸多不足之处，敬请各位读者和专家提出宝贵意见，同时编者欢迎与 IT 行业的有识之士，对于管理信息系统开发有关问题进行更深层次的交流探讨和合作研究，共同推动我国信息化向更高水平发展。

　　作者联系方式：Ybh68@163.com

于本海

2009 年 6 月于北京

目　录

第 1 章
管理与信息

20 世纪 70 年代以来,信息技术的广泛应用给社会政治、经济、科技等各个方面都带来了巨大的影响,它正不断地改变着企业生产经营方式、政府和社会组织的管理模式,以及人类的生活、思维和观念。信息技术可以帮助企业接触新的客户,增加客户信任度,以更合理的运作和更快的方式将产品和服务推向市场;它可以帮助政府更多、更好地为大众服务,提高政府的工作效率,提高公众对政府的满意度,树立良好的政府形象;它可以更新人们的消费观念和生活方式,改变人与人之间的关系。在复杂多变的信息时代,信息技术正在引发一场前所未有的管理变革,使得现代企业与组织的经营方式、组织结构、管理模式、决策过程、员工的理念以及组织之间的关系都发生了一系列深刻的变化。本章以信息技术在企业管理中的应用为例,对信息与管理的关系,信息化对管理变革的影响进行阐述。

1.1 管理的概念

1.1.1 管理的定义

管理是一个宽泛的概念,迄今为止学术界尚无统一的定义。近一百年来,不同管理学派的学者从各自的研究领域和视角出发对管理的概念进行了不同的解释。在这其中,有如下具有代表性的定义。

1911 年,被称为"科学管理理论之父"的泰勒认为:管理是一门怎样建立目标,然后用最好的方法经过他人的努力来达到目标的艺术。在泰勒的眼里,管理就是指挥他人用其最好的工作方法去工作,其中包括两个问题:① 员工如何能寻找和掌握最好的工作方法以提高效率;② 管理者如何激励员工努力地工作以获得最大的工作业绩。

　　1916 年,被称为"经营管理理论之父"的法约尔在其名著《工业管理和一般管理》一书中给出的管理定义是:管理就是实行计划、组织、指挥、协调和控制。他认为,管理是所有人类组织(不论是家庭、企业还是政府)都有的一种活动,这种活动由五项要素组成,即管理中的计划、组织、指挥、协调和控制。

　　1960 年,诺贝尔奖获得者西蒙对管理的定义是:管理就是决策。在西蒙看来,管理者所作的一切工作归根结底是在面对现实和未来、面对环境与工作时人们要不断地做出决策,从而使组织得以不断地运行下去,达到实现人们既定目标的要求。

　　1979 年,费里蒙特·E·卡斯特提出,管理就是计划、组织、控制等活动过程。这一定义把管理视作活动过程,强调了管理工作的本质。

　　1996 年,斯蒂芬·P·罗宾斯和玛丽·库尔塔对管理的定义是:管理指的是和其他人一起并切实有效地完成活动的过程。这一定义把管理视作过程,它既强调了人的因素,又强调了管理的双重目标;既要完成活动,又要讲究效率,即以最低的投入换取既定的产出。

　　1997 年,沃伦·R.普伦基特和雷蒙德·F.阿特纳把管理者定义为:对资源的使用进行分配和监督的人员。在此基础上,他们把管理定义为:一个或多个管理者单独和集体通过行使相关职能(计划、组织、人员配备、领导和控制)和利用各种资源(信息、原材料、货币和人员)来制定并达到目标的活动。这一定义比前一定义更具体一些,它突出了管理的职能。

　　1998 年,帕梅拉·S.路易斯、斯蒂芬·H.古德曼和帕特丽夏·M.范特对管理的定义是:管理被定义为切实有效支配和协调资源,并努力达到组织目标的过程。这一定义与前一定义大同小异,所不同的是它立足于组织资源。原材料、人员、资本、土地、设备、顾客、信息等都属于组织资源。

　　1998 年,在徐国华等编著的《管理学》教材中,管理被定义为:通过计划、组织、控制、激励和领导这五个环节来协调人力、物力和财力资源,以期更好地达成组织目标的过程。这一定义有三层含义:① 管理职能有五种——计划、组织、控制、激励和领导;② 通过管理职能来协调人力、物力和财力资源;③ 通过协调人力、物力和财力资源来更好地达到组织目标。以上三个层次环环相扣,构成一个有机整体。

　　表 1-1 所示是对管理的不同定义以及对所属理论学派进行的归纳和总结。

表 1-1　对管理的不同定义以及相关理论学派

理论类型	代表人物	对管理的定义或主要观点	侧重点
科学管理学派	泰勒	管理是一门怎样建立目标,然后用最好的方法经过他人的努力来达到目标的艺术	强调管理的目标,提高工作效率
行为主义学派	梅奥	工人是"社会人"而不是"经济人",影响生产效率的最重要因素不是待遇和工作条件,而是工作中的人际关系	强调管理中人际关系的重要性

续表

理论类型	代表人物	对管理的定义或主要观点	侧重点
决策理论学派	西蒙	管理就是决策	强调决策的科学性
管理过程学派	法约尔	管理就是实行计划、组织、指挥、协调和控制	强调管理的过程与职能
系统管理学派	卡斯特	从系统的整体性出发,运用"输入－转换－输出"的分析模型,着眼于系统与环境的关系,来分析管理活动	强调管理的系统性特征
经验主义学派	德鲁克	管理是管理人员的技巧,管理是一个特殊的、独立的活动,管理是一种人类的知识领域	强调管理的艺术性

管理学家从不同的视角对管理理论进行了卓有成效的探讨,给出诸多管理的定义,都对管理理论的发展做出了相应的贡献。美国著名的管理学家哈罗德·孔茨把这种林立丛生的学派誉为"热带的丛林——管理理论的丛林"。

综合上述的各种定义,本书从信息管理的角度给出管理定义:通过有效的计划、组织、领导、控制、创新等职能对组织的资源(包括人力资源、信息资源)进行有效的配置和转换,实现组织预定目标的过程。

关于这个定义给出如下解释:

① 管理是一个具有个性化的组织资源的配置和转换过程。

② 管理的职能包括计划、组织、领导、控制、管理创新等。

③ 人力资源是实现组织管理职能的执行者,管理是通过多人的协作来实现组织的目标。

④ 信息资源形成于管理的各项职能运行中,又服务于各项管理职能的运行。

笔者认为,在管理的定义中,人力资源和信息资源是组织的重要资源之一,管理的职能是通过信息获取,做出有效的决策,服务于组织制定计划、组织、领导、控制、管理创新等活动。

1.1.2 管理的职能

按照本书的定义,管理的基本职能包括:计划、组织、领导、控制和管理创新。

1. 计划

计划是组织制定目标并确定为达到这些目标所必需的行动。组织中所有层次的管理者,包括战略决策层、管理计划层、运行控制层和业务处理层,都有相应的计划活动。组织中的战略决策层负责制定总体目标和战略,它属于组织的宏观计划或规划,且大多属于中长期计划;管理计划层是将组织的战略目标分解,制定总体计划,它属于短期计划,如年度计划等;运行控制层根据总体计划制定实施计划,如月度计划;业务处理层是实施计划的执行者,为了落实实施计划,通常做出更为具体的工作计划,如周计划、日计划等。另外,各层必须制定一个支配和协调他们所负责的资源的计划,从而能够实现各层的计划目标。

2. 组织

组织是指确定所要完成的任务、由谁来完成任务以及如何管理和协调这些任务的过程。管理者必须把组织中的各个层次和组织中的成员有机地协调、组织起来,以便使信息、资源和任务能够在组织内顺畅流动。组织的文化和人力资源管理对这一职能的影响至关重要。最重要的是,管理者必须根据组织的战略目标和经营计划来设计组织结构、配备人员和整合组织的各类资源,以提高组织的工作效率。

3. 领导

领导是指激励和引导组织成员以使他们为实现组织目标作贡献的职能。管理者必须具备领导各层员工朝着组织目标努力的能力。为了使领导工作卓有成效,管理者必须了解员工和组织行为的动态特征、激励员工以及进行有效的沟通。在竞争日益加剧的社会环境中,有效的领导者还必须是具有丰富的想象力和创造力——能够预见组织的未来、使他人也具有这种想象力以及授权员工去使想象变成为现实的能力。领导者既要关注组织的长远发展,同时也要关注员工的自我发展,只有将两者有机地结合起来,才能更有效地实现组织的目标和长远发展。

4. 控制

控制是指管理者通过组织计划与实际执行结果之间偏差的分析,而做出的协调活动,目的是使组织计划得以落实,更好地实现组织的目标。当一个组织的实际运行状况偏离计划时,管理者必须采取纠偏行动。纠偏行动可以是采取强有力的措施以确保原先计划的顺利实现,也可以是对原先计划进行调整以适应当前的形势。控制是管理过程中不可或缺的一种职能,是组织的管理者协调各类资源的主要职能。

5. 管理创新

管理创新是指组织形成创造性思想并将其转换为有用的产品、服务或作业方法的过程。富有创造力的组织能够不断地将创造性思想转变为某种有用的结果,为更好地实现或优化组织的目标服务。

管理创新包括三个层面:① 管理思想理论上的创新;② 管理制度上的创新;③ 管理具体技术方法上的创新。三个层面的创新相互联系、相互作用,理论创新最难、制度创新较难、方法创新相对较为容易。

影响组织管理创新的主要因素包括组织的结构、组织文化、组织人力资源状况和组织的外部环境。

从组织结构因素看,高效率的组织结构对创新有正面影响,部门内部的权责明晰,部门间的有效沟通有利于激发管理创新。

从组织文化因素看,宽松和谐的文化氛围,可以容纳不同的见解和冲突,敢于接受风险和挑战,充满创新精神的组织文化有利于组织的管理创新。

从人力资源的角度来看,人是三个层面的创新管理的主体,也是创新的主体,为了鼓励员工的创新,组织应给员工提供高工作保障,以减少他们担心因犯错误而遭解雇的顾虑。同时组织应该定期对员工进行培训和继续教育,以使其保持知识的更新,为管理创新奠定基础。

从组织的外部环境来看,相关的政策、法规、知识产权的保护等是制约组织管理创新的外部因素。

为了有效地实现上述管理基本职能,本书承袭孔茨和奥唐内尔对管理的定义,从信息系统的视角增加两项管理的扩展职能。

1. 信息处理

伴随着组织的生产经营活动产生了各类信息。信息处理是信息产生、处理、存储、维护和使用的过程。在信息时代,为了有效行使信息获取职能,需要在组织内建立信息系统并利用信息技术。

信息技术在组织中的应用不过是最近 40 年来的事,但它对组织管理与运行的影响却是深远的。信息获取的能力往往决定着组织管理效率的高低和组织运行状况的好坏。一个组织,要想维持或增强活力,必须对计算机软硬件等信息技术进行系统的规划。

2. 决策

决策是指管理者识别并解决问题以及利用机会的过程。决策的主体是管理者,因为决策是管理的一项职能;决策的本质是一个过程;决策的目的是解决问题或利用机会,这就是说,决策不仅仅是为了决策问题,有时也是为了利用机会。

决策过程一般包括 8 个步骤:① 提出决策问题;② 识别目标;③ 拟定备选方案;④ 评估备选方案;⑤ 选择方案;⑥ 方案实施验证;⑦ 普遍实施;⑧ 反馈意见,如图 1 - 1 所示。

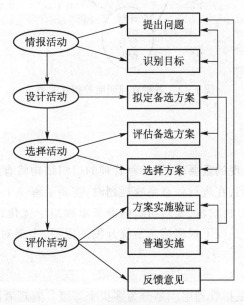

图 1 - 1　决策流程图

从决策过程和管理信息系统的角度来看,管理者在决策过程中通过收集信息、筛选信息、浓缩信息,用于提高决策的质量。在决策过程中,信息量大固然有助于决策质量的提高,但有时获取大量的信息对一个组织来说是不可行的或不经济的。所以,管理者在行使信息获取职能时,要进行成本收益分析。

以上7种管理职能各有独特的表现形式。如信息获取职能通过信息的产生和流动表现出来,决策职能通过方案的产生和选择表现出来,计划职能通过计划的制订表现出来,组织职能通过组织结构的设计和人员的配备表现出来,领导职能通过领导者和被领导者的关系表现出来,控制职能通过偏差的识别和纠正表现出来。至于创新职能,则没有特定的表现形式,它总是在与其他管理职能的结合中表现出其存在,对一个有活力的组织来说,创新无处不在、无时不在。

以上各种管理职能不是孤立的,它们的相互关系,如图1-2所示。首先,信息处理职能是其他管理职能赖以有效发挥的基础;其次,管理决策既与其他管理职能有所交叉(管理者在行使其他管理职能的过程中或多或少面临决策问题),又是计划、组织、领导和控制的依据;第二,计划、组织、领导和控制旨在保证决策的顺利实施;第四,管理创新贯穿于各种管理职能和各个组织层次中。

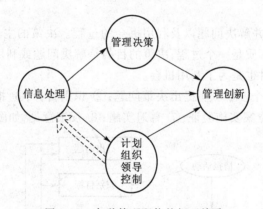

图1-2　各种管理职能的相互关系

1.1.3　管理的组织

组织是保证管理目标实现的重要手段,了解管理的组织结构将有助于分析和设计信息系统。在以后的章节中,读者会看到,在进行信息系统规划时,需要了解一个企业的管理组织结构,以及各个部门间的关系;在系统分析阶段,要对组织的业务流程给予优化,业务流程重组可能会显著地改变一个企业的组织结构。以下根据信息系统开发的需要,主要对有关组织结构的几个问题进行讨论。

1. 管理层次

通俗地讲,管理层次就是指管理组织划分为多少个等级。管理者的能力是有限的,当组织为实现其目标,组织的功能过多时,划分管理层次、分散管理职能就成为必然。不同的管理层次标志着不同的职责和权限。

一个集团公司的组织结构犹如一个金字塔,从下至上,责权递增,人数递减,信息粒度也越来越大,如图 1-3 所示。

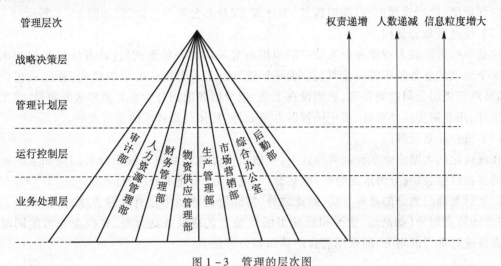

图 1-3 管理的层次图

在一个大型集团公司中,将管理分为 4 个层次:战略决策层、管理计划层、运行控制层和业务处理层。

（1）战略决策层

战略决策层指一个组织的最高领导层。其主要职能是根据组织内外的全面情况,分析和制定该组织的长远目标及政策,把握组织的发展方向。

（2）管理计划层

管理计划层负责协调各个子公司的生产、经营及组织资源配置活动。

（3）运行控制层

运行控制层的主要任务是根据最高层管理所确定的总体目标,具体对组织内部所拥有的各种资源,制定资源分配计划和进度表,并组织基层单位来实现总体目标。中层管理有时也称为控制管理。

（4）业务处理层

业务处理层按照运行控制层的管理制订的计划,具体组织人力、财力、物力去完成计划。

2. 管理部门的划分

部门是指组织中不同的功能区域、部分或分支,将功能相近的业务归并到同一部门集中处理,这有助于提高组织的工作效率。管理部门的划分是在管理工作横向分工的基础上进行的,其任务是将整个管理系统分解成若干相互依存的基本管理单位。

通常按照下述原则进行管理部门的划分。

（1）按职能划分部门

这种方法是根据专业分工的原则,以工作或任务的性质为基础来划分部门的,名称依据组织从事的业务的不同而不同。如,某集团公司的职能部门划分为人力资源管理部、财务管理部、物资供应管理部、生产管理部、市场销售部、审计部、综合办公室和后勤部,如图 1 - 3 所示。

(2) 按地区划分部门

这是一些规模较大或业务分布较广的组织通常采用的一种形式,这种方法是根据组织的需要将某个地区的业务组织成一个部门,每一个部门建立一套相应的组织机构,并完成相应的职能,如某汽车集团公司的商务部,总部设在上海,把全国各地划分为华北销售区办事处、华东销售区办事处、西北销售区办事处、华中销售区办事处等,具体负责各区的销售业务。

(3) 按产品划分部门

在现代化的大型企业多种经营模式下,一般按产品或产品流水线划分部门。如某矿业集团公司的多种经营公司,分为水泥分厂、服装分厂、电力分厂、化工分厂等。

以上只是部门划分的基本方法,除此之外,实际管理活动中还有几种方法,如按客户人群划分、按市场特点划分(如高端、中端和低端市场)、按工艺或设备划分等,有些企业可能同时采用多种方法进行部门的划分,即采用混合的部门划分方法。

1.2　信息的概念

信息时代,信息无处不在,人们的工作、学习和生活,时刻都在不断地接收信息、加工信息、利用信息。信息是多种多样、多方面、多层次的,了解信息的含义及其特征,有助于进行信息处理和信息系统的开发工作。

1.2.1　信息的定义

信息是一个内容丰富、运用普遍、含义又相当模糊的概念,要对信息做出确切的定义是很困难的。另一方面,同管理的定义一样,信息的概念广泛地渗透到各门学科之中,信息的定义也是一个很宽泛的概念,不同的学者从不同的视角给出不同的定义。

1948 年,信息论的创始人香农和韦佛在研究广义通信系统理论时指出:凡是在一种情况下能减少不确定性的任何事物都叫做信息。这个定义是从通信科学的角度来探讨信息概念,特指一种形式信息和统计概率信息,同时也指出信息的价值在于减少事物的不确定性,这是信息的认知知识功能,即当一个信息为人们所感知和确认后就成为一定意义上的知识,形成后的知识又可以作为信息来传递。

1950 年,控制论创始人维纳认为,信息是人们在适应客观世界,并使这种适应被客观世界感受的过程中与客观世界进行交换内容的统称。

1964 年,卡纳普提出语义信息,语义不仅与所用的语法和语句结构有关,而且与信宿对于所用符号的主观感知有关,所以语义信息是一种主观信息。

我国在国家标准 GB 489885《情报与文献工作词汇基本术语》中,关于信息的定义是:信息是物质存在的一种方式、形态或运动状态,也是事物的一种普遍属性,一般指数据、消息中所包含的意义,可以使消息中所描述事件的不确定性减少。

关于事物运动的状态和规律的表征,也是关于事物运动的知识,信息不是事物本身,是由事物发出的消息、指令、数据、信号等所包含的内容,是数据、消息中的意义。信息就是用符号、信号或消息所包含的内容,来减少对客观事物认识的不确定性。由于信息是事物的运动状态和规律的表征,因此信息的存在是普遍的;又由于信息的认知功能,即能减少不确定性的能力,信息是知识的源泉,知识是对获得信息进行处理并使之系统化的结果,因此,它对人类的生存和发展是至关重要的。

信息普遍存在于自然界、人类社会和人的思维之中,是人类解释客观世界发展规律的重要途径,知识的积累、科技的发展进步和经济文化的繁荣,都离不开信息。人类经过大脑对信息的收集、鉴别、归纳、存储和使用,对客观世界的认识逐步深入。信息的概念是对人类社会实践的深刻概括,并随着科学技术的发展而不断发展。

此外,信息和数据是有区别的。数据是对某种情况的记录,包括数值数据(例如各种统计资料数据)以及非数值数据两种,后者如各种声音、图像、文字等。信息则是经过加工处理后对管理决策和实现管理目标或任务具有参考价值的数据,它是一种资源。

1.2.2 信息的特征

信息具有以下特征。

(1)客观性

客观性即信息的真实性,是信息的本质属性,不符合客观事实的信息不仅没有价值,而且可能价值为负,既害别人,又害自己。信息和决策是密切相关的,正确的决策有赖于足够的可靠的信息,信息又是通过决策来体现其自身的价值。

(2)可识别性

信息是可以识别的,识别又可分为直接识别、比较识别和间接识别。直接识别是指通过感官的识别;比较识别通过对来自不同方面的同一事物信息进行识别;间接识别是指通过各种测试手段的识别。不同的信息源有不同的识别方法。

(3)时效性

信息的时效是指从信息源发送信息,经过接收、加工、传递和利用的时间间隔及其效率。信息具有很强的时效性,延迟的信息可使其功效减少或全部消失,甚至可能起到截然相反的作用。

(4)不完全性

由于人们认识世界的局限性,不可能得到客观事实的全部信息,因此,在数据收集或信息转换的过程中,要运用已有的知识进行分析和判断,只有正确地舍弃无用和次要的信息,才能正确地使用信息。

(5)可转换性

信息可以从一种形态转换为另一种形态。如自然信息可转换为语言、文字、图像等形态,也可转换为电磁波信号或计算机代码。

（6）等级性

不同的管理级别的管理者有不同的职责，处理的管理决策类型也不同，因而需要的信息不同。通常把管理信息分为以下四级，如图1-3所示。

① 战略级信息为组织制定长远的发展战略提供支持，制定组织战略要大量地获取来自外部的信息，战略层往往把外部信息和内部信息结合起来进行组织的决策。

② 管理计划信息，主要指有关企业生产、经营、资源配置等方面的信息。

③ 运行控制信息是使管理人员能掌握组织生产经营的运行情况和资源的利用情况，并将实际结果与计划相比较，从而了解是否达到预定计划，并指导其采取必要措施，使其更有效地利用资源。例如，月计划与完成情况的比较、库存控制等。

④ 作业信息用来解决生产一线的问题，它与基层车间的日常活动有关，并用以保证切实地完成具体任务。例如，统计报表等。

（7）价值性

管理信息是经过加工并对生产经营活动决策提供支持的数据，因而是有价值的。获取和利用信息时往往要花费一定的费用成本，因此，信息利用者就必然会将获取信息的成本与促进管理带来的功效作比较，考虑是否合算，来决定是否开发信息系统。

（8）可共享性

信息和物质的区别在于信息具有非零和性，物质具有独占性，而信息具有扩散性，因此信息可共享，如经济数据信息、软件产品等同时可以被很多用户共同使用。

（9）相对性

不同的主体对信息内容的要求也不同，如对于每个学生来说，个人或班级的成绩就是信息；而对于校长来说，他更加关注的是全校或者各个专业的平均成绩，而不是每个学生的成绩。每个学生的成绩是计算平均成绩信息的数据。

1.2.3　信息的处理过程

信息的处理过程一般为以下几个步骤。

（1）信息收集

管理者可以根据自己的需要和目标，确定信息需求并且获取这些信息。

（2）信息加工

信息加工主要指将收集的数据（或称基础信息）按照一定的科学的方法，通过对基础数据的筛选、加工，使杂乱无章的信息有序化，揭示或反映事物的本质或更加深刻的内容，使人们发现事物发展的规律。

（3）信息存储

信息存储是借助一定的介质将信息保存下来，信息存储主要确定信息存储的时间、信息存储的方式和信息存储的介质。

（4）信息查询

各层管理人员根据不同的需求,查询服务于自身工作的有用信息的过程,即信息查询。

（5）信息传输

信息传输是把信息从信息源借助信道向信宿传递的过程。

（6）信息的利用

信息的利用指信息服务于管理决策的过程,在信息加工结束之后应该重视信息的利用,建立合理的信息流动、信息利用和促成信息服务的机制。

1.3 信息化与管理变革

随着现代信息技术的迅猛发展,信息化浪潮席卷全球,现代企业组织面对需求的多样化、市场竞争的加剧、技术变革的加速等复杂多变的环境,传统的管理思想和管理模式已经难以全方位适应当前的需要。20 世纪 90 年代以来,在发达国家兴起了管理变革的浪潮。一些有代表性的新的管理思想和新管理模式陆续地被应用到企业与组织的管理实践中。

1.3.1 信息时代企业面临的主要问题

现代企业面临着比以往任何时期都更加复杂的管理问题和挑战,总的来说包含如下方面。

（1）全球经济一体化进程加快

信息技术的日益成熟为经济全球化奠定了技术基础,信息交流日趋快速和方便,使企业的生产经营活动跨越了地区和国家,实现了生产资源在全球范围内的优化配置。全球经济一体化给企业带来了前所未有的机遇和挑战,大多企业不仅要与国内企业竞争,还要走向国际市场,参与国际竞争。随着企业经营范围的扩大,管理控制工作的难度空前复杂,企业必须借助信息化重新思考自己的战略目标、生产经营策略和管理模式,协调整合分布在世界各地的子公司和商业伙伴,有效地组织生产,降低成本,提高产品或服务质量,才能在竞争日趋激烈的市场中立于不败之地。

（2）市场规范化程度提高

信息化有助于市场的规范化管理。随着市场供给的丰富,人们的生活观念、消费习惯和生活方式都发生了显著变化。无论是企业还是用户,从只关注商品价格的高低,转向了对产品质量的重视;从只重视产品本身,延伸到了关注企业提供的服务。因此,更加规范的市场运行环境要求企业更加准确地把握市场需求,为客户提供更好更优质的产品与服务。

（3）需求的多变性使企业决策层难以应付复杂的市场变化

工业经济时代企业间是“大鱼吃小鱼”,企业依靠规模来赢得竞争的优势,而知识经济时代的企业间是“快鱼吃慢鱼”,单纯依靠规模经济是不够的。在企业内外环境相对稳定的情况下,战略决策由企业战略层做出,然后由管理层、运行层和业务层去落实执行,这种传统的决策模式运行的很顺畅,而今用户需求多变,企业面临复杂多变的外部市场环境,这增加了战略层的决策难度,企业组织结构需要借助信息化,实现组织的柔性与扁平化。

（4）学习型企业的构建日趋紧迫

企业技术的不断进步、管理思想和方法不断更新,要求企业不断地更新员工的知识结构,通过信息技术在组织内加强学习、交流和分享,实现成员的知识共享和流动,使整个团队的集体智慧和知识总量增加,实现个体和群体的双赢。使得企业拥有的知识型员工及丰富的知识积累成为企业竞争优势的源泉。

1.3.2　信息在组织管理中的作用

一个组织的管理职能主要包括计划、组织、领导、控制、创新和决策六个方面,所有这些管理职能都离不开信息的支持。那么,信息究竟在组织管理中起到什么样的作用呢？下面分别讨论信息对计划职能、组织职能、领导职能、管理控制职能、管理创新职能和管理决策职能的支持作用。

1. 信息对计划职能的支持作用

管理的计划职能是为组织及其下属机构确定目标,拟定为达到目标的行动方案,并制定各种计划,使各项工作和活动都能围绕预定目标去进行,从而达到预期的目标,计划还应该为组织提供适应环境变化的手段与措施。计划的制定需要组织的历史信息、当前状态信息和组织的内外环境信息,信息对计划的支持包括计划编制中的反复测算、对计划信息的快速准确存取、计划的调整、计划的使用等几个方面。

2. 信息对组织职能的支持作用

组织职能包括确定管理层次、建立各种组织机构、配备人员、规定职责和权限,并明确组织机构中各部门之间的相互关系、协调原则和方法。信息技术的发展促使企业组织重新设计、企业工作的重新分工和企业职权的重新划分,从而进一步提高企业的管理水平,信息技术是现阶段对企业企业组织进行改革的有效的技术基础。

传统企业组织结构采用"金字塔"式的纵向的多层次的集中管理,其运作过程按照一种基本不变的标准模式进行,信息传递和反馈手段落后,导致组织的应变能力差,管理效率低且成本高。信息技术的发展有效地减少传统的企业组织结构的层次,促使组织结构向扁平式结构转变。

另一方面,全球互联网络的出现,使企业生产经营管理打破了地理位置的限制,实现企业全世界范围内运作。信息处理成本和业务协作成本的降低,企业网络的建设,多媒体计算机的广泛应用使得信息传送从文字向多媒体发展,使领导和管理人员接受更多的信息和知识,优化了企业的工作流程,使个人和工作组织间的协调速度得以进一步加快。

3. 信息对组织领导职能的支持作用

信息在支持领导职能方面起着重要作用。在组织中领导职能在于引导个人和组织按照计划去实现组织目标。在人际关系方面领导职能是领导、组织和协调组织的人员和部门间进行有效的工作;在决策方面领导职能是对组织的战略计划、企业的经营目标等重大问题做出决定。这些都需要大量丰富详实的信息给予支持。

4. 信息对组织管理控制职能的支持作用

信息是判断组织运行质量的依据。管理的控制职能根据组织计划和实际运行结果的偏差对组织的生产经营活动进行分析和校正,确保计划的顺利实现。在生产管理层面信息系统自动监控并调整生产的物理过程;在经营管理层面信息系统实现组织的全方位的管理活动(包括组织的人力资源、财务、供应销售等);企业资源规划(ERP)系统实现了组织的生产和经营一体化系统,形成一种更为综合的信息系统。

5. 信息对组织管理创新职能的支持作用

21世纪是知识经济时代,知识经济时代重视信息技术的发展,更重视企业在信息化高度发展下的管理创新。管理创新是企业信息化创新的基础;信息化创新促进了企业的管理创新,并且是管理创新实现的途径。

6. 信息对组织管理决策职能的支持作用

在西蒙的决策过程中,信息的高效流动是管理决策的前提条件,决策的思想是一种从信息角度对决策问题进行探讨的思路和方法,它以信息作为决策研究的核心,整个决策过程都需要不同层次信息的支持,决策过程中的信息流动过程,如图1-4所示。

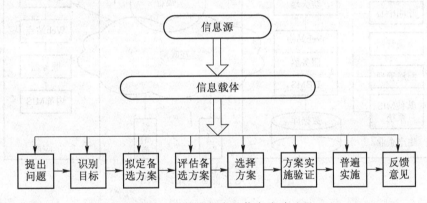

图1-4　决策过程中的信息流动过程

综上可见,信息对管理的各项职能具有重要的辅助和支持作用,现代管理模式要依靠信息系统来实现其管理思想、管理方法和管理职能。

1.3.3　信息化所引发的管理新模式

信息化是信息技术和企业管理模式的有机融合,促进企业的组织变革,是企业业务流程先进的表现。从本质上讲,信息化也是管理变革的一部分,如果企业自身没有产生内在的管理变革的动力,就无法成功实施信息化,管理变革是信息化成功的必要前提。目前由信息化所引发的管理新模式主要有:电子商务、移动商务、电子政务、供应链管理、客户关系管理、虚拟企业、知识管理等,这些思想与方法相互关联,相互影响,都是以信息化为基础,旨在帮助组织更好地实现或优化组织的目标。

1. 电子商务

在商务活动中,随着信息化的普及,出现了一种新的基于因特网技术的商务模式——电子商务,电子商务打破传统商务的时空界限,改变了传统的物流、资金流、信息流工作模式,加速了整个社会的商品流通,有效地降低了企业生产成本,提高了企业的竞争力。

电子商务分为广义电子商务和狭义电子商务。广义电子商务是指以电子设备为媒介进行的商务活动;狭义电子商务是指以互联网为手段所进行的各种商务活动,包括商品和服务的提供者、广告商、消费者等各方行为的总和。通常说的电子商务是指狭义的电子商务。

电子商务涵盖的业务内容很广,包括电子数据交换(EDI)、售前售后服务(提供产品和服务的详细说明、产品使用技术指南、回答顾客意见和要求)、电子支付(使用电子信用卡、电子支票)、配送(包括商品发送管理和运输跟踪)、组建虚拟商店或虚拟企业(组建一个物理上不存在的商店或临时企业联盟,提供更多的产品和服务)、公司与贸易伙伴的信息共享等业务,电子商务网站基本结构图,如图 1-5 所示。

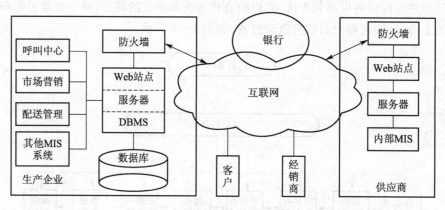

图 1-5　电子商务网站结构图

电子商务的兴起对社会和企业产生了巨大的影响,它不仅仅是商务手段的变革,还带来一种通过技术的辅助、引导、支持来实现前所未有的、频繁的、快速的商务经济往来,又是商务活动模式和企业经营管理理念的变革,并直接改变了商务活动中交易处理的方式、贸易磋商的方式、售后服务的方式等。电子商务技术使得企业能够为每个客户定制个性化产品和服务,使得全球上亿网民都有可能成为企业的客户或合作伙伴。

电子商务对业务流程的影响还体现在随信息技术的发展,要求企业内部的管理机制不断适应外部环境变化。电子商务作为信息技术的一个飞跃,其影响不会仅仅停留在交易手段和贸易方式上,而且会由于这些因素的改变,尤其是供应链的缩短、核心业务的转移以及各方面管理成本的大幅度降低,导致企业业务流程的改变、竞争策略的变化以及企业间业务合作伙伴关系的提升,因而电子商务成为业务流程重组的一种外在的推动力。

电子商务对消费者的消费方式和行为均带来很大的影响,消费者真正能够足不出户,就可货比三家,以一种轻松自由的自我服务方式来完成交易。互联网技术还可以把客户反馈的问题及时传送到不同的部门并和现有的客户关系管理系统进行集成。

2. 移动商务

移动商务于 1999 年底在我国出现,伴随着 WAP(Wireless Application Protocol)的应用,手机银行、手机股票交易等互联网环境下的电子商务模式(网上银行、网上证券)被移植到手机终端上,形成了一种新的商务模式——移动商务(M-Business)。

移动商务是指通过移动通信网络进行数据传输,并且利用移动终端开展各种商业经营活动的一种新的电子商务模式。移动商务是与商务活动参与主体最贴近的一类电子商务模式,其商务活动中以应用移动通信技术和移动终端为特性,使用户更多地脱离互联网环境的束缚,实现持续的网络连接。移动商务由电子商务的概念衍生出来,现在的电子商务以 PC 为主要界面,是"有线的电子商务";而移动商务,则是通过手机、个人数字助理(PDA)这些可以装在口袋里的终端与消费者谋面,使得消费者无论何时、何地都可以进行商务活动。

目前我国移动通信技术应用的快速发展以及即将到来的 3G 产业变革,我国已成为世界上最大的移动通信市场和第二大的互联网市场,这些都为我国移动商务的成长创造了条件。同时随着全球信息技术的发展,移动商务成为我国电信服务运营商的新的经济增长点,成为电子商务的推动力量,因此,移动商务具有非常广阔的市场前景。

3. 供应链管理

供应链管理是在 20 世纪 80 年代末期被提出来的,每个企业都有自己的供应商、销售商(或用户),又可能成为其他企业的供应商、销售商(或用户),每个企业仅仅是整个供应销售链上的一个节点,如何对企业的内部业务以及与之有紧密联系的所有外部活动进行有效的统一管理,这就是供应链的研究范畴。供应链管理通过对物流、资金流和信息流的控制,从采购原材料开始,制成中间产品以及最终产品,直至通过销售网络把产品送到消费者手中,将供应商、制造商、分销商、零售商直到最终用户的所有环节连成一个整体的网络结构。

供应链管理的目标在于获得高的用户服务水平和低成本两个目标之间的平衡。供应链管理是一种新的管理模式和策略,注重企业之间的密切协作,以实现供应链管理的整体性,使供应链上各企业分担的采购、生产、分销、销售等职能,成为一个协调发展的有机整体,即建立一个更有效率的供应链网络。供应链管理的基本概念结构,如图 1-6 所示。

信息技术的迅猛发展以及全球信息网络的兴起,给供应链管理提供了技术支持。基于互联网的供应链管理,可以使上下游企业之间迅速、直接地进行信息沟通。以前,制造商只能与几个较大的供应商分享信息,现在通过现代化的信息技术和它所提供的方法、手段,可以使制造商的中小供应商也能够收发、处理商业文件,例如信息的获得,订单的处理,库存的状况等。这些信息同时又可以与不同企业管理信息系统集成,方便不同系统和不同格式的信息的存储、交互。

供应链管理涉及人力资源、财务管理、生产管理、库存管理、销售管理和售后服务在内的多个方面,通过采用不同的信息技术,可以提高这些领域的运作效率。目前基于 IT 的主要技术有EDI、CIMS、多媒体应用等。其中,EDI 是供应链上各个企业信息集成的一种重要工具,一种在企

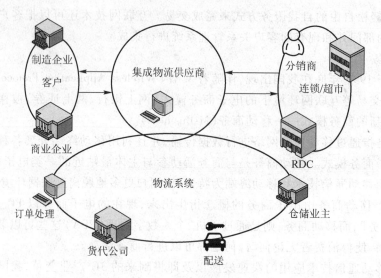

图 1-6 供应链管理

业合作伙伴之间交互信息的有效技术手段,特别是在全球进行合作贸易时,它是供应链中各个节点企业的商业应用系统的主要模式。

信息技术的应用提高了采购效率、降低了企业的库存、减少了货物损失,从而降低了企业的生产成本,缩短了产品的交付期,提高了客户的满意度。供应链管理使企业的上下游企业同时受益,增强了企业的竞争优势。

随着市场竞争的加剧,企业的竞争动力从"产品制造推动"转向"用户需求拉动",由最终用户的需求决定整个链条上的企业活动趋向,供应链管理的发展随之从企业内部活动管理扩展到相关上下游企业之间的内部活动管理。供应链管理的信息化程度高低,决定了供应链运行效率的高低。

4. 企业资源规划系统

企业资源规划(Enterprise Resource Planning,ERP)是由 20 世纪 70 年代的物料需求计划(MRP)和 20 世纪 80 年代的制造资源规划(MRPⅡ)逐渐演进而成,并由美国 Gartner Group 公司于 1990 年提出的。其确切定义是:企业制造资源规划(MRPⅡ)下一代的制造业系统和资源计划软件,除了 MRPⅡ已有的生产资源计划、制造、财务、销售、采购等功能外,还包括企业的质量管理、业务流程管理、产品数据管理、库存和销售管理、人力资源管理和定期报告系统。ERP 的一般概念结构,如图 1-7 所示。

ERP 是整合企业管理理念、业务流程、基础数据、人力物力、计算机硬件和软件于一体的企业资源管理系统,是一种企业管理的思想,强调对企业的内部甚至外部的资源进行优化配置、提高利用效率。

ERP 把客户需求、企业内部的制造活动以及供应商的资源整合在一起,形成企业完整的供

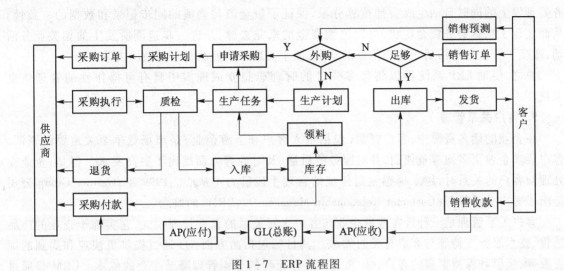

图1-7 ERP流程图

应链,其核心管理思想主要体现在以下三个方面。

（1）体现对整个供应链进行管理的思想

在知识经济时代,企业仅靠自身有限的资源,不利于参与激烈的市场竞争,还必须把经营过程中的有关各方如供应商、分销网络、客户等纳入一个紧密的供应链中,才能有效地安排企业的人、财、物、产、供、销等活动,满足企业充分地利用一切市场资源快速高效地进行生产经营的活动,获得市场竞争优势。ERP系统实现了对整个企业供应链的管理。

（2）体现精益生产和敏捷制造的思想

ERP系统支持混合型生产管理方式,其管理思想表现在两个方面:① 精益生产(Lean Production,LP)的思想,它是由美国麻省理工学院(MIT)提出的一种企业经营战略体系,即企业按大批量生产方式组织生产时,把供应商、销售代理商(客户)、协作单位纳入生产体系,建立利益共享的合作伙伴关系,这种合作伙伴关系组成了一个企业的供应链,这即是精益生产的核心思想。② 敏捷制造(Agile Manufacturing,AM)的思想,企业遇有特定的市场和产品需求时,企业的基本合作伙伴不一定能满足新产品开发生产的要求,这时,企业会组织一个由特定的供应商和销售渠道组成的短期或临时性的供应链,形成虚拟企业,运用同步工程(Simultaneous Engineering,SE)组织生产,用最短的时间完成新产品的开发,这即是敏捷制造的核心思想。ERP系统为精益生产和敏捷制造奠定了基础。

（3）体现事先计划与事中控制的思想

ERP系统中的计划体系主要包括:主生产计划、物料需求计划、能力计划、采购计划、销售执行计划、利润计划、财务预算和人力资源计划,而且这些计划功能与相应的控制功能已完全集成到整个供应链系统中。

另外,ERP系统通过定义事务处理(Transaction)相关的会计核算科目与核算方式,以便在事务处理发生的同时自动生成会计核算分录,保证了资金流与物流的同步记录和数据的一致性。从而实现了根据财务资金现状,可以追溯资金的来龙去脉,并进一步追溯所发生的相关业务活动,改变了资金信息滞后于物料信息的状况,便于实现事中控制和实时做出决策。

总之,借助 ERP 系统得以将很多先进的管理思想变成现实中具有可操作性的管理信息系统。

5. 客户关系管理

在企业的诸多资源中,客户资源(包括个人客户和下游企业)是市场竞争至关重要的资源。客户要求企业更多地尊重他们,并对服务的质量、及时性等方面提出了更高要求。但是,企业在处理与客户的关系时,越来越感觉到传统的管理手段已力不从心。1999 年,Gartner Group 公司提出了客户关系管理(Customer Relationship Management,CRM)的概念。

客户关系管理是一种旨在改善企业与客户之间关系的新型管理模式,它实施于企业的产品销售、技术服务支持等与客户有关的领域。其目标包括两方面:① 通过提供更快速和周到的优质服务,吸引和保持更多的客户;② 通过对业务流程的全面管理降低企业的成本。CRM 是通过赢得、发展、保持有价值的客户,提高客户满意度,增加企业收入的商务战略。客户关系管理基本概念,如图 1-8 所示。

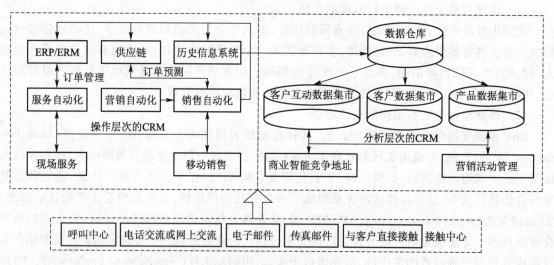

图 1-8　客户关系管理

客户关系管理的主要内容包括以下几方面。

(1) 客户分析

分析客户基本类型、来源与分布,各类型客户的需求特征及购买行为,并在此基础上分析客户差异对企业利润的影响等。

（2）客户沟通

它是一种互动的信息交流,其主要功能是实现企业与客户的互相联系、互相影响。从实质上说,客户管理过程就是与客户沟通信息的过程,实现有效信息交流是建立和保持企业与客户良好关系的途径。

（3）客户反馈信息管理

客户反馈信息反映了企业的产品或服务的质量、在为客户服务过程中存在的问题等方面,正确处理客户的意见和投诉,对于消除客户不满、赢得客户信任、获取客户忠诚是十分重要的。

为建立与保持客户的长期稳定关系,首先要取得客户的信任,要区别不同类型的客户关系及其特征,经常进行客户动态分析,采取有效措施,保持企业与客户长期友好的关系。

客户关系管理包含三个重要的阶段。

（1）识别客户

客户关系管理的首要工作是企业必须与大量的客户进行直接接触,了解客户基本信息、偏好和潜在的需求。

（2）客户分析

不同的客户对企业的商业价值和对产品或服务的需求是不同的,对客户进行有效的分析,可以帮助企业更好地配置资源,使得产品或服务的改进更有成效,获取最大的收益。客户关系管理的一个重要组成部分就是降低与客户接触的成本,增加与客户接触的收益。前者可以通过信息技术来实现,后者需要及时更新客户信息,从而加强对客户需求变迁的分析,更精确地描述客户的需求状况。

（3）调整产品或服务以满足每个客户的需求

根据客户的需求,企业必须研究如何提供个性化的产品或服务,吸引客户,避免客户的流失。

CRM 的理念要求企业完整地认识客户的生命周期,提供与客户沟通的统一平台,提高企业与客户的接触效率和客户反馈意见的处理效率。CRM 的思想可以通过客户关系管理信息系统来实现。

在企业的应用中,ERP 作为企业管理信息系统的后台,更多地关注企业供应链的上游企业,围绕生产提供对供应商、企业内部以及合作伙伴的规划与管理;CRM 作为企业管理信息系统的前台,提供对供应链下游企业的管理,满足客户多样化的需要。CRM 和 ERP 的有效集成,构成完整的企业管理信息系统。

6. 虚拟组织

1991 年,美国里海（Lehigh）大学的三位学者普瑞斯、戈德曼和内格尔在《21 世纪制造企业研究:一个工业主导的观点》的报告中总结当今世界成功企业经验,提出了一种新的生产经营模式——虚拟组织（Virtual Organization）的概念。

虚拟组织是指一些独立的厂商、顾客、甚至竞争对手,以商业机遇中的项目、产品或服务为中心,充分利用各自的核心能力,广泛利用以 Internet 为核心的信息技术,以合作协议、外包、战略联盟、特许经营或许可或成立合资企业为方式,所构建的以赢利为目的的动态的、网络型的经济组织。

虚拟组织的特点包括以下几方面。

（1）专长化

专长化是指虚拟组织的每个成员只提供自身的核心专长及相应的功能。完整化造成了资源在某些情况下的过剩和闲置，降低了资源利用效率，而专长化充分地利用了各个成员的优势，增加产品或服务的市场竞争力。

（2）合作化

为了有效地整合资源，虚拟组织在完成一个项目时，必须利用外部市场资源或与其他组织形成互补合作关系，项目完成后，虚拟组织就自行解散，再有新项目就按新的要求组织合作。在虚拟组织中，合作网络中并不全是常驻的单位，而是经常有进有出，而网络本身也不是永远存在的。在技术飞速发展的今天，分工的精细化，使得任何一个企业都不能在短期内获取某一市场机遇所需的全部资源，合作化则可以快速整合资源，降低新产品开发与生产的成本与风险。

（3）离散化

虚拟组织以离散状态分布在世界不同的地方，彼此之间通过网络连接在一起，使企业跨越了时间障碍和空间障碍，可以随时地组合在一起。虚拟组织是信息时代的产物，只有充分利用先进的信息技术与设施，才能够真正协调各个企业的步调，保证各方能够较好地合作，才能对客户的个性化需要做出及时的响应，从而使虚拟组织集成出较强的竞争优势。

7. 电子政务

电子政务是指在现代计算机、网络通信等技术支撑下，政府机构日常办公、信息收集与发布、公共管理等事务在数字化、网络化的环境下产生的新的管理形式。它包含多方面的内容，如政府办公自动化、政府部门间的信息共建共享、政府实时信息发布、各级政府间的远程视频会议、公民网上查询政府信息、电子化民意调查、社会经济统计等。电子政务的基本概念，如图 1-9 所示。

由于政府是信息资源的最大拥有者和应用者，因此政府信息化也就成为国民经济和社会信息化的中心环节。如何加快政府信息化建设步伐，发展电子政务是目前国内外、从中央到地方政府、从社会公众到各类企业都普遍关注的问题。

电子政务是政府管理方式的革命。它不仅意味着政府信息的进一步透明和公开化，而且意味着政府要通过信息技术来管理公共事务。电子政务最重要的内涵是运用信息技术打破行政机关的组织界限，构建一个虚拟的数字政府，使得人们可以从不同的渠道获取政府的信息及服务，而且政府机关之间及政府与社会各界之间也是经由各种电子化渠道进行相互沟通与合作，为社会公众提供各种不同的服务选择。总体说来，电子政务的作用体现在以下几个方面。

（1）可以提高政府的办事效率

依靠电子政务信息系统，一个精简的政府可以更高效地处理公共事务，政府办公电子化、自动化、网络化可以取代很多过去由人工处理的烦琐劳动。

（2）有利于提高政府的服务质量

实施电子政务以后，政府部门的信息发布和很多公务处理转移到网上进行，给企业和公众带

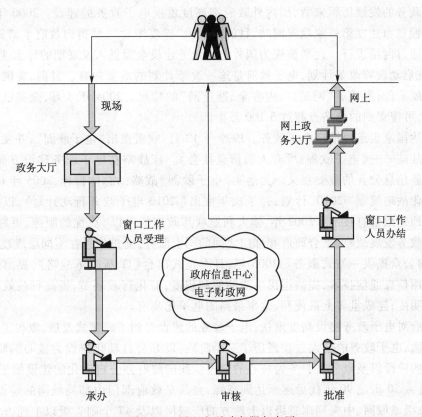

图1-9 网上电子政务服务大厅

来了很多便利,如企业的申报、审批等转移到网上进行,可以大大降低企业的运营成本,为经济发展提供更加良好的环境。

（3）有利于增加政府工作的透明度

在网上发布政府信息,公开办公流程等,保护了公众的知情权、参与权和监督权;政务的公开又拉近了公众和政府的关系,有利于提高公众对政府的信任。

（4）有利于政府的廉政建设

电子政务规范办事流程,公开办事规则,加强了和公众的交互。那些容易滋生腐败的"暗箱操作",通过现代化的电子政务手段,将大大减少,这有利于促进政府部门的廉政建设。

（5）提高了行政监管的有效性

20世纪90年代中期,我国开始建设"金关工程"、"金税工程"等。从近几年的实施情况看,这些工程大大加强了政府部门对经济监管的力度。"金关工程"和"金税工程"的实施大大减少了偷税、漏税、出口套汇等,增加了国家的财政收入;公安部门的网上追逃也取得了显著的社会效益。

　　从电子政务的发展历程来看,国内外政府都高度重视电子政务的建设。2000 年,当时的美国总统克林顿宣布建立第一家政府网站,目的是减少"橡皮图章",使得向政府申请贷款、合同竞标等活动能通过网络进行。此举被视为国外电子政务建设全面进入发展期的标志性事件。2001 年,布什总统启动政府改革计划,电子政府是这一改革计划的重要内容。目前,美国电子政务已进入全面发展阶段,形成了"网站多、内容全、网连网"的特点。2004 年 8 月,全美已建政府网站逾 2.2 万个,可搜索到的分站点超过 5 100 万个。

　　其他发达国家也迅速推广电子政务。1999 年 12 月,欧盟提出"电子欧洲",并发布建设欧洲信息社会的战略——《电子欧洲:所有人的信息社会》。该战略在电子政务建设方面,明确了互联网对于政务信息公开的重要意义。为落实"电子欧洲"战略的总体目标,2005 年 6 月,欧盟出台新的信息化战略规划"i2010"计划,并于次年推出《i2010 电子政务行动计划》,以指导公共服务领域更好地运用信息技术。2002 年,澳大利亚联邦政府提出以"更优的服务、更好的政府"为目标的电子政务发展战略,整合政府和部门之间的网上服务,促进信息在不同层级政府及部门之间共享,面向公众提供一站式服务。2006 年,日本正式出台《IT 新改革战略》,提出通过在行政领域灵活应用信息通信技术,提高国民生活的便利程度,简化行政环节,提高行政效率及增加行政行为的透明度,建成世界上最便利、效率最高的电子化政府。

　　我国政府对电子政务建设高度重视,电子政务的建设得到了跨越式发展,取得了令人瞩目的成就。在我国,电子政务的建设过程经历了三个阶段:以办公自动化建设为核心的阶段、以行政监督为核心的阶段以及以公共服务为核心的阶段。我国政府办公自动化的建设始于 20 世纪 80 年代中期,进入 20 世纪 90 年代后逐渐达到高峰,尤其是政府部门内部局域网的建设成果显著,目前,由中央级城域网、中央到副省级以上地方的广域网以及 47 个副省级以上地方本地城域网组成的电子政务网络平台已经基本建成。从 1993 年开始的"三金"工程建设,到 2002 年的"中办发 17 号"文件中提出的"十二金"工程,我国进入了重点以提高行政监管能力为目标的电子政务建设阶段,特别在"十五"期间有了较大发展。当前,我国已开始强调通过电子政务建设促进政府职能由管理型向服务型转变,不断改进政府行政监管职能的行使方式,通过"以人为本"的公共服务手段更为"人性化"地行使政府管理职能。

8. 知识管理

　　知识管理(Knowledge Management,KM)的涵义有广义和狭义两种。广义的知识管理是指知识经济环境下管理思想与管理方法的总称。狭义的知识管理是指对知识及知识的作用进行管理。组织中知识的来源包括员工的专业知识、经验以及组织运行的各项数据。美国生产力和质量中心(APCQ)对知识管理的定义是:知识管理应该是组织有意识采取的一种战略,它保证能够在最需要的时间将最需要的知识传送给最需要的人。这样可以帮助人们共享信息,并进而将其通过不同的方式付诸实践,最终达到提高组织业绩的目的。

　　组织在经营发展的过程中,必定产生组织特有的许多宝贵知识。知识管理是将这些知识视为组织的资产加以管理,并将这些智慧资产提供给组织的员工,帮助其解决面临的问题,做出正确的决策,为组织创造更多的利润。知识管理包括获取、检验、存储、使用、共享、创新、通用查询等环节,涉及的领域涵盖了人力资源、组织文化、组织架构、组织战略、IT 系统等多个方面。

知识管理并非单纯的收集资料,将其存放起来,而是依据组织制定出的知识管理方案,依重要性进行评估,且可与组织中的其他信息相互建立关联,产生更丰富的内涵,并应用信息技术,实现知识共享。因此,知识管理可以提升组织竞争力。

21 世纪企业的成功越来越依赖于企业所拥有知识的数量和质量,利用企业所拥有的知识为企业创造竞争优势和持续竞争优势对企业来说始终是一个挑战。

1.4　案例分析

三峡电厂集成化生产管理信息系统建设

1.4.1　引言

举世瞩目的长江三峡工程是世界上最大的水利枢纽工程,设有左、右两组电站厂房,共安装 26 台水轮发电机组,其中左岸电站 14 台,右岸电站 12 台。单机额定容量 700MW,总装机容量 18 200MW,年平均发电量约 847 亿千瓦时。作为三峡水利枢纽工程的运行管理单位,三峡水力发电厂(以下简称三峡电厂)于 2000 年 2 月开始筹建,2002 年 11 月正式成立,其管理范围是三峡各电站的发电生产、三峡工程水工建筑物(除通航设施外)、闸坝金属结构和机电设备的运行、维修管理,并承担管辖设备的安全生产责任。

三峡电厂从筹建的时候开始,就将其目标定位为创建世界一流水电厂,通过先进的管理手段,创造世界一流的管理水平。为实现这一目标,三峡电厂结合国情和三峡工程的实际情况,通过引进国内外先进的水电厂管理理念,搭建了先进的、高度集成的信息化管理平台电厂生产管理信息系统(electronic Production Management System,ePMS),对三峡电厂的管理理念、管理制度、管理组织、管理流程和管理方式进行了全面变革,取得了显著的经济效益和社会效益。

1.4.2　三峡电厂信息化建设背景

三峡电厂筹建时,正处在我国经济体制的转型期,也处在国内电力体制改革的开始阶段,三峡电厂的管理水平高低关系到中国三峡总公司管理战略的实施效果,关系到未来长江电力股份公司在电力市场的竞争力。为实现三峡电厂的投产初期达到国内一流水平、后期达到国际一流水平的目标,必须从筹建期开始,构筑面向未来市场竞争的管理基础。

根据三峡电厂的特点,电厂领导决定从建设三峡电厂生产管理信息系统(ePMS)入手,努力实现三峡电厂生产管理数字化,并以此全面提高三峡电厂的管理水平。

(1) 采取先进的管理思想和现代化技术手段,最大限度地降低生产成本,是电力企业在日益激烈的电力市场竞争中取胜的关键所在

电力企业是技术密集、资产密集的企业,设备资产数量大、品种多、自动化程度高,对设备完

好率和连续运转可利用率要求较高。而且,电力生产过程中的故障和事故会危及设备和人身的安全,甚至会波及社会的用电安全。在市场经济条件下,随着"厂网分离"、"竞价上网"以及新电价机制的逐步实施,电力体制改革已进入实质阶段,以降低成本为导向的竞争将是发电厂制胜的利器。

因此,建设和强化科学高效的生产保障体系,确保生产装备完好率,最大限度地降低设备的故障率,减少设备维护成本,实现安全生产,规范作业流程,整理和规范管理基础数据和资料,达到数据资料和管理信息的共享,并建立起适应未来企业发展的管理模式,在电力企业的生产组织中占有十分重要的战略地位,这就需要采用先进的管理理念和现代化技术手段。

三峡电厂通过生产管理信息系统(ePMS)的建设,可以全面有效地控制发电生产成本;同时,通过该信息平台,能够快速、准确地提供生产成本信息,为电力股份公司的电能营销系统及时、准确地进行动态的电能销售报价决策、实现上网合理竞价、提高三峡电厂在电力市场上的竞争力服务。

(2) 精干的定员标准,复杂的管理业务,需要先进的现代化管理手段

建成后的三峡工程总装机为18 200 MW(26 × 700 MW),居世界第一。按传统电厂的方式管理,这样一个全世界最大的电厂一般需要4 000人左右,但是三峡电厂的最终定员只有370人,人均管理装机容量将达到国际同类先进水平50 MW/人的定员标准。目前,世界上其他3个拥有700 MW水轮发电机组的巨型水电厂,它们的装机容量和与三峡电厂同口径定员标准分别为:巴西 – 巴拉圭的伊泰普电站装机容量为12 600 MW,定员标准为10 MW/人;委内瑞拉的古里电站装机容量为9 325 MW,定员标准为21.4 MW/人;美国的大古力电站装机容量为6 809 MW,定员标准为18.6 MW/人。三峡电厂人均管理装机容量分别是它们的5倍、2.3倍和2.7倍,远远高于它们的水平。

三峡电厂的发电设备多数是为三峡工程特制,大多采用了国际最新的水利水电技术和研究成果,技术难度大,缺少成熟的经验;并且多数辅助设备为国内制造,可靠性相对较低,这无形中增加了三峡电厂运行管理的难度。另外,由于三峡工程是一个具有不完全年调节水库、多泥沙河流型的特大型综合水利枢纽,不仅具有发电功能,而且还承担了保证防汛、通航等较多的社会职能,生产关系复杂,管理难度较大。为此,三峡电厂瞄准国际一流电厂的目标,按照效率优先的原则,尽可能地合并职能,减少工种,避免职责重叠和交叉,设计了一套扁平、高效的三峡电厂组织机构。这样一个精练的组织机构管理如此复杂的业务,迫切需要一个先进的管理信息平台,来满足生产管理科学化、流程最优化的要求。

(3) 信息技术的发展以及ERP系统在国内外的广泛应用和推广,为水电企业实施高度集成的管理信息系统、降低生产成本、提高经济效益创造了条件

目前,国内大多数水电厂的管理信息系统中,存在着信息不能有效共享、工作流程得不到简化和优化、信息资源得不到有效配置、成本得不到有效控制等问题,主要表现为以下几个方面:一是信息是孤立和零散的,需人工逐个进行收集、整理和提炼,工作量很大;二是很多工作流程相对复杂,中间环节多,工作效率低下;三是由于很多资源不能共享,重复性工作较多;四是信息难以

集中,给企业决策带来障碍,资源得不到优化配置。为此,三峡电厂从筹建开始就把生产管理系统建设作为其中最重要的工作来抓,力争在电厂投产之前,ePMS 系统全面建成,使第一台机组投产时就能使用该系统,三峡电厂的生产管理从一开始就步入科学化、规范化、数字化和高效率的良性轨道。

现代信息与通信技术的迅猛发展以及 ERP 系统在国内外的广泛应用和推广,对企业的管理方式产生了极其深远的影响。世界 500 强企业大都成功实施了 ERP 系统,它为企业在风云变幻的市场中提供了最直接、最迅捷的决策依据和信息来源,也为企业在规范自身管理,加强成本控制等方面发挥了十分重要的作用。

1.4.3 系统规划与设计

2001 年初,三峡电厂筹建处就开始了生产管理信息系统的广泛考察、深入调研和技术交流,根据市场上企业资产维护(Enterprise Asset Maintenance,EAM)和 ERP 的发展水平,以及三峡电厂未来生产管理工作的实际情况,将管理信息系统定位为:"以发电资产维修管理为目标、以工单为中心载体、将设备技术信息、安全信息、维修物资、维修人力、维修成本等高度集成化的管理信息系统"。考虑三峡电厂作为发电生产中心和成本控制中心,将该系统命名为电厂生产管理信息系统(electronic Production Management System,ePMS)。

为了准确定位三峡电厂 ePMS 的结构和功能,在系统规划与设计的开始阶段,三峡电厂组织 ePMS 小组成员在国内外同行进行了详细的调研和考察。三峡电厂筹建处、总公司信息中心以及国际合作部组成联合工作小组,于 2001 年 12 月,对瑞典 OKG 核电厂、冰岛国家电力公司、瑞典 BIRKA Energy 电力公司、瑞典 Goteborg Energy 电力公司、德国的 VSE 公司下属的 Ensdorf 火电厂等电力企业使用生产管理信息系统的情况进行了考察;同时对这些生产管理信息系统的供应商及其产品进行了考察。在进行广泛交流和详细考察的基础上,三峡电厂编写完成了《ePMS 整体规划报告》,并邀请国内专家对《ePMS 整体规划报告》进行了审查。规划报告中明确了以下问题:① 企业当前最迫切需要解决的问题用 EAM/ERP 系统能够解决;② EAM/ERP 系统的投资回报率或投资效益的分析;③ 在财力上企业能够支持 EAM/ERP 的实施;④ EAM/ERP 系统实施对管理工作、人员素质的要求。

经过广泛的 ERP 系统的交流与调研后,三峡电厂对 ePMS 项目实行了国际招标。招标对象聚集了全球在 ERP 方面有影响力的的公司,如德国 SAP 公司、瑞典 IFS 公司、美国 MRO 公司、DATASTREAM 公司、INDUS 公司等。经过严格的评标,最后考虑到瑞典 IFS 公司采取模块化结构、相互组合灵活、功能较齐全、满足电厂运行、价格合理等因素,选择了 IFS 公司作为项目承包商。

1.4.4 项目组织与实施

1."一把手"工程

组织保障是 ePMS 项目成功的首要条件,为此三峡电厂组建设了坚实的、分工明确的组织保障体系,成立了项目指导委员会。该小组由张厂长挂帅,担任项目指导委员会主席,程厂长、信息中心金和平主任、黄子安主任、IFS 中国公司总经理等担任副主任,体现"一把手"工程的原则。指导委员会负责执行项目推动计划,领导实施工作小组,听取实施工作小组工作汇报;召集项目指导委员会,对系统实施过程中出现的重大问题进行决策。

另外,由一批敬业并熟悉总体业务、得到一定授权或有一定级别的项目经理、业务骨干(各部门、各模块)组成了项目实施小组。实施工作组贯彻领导小组的指示,负责项目的具体实施工作。并向领导小组及时、准确地汇报实施进展情况;讨论和审查项目文件;召集实施工作例会;审核和批准新的业务规程,解决项目在技术和商务上的分歧;保证项目成功所需要的资源;控制项目的风险点;批准和发布指导委员会和实施工作例会会议纪要。

"'一把手'工程不应该只是口号,而应该体现与落实在企业领导主动参与的行动上。信息化项目需要企业领导提供资源,首先要给的资源就是领导者自己,是自己的时间、精力,是自己的权威所带来的推动力。"三峡电厂信息中心粟翔介绍说,"张厂长身先士卒,亲自参与项目,担任项目指导委员会主席;系统开发完毕后他第一个试用,并从此拒绝审批纸质文件,要求所有业务都要按照 ePMS 的流程进行;他带头接受 ePMS 的使用培训,并参加上岗考试。"

2."先固化,后优化"

在项目实施中,三峡电厂的 ePMS 系统以引进先进的 ERP 核心模块为基础,除对部分子系统客户化配置外,重点根据三峡电厂的管理需要和中国电力行业管理规范进行了系统设计和二次开发。为保证新增模块与原产品采用统一开发平台,三峡电厂引进了软件提供商的开发工具,参与联合开发的人员学习掌握了开发工具软件,从而保证了模块间良好的集成性,并且具有完全相同的界面和操作风格。三峡电厂通过 ePMS 的二次开发,形成了许多特色功能,既学习、借鉴了国外先进的管理理念,也兼顾了电厂自己的情况。

"项目并非一帆风顺,我们也走了很多弯路。"主管信息化工作的陈副厂长说。由于信息系统建设思路不统一或意见不坚决,对项目实施产生了极大的影响,使项目实施人员从一开始就陷入不断争论或反复修改之中,项目进展十分缓慢。为此,三峡电厂领导层提出了"先固化,后优化"的办法,各项目组首先确立总体框架,理清主要思路,然后坚决执行,再在使用过程中逐步优化,如此保证了项目实施按部就班,进展顺利。陈厂长这样解释这句话:"项目组应静下心来研究系统,而不应只了解皮毛,在细枝末节上争论不休,公说公有理,婆说婆有理。到头来发现系统早就蕴涵了我们所需的流程和理念,浪费了时间和影响项目进度。我们应该在吃透了系统的管理流程和理念的基础上来结合企业实际,提出优化方案。"

3."以我为主,用好顾问"

系统实施流行的做法是请咨询公司协助实施,甚至把实施全部交给顾问。"洋和尚会念经",交给他们大家放心,于是认为可以高枕无忧,结果只是一堆漂亮的文档,而与企业实际情况脱节。以此为借鉴,三峡电厂在 ePMS 的实施中采取了"以我为主,用好顾问"的方式

曾全程参与 ePMS 项目的生产技术部刘主任说道:"不要以为 ERP 建设过程是'交钥匙'工程。ERP 建设从来没有捷径可走,不存在'合同一签、万事无忧'的事情,天上不会掉馅饼。ERP

的建设必须是企业领导和员工全身心参与的项目,况且还必须自己主导项目的方方面面,只有企业自己才最了解自己的流程,通过研究系统,他们能非常完美地完成企业流程与系统的'对接'。顾问不是全才,但必不可少。顾问的角色就是帮助企业在系统中实现管理思想,利用他们的经验、他们的技术、他们的管理思想等。ERP 建设的好坏,取决于企业对顾问的利用和挖掘程度上。"

4. 全员培训、持证上岗

培训对于一个大型信息管理系统至关重要。在 ePMS 实施过程中,将培训分成了 3 个层次:管理人员培训、系统实施核心成员的培训、最终用户的培训。

① ePMS 系统首先是一个管理系统,它是企业领导决策的依据和生产管理人员的工具,企业领导和高层管理人员对系统认识的深度和应用的熟练程度对系统实施的成败有决定性作用。因此,系统在正式上线前,首先对厂领导和高层管理人员进行了功能的演示与培训,使之熟练掌握和使用该系统。

② 在系统的建设和使用维护过程中,参与系统实施的核心成员、IT 管理人员不仅是系统的设计者、测试者,也是应用者,必须吃透 ERP 软件系统的每个细节,才能保证实施和维护的成功率,做好以后的维护服务等工作。因此,对他们的培训采用了"精细"的培训方式。同时,系统实施的核心成员也是系统最终操作手册和使用维护管理规定的编写人员。

③ 坚持 1/3—2/3 分级最终用户培训法。ePMS 系统实施的根本目的是为了最终用户的使用。会使用 ePMS 系统是三峡电厂员工上岗的必要条件,所有人员上岗前必须通过 ePMS 考试。因此,系统实施完毕,最终用户的培训非常重要。这时,由核心用户对 1/3 最终用户采用基于角色、重点培训的方式,对工作中可能涉及的模块进行在线培训;然后,再由这 1/3 的用户对另外 2/3 的最终用户实施同样的培训。为了增加培训的趣味性,提升培训的效果,在培训方式上,三峡电厂采用了技术比武、集中答疑、督导等各种形式,对最终用户实施培训,收到了非常好的培训效果。

1.4.5 ePMS 的实施效果

三峡电厂 ePMS 的建设和应用给三峡电厂的生产管理带来了极大的效益。

(1) 加快工单签发,减少停机等待时间

ePMS 系统具有的标准工单库、自动生成计划检修工单功能、运行人员可以提前审核工单功能,可以大大缩短维修人员从提出工单到签批工单的时间,从而缩短停机的等待时间。在进行机组计划维修或临时检修时,按照电业生产工作规程,必须由维修人员提出工单,运行人员审核工单,做安全措施后才能签发工单,开展工作。有时为了讨论工单安全措施的合理性和必要性,签发工单的耗时较长,同时纸质工单的审核必须由维修人员传递到值班室后才能进行,效率较低。ePMS 系统可以使运行人员在维修人员提交电子工单的第一时间在网上进行审核,提出修改意见,同时在安全措施做完后立即迅速签批工单。例如,在 2003—2004 年度机组维修中,平均每台机组减少工单等候时间 4 小时,如果按每台机一年 2 次小修,电价按 0.25 元/kWH,按其中一次

在非汛期检修,26 台机组计算,其年减少工单等候时间的效益为:

26×700 MW×4×0.25 = 1 820 万元。

（2）提高设备利用率

由于采用了与实时系统的紧密关联,设备故障自动触发缺陷报告,提高了设备缺陷消除的及时率,减少了设备非计划停运的时间提高了设备的利用率。根据国家一流电力企业的标准,设备在无大修时的设备利用率为 91%,采用该系统后,无大修时的设备平均利用率可提高 2~4 个百分点,按照三峡电厂多年平均等效利用小时数 4 650 小时计算,争取提高 2%,每年提高利用率的效益达:

2%×18 200 MW×4 650×0.25 = 42 315 万元。

（3）精简人员的效益

采用 ePMS 系统使三峡电厂精干型生产管理体系得以实现,目前三峡电厂的装机容量已达到 5 600 MW,到岗人数为 271 名,人均装机容量已经达到 20.7 MW/人。由于三峡工程的泄洪闸等设施规模不会增加,以后只是增加发电机组,预计增加的生产人员不会超过定员。如果三峡电厂按国内一般标准 3 000 人定员计算,仅用 370 人管理,可节省 2 630 人,如果按人均耗费(包括人员薪酬、保险、人员办公、住宿、用具、交通、费用等)10 万元/人年计算,年节省人员支出约:

2 630×10 万元 = 26 300 万元。

（4）库存优化

由于系统采用了科学的安全库存机制,可有效减少物资库存。但由于三峡工程正在建设中,其具体金额目前暂时难以计算。

（5）潜在效益

① 降低额外成本。由于工人在工作时可以得到正确的备品、备件和指导,工作效率将大大提高;由于可以获得更多的物资信息,物资管理人员的购买活动也会变得更有效率;维修历史记录了以往针对类似问题的处理方法、措施和手段,长期积累的维修记录将成为后来者的知识库。使用信息手段更好的实现了经验积累和知识共享。

② 辅助决策。通过设定安全库存和订货点,ePMS 系统可以自动建议补充库存;通过工单的计划成本分析,决定维修设备还是重新购置设备;通过设定参数值,系统可以帮助企业制定状态检修计划,以便防患于未然;通过时间服务器,可以及时提示事件相关人员等。

③ 优化组织结构。实施 ePMS 系统使组织结构扁平化成为可能,对机构调整、组织结构和人事管理的优化有重大促进作用。

④ 业界的推广。三峡电厂是国内外首家在投产前就全面成功实施集成化生产管理信息系统的大型电厂,已成为电力系统 ERP 软件成功实施的范例。三峡总公司已经做出决策:尽快将三峡电厂的 ePMS 移植到长江电力股份公司下属的葛州坝电厂、长江电力检修厂。ePMS 系统在三峡电厂的成功实施,极大的鼓舞了国内电力企业改革管理推进信息化建设的热情,这将有力地推动我国发电企业的现代化管理水平的整体提高,其潜在的效益十分巨大。

案例思考题

1. 三峡电厂的信息化对管理创新有何作用？
2. 三峡电厂信息化实施的成功经验有哪些？

习　　题

1. 什么是管理？管理的职能是什么？
2. 试述管理的组织结构。
3. 怎样理解信息概念？
4. 试述信息处理的过程。
5. 试述信息化在管理变革中的作用。

第2章
系统工程概论

有关系统和系统工程的概念是管理信息系统学科中除了管理和信息两组基本概念之外的又一组基本概念。这些有关系统的概念及其相关的观点和理论是构成本学科的基础,它们同时也是管理类其他各门学科的基础。本章参照有关文献,从管理信息系统角度对系统的概念进行分析,从管理信息系统学科的需要介绍系统科学和系统工程的有关概念,以及它们的历史、发展和在各学科中的应用,以此作为本书的基础部分,为后续各章的学习奠定基础。

2.1 系统的概念

2.1.1 系统的定义

系统这一概念不仅在日常的社会生活和学术领域中频繁地出现,还是许多学科的基本概念或者范畴。要明确系统的概念需采用定义和分类的方法对系统进行描述。系统的定义在不同的领域有不同的描述,之所以不同,除了由于各学科本身的需要以及描述人的观点不同之外,与定义和描述系统的环境和所用的描述语言也有很大的关系。不过由于这些系统思想和系统科学的迅速发展以及广泛的应用,大家对于系统的基本概念大多持有相同的观点,特别是对于一般系统的概念的理解基本上是一致的,剩下的就只是描述方法的不同而已。

1. 系统的描述性定义

一般认为,系统是由相互联系和相互制约的若干组成部分结合而成的、具有某种特定功能的有机整体。对于这种文字型的描述性定义,需要从"若干组成部分"、"相互联系和相互制约"以及"特定功能"这三个方面进行理解。

（1）系统由若干要素组成

系统是由"若干组成部分"组成的，这几个组成部分就是系统的要素（Element）。要素本身也可能就是一个系统（称为子系统）。例如，人体系统包括消化系统、呼吸系统、泌尿系统、循环系统等，而人的呼吸系统又包括鼻、咽、喉、气管、支气管、肺等器官，每个器官又是构成下一级的子系统等。

（2）系统构成要素之间相互关联

系统要素之间是"相互联系和相互制约"的关系，由此构成一个系统的结构。系统的结构就是系统内部之间相对稳定的联系方式、组织秩序及时空关系的内在表现形式。例如，钟表就是由齿轮、发条、指针等零部件按照一定的方式装配起来的，形成某种稳定的联系，进而才能构成钟表。

（3）系统是一个具有特定功能的有机整体

功能是指系统与外部环境相互联系和相互作用中表现出来的性质、能力和功效。这种功能是系统整体表现出来的，系统的有机整体及其功能之间具有不可分割的联系。对于人造系统来说，这个功能或作用就是系统的目的。

上述系统的描述性定义所包含的三个要点是系统定义的基本出发点，不论采用什么描述方法，能够描述系统的这三个基本要点就可以定义系统。读者经常可以看到定义系统概念的其他不同方法，以下是几种不同的定义形式。

2. 系统的其他定义

（1）系统的集合定义

任何事物在一定程度上都可以用数学语言来描述，系统的上述三个要点在数学语言中分别可以用集合的元素、元素之间的函数关系以及函数的输入/输出关系进行描述。用集合 S 表示系统，则集合 S 可以表示成：

$$S = \{I, P, O\}$$
$$O_t = P(I_{t-1}, F_{t-n})$$

其中 I 表示系统的输入元素，P 是系统的处理元素，O 是系统的输出元素。为了表示系统的动态行为，将系统的输出 O 用代表系统的处理功能的函数 P 来表示，并加入系统的反馈因素 F，可以得到系统输出状态的表达式：$O_t = P(I_{t-1}, F_{t-n})$，其中 t 表示时间。这样用集合概念的定义方式对系统进行描述就得到了关于系统静态结构和动态行为的数学描述。

（2）系统的图示定义

在很多场合需要用简单的示意图的形式描述系统，如图 2-1 所示。用一个椭圆代表系统与外部环境的分界线，用"系统处理"表示系统的构成要素和功能，两个有向箭头表示输入/输出的方向和内容，从输出端到输入端的反向箭头表示系统从输出到输入的反馈。这样利用类似下面的简单图示即可形象地描述系统的概念。当然表示具体系统的时候，可以将图中的一般内容换成系统要素的具体内容，一个具体的系统模式

图 2-1 系统示意图

便形象地呈现在读者面前。虽然对于系统的定义在学术上是一个严肃的问题,但是并不妨碍在实际应用上用简便的形式高效率地描述具体的系统模式。

(3)系统的要素论定义

系统的定义只描述系统内涵的最一般特征,是所有系统的共性。将代表系统内涵的几个最一般特征用要素及其属性表示,作为系统定义。这样,I(Input)、P(Process)、O(Output)、E(Environment)四个基本要素就可以构成一般系统。但是不同类别的系统又常常具有特殊的属性,所以可以运用种属定义的方式进行描述,即在一般系统定义的基础上,附加种属定义的某些特征,添加一些特有的要素对这些种属概念进行描述,如 D(Disturbance)、F(Feedback)、R(Restriction)等具体系统的特有属性。

对于系统概念的深入理解,需要特别注意系统和环境的关系,因此对系统定义中的功能、环境和目的三个概念的理解就显得尤为重要。前面说到,系统的功能是指系统与外部环境相互联系和相互作用中表现出来的性质、能力和功效,也有人认为系统功能是指系统的变化或行为所引起的、有利于环境中某些事物乃至整个环境存续和发展的作用。这两种观点其实没有什么本质不同,都是强调系统的性能、作用等与环境的关系。这种关系正是人工系统所要达到的目的性。所谓系统的环境,是指系统之外所有与它相关联的事物(也可以看成另外的系统)所构成的集合。而系统的功能或者目的就表现在这种系统和环境的相互作用过程中。随着系统科学的发展,系统的目的性被赋予了全新的科学解释。按照控制论的观点,系统的目的是预先设定的目标,是引导系统行为的一种发展的稳定的状态。所谓吸引子,就是系统中的具有终极性、稳定性、吸引性的系统状态点集合,具有吸引子的系统是有目的性的系统。吸引子引导系统朝稳定态发展,构成系统的目的性行为。

2.1.2　系统的分类

为了更好地对系统进行分析,需要对所研究的系统包括的范围有所了解,这就需要根据系统的特性和形态属性,采用不同的分类标准对系统进行分类。系统的分类标准很多,图 2-2 所示是一些常见的分类方式。

1. 自然系统与人造系统(natural & manmade system)

按照系统的起源,自然系统是由自然过程产生的系统,例如生态链系统、水循环系统等。人造系统则是人们为达到某个目的按属性和相互关系将有关部件(或元素)组合而成的系统,例如工厂系统等。所有的人造系统都存在于自然世界之中,当然,人造系统与自然系统之间存在着重要联系。特别是一些人为改造的自然系统,两者关系就更为密切。可以说,人们生活的世界就是由自然系统与人造系统组成的。

在埃及的尼罗河上建设的阿斯旺水库是人造系统影响自然系统的典型例子之一。当巨大的水坝建成之后,该人造系统对尼罗河地区的自然系统产生了重大影响。虽然有效地阻止了尼罗河洪水泛滥,但由此引起的该地区生态环境的变化进而导致鱼类遭受厄运,水库周围大片土地的盐碱化程度加剧等。所以在解决重大问题时,要用系统观点考虑人造系统对自然系统带来的影

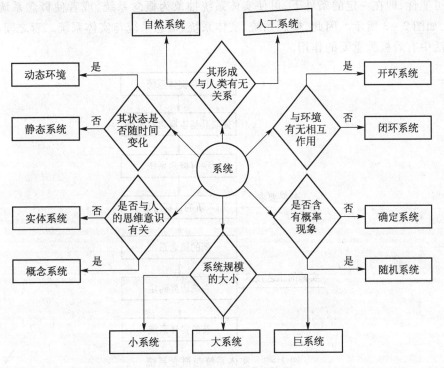

图 2 - 2 常见系统分类方式

响,以便能更有效地解决问题。

2. 实体系统与概念系统(physical & logical or conceptual system)

按照一般的理解,实体系统是使用一些实物和有形部件构成的系统。概念系统是用一些思想、规划、政策等概念或符号构成用来反映实体系统的部件及其属性的系统。

从系统分析的角度出发来理解实体系统和概念系统时,应该以系统与实现(implementation)的工艺技术关系作为依据来区分。实体系统是指该系统的特性是由某特定的工艺技术(或某种自然过程)所形成的。如供电事故指令系统是由切断和恢复供电两个过程组成的,或者说是由两个特定的工艺过程的实现才能运作的。可以说,它是依赖于这两个实现的工艺技术的。所以,不管这种断电事故是否发生,该供电事故指令系统都是一个实体系统。概念系统是指该系统与系统实现的工艺技术无直接关系的系统,如某商品销售策略系统。商品(如书、纸张、笔等)按照通常意义当然是一种实物,是有形的,但销售系统作为一种策略,与销售的实现无直接关系,属于概念系统。

根据上述实体系统与概念系统的区分依据及其特点可以看出,二者既有区别又有联系。概念系统除了依赖于实体系统以外,也依赖于人们的思想观念和规划政策等概念或符号,实体系统则既依赖于特定的工艺技术或自然过程,也在特定的工艺技术条件下依赖于概念系统。这就提示了一种可能性,即在一定的条件下,可使实体系统抽象为概念系统,或者使概念系统具体化为实体系统,如图 2-3 所示。因此,概念系统、实体系统、概念系统与实体系统二者之间的关系等,在现实生活中有着极为重要的作用。

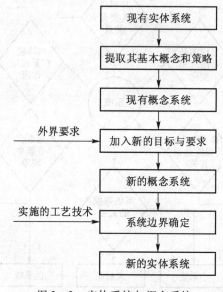

图 2-3　实体系统与概念系统

3. 静态系统和动态系统(static & dynamic system)

静态系统一般是指存在一定的结构但没有活动性(其行为和结构不随时间变化)的系统,如江河上的桥梁就代表一个静态系统。动态系统是指既有结构部件又有活动性的系统,如学校系统是由校舍、学生、教师、书、各门课程等组成的有活动性的动态系统。动态的概念是十分重要和必需的。但是,如果以是否有一个进行着的过程作为动态的一般定义,显然是片面的。因为很多系统虽然在通常的意义上没有动作,但不能认为它不是动态系统,如公路系统本身是静止的,但该系统包含的系统部件和属性、它们之间的相互关系等组合而成的系统却是一个动态系统。

所以对系统的静态描述,应该仅仅被限制在某个参考系内。如果改变了所在的参考系,情况就会发生变化。如在修建期间,桥梁系统就是一个动态系统。

4. 确定系统和随机系统(deterministic & stochastic system)

严格地讲,几乎所有的系统,包括自然系统与人造系统,都是动态的,而动态的系统又都具有随机性的特征,这类系统称为随机系统。很多具有随机性的系统的输入、处理和输出活动的许多因素都存在不确定性,往往只能用统计的方法来描述。例如,每天乘坐火车或飞机的乘客数目就很难精确预测。同样,他们到达火车站或飞机场的时间也一样难于精确预测。诸如此类的随机型的动态系统可以用统计的和概率的理论和方法作为工具进行描述,从而发现该系统的规律。

随机性不明显的系统,可以看作常规的系统,使用常规方法描述和解决其系统问题。例如,地球表面真空中的做牛顿运动的物质系统,可以看作是确定系统。这些常规系统连同静态系统一起称为确定系统,或非随机系统。

系统的随机性是一种系统复杂性。完全的随机性规律难以描述,但是大多数的系统随机性具有统计规律,可以用概率论的方法描述;混沌性是近年来人们发现的一种可以用确定性的简单规律进行描述的不可预测性,只是由于系统的非线性动力特性,起初很小的误差,导致了结果的极大差异,呈现出了不确定性的类似随机性特征。例如气象学家洛伦茨用三个简单的非线性方程所组成的方程组,模拟了气象变化的基本规律,论证了天气预报长期预测的不可能性。这一成果以科学特有的方式展示了在非线性领域某些表面上具有貌似随机性的复杂现象,背后却隐藏确定性的简单规律,这使人们摆脱了"系统某一复杂的行为只能是复杂原因的结果,简单行为是简单原因的结果"的习惯思维。

5. 封闭系统与开放系统(closed & opened system)

封闭系统是指该系统与环境之间没有物质、能量和信息的交换,由系统的界限将环境与系统隔开,因而是一种封闭状态。

开放系统是指系统与环境之间具有物质、能量与信息交换的系统。例如生态系统、商业系统、工厂生产系统等。开放系统通过系统部件的不断调整来适应环境变化以使其在某个阶段保持稳定状态。开放系统往往具有自调节和自适应功能。

要分辨某个系统是封闭系统还是开放系统,并不是件很容易的事。很多人造系统同时具有开放系统和封闭系统的特征,分辨它需要根据所选择的参考系来决定。由于开放系统与环境有密切的关联,而环境因素的变化在事先又难以掌控,所以,研究开放系统时,除要了解系统本身的特征外,还必须了解环境的特征和环境因素对系统的影响方式及影响程度。

6. 按系统规模划分(scaled systems)

按照系统规模划分,有小系统、大系统、巨系统三类。系统的规模并不是仅仅指系统所包含的要素的多少,还和系统结构的简单与否紧密相关。所以规模和结构这两个标准是一个综合的分类标准,钱学森将这两个标准结合起来,得到按系统规模划分的一种系统分类方式,如图2-4所示。

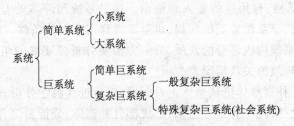

图2-4 系统的规模分类

简单系统是指组成系统的子系统(要素)数量比较少,而且子系统之间的关系也比较简单的系统,如一个工厂、一台设备等。简单巨系统是指组成系统的子系统数量非常多、种类相对也比较多(如几十种、甚至上百种),但它们之间的关系较为简单,如激光系统等。研究处理这类系统的方法不同于一般系统的直接综合法,而是采用统计方法加以概括,耗散结构理论和协同学理论在这方面作出了突出的贡献。复杂巨系统是指组成系统的子系统数量很多,具有层次结构,它们之间的关系又极其复杂,如生物体系统、人脑系统、社会系统等。其中社会系统是以有意识活动的人作为子系统的,是最复杂的系统,所以又称为特殊的复杂巨系统。这些系统又都是开放的,所以也称为开放的复杂巨系统。目前,研究、处理开放复杂巨系统的方法尚在探讨中。

除此之外,系统还可以根据更为详细的系统性特征将系统进行进一步的分类。例如,可以根据系统的复杂程度划分为简单系统和复杂系统(上面规模划分中已经包含了此种分类);根据系统运动的线性将系统分为线性系统和非线性系统;类似有连续系统和离散系统;还有平衡系统和非平衡系统等。

2.1.3　系统的特点

一般来说,系统具有整体性、层次性、目的性、稳定性、突变性、自组织性和相似性 7 个基本特性。

1. 系统的整体性

整体性是系统最重要的特性,是系统论的基本原理。系统之所以成为系统,首先是系统具备整体性。

系统整体性指的是,系统是由若干要素组成的具有一定新功能的有机整体,各要素一旦组成系统整体,就表现出独立要素所不具备的性质和功能,形成新的系统的特性,从而表现出整体的性质和功能不等于各个组成要素的性质和功能的简单相加。

整体与部分的关系,可以有两种情况:① 各个部分简单凑合在一起;② 各个部分有机地结合在一起,即有一定的结构,各个部分相互联系、相互制约,构成有机整体——系统。在后一种情况下,"部分"只有在"整体"中才能体现它的意义。

系统的整体性是以系统的有机关联性为保证的。一方面,系统内部诸要素相互关联、相互作用。系统的部分是构成整体的内部依据,但是部分之间的联系方式也是决定系统整体性的重要因素。同一组元素处于两种不同的关系中就会表现出不同的特点。另一方面,系统与外部环境有物质、能量、信息的交换,有相应的输入和输出。这是系统与环境的有机关联,即系统的开放性。系统向环境的开放,是系统发展的前提,也是系统稳定存在的条件。因此为了增强系统的整体效应,一方面要提高系统构成部分的素质,另一方面要分析各要素的组合情况,使之保持合理状态,还要分析整体与环境的关联情况。

现代系统论吸收了朴素整体论从整体上看问题,以及近代科学分析方法的有关观点,并注意克服它们各自的片面之处,将二者集合起来,形成部分和整体、分析和综合相结合的系统方法论。这是人们认识世界的有效方法,也是指导信息系统建设的有效方法。

2. 系统的层次性

层次性是系统的一种基本特征。系统层次性指的是,由于组成系统的诸多要素的种种差异,使系统组织在地位和作用、结构和功能上表现出的等级秩序性,形成具有质的差异的系统等级。

分析系统的时候,必须注意系统的层次性。把握这一点,可以减少认识事物时的简单化和绝对化。这样对待一个子系统,既要看作是系统中的一个要素,求得统一的步调,又要注意到它本身也可能包含着复杂的结构。

3. 系统的目的性

系统的目的性是系统发展变化表现出来的特点。系统与环境的作用中,在一定范围内,其发展变化表现出坚持趋向某种预先确定的状态。

系统的目的性,具有实践上的指导意义。一个系统的状态不仅可以用其现实状态来表示,还可以用发展终态来表示,或用现实状态与发展终态的差距来表示。因此,人们不仅可以从原因来研究结果,以一定的原因来实现一定的结果,而且可以从结果来研究原因,按照设定的目的来要求一定的原因。系统工程方法的基本思路是:要解决的问题有一个明确的目标,在达到目标的几种途径中找出一种最佳途径,实施并加以监控、修正,最后达到目的。

4. 系统的稳定性

系统的稳定性是指在外界作用下的开放系统有一定的自我稳定能力,能够在一定范围内自我调节,从而保持和恢复原来的有序状态、结构和功能。

系统的稳定性是开放中的稳定,动态中的稳定。系统发展中的稳定态,指的是稳定的定态。稳定不等于静止。

系统稳定性与系统的整体性、目的性实际上是相互联系的,都与系统的负反馈能力有关,与在负反馈基础上的自我调节、自我稳定能力相联系。正是由于这种内在能力,使系统得以消除偏离稳定状态的失稳因素而稳定存在,使系统保持整体性、目的性。

5. 系统的突变性

系统的突变性,是指系统通过失稳从一种状态进入另一种状态的一种剧烈变化过程。它是系统质变的一种基本形式。

系统的突变通过失稳而发生,因此突变与系统稳定性相关。突变成为系统发展过程中的非平衡因素,是稳定中的不稳定。当系统个别要素的运动状态或结构功能的变异得到其他要素的响应时,子系统之间的差异进一步扩大,加剧了系统内的非平衡性。当它得到整个系统的响应时,整个系统一起行动起来,系统就要发生质变,进入新的状态。

6. 系统的自组织性

系统的自组织性是指开放系统在系统内外因素的相互作用下,自发组织起来,使系统从无序到有序,从低级到高级。

自组织表示系统的运动是自发的、不受特定外来干预而进行的。其自发运动是以内部矛盾为根据、环境为条件的内外交叉作用的结果。这里有两点值得注意:① 只有开放系统才有自组织,系统自组织不是离开环境的独来独往;② 系统的自组织包含系统的自发运动的意思,同时强调自发运动过程也是自发形成一定的组织结构的过程,即系统的自组织包括了系统的进化与优化的意思。

由于系统具有整体性和层次性,因而系统的自组织是相对的。整体性很强的系统,整体会强烈地约束低层系统的行动自由。低层系统受到高层次的系统整体的干预,显得是被特定指令组织起来的。因此,对于一个具体系统的自组织,不能理解为"自以为是"。

7. 系统的相似性

相似性是系统的基本特征。系统相似性是指系统具有同构和同态的性质,体现在系统结构、存在方式和演化过程这三方面上具有共同性。

系统具有相似性,根本原因在于世界的物质统一性。系统的相似性体现着系统的统一性。系统的整体性、层次性、目的性等都是系统统一性的体现。

系统的相似性是各种系统理论得以建立的基础,也是建立各种模拟方法的基础。

2.1.4　系统的基本结构

1. 系统结构与子系统

按照定义,系统研究最关心的是把所有元素关联起来形成一个整体的特有方式(包括关联力)。组成部分及组成部分之间的关联方式(系统把其中元素整合为统一整体的模式)的总和,称为系统的结构。在组成部分不变的情况下,往往把组成部分的关联方式称为结构。

当系统的元素很少、彼此差异不大时,系统可以按照单一的模式对元素进行整合。当系统的元素数量很多、彼此差异不可忽略时,不再能够按照单一模式对元素进行整合,需要划分为不同的部分,分别按照各自的模式组织整合起来,形成若干子系统,再把这些子系统组织整合为整系统。一种最简单的情形是,由于系统规模太大,必须对元素进行"分片"管理,因而把整系统分为若干子系统,但不同子系统有相同结构。形式化地说,给定系统 S,如果它的元素集合 Si 满足以下条件,则称 Si 为系统 S 的一个子系统或分系统:

① Si 是 S 的一部分(子集合),即 $Si \in S$。

② Si 本身是一个系统,基本满足前面所述的系统的要求。

相对于 Si,S 称为整系统或母系统。

这个定义中的定义项① 规定子系统具有局域性,它只是系统的一部分。定义项② 规定子系统不是系统的任意部分,必须具有某种系统性。应当区分元素和子系统。元素也是系统的组成部分,但本质特征是具有基元性,相对于给定的系统它是不能也无须再细分的最小组成部分,元素不具有系统性,不讨论其结构问题。子系统具有可分性、系统性,需要且能够讨论结构问题。② 中"基本"一词意指,有些子系统可以只有一个元素,子系统对母系统具有相对的独立性。元素和子系统都是系统的组成部分,简称组分。

组织和结构是两个有差别的概念。只要组分之间存在相互作用,就有系统结构。但有结构不等于有序。在相对的意义上,结构分为有序和无序两大类。出于热平衡态的气体系统的元素(分子)由于分子力相互作用,不停的随机碰撞,形成特定的系统结构,但属于无序结构。组织仅指有序结构,有组织的系统就是具有有序结构的系统。处于热平衡态的系统是一种未加组织的混乱系统,却是有结构的整体;在一定条件下这些分子自动地或被动地组织起来,形成某种有序结构,如贝纳尔图样,就转化为有组织的系统。

结构分析的重要内容是划分子系统,分析各个子系统的结构(元素及其关联方式和关联力),阐明不同子系统之间的关联方式。一般来说,同一系统可以按照不同标准划分子系统,以便从不同侧面了解系统的结构。按照统一标准划分出来的子系统有可比性。把按照不同标准划分的子系统并列起来,是概念混淆的重要原因。

系统的结构方式无穷无尽,目前尚无完备的结构分类方法。一般情况下,应注意从以下两方面对系统作结构分类。

① 框架结构与运行结构。当系统处于尚未运行或停止运行的状态时各组分之间的基本关联方式,称为系统的框架结构。系统处于运行过程中所体现出来的组分之间相互依存、相互支持、相互制约的方式,成为系统的运行结构。

② 空间结构与时间结构。组分在空间的排列或配置方式,成为系统的空间结构。组分在时间流程中的关联方式,称为系统的时间结构。有些系统主要呈现空间结构,有些系统主要呈现时间结构,有些系统兼而有之,后者称为时空结构。

2. 系统的构成要素

任何一个存在的系统都必须具备三个要素:系统的诸部件及其属性、系统的环境及其界限、系统的输入和输出。

(1) 系统的部件及其属性

系统的部件可以分为结构部件、操作部件和流部件。结构部件是相对固定的部分。操作部件是执行过程处理的部分。流部件是作为物质流、能量流和信息流交换用的部分。交换的能力要受到结构部件、操作部件等条件的限制。

结构部件、操作部件和流部件都有不同的属性,同时又相互影响。它们的组合结构从整体上影响着系统的特征和行为。例如,电阻、电感、电容等电子元件以及电源、导线、开关等部件的连接和组合,就形成了电路系统的属性。

系统是由许多部件组成的。当系统中的某个部件本身也是一个系统时,就可以称此部件为该系统的子系统。子系统的定义与上述一般系统的定义相似。

(2) 系统的环境及其界限

所有的系统都是在一定的外界环境条件下运行的。系统既受到环境的影响,同时也对环境施加影响。

对于物质系统来说,划分系统与环境的界限很自然地可以由基本系统结构和系统的目标来有形地确定。在一定意义上,抽象系统界限的划分和确定主要取决于分析人员或决策者。这是因为不同决策者或分析人员可能会采取不同的界限来划分系统的环境。例如,企业未来发展的经营战略系统,或者说企业决策分析系统,对某个决策者来说,可能以该企业目前已经占领的国内市场规模作为分析的主要范围,于是就圈定该企业决策分析系统的环境是属于一国的界限。但是如果换了另一位企业家,他的雄心很大,希望自己经营的企业在今后能拓展成为一个跨国公司,占领世界市场,在这种情况下,该企业的决策分析系统必然会以世界作为环境来确定界限。

(3) 系统的输入和输出

系统与环境的交互影响就产生了输入和输出。外界环境给系统一个输入,通过系统的处理和变换,必然会产生一个输出,再返回到外界环境。所以系统中的部件是输入、处理和输出活动的执行部分。也就是说,一个理想的系统在目标或要求明确之后,系统的部件就可以通过接收一系列外界输入以及进行高效率的处理之后,提供系统所期望的实现目标的输出,返回到环境。如果要形象地描述输入/输出和系统的关系,可以把系统从环境中分离出来的界限看作一个滤波器,通过它来调整输入和输出的关系。如果在输入、处理和输出活动之外,再加入反馈活动,该系统就具有更为完备的系统功能。

系统与环境之间存在输入和输出的交互影响,或者说,系统与环境之间有着物质、能量和信息的交换,该系统就称为开放系统。如果有一个系统与环境之间没有物质、能量和信息的交换,该系统就称为封闭系统。现实世界中绝大部分的系统都是开放系统,因为任何系统都是或多或少地要与包围它的环境进行某种类型的物质、能量或信息交换的。

一个系统的行为可以通过它的输出来了解,并且可以利用输出的信息反馈来调整输入。例如,以某工厂的生产和管理活动为内容所形成的一个物质系统,其外界环境有社会供应系统和社会商业销售系统。该工厂通过社会供应系统获得原材料、动力、资金等物质输入,通过工厂生产和管理系统的经营活动生产出各类批量产品作为系统的输出,交送商业销售系统供应社会的需要。根据顾客的反应,销售部门把对产品类型和质量、数量等的要求以信息形式反馈给工厂,希望工厂改进生产计划、产品质量等。工厂根据各方面的信息以及改变后的生产计划,向社会供应系统反馈信息,对其供应的原材料、动力等提出新的要求。

分析系统构成要素主要是对系统内的部件结构进行分析。

系统分析中研究的系统几乎都是人造系统或者是人工改造的自然系统。研究这种系统是为了达到人们所期望的某种目的或目标。系统在实现定制目标的功能时,除了需要有一个完备的系统结构之外,还需要有保证系统处于良好状态的活动结构,以保证系统在动态分析与控制、信息和数据的处理、整体动作的协调等方面都能处于所要求的有效度和精度之内。

(4)系统的交互响应和系统活动的结构

系统最重要的特点是系统与环境的相互作用与相互响应。当系统在环境中受到某个刺激或某个事件的激发时,就会做出响应。系统活动的构成就是以系统对环境的响应为基础的,如图2-5所示。

系统对来自外部环境的刺激所做出的响应有两种情况。一种是特定响应,是指系统对事先未能预料的事件发生后的响应如图2-6所示;另一种是计划响应,是指系统对事先能预料到的事件发生后的响应,如图2-7所示。

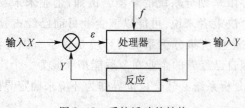

图2-5 系统活动的结构

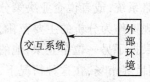

图2-6 事件响应系统图

图 2 - 7 计划响应系统图

计划响应可以用计算机或其他设备事先按规定的指令和要求设计好,并且在接受事件刺激后能自动产生与该事件有关的领域内的实例统计和逻辑信息。特定响应通常几乎都是由人来做反应,因为该事件事先未能预料到,系统本身难于对此事件做出响应。计划响应系统是交互系统中的重要部分。它的环境一般可由特定响应活动单元和外部环境所形成。

环境对系统施加作用的事件可以分为空间域事件和时间域事件。空间域事件是由系统所处环境的空间整体所引起的。时间域事件是由系统所经历的时间过程引起的。

3. 系统活动的构成

系统的交互响应是通过系统的活动实现的。系统活动基本要素由基本活动、基本存储单元和管理活动组成。

① 基本活动可完成系统提出的任务或建议并输出处理的结果,是系统最主要的目的。基本活动由外界对活动的刺激和系统做出计划响应两个活动单元所组成。

② 基本存储单元是为了保证基本活动产生正确的响应而给基本活动提供所需要的各种信息的单元。

③ 管理活动则是为了形成和支持系统的基本存储,用以满足系统基本活动对数据和信息的需要而设立的。同时,管理活动为了提供更有效和正确的信息还要及时调整某些已存有的数据。同基本活动一样,管理活动同样存在着输入和响应。通过外部输入的刺激,由管理活动产生响应,并提出信息,支持和调整基本存储单元的信息,以促使基本活动做出正确的响应。

系统活动的构成要素如图 2-8 所示。

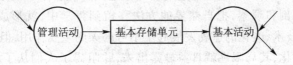

图 2 - 8 系统活动的构成要素

2.2 系统思想与系统科学

2.2.1 系统思想的发展

系统思想就其最基本的含义来说,是关于事物的整体性观念、相关联系的观念和演化发展的观念。

现代系统理论诞生于 20 世纪 40 年代。它的产生和发展,彻底改变了世界的科学图景和当代科学家的思维方式,是继相对论和量子力学之后的又一次伟大的科学革命。它既是现代科学高度发展的产物,又是人们原始思维的延续。今天的系统理论中的许多观点,可以一直追溯到有文字记载的最早期。也许在文字发明之前,人类就已经自觉不自觉地用原始的系统思想看待周围世界了。

1. 古代朴素的系统思想

在人类自觉认识到系统思想之前,就进行着系统思维。系统概念来源于古代人类社会的实践经验。人类自有生产活动以来,无时不在同自然系统打交道。春秋时期孙武所著的《孙子兵法》,运用系统思想从全面战略的高度来讨论战争,提出了与现代"综合国力论"相似的理论,用动态系统的运筹观点对战争进行了淋漓尽致的分析。两千多年来,《孙子兵法》一直为中外军事家所重视,拿破仑在战争中经常批读,德皇威廉二世在第一次世界大战失败后读到《孙子兵法》时叹息"相见恨晚"。

朴素的系统概念,不仅表现在古代人类的实践中,而且在古代中国和古希腊的哲学思想中得到了体现。例如,我国春秋末的思想家老子强调自然界的统一性;南宋陈亮的理一分殊思想,称理一为天地万物的理的整体,分殊是这个整体中每一事物的功能,试图从整体角度说明整体与部分的关系。古希腊哲学家亚里士多德关于"整体大于部分之和"的论述,就是系统论最基本的思想。

古代朴素唯物主义哲学思想虽然强调对自然界整体性、统一性的认识,却缺乏对这一整体各个细节的认识能力,因而对整体性与统一性的认识是不完全、不深刻的。

2. 现代系统思想的发展

系统思想大致经历了从经验到哲学到科学、从思辨到定性到定量的发展过程。

15 世纪下半叶,近代科学开始兴起,力学、天文学、物理学、化学、生物学等科目逐渐从混为一体的自然科学中分离出来,获得日益迅速的发展。近代自然科学发展了研究自然界的独特的分析方法,包括实验、解剖和观察,把自然界的方法移植到哲学中,就形成了形而上学的思维方式。形而上学对科学、技术、文化的蓬勃发展起了不可磨灭的重要作用,但是,随着人们对客观事物认识的不断扩展和深化,其局限性就日益显露出来,并阻碍了人们从了解部分到了解整体,从分析具体细节到洞察普遍联系的道路。

在近代科学技术和文化发展的基础上,到了 19 世纪,系统思想进一步从经验上升为哲学,从思辨进展到定性论述。

19 世纪上半叶,自然科学取得了一系列伟大成就。特别是能量转化、细胞和进化论的发现,使人类对自然过程的相互联系的认识有了很大的提高。

19 世纪下半叶以来,科学技术进入全面发展的新时期。自然科学由收集经验材料、分门别类的研究阶段,进入到整理经验材料、走向理论结合的发展新阶段,进而不断地从新的水平上揭示了自然界的普遍联系。一系列重大的科学发现,科学技术与社会科学的结合,对近代科学方法提出了挑战,为现代系统思想的诞生奠定了基础。

管理领域的进展,是 20 世纪系统思想兴起的一个重要侧面。

19 世纪末,随着自由资本主义开始向垄断主义过渡,生产规模日益扩大,专门从事组织管理的阶层随之出现,只凭经验安排生产的管理方式已经不能适应日益扩大的生产规模和经济发展需要了。在这样背景下,泰罗、法约尔、韦伯等人奠定了科学管理理论,促使人们开始注意把工厂、企业作为一个有机的组织加以管理。

20 世纪 30 年代,巴纳德提出,组织就是"两个或两个以上的人有意识协调而成的活动或力量系统",社会中的各种组织都是这样的协作系统。在他的组织定义中包含"系统"及系统等级概念,系统要素的协同、人有意识有目的的活动、时间连续性等概念。因此可见,系统思想已经日益深入到管理理论之中,变成自觉的管理理论的基点之一。

科学的定量系统思想,是在现代科学、技术、文化发展的基础上形成的。科学的定量系统思想的形成,根本上来源于社会实践的需要。社会实践活动的大型化和复杂化,要求系统思想不仅能定性而且能定量。第二次世界大战是定量化系统思想发生的催化剂。在这次战争中,交战双方都需要强调全局概念、从全局出发合理使用局部、最终求得全局效果最佳,所以必须对所采取的作战计划进行定量分析,才有希望取胜。这需要把大量的科学家投入到改进作战装备及作战战术使用方法的研究中去,其结果就是定量化系统方法及强有力的计算工具的出现,并成功应用于作战分析。

概括地说,系统思想是进行分析与综合的辩证思维工具,它在辩证唯物主义那里取得了哲学的表达方式,在运筹学等学科那里取得了定量的表述方式,在系统工程那里获得了丰富的实践内容。古代军事、工程、医药、天文方面的实践成就,以及建立在这些成就之上的古代中国和古希腊朴素的唯物主义自然观(以抽象的思辨原则来代替自然现象的客观联系);近代自然科学的兴起,以及由此产生的形而上学的自然观(把自然界看作彼此不相依赖的各个事物或各个现象的偶然堆积);19 世纪自然科学的伟大成就,以及建立在这些成就基础之上的辩证唯物主义自然观(以实验材料来说明自然界是有内部联系的统一整体,其中各个事物、现象是有机的相互联系、相互依赖、相互制约着的);20 世纪中期现代科学技术的成就,为系统思想提供了定量方法和计算工具。这就是系统思想如何从经验到哲学到科学、从思辨到定性到定量的大致发展情况。

2.2.2 系统科学的发展与应用

1. 系统科学的形成和发展

(1)科学技术背景

20 世纪,由于生产力的巨大发展,出现了许多大型、复杂的工程技术和社会经济的问题,它们都以系统的面貌出现,都要求从整体上加以优化解决。由于这种社会需要的巨大推动,第二次世界大战后,雨后春笋般出现一个个"学科群",簇拥着科学形态的系统思想涌现出地平线,横跨自然科学、社会科学和工程技术,从系统的结构和功能(包括协调、控制、演化)角度研究客观世界的系统科学便应运而生了。

（2）20 世纪 40 年代～20 世纪 60 年代

科学家明确地直接把系统作为研究对象，一般公认以贝塔朗菲提出"一般系统论"概念为标志。20 世纪 40 年代出现的系统论、运筹学、控制论、信息论是早期的系统科学理论，而同时期出现的系统工程、系统分析、管理科学则是系统科学的工程应用。

（3）20 世纪 70 年代～20 世纪 80 年代

这一时期的发展主要是系统自组织理论的建立。比利时物理学家普利高津于 1969 年提出耗散结构理论。德国物理学家哈肯于 1969 年提出了协同学。

耗散结构理论和协同学从宏观、微观以及两者的联系上回答了系统自己走向有序结构的基本问题，两者都被称为自组织理论。耗散结构和协同学都源于具体学科，耗散结构理论是物理和化学学科的研究成果，协同学是研究激光的成果，但普利高津和哈肯都敏锐地认识到它们的普遍意义，经他们本人及其学派，再加上整个系统科学界的努力，早先的自组织理论，已发展为"系统自组织理论"了。

（4）20 世纪 80 年代以后

20 世纪 80 年代以后，非线性科学和复杂性研究的兴起对系统科学的发展起了很大的积极推动作用。

国际学术界在 20 世纪 80 年代形成了研究非线性科学的热潮，系统科学特别关心一个系统的性能怎样随着时间变化，有没有稳定的终态；这在非线性动力学中就是有没有稳定的定常状态和分岔问题。任何系统都是一种稳态，非线性动力学中讨论的稳态大体有平衡、振荡和混沌，比过去只讨论平衡有了根本性的拓展，这就为研究系统的复杂形态提供了科学依据和方法。

20 世纪 80 年代中期，国际科学界兴起了对复杂性的研究，认为事物的复杂性是从简单性发展而来的，是在适应环境的过程中产生的。科学家们把经济、生态、免疫系统、胚胎、神经系统、计算机网络等称为复杂适应系统，认为存在某些一般性的规律控制着这些复杂适应系统的行为。他们这种认识体现了现代科学技术的综合趋势，反映了不同科学领域的共识。

（5）系统科学在中国的发展

系统科学和系统工程在我国的研究应用，早期是从推广应用运筹学开始的。随着系统工程在社会、经济、科学技术各个方面广泛开展研究应用，系统理论方面的基础研究也有了长足的发展。

20 世纪 80 年代中期，差不多在美国圣菲研究所开展复杂性研究的同时，由中国著名科学家钱学森教授的指导并参与，我国对社会经济系统等复杂系统也进行了研究，提炼与总结出开放的复杂巨系统概念，以及处理这类系统的方法论，即从定性到定量的综合集成法，并于 1990 年初正式发表了"一个科学新领域——开放的复杂巨系统及其方法论"，我国经过十多年的努力，开始在研究的前沿提出自己独创性的理论。这是我国开展系统科学与系统工程研究与应用的里程碑，在国际上也是前瞻性的成果。

20 年来，我国系统科学的研究和应用取得了重要的成就，为进一步的发展打下了坚实宽厚的基础。协同学创始人哈肯曾说"系统科学的概念是由中国学者最早提出的，我认为这是很有意义的概括,并在理解和解释现代科学,推动其发展上是十分重要的",并认为"中国是充分认识到了系统科学巨大重要性的国家之一"。这也表明了国际系统科学界对我国研究情况的一种肯定。

2. 系统工程的产生和发展

所谓系统工程,就是以系统的观点和方法为基础,综合地应用各种技术,分析解决复杂而困难问题的工程方法和工程实践。这些涉及大型复杂系统的工程实践问题包括系统的设计、组织的建立、系统的经营管理等。

在科学技术的体系结构中,系统工程属于工程技术。中国著名科学家钱学森教授指出:系统工程是组织管理系统的规划、研究、设计、制造、试验和使用的科学方法,是一种对所有系统都具有普遍意义的科学方法。系统工程是一门组织管理的技术。它所解决的系统问题包括各领域内已有系统的改造、新系统的建立等各种实用问题。总之,系统工程是以研究大规模复杂系统为对象的一门交叉学科,它是把自然科学和社会科学的某些思想、理论、方法、策略、手段等根据总体协调的需要,有机地联系起来;把人们的生产、科研或经济活动有效地组织起来,应用定量分析和定性分析相结合的方法与电子计算机等技术工具,对系统构成要素、组织结构、信息交换、反馈控制等功能进行分析、设计、制造和服务,从而达到最优设计、最优控制和最优管理的目的。系统工程要求最充分地发挥人力、物力的潜力,通过各种组织管理技术,使局部和总体之间的关系协调配合,以实现系统的整体最优化。

系统工程的兴起与管理问题密切相关。20 世纪 30 年代,美国贝尔电话公司在设计巨大工程时感到传统方法已经不能满足要求,提出和使用了系统概念、系统思想和系统方法这类术语。1940 年,他们在实施微波通信时首创了系统工程学,按时间顺序把工作划分为规划、研究、开发、开发研究、通用工程五个阶段,取得了良好的效果。第二次世界大战期间,系统工程在工程管理、军事国防系统中受到极大重视。由于战争的推动,系统工程和运筹学紧密地联系在一起,得到了迅速发展。第二次世界大战之后,这两门学科继续在军事等领域得到广泛的应用。如 1957 年,美国研制导弹核潜艇的北极星计划,原计划需要 6 年时间,由于运用系统工程方法,提前两年完成研究工作。在执行这个计划的过程中,又研制出计划评审技术(Program Evaluation and Review Technique,PERT)。又如,20 世纪 60 年代美国的阿波罗登月计划,涉及 40 多万人、120 所大学实验室和两万多家公司,共有 700 多万个零件,耗资 300 多亿美元。运用系统工程和运筹学方法,得以协调如此庞大的科学项目,节约了资金并提高了效率,于 1969 年提前实现了预期的目标。

2.3 系统工程

2.3.1 系统工程方法论框架

自然科学具有"描述性"(Descriptive),工程技术具有"规范性"(Prescriptive),而系统工程兼具这两种特性。除此之外,系统工程要解决包括社会系统在内的复杂系统问题,必须要考虑人的行为方面,得到人的响应。因而,系统工程又具有"对话性"(Interactive)的特点,注重讨论和沟通。需要进行沟通的人员包括系统工程人员、决策者、评论者和公众。"描述性"、"规范性"和"对话性"三者相互交织构成了富有特色的系统工程处理问题的基本程序和步骤,即系统工程方法论(或者系统工程的一般方法、一般工作程序)。典型的系统分析过程包括五个行动环节:阐明问题;谋划备选方案;预测未来环境;建模和预计后果;比较备选方案。整个分析过程可以归纳概括成阐明问题、分析研究、评价比较三个阶段。阐明问题阶段的工作结果是提出目标,确定评价指标和约束条件;分析研究阶段提出各种备选方案并预计一旦实施后可能产生的后果;最后的评价比较阶段将方案的比较结果提供给决策者,做出判断抉择的依据。

1. 阐明问题阶段

阐明问题需要分析研究目标结构、价值观念、约束条件、备选方案、方案后果、人们对后果的反应等。阐明问题的方法具有直观判断和定性的特点,对于后面的分析过程起着决定作用。典型的做法可以采用撰写书面文件的方法,即初期问题剖析报告和结束时的阶段结果报告。

(1) 问题剖析报告

问题剖析报告包括问题性质和问题条件两部分内容。"问题性质"报告主要是弄清各种相关联问题形成的问题域和它们的来龙去脉,即问题的结构、过程和势态。为此,系统工程人员必须广泛地和决策者、利益有关人员以及各界人士进行对话。系统工程人员通常在对话中提出下面一类问题:你认为存在什么问题? 为什么是个问题? 如何出现的? 什么原因引起的? 解决这个问题的重要性何在? 如何就这个问题进行系统分析? 可能得出什么结论? 这类行动会带来什么变化? 这个问题和哪些问题相牵连? 它是哪个更大问题中的一部分? 等等。通过对话,感受决策者及有关人员的情绪、价值观念,才有可能对问题的结构、过程和势态获得一幅生动的总体图像。在对话的基础上得出问题的性质描述,简明扼要地描述存在的问题,确定问题提出者和决策者,他们的价值观念,相关问题和环境等。问题的条件部分主要弄清解决问题所需资源,系统工程人员在对话过程中要问:涉及哪些资源分配问题? 谁分配? 分配者的职权、作用如何? 资源使用的监督、控制系统如何? 报告描述各种可利用的资源情况,以及相应的限制条件。

(2) 阶段结果报告

在问题剖析报告的基础上,便可着手撰写阶段结果报告。这项报告的主要内容包括:问题的由来和背景;重要性;可能采取行动的组织和个人;利益相关的组织和人员;目标、评价指标、约束条件、备选方案的初步描述和建议等。根据阶段结果报告,决策者可以看出解决问题的大体方向和领域,以便给与较多的支持。一般阐明问题阶段约占系统分析全过程时间的 20% ~25%。

(3) 目标

系统工程人员作为决策者的智囊,归根结底是帮助决策者达到真正的目标并找出适当的途径。理想的做法应尽早明确目标。问题还在于,即使决策者在分析开始就明确提出目标,也不能不加分析地采纳。

(4) 评价指标

评价指标用于衡量决策者对方案后果的满意程度。利用评价指标将方案排出先后次序。合理的评价指标应能反映方案后果达到目标的程度。

（5）约束条件

约束条件是对备选方案、后果和目标的限制。

在阐明问题阶段，不可能一次就把所有的约束条件都弄清楚，在系统分析的过程中随时都可以将发现的约束条件加入到问题中来。

2. 谋划备选方案

每项系统分析都需要比较多个备选方案。谋划备选方案包括方案的提出和筛选过程。提出方案有多种渠道。决策者或问题提出人的意见和设想是方案提出的渠道之一。备选方案的提出和形成有赖于系统工程人员的分析和概括能力、想象力、创造力以及对现实的深刻理解。方案的提出或者说方案的创造和设计是一项具有挑战性的工作，谋划方案的开始不要放过每一种可能的方案，只要不违背客观规律、常识和现有法律条款和政策的方案，因为，或许方案的优势可以改变现有的政策和规定。

备选方案的范围应由宽到窄逐步筛选。随着约束条件的发现以及方案效益的估计，有些方案可能明显地需要剔除。谋划方案的过程仍然是以定性为主，具体的定量分析可以到方案评价的时候再做。

为了达到系统工程问题解决的目标，对备选方案有以下一些特性要求。

① 强壮性，指在受到干扰的情况下，继续维持正常后果的程度。

② 适应性，是在目标经过修正甚至完全不同的情况下，原来的方案仍能适用。这在不确定因素影响大的情况下尤为重要。

③ 可靠性，是指系统正常工作的可能性。要求系统不出现失误，即使失误也能迅速恢复正常。

④ 现实性，即方案实施条件的充分性，决策者支持与否是关键，不能或只是可能得到支持的方案必须取消。方案实施的费用也是一个重要因素。

良好的备选方案是进行良好系统分析的基础。在系统分析的过程中自始至终需要而且可能发现新的更好的备选方案，这是得到出色分析结果的关键。

3. 建模和预计后果

每种备选方案都相应有一系列后果。这些后果都是用社会、经济、技术等方面的指标进行衡量，对于系统目标能否达到具有消极或积极的作用。由于现实的复杂性和系统工程人员的时间、精力和财力的限制，不可能全面考察方案在社会、经济、技术等方面的后果。因此，本阶段的首要"决策"就是确定应该预计哪些后果，其中哪一项最重要，后果的作用时期该考虑多久。

后果的产生是由客观环境条件决定的，后果的预计就应该研究和了解方案、环境和后果之间的关系，系统模型就是描述和预计方案行动和后果指标之间的关系的一种方式。实际上，不仅后果的预计，系统分析的其他阶段，包括阐明问题、谋划备选方案以及方案的评比，都需要建立模型。而预计后果的系统模型较之其他阶段的模型要重要的多，人们往往把系统工程的模型直接理解为本分析阶段的模型。一般来讲，给研究对象实体系统以必要的简化，用适当的表现形式或规则把它的主要特征描绘出来,这样得到的模仿品称为模型,对象实体系统称为原型。模型是人们为了研究原型而构造的,构造模型是为了研究原型。研究系统一般都是首先研究它的模型,有些系统只能通过模型来研究。按照构造模型的成分,有实物模型和符号模型之分。后者包括概念模型、逻辑模型和数学模型,其中,计算机模型是一种特殊的数学模型。

建模的技术主要有四类:分析、仿真、博弈和判断。前两种主要反映逻辑思维方式,后一种则主要反映直感思维方式。分析模型通常用数学关系式表达变量之间的相互关系。自然科学与工程技术都有应用分析模型的传统。运筹学中的排队、网络、搜索、库存等问题常用这种模型。仿真模型通过一系列逐步的或逐项的"伪试验",来测定有目的的行动的各种后果。所谓"伪实验",指的实验对象不是真实世界而是仿真模型。广义来说,任何一种模型都是仿真,但是系统工程和运筹学中的仿真具有特定的含义,系统工程中的仿真大多数处理随机系统,每次试验都产生不同的结果,统计分析这些结果便能算出各项后果指标。博弈模型,主要是解决涉及多个决策者的行为的模型,分析模型和仿真模型难以将人的行为用数学方程式或计算机程序表达出来,博弈模型则将人的因素贯穿在模型之中,将两者有机地结合起来。判断模型,是指通过个人隐形思维模型对后果进行判断。由于系统工程的多学科性质,需要依靠集体的判断。主要有德尔斐法(Delphi Technic)、专家调查法、情景分析法等。

建模是一项创造性的工作过程,很多时候是一个逐步完善的过程。第一步,选择合适的模型和筛选数据;第二步,确定模型的结构和参数以及编制计算机程序;第三步,应用和改进模型。由于模型不可能完全代替系统的行为,必然有一定的简化,并对数据进行筛选,需要处理好简化和筛选的程度问题,以更好地使模型符合显示系统地行为模式。

4. 预测未来环境

每项系统工程都需要预测各种备选方案的后果,而每种方案的后果都和方案实施的时候所处的环境有关。由于未来环境具有不确定性,所以环境的预测和后果的预测一样常常需要用到情景分析法。用情景分析法对未来环境进行预测时需要做出某种假设,对情景进行设定,通过一系列事件因果推理确定未来可能出现的几种状态。

5. 评比备选方案

方案的评比和方案的选择密切相关,但是在系统工程中,它们是由不同的人员来完成的:系统工程人员或者系统分析员、决策者。系统工程人员有责任对各种方案进行评估,并尽可能排出先后次序,决策者则具有选择的权利和职责。

2.3.2　霍尔的系统工程方法论

上面所叙述的系统工程方法论框架只是从系统工程解决问题的逻辑步骤角度进行的。系统工程作为系统科学在应用领域的发展,广泛用于解决社会、经济、管理以及各行各业的大型复杂的系统问题。随着现代系统思想兴起,系统工程方法有了更进一步的发展。学术界逐步将实践中用到的方法都提升到了方法论的高度。系统工程方法论因此而具有了更加深入的内涵。从哲学上讲,系统工程要求辩证地分析和解决组织管理所涉及的各种矛盾;从科学上讲,系统工程要求按照系统思想、观点和方法分析和处理组织管理所涉及的各种问题;从工程技术层次上讲,系统工程也区分各种不同类型的系统工程问题,出现了具有丰富内涵的系统工程方法论体系。现代系统工程方法论代表性的流派有:以兰德公司为代表的系统分析方法论、以霍尔(Hall)为代表的硬系统工程方法论、以 Checkland 为代表的软系统工程方法论、以钱学森为代表的从定性到定量的综合集成方法论。这里重点介绍霍尔的三维结构所代表的硬系统工程方法论。

1. 霍尔的系统工程三维结构简介

霍尔三维结构又称霍尔的系统工程,后人与软系统工程方法论对比,称为硬系统方法论(Hard System Methodology,HSM)。它是由美国系统工程专家、工程师霍尔(A. D. Hall)于1969年提出的一种系统工程方法论。霍尔的三维结构模型的出现,为解决大型复杂系统的规划、组织、管理问题提供了一种统一的思想方法,因而在世界各国和各领域得到了广泛应用。

霍尔三维结构概括了系统工程的一般过程,集中体现了系统工程方法的总体化、综合化、最优化、程序化和标准化的特点,是系统工程方法论的基础。它十分精辟地体现了系统科学的思想,包括系统的整体性观点、系统的完整性观点以及系统分析的观点。霍尔三维结构是将系统工程的全部过程按性质分为由时间维、逻辑维和知识维组成的立体空间结构。时间维划分为前后紧密相联的 7 个阶段,逻辑维划分为相互联系的 7 个步骤,在知识维上考虑为完成这些阶段和步骤的工作所需的各种专业管理知识,如图 2−9 所示。

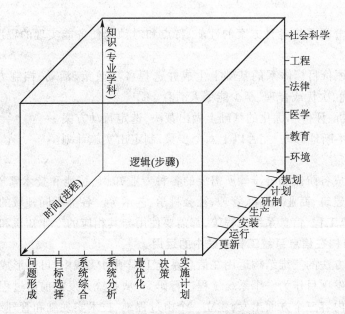

图 2−9　霍尔的系统工程三维结构图

(1)时间维

霍尔的三维结构将系统工程的全部过程从规划到更新分为七个阶段。

① 规划阶段,根据总体方针和发展战略制定规划。

② 计划阶段,根据规划提出具体的计划方案。

③ 研制生产,实现系统的研制方案,并做出较为详细而具体的生产计划。

④ 生产阶段,生产系统所需要的全部零部件,并提出详细而具体的安装计划。

⑤ 安装阶段,把系统安装好,做出具体的运行计划。

⑥ 运行阶段,系统投入运行,为预期用途服务。

⑦ 更新阶段,改进或取消旧系统,建立新系统。

（2）逻辑维

2.3.1 小节叙述的系统工程的工作过程分为五个步骤,这实际上类似于霍尔三维结构的逻辑维,只是二者步骤的多寡不同罢了。霍尔的三维结构将系统工程的每一个阶段在逻辑上分为所要经历的七个工作步骤。

① 问题形式,同提出任务的单位对话,明确所要解决的问题及其确切要求,全面收集和了解有关问题的历史、现状和发展趋势。

② 目标选择,确定任务所要达到的目标或各目标分量,拟定评价标准,用多目标决策方法设计评价算法,组成评价指标体系。

③ 系统综合,拟定能完成预定任务的系统结构,建立模型,拟定政策、活动、控制方案和整个系统的多种方案。

④ 系统分析,分析系统各种方案的性能、特点和对预定任务能实现的程度以及在评价目标体系上的优劣次序。

⑤ 最优化,在评价目标体系的基础上生成并选择各项政策、活动、控制方案和整个系统方案,尽可能达到最优、次优或合理,至少能令人满意。

⑥ 决策,在分析、评价和优化的基础上做出裁决,选定行动方案。

⑦ 实施计划,不断地修改、完善以上六个步骤,制定出实施计划。

（3）知识维

知识维表示完成各阶段和各步骤所需要的各种专业知识、技能和技术素养。霍尔把这些知识分为工程、医药、建筑、商业、法律、管理、社会科学、艺术等。各类不同领域的系统工程,如军事系统工程、经济系统工程、信息系统工程等,都需要使用与其相应的专业知识和技术。

2. 霍尔三维结构在信息系统工程实践中的运用

霍尔系统工程方法的三维结构运用在信息系统工程项目实践中,可以形成如下所述的模型。

把信息系统开发项目作为一个系统工程进行研究,从系统开发的前后过程、技术实现的逻辑步骤和管理活动的内容三个方面出发,建立一个由过程维、技术实现维和管理维组成的三维结构模型。首先,将传统的信息系统开发的生命周期作为一维,称为过程维。这一过程是前后衔接的,严格按照结构化开发方法的顺序要求,划分为需求分析、系统设计、程序设计和编码、单元/集成测试、系统和验收测试、运行和维护（含培训、数据准备、初始化等上线准备工作）等阶段,它们组成项目的一个连续且相对独立的开发过程。其次,从技术实现角度,将系统开发工作分成几个逻辑部分:包括物理平台(通常包括网络系统、服务器、PC等物理层面的条件)、软件技术平台(通常包括操作系统、数据库、开发工具等)和项目管理辅助工具,构成技术实现维。最后,从管理角度,分析软件项目管理的各层面管理(范围管理、时间管理、成本管理、质量管理、人力资源管理、沟通管理、风险管理、采购管理、综合管理),构成管理维,如图2-10所示。

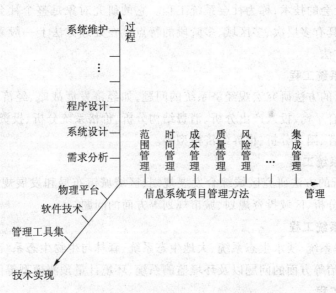

图2-10　信息系统开发工程三维结构模型

这样,整个信息系统开发过程就构成了一个在时间上具有连续完整性,在逻辑上硬件、软件和工具集能够相互配合,在管理活动上内容全面的一个符合系统工程思想的三维结构模型。

2.3.3　系统工程的应用

系统工程(Systems Engineering)作为系统科学的一个分支,是系统科学的实际应用。系统工程现在多用于解决各种复杂系统问题的各个方面,包括人类社会、生态环境、自然现象、组织管理等,如环境污染、人口增长、交通事故、国防工程、化工过程、信息网络等。系统工程以大型复杂系统为研究对象,按一定目的进行设计、开发、管理与控制,以期达到总体效果最优的理论与方法。系统工程是一门工程技术,但是,系统工程又是一个包括了许多类工程技术的大工程技术门类,涉及范围很广,不仅要用到自然科学的数、理、化、生物等学科,还要用到社会学、心理学、经济学、医学等与人的思想、行为、能力等有关的学科,其中尤其需要应用自动化技术。系统工程所需要的基础理论包括运筹学、控制论、信息论、管理科学等。

系统工程这个名词第一次应用是在1940年,美国贝尔实验室研制电话通信网络时,将研制工作分为规划、研究、开发、应用和通用工程五个阶段,提出了排队论原理。1940年美国研制原子弹的曼哈顿计划应用了系统工程原理进行协调。自觉应用系统工程方法而取得重大成果的两个例子是美国的阿波罗登月计划和北欧跨国电网协调方案。系统工程还可以用于化工生产设计过程优化控制、信息网络运营等多个方面。目前许多大学已开设系统工程专业。

系统工程的应用几乎遍及工程技术和社会经济的各个方面,在以下各方面的应用更为卓著。

1. 社会系统工程

组织管理全社会的技术,称为社会系统工程。它的研究对象是整个社会、整个国家,是一个巨系统。因此,它具有多层次、多区域、多阶段的特点。在处理方法上一般采用多级递阶结构和多阶段动态规划方法。

2. 宏观经济系统工程

运用系统分析的方法研究宏观经济系统的问题,如经济发展战略、经济战略目标体系、宏观经济规划、计划综合平衡、投入产出分析、消费结构分析、价格系统分析、投资决策分析、经济政策分析、资源最优配置、国力分析、世界经济模型等。

3. 区域规划系统工程

运用系统分析的方法研究区域综合发展规划、区域城镇布局和发展规划、区域资源合理利用、区域产业结构分析、区域投资规划、城市规划等方面的问题。

4. 环境生态系统工程

研究大气生态系统、淡水生态系统、大地生态系统、森林与生物生态系统、城市生态系统的分析、规划、建设、防治等方面的问题以及环境监测系统、环境计量预测模型等问题。

5. 能源系统工程

研究能源合理结构、能流图、能源需求预测、能源供应预测、能源开发规模预测、电力系统规划、节能规划、能源生产优化模型、能源数据库等问题。

6. 水资源系统工程

研究河流综合利用规划、农田灌溉系统、城市供水系统、城市下水道系统、水能利用规划、防洪规划、水污染控制、水运规划等问题。

7. 交通运输系统工程

研究铁路运输规划、铁路调度系统、公路运输规划、公路运输调度系统、航运规划、航运调度系统、空运模型、航空调度系统、综合运输规划、运输效益分析、运输优化模型等问题。

8. 农业系统工程

研究农业发展战略、农业结构分析、农业综合规划、农业区域规划、农业政策分析、农业投资规划、农产品需求预测、农产品发展速度预测、农作物栽培技术规划、农作物合理布局、农业系统的多层次开发等问题。

9. 工业及企业系统工程

研究工业动态模型、市场预测、新产品开发、组织均衡生产、工业系统存储模型、生产管理系统、计划管理系统、全面质量管理、成本核算系统、财务分析、人机系统工程、计算机管理信息系统等问题。

10. 工业项目管理系统工程

研究工业项目的总体设计、可行性研究、国民经济评价、工程进度管理、工程质量保障体系、可靠性分析、工业系统评价等问题。

11. 科技管理系统工程

研究科学技术发展战略、科学技术预测、优先发展领域分析、科学技术长远发展规划、科学技术评价、科技管理体制、科技人才规划等问题。

12. 智力开发系统工程

研究人才需求预测、人才拥有量模型、人才规划的系统分析方法、教育规划模型、智力投资模型、人才素质及人才结构分析、教育政策分析等问题。

13. 人口系统工程

研究人口总目标、人口指数、人口指标体系、人口系统数学模型、人口系统动态特性、人口参量辨识、人口系统仿真、人口普查系统设计、人口预测模型、人口政策分析、人口区域规划、人口系统稳定性、人口系统控制、人口模型生命表等问题。

14. 军事系统工程

研究国防战略、作战模型、情报通信组织与指挥系统、参谋系统、武器装备发展规划,一体化后勤保障系统、国防经济学、军事运筹学等问题。

2.3.4 系统工程发展的展望

20 世纪 60 年代以来,系统工程在理论上和实际应用方面都得到了巨大发展,引起了社会的广泛重视。当代系统工程发展具有以下趋势。

1. 系统工程作为一门交叉学科日益向多种学科渗透和交叉发展

自然科学和社会科学的相互渗透,日益深化,为了使科学技术和经济、社会得到最优协调发展,需要社会学、经济学、系统科学、计算机科学与技术、控制理论与技术等众多学科的综合应用。

由于社会系统的规模日益庞大,影响决策的因素日益复杂,在决策过程中有许多不确定的随机因素要考虑,因此,现代决策理论和方法有了很大发展。在现代决策理论中不仅应用数学方法,还应用了心理学和行为科学,同时,还广泛应用了计算机这个工具,从而形成决策支持系统。随着人工智能技术的发展,人们又发展了以计算机为核心的专家系统。由于现代管理科学的发展,日益依靠现代计算机科学和通信技术的现代化而形成了多种形式的管理信息系统和远距离通信网络系统。

2. 系统工程作为一门软科学日益受到人们的重视

从 20 世纪 70 年代开始,社会上出现了一种从重视硬技术转向重视软技术的变化。人们开始从研究"物理"扩展到研究"事理",后来又开始探讨"人理"。对系统的研究也开始从研究"硬件"扩展到研究"软件",近年来又开始探讨"干件"(Orgware),即协调硬件和软件的技术,国外近年来还有人提出要探讨"人件"(Human-ware),即探讨人类活动系统。

在 20 世纪 50 年代到 20 世纪 60 年代末,由于定量方法的发展和计算机的广泛应用,使不少社会经济问题和管理问题有了科学计算的具体方法,并可以具体求出它的最优解决方案,推动了运筹学和系统工程的发展,也推动了管理科学中定量学派的崛起,人们不再满足那些只凭经验管理和定性分析的方法。但是到了 20 世纪 70 年代中期,一些有远见的学者已经感觉到"过分定量化"、"过分数量化"会给运筹学和系统工程的应用带来副作用,有些人满足于数学公式的推导本身,而忽视了最有生命力的源泉——实际问题本身。著名运筹学专家丘奇曼(C. W. Churchman)说:"在大多数的大学中,运筹学成了学术性的'模型',而不是现实世界的'模型',研究的兴趣是算法,他们向管理者提供的是由模型表达的特定问题的解,这正好与当时提出的目的背道而驰。"20 世纪 80 年代中期,管理科学家中也有人认为现在的管理学院太偏重于理论和定量方法,这样培养出来的毕业生成了眼光狭窄的技术型干部,缺乏处理人际关系和进行人际沟通的才能,于是开始增设了一些"软"课程,从公共关系到了解领导艺术和谈判技巧等。美国哈佛大学管理学院院长也承认,哈佛大学管理学院的毕业生也是精于靠数据做决策,可是如何使顾客满意,如何激励职工的积极性等本领却学得不够。

系统工程等一类软科学所研究的系统对象,往往可以分为"软系统"和"硬系统"两类。所谓的"硬系统"一般是偏工程的、物理型的,它们的机理比较明显,因而比较容易用数学模型来表述,有较好的定量方法可以计算出系统的行为和最优解。这类"硬系统"虽然结构良好,但是常常由于计算复杂、计算量太大,需要高速、大容量计算机,计算费用太昂贵等,而不得不采取一些软处理方法,如人机对话方法、启发式方法等,把人的经验判断加进去,使得组合优化、非线性优化等复杂问题加以简化。

所谓"软系统"一般是偏社会的、经济型的,它们的机理一般并不清楚,比较难以完全用数学模型来表述,而常用定量和定性相结合的方法来处理问题。"软系统"的一个主要特点是在系统中加进了人的因素,吸取了人的判断和直觉。

对于"软系统",人们为了求解方便,常常用近似的硬系统来代替。例如,耗散结构理论就是用热力学的某些原理来解释社会现象,当然因此而算出的最优解不是原问题的最优解,但是可以用这种方法去逼近,由决策者根据经验来决定解的取舍。当然这种解也就谈不上最优解,一般只能是满意解。这种"软系统"的"硬化"处理,首先是把某些定性问题定量化,然后采取定量为主、定性为辅的方法来处理。

3. 系统工程的应用领域日益广泛,进而推动系统工程理论和方法不断深化发展

近年来,系统工程的应用从工程系统日渐向社会系统、经济系统扩展,发展战略和区域社会经济发展规划是大家非常关心的应用领域。广泛的应用要求更多创新的方法来解决复杂的实际问题。近年来,模糊决策理论、系统动力学(System Dynamics)、层次分析法(Analytical Hierarchy Process)、情景分析法(Scenario Analysis)、冲突分析(Conflict Analysis)、多相系统分析(Multiple Perspective Analysis)、计算机决策支持系统、计算机决策专家系统等方法层出不穷,展示了系统工程广泛的发展远景。

2.4 案例分析

上海永新彩色显像管物资管理信息系统案例

用现代化的手段实施物资管理系统的目的在于能根据企业总体生产经营目标,对物料资源进行合理的导向和配置,并以经济核算的手段反映、监督生产制造过程中的物资流向,为企业求得最佳经济效益提供保证。

1. 项目背景

上海永新彩色显像管有限公司(下简称永新彩管)是国内彩管行业的大型企业,也是国内较早采用计算机辅助管理的企业之一。为引进国外先进的管理,提高公司劳动生产率,公司在1992年引进IBM公司的AS/400小型机,操作系统AIX 2.10,MRP软件选择了SSA的BPCS 2.0。由于软件功能与企业本身的管理不相适应,公司先后与SSA、启明等公司合作对系统进行了改造,以满足管理要求。但对系统的改造最终仅完成了库存模块,而此时项目投资已近百万美元,又逢系统软、硬件升级,需追加投资数十万美元。由于未能收到预期的管理效益,同时鉴于专用系统的昂贵费用,在这样一种情况下,公司中止了该项目。在项目实施的几年中,公司在企业管理的整体规划、日常业务的规范化方面做了很多工作,积累了丰富的经验。为了进一步推动公司的计算机管理,汲取前一次项目的经验,公司决定以定制的方式开发企业管理信息系统,从企业内部物流管理着手,与上海讯博软件有限责任公司签订了开发物资管理系统的合同。

2. 系统设计思想

物资管理是制造型企业生产经营管理过程中极其重要的环节。永新彩管物资管理系统的总体设计充分吸收MRPⅡ的成功经验,依据永新彩管物资管理业务流程和相关业务管理的总体需求,面向先进的Internet/Intranet企业网络信息技术,是面向用户、面向应用、安全开放、可扩展、数据资源可共享的应用系统。它是永新彩管计算机网络应用的典范,是永新彩管现代化管理水平迈上新台阶的重要体现。

整个永新彩管物资管理系统功能上能通过计算机网络及时、完整、准确地反映整个物流过程,及时提供物资的采购、发料、库存和资金情况,随时让有关人员掌握物流信息,实现各类物资管理信息操作、维护、查询、统计、分析、打印,并为其他业务管理提供接口和信息共享。

3. 系统结构

永新彩管物资管理系统分为基础信息管理、数据接口管理、物资供应管理、供应查询管理四大模块及系统管理子系统,其中,物资供应管理模块包括采购计划、合同管理、发料计划、库存管理、单耗考核5个模块。

4. 系统功能

(1) 基础信息维护

录入系统执行日常业务、数据处理、数据分析、信息查询所需的基础数据,如操作人员、部门划分、物资及分类、财务、客户供应商、产品、仓库等。

（2）数据接口管理

从生产实时系统转入各部门、各产品、各生产工序的各原材料盘点数据、各在制品盘点数据，用于单耗考核、发料计划等。

（3）物资供应管理

整个物资管理系统的业务核心，根据对采购、合同、发料、库存、单耗考核的业务管理和流程控制，形成链式、环状物流管理系统。

（4）采购计划管理

根据结转库存、结转在途合同、生产计划、采购定额生成主要材料采购计划（采购单/国产、询价单/进口），根据采购申请、库备申请，审核生成辅助材料采购计划（采购单/国产、询价单/进口）。根据合同执行情况、采购单/询价单入库处理采购计划完成情况。

（5）合同管理

采购员根据采购计划签订采购合同，录入采购合同，根据合同入库处理合同执行情况。

（6）发料计划管理

根据生产计划、原材料盘点、在制品盘点、单耗考核、发料定额生成发料计划（定额计划/主要材料、资金计划/辅助材料），根据库存领料处理发料计划执行情况。

（7）单耗考核管理

根据原材料盘点、在制品盘点、产品结构、生产工序计算物资生产单耗、工序合格率。根据累计单耗（按时间段，如按年）调整采购定额、发料定额。

（8）供应查询管理

根据日常业务处理，对各业务数据进行数据处理、报表汇总、数据分析、信息查询等。

（9）系统管理子系统

管理系统操作权限，根据业务划分、操作人员工作性质设立工作组，分配相应的权限，将各操作人员划归相应的工作组，或者根据操作人员的特殊工作性质，另行为其单独分配权限。

5. 系统环境

系统服务器采用 HP Pro 200，网络操作系统采用中文版 Windows NT 4.0，系统数据库采用企业级数据库 Sybase 11.0。系统基于永新公司企业局域网，提供开放的客户机/服务器应用操作。目前，系统主干网为 100 Mb/s 交换，客户端采用 10/100 Mb/s 共享，其中，朱漕路仓库采用无线网技术与数据中心实现互连。随着即将进行的网络改造工程，系统主干网升级为千兆以太网，部门为 100/1 000 Mb/s 交换，客户端真正实现 10/100 Mb/s 网络传输速率，服务器将升级为 Xeon 多 CPU 的企业级服务器或小型机，为系统提供完善的企业级应用平台。

6. 技术特点

① 先进的体系结构：系统采用开放式客户机/服务器模式。

② 快速的数据响应速度：日常业务、一般性查询响应时间在 5 秒以内，复杂大规模汇总查询响应时间在 3 分钟以内，大规模集中式数据处理响应时间在 1 小时以内。

③ 强有力的数据库：后台数据库采用国际先进的企业级数据库 Sybase 11.0。

④ 先进、高效的开发工具：系统物理模型和数据库设计采用 Power Designer，系统应用开发为面向对象的 4GL 语言 PowerBuilder。

⑤ 友好的操作界面：人机界面的开发工具是面向对象的第四代编程语言 PowerBuilder 5.0，操作简便、直观、友好、可视性强。

⑥ 实用性强、可扩展性好：系统设计立足于整体的管理框架和结构，面向未来管理的发展和完善，系统的使用周期长、适应性好。

⑦ 具有较高的安全性和可靠性：系统通过服务器权限、数据库权限、操作权限等多机权限管理，通过数据库备份系统、网络防杀毒系统、网络管理软件系统保障了系统的安全性、可靠性。

⑧ 具有远程访问特点：系统提供远程访问服务，通过远程拨号登录，进行业务处理。

7. 管理实现

永新彩管物资管理系统实现了对物资的全面管理、物资流程的全过程监控，根据企业总体生产经营目标、管理目标，对物资资源进行合理的导向和配置，优化物资流程，提高资源利用率，并以经济核算的手段反映、监督物资消耗，为企业实现最佳效益提供保障。

通过物资系统，实时掌握整个公司各生产车间、职能部门对物资的消耗信息，实时了解采购入库、领料、物资库存、采购计划、发料计划、单耗考核、合同等有关信息，为第一时间进行管理、决策、控制提供了必要、科学的信息和依据。

物资管理系统根据物资流程组织管理，彻底改变了以往各生产车间、职能部门自成一体的管理模式，各生产车间、职能部门成为物流过程的各个环节，是物资管理的有机组成部分，各环节协调一致、紧密合作，完成对整个物流的管理、控制。这一转变，使永新彩管的管理更上一层楼，提高了管理、决策、控制的有效性、协调性、一致性和效率性。同时，物资系统的成功应用、永新彩管相应管理的成功调整，为永新彩管其他管理业务的改进，其他管理系统的建立，起到了良好的范例效应。

物资系统的成功应用，极大地提高了工作效率，各业务环节的工作简单化、程式化，如同生产流水线，大大简化了日常业务、管理工作、节省了日常业务、管理工作时间，减少了对工作人为的、主观的不利因素，使管理人员从日常业务工作中脱离出来，去从事数据、信息的收集、统计、分析，为管理、决策、控制提供更为及时、科学、准确的依据，或者考虑更深层次的管理问题，促使管理改进、业务流程优化更进一步。

物资系统提供了大量、丰富的查询、汇总、分析功能，针对不同管理和业务人员，系统提供了多角度、多层次的有关物资流程的各类详尽信息分析。通过对采购入库、领料、物资库存、采购计划、发料计划、单耗考核、合同等动态执行情况的实时掌握，系统基于对基本业务数据各角度详尽地处理和分析，为企业的决策和管理提供了多层次、多方位、科学的信息和依据，使决策和管理更科学、更有效、更具可操作性，时效性更强。强大的信息处理、分析，实时、同步的物流控制，使决策、管理人员能在第一时间下达准确的决策，保障了物资流程最优化、资源组合最优化。

8. 结论

系统思想是系统工程的精髓,系统分析是系统工程的核心。开发一个新的管理信息系统用以代替原有的管理系统是一个系统工程,需要用系统思想指导开发工作才能实现工程的目标。公司原有的系统尽管投入了上百万美元的巨资,但效果仍然不能满足管理的要求,原因是多方面的。但是没有把系统改造当作一个系统工程进行很好的系统规划和分析是其重要的原因。把管理信息系统开发当作一项系统工程来做,就是运用系统的思想,重点搞好系统分析,充分掌握所需要的管理信息系统的综合资料,才能选择好系统方案,为现有的管理活动提供量身定做的管理系统。然后在系统设计阶段,进一步贯彻成功的系统设计思想和理念,成功的系统实现就有了基础。

管理信息系统之所以构成一个系统,必须具备三个要素:系统的诸部件及其属性、系统的环境及其界限、系统的输入和输出。不是光在名字上加上"系统"二字就行了,需要在系统分析的基础上,明确系统的目的、功能、结构、环境,一个也不能少,而且每一个都要得到充分的理解、描述,才能进一步建立模型加以实现。这样所得到的管理信息系统,其使用效果和管理实现就是水到渠成得了。

(本案例来源天极网,作者不详,http://solution.chinabyte.com/163/2471663_1.shtml)

案例思考题

1. 你认为永新彩管公司投入百万美元巨资开发物资管理系统,却不能满足管理要求的具体原因是什么?
2. 结合案例充分理解系统的目的、功能、结构、环境,以及如何运用系统工程的方法开发管理信息系统。

习   题

1. 什么是系统?系统的定义方式有哪几种?它们有什么区别?
2. 怎样理解系统的结构、功能、目的和环境?
3. 简述系统的构成。
4. 什么是系统工程?系统模型和现实系统的区别和联系是什么?
5. 简述系统工程的工作过程。

第3章
管理信息系统

随着企业竞争的日益加剧,跨地区、跨组织和跨部门的合作越来越紧密,管理信息系统(Management Information Systems,MIS)为了应对这种复杂的管理挑战,已经深入到企事业单位管理工作的方方面面,在现代组织中发挥着不可替代的作用,成为组织生产、经营和管理活动的基础,是提高生产率的重要工具,也是获得市场机会和战略优势的有力武器。然而,管理信息系统的开发、应用和维护是一项复杂的系统工程,要建设好管理信息系统,首先要理解管理信息系统的基本概念,掌握管理信息系统与相关学科关系方面的知识。

本章从多维视角讨论管理信息系统的定义和系统结构,介绍管理信息系统与相关学科的关系,最后,讨论管理信息系统的发展趋势。

3.1　管理信息系统

3.1.1　管理信息系统的定义

管理信息系统概念和其他管理学的概念一样,不同的学者专家有不同的定义。追溯到1961年美国学者 J. D. Godllagher 在电子数据处理系统(EDPS)的基础上,首次提出了管理信息系统概念,他认为管理信息系统是以计算机为中心、数据处理为导向的综合系统,实际上在这个时代计算机还没有在组织的管理中得到成功的应用,这个概念的提出具有前瞻性和创新意义。1970年,瓦尔特·肯尼万认为管理信息系统是以书面或口头的形式,在合适的时间向经理、职员以及外界人员提供过去的和现在的、预测未来的有关企业内部及其环境的信息,以帮助他们决策。显然,这个定义在广义上说明了对于任何组织,即使没有计算机,也存在着管理信息系统,组织的数据处理和信息的传递依靠手工、口头或书面的形式完成,强调信息对管理决策的支持作用。

20 世纪 70 年代,随着计算机在组织的管理工作中应用范围越来越广,美国明尼苏达大学卡尔森管理学院的高登·戴维斯(Gordon B. Davis)教授将管理信息系统定义为"一个利用计算机、手工作业、数据库,进行分析、计划、控制和决策的人机系统。它能提供信息,支持企业或组织的运行、管理和决策功能"。这个定义说明了管理信息系统是由计算机技术、信息处理技术和人员所组成的综合系统。

1996 年劳登(Laudon)在其所著的《管理信息系统》中,从技术和管理的角度描述了管理信息系统的定义:在技术上,管理信息系统为支持组织中管理决策和控制职能,进行信息收集、处理、存储和分配的相互关联部件的集合;在管理上,管理信息系统是企业组织为应对竞争日益多变的环境挑战,提供的一个解决方案,这是一个以信息技术为基础的组织管理解决方案。这个定义说明了环境对组织提出了挑战,组织只有应用信息科技改善管理环节,并以管理信息系统为手段,提供全面的解决方案。

Wiki 百科全书认为管理信息系统是一个以人为主导的,利用计算机硬件、软件和网络设备,进行信息的收集、传递、存储、加工、整理和应用的系统,以提高组织的经营效率。很明显,这个定义强调了人在信息系统中的主导作用,以及运用计算机等现代信息技术进行信息管理,辅助组织经营决策。

黄梯云教授对管理信息系统的定义是:"管理信息系统通过对整个供应链上组织内和各个组织间的信息交流管理,实现业务整体优化,提高企业运行控制和外部交易过程的效率",这个定义反映了互联网技术和电子商务技术在企业中得到了深入的应用,管理信息系统成为企业内部业务流程和外部商务流程集成的综合管理平台,管理信息系统的应用范围也已经跨越了一个组织或企业的边界。

朱镕基主编的《管理现代化》一书中将管理信息系统定义为:"管理信息系统是一个由人和机械组成的系统,它从全局出发辅助企业进行决策,它利用过去的数据预测未来,它实现企业的各种功能情况,它利用信息控制企业行为,以期达到企业的长远目标"。这个定义纠正了认为管理信息系统就是计算机简单应用的错误想法,强调了计算机只是管理信息系统的一个工具,其目的在于支持企业的长远发展目标。

薛华成教授对管理信息系统的定义是:"管理信息系统是一个以人为主导,利用计算机硬件、软件、网络通信设备以及其他办公设备,进行信息的收集、传输、加工、储存、更新和维护,以企业战略竞优、提高效率为目的,支持企业高层决策、中层控制、基层运作的集成化的人 – 机系统",这个定义重点强调了人在信息系统中的重要性,同时,表明管理信息系统对于各管理层的支持作用是不同的。

结合以上中外学者的观点,不妨进一步给出管理信息系统的一般定义:

管理信息系统是一个以人为主导,以管理科学、信息科学、系统科学和计算机科学为理论基础,充分利用计算机信息技术,实现信息的收集、处理、传输、存储、使用、更新、维护等管理工作,为企业高层决策、管理计划、中层控制和基层运行提供信息,以支持企业提高工作效率和实现战略目标的人 – 机系统。

总结归纳一下管理信息系统的特点，可以更好地理解它的内涵。

① 管理信息系统是企业为了应对环境的挑战，根据组织的工作流程和管理模式，充分应用信息技术，构建的信息化前提下的企业全面解决方案，如图 3-1 所示，反映了管理信息系统与信息技术、管理模式、组织流程间的关系。

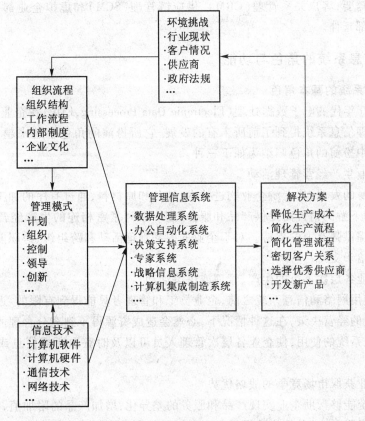

图 3-1 管理信息系统概念图

② 管理信息系统是一个受多学科发展影响的系统，它综合运用系统工程的方法、信息和计算机技术解决企业的管理问题。管理方法选择和管理模型建立是开发管理信息系统首要考虑的重要工作，管理模型需要符合企业特点与需求，并结合现实的社会环境确定。

③ 管理信息系统分别从业务处理层、中间运行层、管理计划层和战略决策层这四个不同层次来实现科学管理，能在正确的时间、正确的地点为相应人员提供所需的信息，以提高工作效率和管理水平，另外，现代企业还要随着内外环境的变化调整业务流程，因此，管理信息系统必须是一个动态变化的系统，能适应外界环境的变化。

④ 管理信息系统对各部门的数据进行综合管理，从数据的收集到使用维护，采用规范化管理措施，确保数据的正确性与实时性，实现各个层次上业务的有效沟通。

⑤ 管理信息系统不仅仅是一个只包括计算机科学的技术系统,而且是把人包括在内的人－机交互系统,应具有灵活的人—机互动能力,便于操作与维护的人—机界面,人是管理信息系统开发成败的主要因素。

⑥ 随着企业经营管理模式的进步,局限于企业内部管理的 MIS 已经不能满足用户适应企业市场环境变化的需要,客户关系管理(CRM)、供应链管理(SCM)和虚拟企业都要求管理信息系统功能向企业外部延伸。

3.1.2　管理信息系统的角色与功能

1. 管理信息系统的基本角色

从 20 世纪 60 年代的电子数据处理(Electronic Data Processing,EDP)在企业得到成功的应用后,时至今日,管理信息系统得到了前所未有的发展,它所扮演的角色也越来越多。可以把管理信息系统在企业中扮演的角色归纳为如下三种。

(1) 支持企业生产经营管理活动

企业为了自身的发展,从上游企业购进技术、装备和原材料,通过有序的加工,生产出具有自身特征的产品,为下游的销售商提供产品和服务,这一系列紧密相连的生产经营管理过程,都需要管理信息系统提供强有力的支持。对于企业的内部管理活动和跨组织、跨职能的管理活动,管理信息系统同样给予支持。

(2) 支持企业各层次人员的生产、管理或决策活动

在企业中,使用网络和信息系统之前,企业员工和管理者只能得到有限的、迟延的、不准确的信息,影响了企业的经营决策,在这种情况下,必然会造成资源得不到充分合理的使用,降低了企业的效益,而信息系统的使用,使企业各层次管理人员可以及时获取所需信息或发布信息,提高了企业管理水平。

(3) 支持企业获取市场竞争的战略优势

管理信息系统能够帮助企业实现产品和服务的差异化,增加产品的附加值,提供比竞争者成本更低的产品或者服务,或者是能够提供与竞争对手相同成本但价值更高的产品或服务,从而对企业产生战略影响。

2. 管理信息系统的基本功能

管理信息系统应用于企业管理的方方面面,它在企业管理过程中扮演的各类角色是通过一定的功能得以充分体现。过去的几十年里,管理信息系统成为企业变革的重要组成部分和主要的推动工具,使企业管理更加透明化、扁平化和实时化,从根本上改变了企业获取经济效益的模式。

组织是相关人员为了实现共同目标而组成的群体关系,是一种正式的稳定的社会结构,例如,政府、公司、非赢利性质的组织机构等,它们从环境中吸收资源,经过加工处理后,输出产品或服务来完成其特定的功能。

企业管理的任务是通过有效管理企业所拥有的人、财、物等资源,协调供应、生产、销售等环节生产产品或服务来实现企业目标的过程,如图 3－2 所示;企业运作过程中,物流是单向的,企

业从供应商获取原材料、组织生产(原材料形式或形态的转变)、销售产品给销售商;资金流相对于物流是逆向的,企业销售部门从销售商那里回笼资金和生产部门进行结算,生产部门和供应部门结算,原材料供应部门和供应商结算,企业在整个资金链的流动过程中,获得利润;信息流是双向的,伴随着这些物资和资金的流转和生产活动的进行,产生了大量的信息,这些信息记录着企业的生产经营情况,因此,信息是企业管理中的一项极为重要的资源。管理信息系统把各种数据收集、组织和控制起来,经过加工处理转化后,成为企业各部门管理工作有用的信息,这对管理人员做出正确决策具有重要意义。

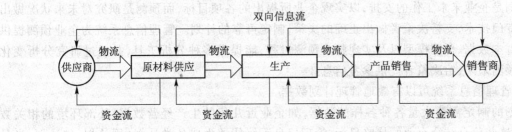

图 3 − 2　物流、资金流和信息流之间的关系图

　　企业管理主要包括计划、组织、领导、控制和创新这五个方面的职能,其中任何一个职能的实施过程都离不开管理信息系统支持,两者之间的关系,见图 3 − 3。下面详细讨论管理信息系统在企业管理职能实现过程中体现的基本功能。

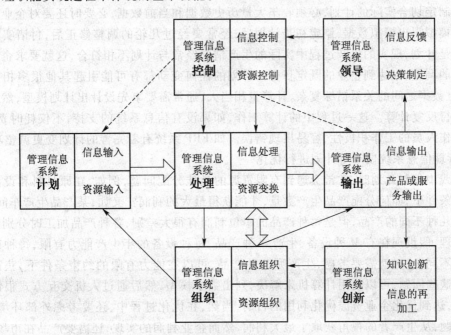

图 3 − 3　信息系统和管理职能关系图

（1）管理信息系统支持企业的计划职能

计划是管理工作的开始，也是信息系统的输入信息过程，计划工作的具体内容是要对未来工作以及资源的分配进行安排和部署，受控于企业资源的状况和组织形式，它是企业管理活动的桥梁，它把企业的资源输入到资源输出有机地联系起来，为组织、控制、领导、创新等工作提供坚实的基础，给企业指明实现目标的正确道路。

管理信息系统对计划工作的影响主要包括以下几个方面。

1）管理信息系统支持企业对未来的预测

计划是企业未来工作的安排，以实现企业所提出的各项目标，而预测是研究对未来状况做出估计的专门技术，支持决策者做出正确的决策，制定可靠的计划。管理信息系统为企业预测提供准确的基本数据、预测模型以及实现整个预测过程，能提供多种分析工具，并通过研究分析变化的趋势预测未来，给决策者提供参考信息。

2）管理信息系统可以有效地管理计划数据

计划的制定需要大量各种各样的数据，如企业近几年的生产经营数据、外部环境的相关数据，根据这些信息结合企业的战略目标，管理信息系统能够生成各类计划（周计划、旬计划、半月计划、月度计划、季度计划、半年计划、年度计划等短期计划）；对于企业的长远的战略计划，管理信息系统能够给出各类信息予以支持。管理信息系统的使用使得企业的计划数据得以在各种数据库中快速准确地存取和维护，进而大大提高企业的生产调度系统的效率。

3）管理信息系统支持计划调整

为了制定切合实际的计划，必须收集大量历史数据和当前数据，必要时还要对企业未来运作状况进行模拟得出模拟数据，制定初步计划后，经常要经过几轮的调整修正后，付诸实施。然而计划毕竟是计划，现实的生产过程中实际的生产情况经常与计划不相符合，这就要求企业对计划进行适当的调整，以达到企业的既定目标。计划的任何变动都有可能引起其他很多相关数据的变动，并且数据之间的关系错综复杂，计算量相当大，通常需要事先设计出计划模型，然后输入大量数据进行反复计算。这一过程中的计算工作，如果没有信息系统的支持，不仅耗时费力，而且还影响工作人员的工作积极性，容易出现错误。如ERP系统有着完善的计划变更调整功能。

4）管理信息系统便于对计划进行优化

在实践中编制计划时，常常会遇到有限资源的最佳分配问题，例如，在原材料和设备生产能力允许的条件下，如何分配产品生产数量，才能获得最大的利润？又如，某产品生产车间，技术上允许生产几种不同的产品，但是每种产品的单位利润有很大差别，各种产品加工时分别经过不同的设备处理，假设现在有 M 种设备，生产 N 种产品，每种设备的年生产能力有限，每种产品的单位利润也不同，这时就需要考虑，生产哪几种产品，可以在能力有限的约束条件下，获得最大利润？对于这些问题，可以使用计算机来解决，列出数学模型，然后通过人机交互方式很快就可以得到答案，达到优化企业资源优化利用的目的，当然，在优化过程中，还要考虑外部环境的影响，如前述问题，从生产者的视角获取了最大利润，然而企业利润的实现，还需要产品在市场上，完成销售过程，否则，优化后的计划是很难实施的。

（2）管理信息系统强化了企业的组织职能

这里所讲的组织是管理的七项职能之一，包括配备人员、规定职责和权限、确定管理层次、建立组织机构等，原材料的配置、生产工艺的确定等，它强调协作和有效管理。传统的组织结构，由于信息传递慢，多采用纵向的多层次集中管理，各项职能分工严格，各职能机构往往都从本单位的业务工作出发，信息交流不畅，不能很好地相互配合，横向联系差，信息传递和反馈手段落后，导致管理成本较高，应变能力差且管理效率极低。管理信息系统应用使企业大幅度提高管理水平，促使传统的金字塔式的组织结构向扁平化组织转变。

扁平化组织与传统型组织相比有以下特点。

① 管理信息系统自动完成了企业的中间管理层的数据汇总的工作，简化了中间管理层的信息上传下达过程，各职能部门在自己的业务范围内可以向下级单位下达命令和指示，直接指挥下级单位，下级单位形成的信息较为规范地报送上级。

② MIS 使企业各部门之间、上下级之间分工明晰，各部门的功能相互融合、相互交叉，使其与企业外部环境之间的信息交流变得非常便捷，有利于企业成员之间进行有效地沟通，便于根据企业的生产经营情况变化做出统一、迅速的决策和整体行动。

③ 互联网的出现、多媒体技术、电子商务和移动商务的广泛应用，管理信息系统表现出了多种形式，使领导者和管理人员可以很方便地接收更多的信息和知识，使个人和组织之间的协调得以进一步加强，进而形成一种管理层次少的组织形式，管理工作更多地依赖于对信息技术应用和人员之间的配合、协作等。

（3）管理信息系统可以支持企业的领导职能

管理的领导职能在于协调企业内部和外部的各种资源，激励员工按照计划去实现企业的目标。领导者要对企业的战略计划、发展方向等重大问题做出决策；要指挥、领导、组织和协调组织成员，充分调动他们的积极性，并且要善于与组织内部的员工进行沟通。这些工作实现的重要前提是：领导者通过管理信息系统提供的信息，能够发现企业存在的矛盾和问题，有的放矢。由此可见，管理信息系统在支持企业领导工作方面发挥着重要作用。

（4）管理信息系统可以加强企业的控制职能

控制职能是在动态生产环境下对企业各项活动进行度量和纠正，保证计划得以实现的过程。有效的控制可以保证各项活动朝着达到企业目标的方向进行，并且控制系统越是完善，企业目标就越易实现。计划是控制的开始，为了实现管理的控制，要随时掌握反映管理运行动态的系统监测信息和纠偏调整所需的反馈信息。通过信息系统搜集、处理、传递、利用人的行为信息来对组织成员的行为进行协调和控制，达到计划与实际更加相符。

管理控制是整个管理学界研究的主要课题之一，现已建立了许多质量控制、库存控制、生产调度控制、财务预算控制、收支平衡控制以及产量、成本和利润的综合控制模型，管理信息系统能够有效地集成这些模型，应用各个子系统提供的数据，分析偏差产生的主要原因，为管理者提供决策依据，实现管理控制的目的。

（5）管理信息系统促进企业管理创新

管理创新是通过对组织的生产管理过程、最终产品的质量以及市场的反馈信息进行分析，根据企业实际情况，进行的一种开发新产品、新工艺或者新的管理模式的活动，其最终目标是改变组织中人员的行为，提高组织的工作效率，调整组织的目标，达到提高企业核心竞争力的目的。企业组织是一个非常复杂的大系统，它综合了许多因素，而且它还必须满足利益相关者的要求。因此，在进行组织创新时必须充分考虑与其他因素的相互影响，否则，就很可能导致创新失败。组织管理创新的目标是提高企业有限资源的配置效率，它重新配置组合各种生产资源，使不变的生产要素发挥更大的作用，带来更大的经济效益。

《国家中长期科学和技术发展规划纲要（2006—2020）》明确指出了加强自主创新重要性，但是，创新是一个涉及产业基础、科技含量和人力资源积累的复杂过程，不可能一蹴而就，信息系统在现代组织创新中发挥着重要的推动作用，它为组织的创新工作提供潜在的信息，通过企业内外数据的有效分析，找到企业的不足之处，为创新提供有效支持。

3.1.3　管理信息系统与相关概念

随着 MIS 在企业中日益广泛的应用，管理业务逐渐复杂化，引发了许多管理问题，企业在应用最新的相关学科知识解决这些问题的同时，管理信息系统内涵和形式，也逐渐地发生了变化，演绎出了许多管理信息系统的概念与方法。下面简要地介绍这些概念及其与管理信息系统的关系。

1. 管理信息系统与电子数据处理

电子数据处理（EDP）指需要计算机处理的数据量较大，但算法较为简单的企业管理业务的系统，泛指用计算机来处理日常生产经营数据，并产生报表以支持企业的生产活动。如大型企业的员工工资计算就是典型的电子数据处理系统，每个员工的工资由若干子项构成，大批员工的工资产生了大量的基础数据，然而计算工资的过程和算法是十分简单的。计算机在企业日常数据处理方面应用获得成功，表明计算机适合企业管理应用，同时计算机性能的进一步改进和成本的下降，人们开始扩大计算机的应用层次和范围研究，逐渐实现企业由早期单一功能的 EDP 系统向功能较为完善的管理信息系统方向发展。

管理信息系统与电子数据处理主要的区别和联系在于：① EDP 是功能结构较为简单的系统，MIS 是功能结构较为复杂的系统；② EDP 是单一的业务处理系统，MIS 是支持企业各层管理工作的综合系统；③ MIS 是 EDP 发展的高级形式，它强调提高企业的工作效率，且增强企业的战略竞争优势。

图 3-4 所示是一个餐饮业通用的 EDP 系统，前台服务员通过无线 PDA 点菜器完成客人的点菜工作，通过无线接收器发送到各个楼层的点菜专用机，点菜专用机实时地将点菜信息通过服务器传送到操作间，前台收银人员通过点菜信息和操作间反馈的信息，进行账务的结算和汇总。

2. 管理信息系统与办公自动化系统

办公自动化（Office Automation，OA）就是采用 Internet/Intranet 技术，基于工作流的概念，使

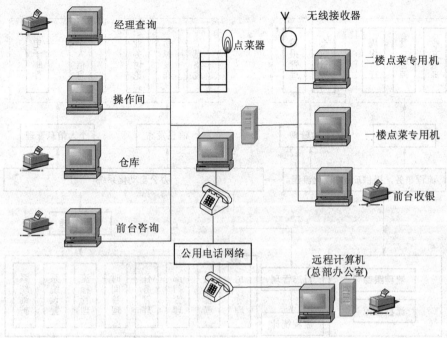

图 3 – 4　餐饮业通用 EDP 系统

企业内部人员方便快捷地共享信息,高效地协同工作;改变过去复杂、低效的手工办公方式,实现迅速、全方位的信息采集和信息处理,为企业的管理和决策提供科学的依据。一个企业实现办公自动化的程度也是衡量其是否实现现代化管理的标准。企业 OA 系统是主要面向企业级的办公应用软件系统。它不再是像 MS Office 一样简单的桌面(个人)办公系统,而是主要着眼于企业的工作人员间的协同工作和知识的共享。

　　管理信息系统与办公自动化系统的主要区别和联系在于:① 企业 OA 系统是通过应用软件为企业的日常办公、协作提供支撑的平台,是 MIS 的应用形式之一;② OA 系统主要是利用计算机网络技术、通信技术、多媒体技术,结合工作流概念和规范地组织办公管理模式建立的信息系统;③ OA 旨在加强各层管理人员与各职能部门之间的交流与协作,提高信息的共享程度和利用率,提高办公效率和质量,为领导决策提供支持,实现更科学的管理工作模式;④ MIS 主要完成人力资源、财务、物资采购、产品销售等活动的信息管理工作。

　　某公司办公自动化系统,如图 3 – 5 所示,该系统由信息发布、收发文管理、会议管理、个人信息管理、系统管理和日志管理这六个模块构成。图 3 – 6 所示是该公司 OA 系统与 MIS 的关系,OA 系统和 MIS 共享数据库服务器,共享网络,同时 MIS 为 OA 提供基本数据信息支持。

3. 管理信息系统与决策支持系统

　　麻省理工学院的 Scott Morton 与 Gerrity 于 1971 年提出了决策支持系统(Decision Support System,DSS)概念,它是在管理信息系统(MIS)和运筹学的基础上发展起来的新型系统,狭义的

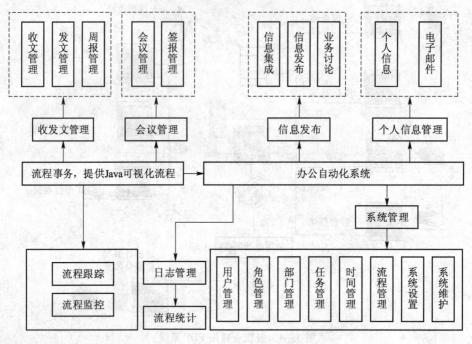

图 3-5　某公司办公自动化系统示意图

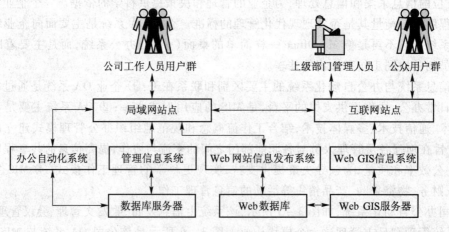

图 3-6　某公司 OA 系统与 MIS 的关系图

管理信息系统着重解决结构化管理决策问题,DSS 则侧重于解决半结构化的管理决策问题,以数据仓库和联机分析处理(On-Line Analytical Processing,OLAP)相结合,建立的辅助决策系统,协助组织的管理者规划与解决各种行动方案,其强调的是支持而非替代人类进行决策。

图 3-7 所示是具有"三库一单元"决策支持系统的一般结构图,从该图中可看出,MIS 为 DSS 提供了数据支持。

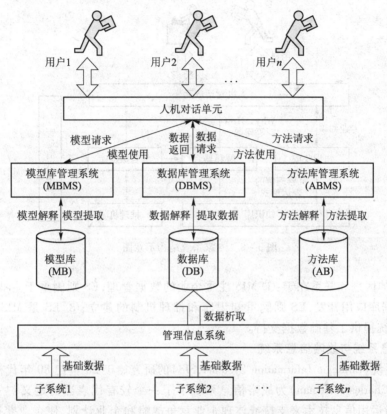

图 3-7 决策支持系统的一般结构图

MIS 与 DSS 的区别和联系在于:① MIS 注重企业的信息管理,DSS 则侧重于应用 MIS 的信息和外部数据来源,进行数据分析;② MIS 注重数据库应用开发,DSS 则侧重模型库的建立;③ MIS 强调人-机界面友好性,而 DSS 强调人-机对话的交互性,让决策者更方便地更改假设、提出新问题或接收新的信息;④ DSS 是 MIS 的高级形式。

4. 管理信息系统与专家系统

专家系统(Expert System,ES)是早期人工智能的一个重要分支,自 1968 年费根鲍姆等人研制成功第一个专家系统 DENDEL 以来,专家系统获得了飞速的发展,并且应用于医疗、军事、地质勘探、教学科研、化工等领域,产生了巨大的经济效益和社会效益。1980 年后,ES 逐渐扩大应用范围,并开始应用于管理方面。ES 是一类具有专门知识和经验的计算机智能程序系统,一般采用人工智能中的知识表示和知识推理技术来模拟通常由领域专家才能解决的复杂管理决策问题,ES 将逐渐成为企业应用管理信息系统的一个新选择。专家系统的基本结构,如图 3-8

所示。

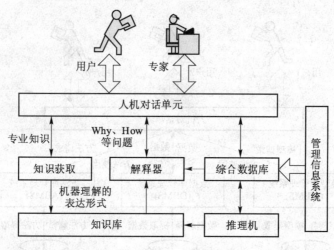

图 3-8 专家系统结构示意图

MIS 与 ES 的区别和联系在于：① MIS 注重企业的数据管理，ES 则侧重于企业的知识管理；② MIS 注重数据库应用开发，ES 则侧重知识库和推理机制的建立；③ ES 是 MIS 的高级形式；④ MIS 为 ES 系统提供了基础数据支持。

5. 管理信息系统与战略信息系统

战略信息系统（Strategic Information Systems，SIS）的研究始于 20 世纪 80 年代初，1988 年，查尔斯·惠兹曼（Charles Wiseman）为战略信息系统下了一个较有代表性的定义："一个成功的战略信息系统是指运用信息技术来支持或体现企业竞争战略和企业计划，使企业获得或维持竞争优势，或削弱对手的竞争优势的信息系统"。战略信息系统是信息技术在组织战略决策中的具体应用，它不同于管理信息系统的简单模式，如提高效率、减轻人的劳动强度、辅助决策等，而是将信息技术与公司的经营战略结合在一起，直接辅助经营战略的实现，或者为经营战略的实施提供新的方案。战略信息系统的一般结构如图 3-9 所示。

MIS 与 SIS 区别和联系在于：① MIS 注重提升企业活动的效率，SIS 则侧重于企业活动的创造性；② MIS 注重企业内部数据的管理，SIS 则侧重于企业外部数据的收集、处理与应用；③ SIS 是 MIS 的高级形式，MIS 为 SIS 系统提供企业内部基础数据支持。

6. 管理信息系统与计算机集成制造系统

计算机集成制造系统（Computer Integrated Manufacturing System，CIMS）又称计算机综合制造系统。在 CIMS 中，集成化的全局效应更为明显。在产品生命周期中，各项作业都已有了其相应的计算机辅助系统，如计算机辅助设计（CAD）、计算机辅助制造（CAM）、计算机辅助工艺规划（CAPP）、计算机辅助测试（CAT）、计算机辅助质量控制（CAQ）等。这些子系统级的"CAX"形成了大量的信息孤岛，根据系统工程理论，单纯地追求各个子系统的最优化，不一定能够达到企业

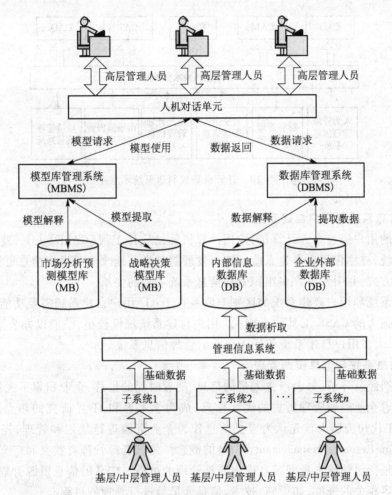

图 3 - 9　战略管理系统示意图

整体效益的最优化。基于此,计算机集成制造系统就是将生产设计环节上的单项信息处理和管理信息系统(如 MRP-Ⅱ等)集成在一起,将产品生命周期中所有的有关资源,包括设计、制造、管理、市场人才等信息处理全部予以集成。其关键是建立统一的全局产品数据模型和数据管理及共享的机制,以保证正确的信息在正确的时间以正确的方式传到所需的地方。CIMS 的一般结构,如图 3 - 10 所示。

　　MIS 与 CIMS 的区别和联系在于:① MIS 注重企业管理数据的处理,CIMS 则侧重于优化企业的生产流程,缩短产品的设计时间,降低产品的成本和价格,改善产品的质量和服务质量以提高产品在市场的竞争力;②MIS 注重企业人、财、物等经营类数据的管理,CIMS 把设计、制造等生产环节也纳入企业的管理信息系统中进行统一管理,是高度集成化的信息系统。

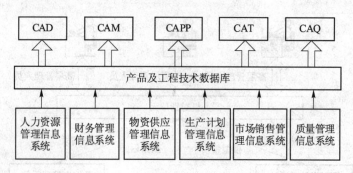

图 3－10　计算机集成制造系统示意图

7. 管理信息系统与用户自建系统

信息系统的用户通过个人计算机,应用计算机辅助软件工程(CASE)工具,建立满足个性化需求的信息系统,被称作用户自建系统。这一发展趋势显著地改变了组织信息资源的结构、提供方式以及使用方式,并引发了许多组织管理信息系统功能的变革。

管理信息系统和用户自建系统的区别与联系在于:① 用户自建系统需要功能完善的管理信息系统和功能强大的 CASE 工具的支持;② 用户自建系统规模较小,一般以办公系统(如资料管理等)为主;③ 大多用户自建系统依托于企业的管理信息系统。

8. 管理信息系统与信息资源管理

企业的生产经营环节,每天产生大量的信息,随着时间的推移,企业积累了大量的信息,如何管理这些记录着企业经营管理历史的庞大信息,成为学术界和 IT 界研究的热点之一。20 世纪 70 年代末 80 年代初美国人首先认为应把信息作为企业资源进行规划和管理,提出了信息资源管理(Information Resource Management,IRM)的概念。信息资源管理有狭义和广义之分。狭义的信息资源管理是指对信息本身即信息内容实施管理的过程。广义的信息资源管理是指对信息内容及与信息内容相关的资源,如设施、技术、信息人员等进行管理的过程。

信息资源管理始于信息人员对用户(信源)的信息需求的分析,以此为起点,经过信源分析、信息采集与转换、信息组织、信息存储、信息检索、信息开发、信息传递等环节,最终满足用户(信宿)的信息需求。IRM 从整个组织着眼,对组织内的信息资源进行整体规划与控制。信息资源管理的一般框架,如图 3－11 所示。

MIS 与 IRM 的区别和联系在于:① MIS 的运行形成了企业庞大的基础信息源,IRM 对信息源进行管理;② IRM 不仅管理企业的信息资源,还包括与信息资源有关的设施、技术、信息人员等。

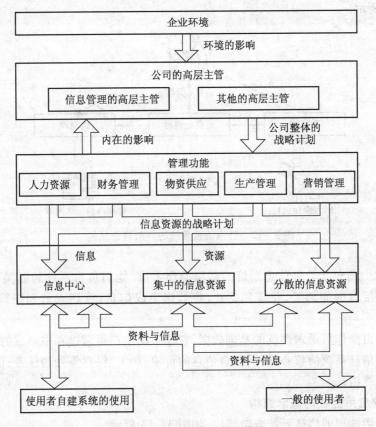

图 3 – 11　信息资源管理模式

3.2　管理信息系统的结构

管理信息系统由若干要素构成,系统结构反映的是管理信息系统的构成要素及要素之间的依赖关系。由于不同专家学者认识的角度不同,形成了管理信息系统结构不同的理解,本书从概念结构、逻辑结构、功能结构、硬件结构、软件结构和整体结构这六个视角对管理信息系统进行描述。

3.2.1　管理信息系统的概念结构

1. 基于信息形成过程的概念结构

从本质上看,管理信息系统就是对基础数据加工处理,生成管理者需要信息的工具,最终目的是满足管理决策的需要;从概念上看,管理信息系统概念结构由三类系统角色和三个部件组成,三个部件即数据源、信息处理器和信息源,三类系统角色是系统用户、信息管理者和管理决策者,如图 3 – 12 所示。

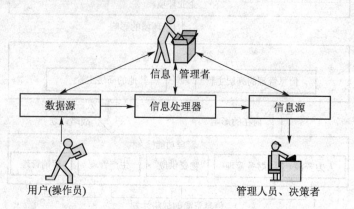

图 3 – 12　管理信息系统的一般概念结构

用户(操作员)角色指管理信息系统的基层操作人员,他们负责系统的各类数据录入;信息管理者负责对基层数据的加工、整理和维护,将数据生成信息;管理人员和决策者是信息的使用者。

数据源是指由操作员录入系统的基础数据,它是系统生产运营过程中形成的原始数据;信息处理器应是管理信息系统的核心部件,担负信息的传输、加工、保存等处理任务;信息源是信息处理器加工后的最终信息。

2. 基于系统应用过程的概念结构

基于系统应用过程的信息系统概念结构,如图 3 – 13 所示。

用户在应用平台提交企业生产经营的基本数据,由应用服务器的信息系统程序对数据进行加工,并保存到数据库中,供管理人员或决策者使用。

数据仓库定期更新保存企业生产经营的基本数据和信息,OLAP 分析挖掘数据仓库中的潜在信息,供管理人员或决策者使用。

Web 服务器和浏览器完成系统查询信息的操作和管理任务。

3. 基于管理层次的概念结构

管理按层次划分为业务处理层、运行控制层、管理计划层和战略决策层,根据处理的内容及决策的层次来看,可以把信息管理系统看成是一个金字塔式的结构,如图 3 – 14 所示,图中的管理信息系统(mis)——指狭义上的单项业务管理信息系统,如人力资源管理信息系统、财务管理信息系统等;狭义管理信息系统指的是仅仅完成企业经营管理基础工作的信息系统,本书广义上的管理信息系统(MIS)包括狭义管理信息系统(mis)、决策支持系统(DSS)、战略信息系统(SIS)以及专家系统(ES)。

由于一般管理者是按工作的职能划分(即纵向划分),信息系统可以分为人力资源管理信息系统、财务管理信息系统、物资供应管理信息系统、生产管理信息系统、销售管理信息系统、办公

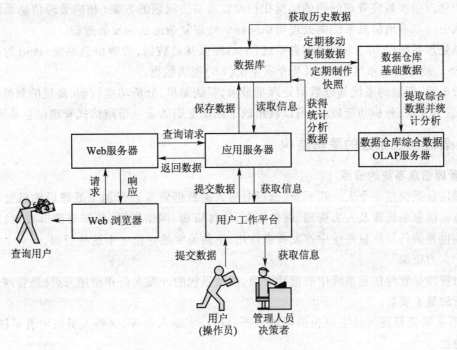

图 3-13 系统应用过程的概念结构

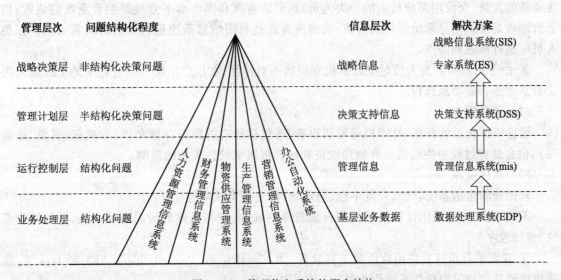

图 3-14 管理信息系统的概念结构

自动化管理信息系统等。如,对于生产管理信息系统来讲,无论业务处理层、运行控制层、管理计划层还是战略决策层,都有相应的生产管理系统的内容,但各层系统功能是不同的。

各个管理层次对应管理问题的结构化程度以及解决问题的方案(相应管理信息系统),见图3-14,从中可以看出信息系统由处理简单问题到处理复杂问题的发展过程。

数据处理系统(EDP)为管理信息系统(mis)提供基础数据,管理信息系统(mis)为决策支持系统(DSS)、战略信息系统(SIS)以及专家系统(ES)提供数据。

一般来说,底层的系统基础数据处理量最大,算法简单,分析功能较弱,高层的数据处理量较小,模型较为复杂,分析功能较强,所以就组成了纵横交织的金字塔结构式管理信息系统结构。

3.2.2 管理信息系统的逻辑结构

1. 管理信息系统的资源

管理信息系统是一个人-机系统,通过对输入的数据资源进行加工处理后输出管理决策所需的信息。信息系统涉及人力资源、硬件资源、软件资源、网络资源、数据资源等要素,这五个要素在现实世界的任何信息系统中都发挥着作用,下面简要地讨论一下这些资源。

(1) 人力资源

人力资源是管理信息系统中的重要资源,涉及系统的开发人员和使用人员,是管理信息系统成功运行的基本要素。

① 信息系统开发人员主要包括系统分析、设计、实施人员等,这些人员决定着系统的性能、质量等特性。

② 用户包括操作员、信息管理者、管理决策者等。用户(操作员)是指使用信息系统办理日常业务的人员,是使用系统最多的一类人员,他们的素质和操作水平直接影响着系统的成败;信息管理者是维护信息系统运行的人员;管理决策者是利用信息系统进行分析的决策人员。三类人员应进行沟通和协作。

③ 由于用户和开发人员对于计算机知识的不对称性,在信息系统开发过程中的交互能力决定着系统能否成功地运行。

(2) 硬件资源

硬件资源包括计算机、打印机等附属设备,还包括所有的数据存储介质(如纸张、光盘、磁盘等),信息处理过程中使用的所有物理设备和材料都属于硬件资源的范畴。

(3) 软件资源

软件资源包括系统软件、开发平台、应用软件、支持类软件等。

① 系统软件是操作计算机系统硬件的指令性软件,它与具体的应用领域无关,例如操作系统、编译程序等。

② 开发平台指开发应用软件的工具软件,如 Visual Basic、PowerBuilder、.NET 和 Java 等,这些软件通常以特定的操作系统作为其运行的支撑环境。

③ 应用软件通常是由系统开发专业人员为满足人们完成特定任务,应用开发平台,按用户的要求开发的软件,即信息系统软件。

④ 支持类软件指辅助应用系统运行的软件,如文字处理软件、电子表格软件、图形图像处理

软件等。

（4）网络资源

网络资源包括通信介质和网络环境。通信介质包括网络的连接线路（同轴电缆、双绞线、光纤）、交换机、卫星无线通信技术等；网络环境包括网络操作系统、互联网上的信息资源等。

（5）数据资源

数据资源包括数据库管理系统（DBMS）、管理信息系统建立的应用数据库。DBMS 属于开发环境的范畴，如 Oracle、SQL Server 等；应用数据库包括数据资源数据库和信息资源数据库，数据资源的内容不仅包括传统意义上的数值型数据，同时也包括声音、图像、文本等数据形式，随着知识管理的进一步推广应用，知识管理成为信息系统开发的热点之一，知识库的建立也属于数据库管理的范畴。

2. 管理信息系统的主要活动

信息系统是通过一系列相互依存的活动，为企业的管理者服务，支持企业的运营。这些活动主要包括基础数据输入、数据处理变换、信息输出、信息存储、信息控制等活动。

（1）数据输入

数据输入是指收集系统运营过程中产生的原始数据，并按照规范的格式录入到管理信息系统中的工作，为信息处理工作提供基础数据。原始数据的采集大体上有两种方式，包括系统自动采集和工作人员手工采集。对于一些自动化程度较高的生产线系统，可以通过一些传感设备实时地收集系统各个环节产生的数据，如汽车、冰箱等自动化生产线，部分信息是实时采集的；对于一些初始工作由人们手工完成的工作而言，用户通过一些事先设计好的规范的表格手工记录数据，然后输入计算机系统输入过程要保证输入数据的正确性。数据输入完成后将被存放到经过规范化设计的数据库或者以其他形式保存，例如，初始的入库单、出库单等仓库原始记录，库存台账可以被记录在纸质的表格上，仓库管理人员可以使用键盘录入这些出入库数据，通过系统数据的完整性和一致性等检验程序自动判断输入数据的正确性。

（2）数据处理变换

用户（操作员）输入数据之后，经过一系列的处理变换，形成系统的有用信息。数据处理变换是按照系统约定的公式或模型进行数据计算、排序或形式的变换，以满足企业管理人员和决策者的使用要求，对于保证数据的有效性、真实性等质量要求，本书第 8 章有详细的介绍。

例如，某集团公司每天收到大量需求订单后，可以进行如下数据处理。

① 对需求物资进行分类，按物资类别归类（如计算机类、配件类等）。

② 更新需求物资记录等。

③ 统计订单，根据物资编码，按数值型数据汇总起来，将汇总结果提交给库存管理人员，财务人员，以提供物资需求信息。

④ 计算累计订单数，将当前汇总数据，加入到累计订单数据中。

⑤ 分析订单的趋势变化，为市场营销提供信息。

（3）信息输出

信息系统的目标就是为管理者和决策者提供恰当的信息。在输出活动中，系统根据不同管理层次的需求，提供不同内容和不同形式的信息。本书第 8 章有详细的介绍。

例如，企业的高层管理人员往往通过一些直观的图表形式来分析企业的经营和运行状况，而基层管理人员关注的是具体的生产经营数据，如月度的产量数、工资额等。

（4）信息存储

数据的存储是将基础数据和生成的信息以某种有组织的方式保存在系统中，供各类用户查询使用的活动，是信息系统分析与设计主要研究的内容之一。数据存储通常被组织成各种各样的数据元素和数据库，以实现数据的一次存储、多次使用的目的。由于电子存储数据有其局限性，对于一些需要永久保存的信息，经常需要打印成纸质的介质进行单独保存，如员工的工资报表、会计台账，如果单纯的电子形式信息，不能满足用户或有关部门查询的需要，还要打印成纸质报表，经有关人员签字盖章后，进行存档。

（5）信息控制

信息系统的运行是按照最初分析设计的功能进行的，但由于信息系统属于人 – 机系统，在使用过程中，经常遇到一些临时性的或突发性的信息需求，就需要人为地控制系统的信息输出。系统还应提供在信息处理活动中的一些反馈信息，这些反馈信息将被加以监控和评估以检查系统行为是否符合预先设定的要求，必要时要适当地评价和校正系统活动以确保生成满足管理和决策者需求的信息。

例如，某企业制定了月度生产计划，按该计划对人力、财力和物力进行了合理的安排，并初始化了生产管理信息系统，但在该月度中旬的时候，由于生产线出现了故障，连续三天未按要求完成计划任务，为了保证整个月度的生产计划顺利进行或者缩小计划与实际的偏差，就需要对后续的生产计划进行适当的调整，并补充到信息系统中去，以免造成不必要的人力和物力的浪费，这种系统控制行为实现了对系统的动态调整。

信息系统活动的实例，如表 3 – 1 所示。

表 3 – 1 　信息系统活动的实例

信息系统活动	
输入	光笔输入、磁性墨水等，第 8 章有详细介绍
处理	计算汇总订单总数以及分类处理
输出	生成订单汇总表，第 8 章有详细介绍
存储	产品信息、客户信息、订单信息
控制	判断数据输入的正确性

3. 管理信息系统的逻辑结构

信息系统完成基础数据输入、数据处理变换、信息输出、信息存储、信息控制等活动,从而将基础数据转换为企业的信息资源。MIS 的构成要素和各种活动的关系,即信息系统的逻辑结构,如图 3-15 所示,信息系统逻辑模型表示了信息系统构成要素和信息系统主要活动之间的关系,该结构适应于任何类型的信息系统,下面从四个方面对该结构进行解释。

① 人力资源、硬件资源、软件资源、网络资源与数据资源是信息系统的五项基本资源,各类资源缺一不可,人力资源在系统中起着主导作用。

② 人力资源包括用户、管理者和决策者;软件资源包括平台和应用程序;硬件资源包括通信介质和网络环境;数据资源包括数据库和知识库;严格意义上讲,通信和网络属于硬件的范畴,由于互联网的产生,部分通信和网络可为不同企业的系统间共享。

③ 信息处理包括输入、处理变换、输出、存储、控制等紧密联系的相关活动。

④ 信息处理活动将数据资源转换成各种各样的信息资源传送给终端用户。

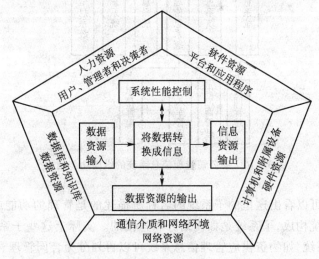

图 3-15 信息系统的逻辑结构

3.2.3 管理信息系统的功能结构

管理信息系统的功能是系统完成约定的行为或动作的集合,从用户的角度看,一个管理信息系统具有多种功能,并实现一个具体的目标,各种功能之间又相互联系,从而构成一个有机结合的整体,形成系统的功能结构。本节将从纵向和横向的视角考察系统的功能结构。

1. 管理信息系统纵向功能结构

纵向功能结构就是将系统按功能层次进行分解,分析系统功能模块的隶属关系,目的是使用户了解系统的整体功能构架。

　　管理信息系统的各子系统可以看作是总体目标下的功能细分,对其中每项功能还可以继续分解为第三层、第四层甚至更多的功能,上层功能调用下层功能,上层功能较为综合,下层功能较为具体。功能分解的过程就是一个由抽象到具体、由复杂到简单的系统工程过程。

　　某集团公司的管理信息系统纵向功能结构,如图 3-16 所示,该系统被分解为人力资源管理信息系统、财务管理信息系统、物资供应管理信息系统、生产管理信息系统、销售管理信息系统及办公自动化管理信息系统 6 个子系统,其中每个子系统还可以继续分解下去。

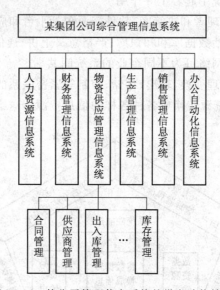

图 3-16　某公司管理信息系统的纵向功能结构

　　由图 3-16 所示可以看出这里的子系统的名称所描述的是管理的功能或职能,说明了管理信息系统由哪些子系统构成,子系统是如何划分和连接的。实际上这些子系统下面还可以再划分子系统,叫二级子系统,如物资供应管理信息系统可以再划分为合同管理、供应商管理、出入库管理、库存管理等子系统。信息系统的功能结构不是组织的职能结构,和组织结构有所不同,往往系统的功能结构比组织的系统结构更加优化、合理。

2. 管理信息系统横向功能结构

　　管理信息系统横向功能结构反映的是各个子系统的数据和信息的交流传递关系,某公司 ERP 系统的各个子系统间功能的横向依赖关系,如图 3-17 所示,图中描述了人力资源管理、财务管理、物资管理、生产管理、办公自动化、客户关系管理以及 CAD、CAM、CAPP、CAT 和 CAQ 的关系。

3. 系统功能结构的一般形式

　　功能结构图主要从系统主要功能模块构成的角度描述了系统的结构,但并未详细表达各功能之间的具体数据项传递关系。事实上,系统中许多业务或功能都是通过数据文件联系起来的。

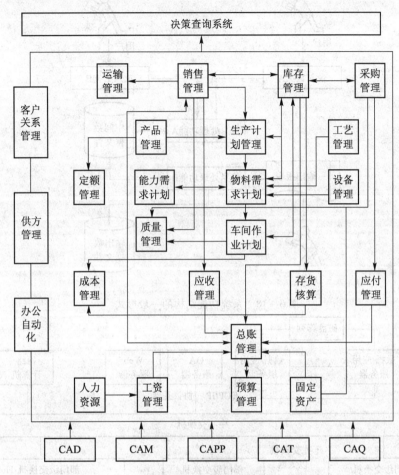

图 3 – 17   某公司管理信息系统的横向功能结构

从信息的处理过程角度考虑,信息系统主要完成数据录入、处理和输出功能,在处理过程中形成中间数据,其系统功能结构的一般形式,如图 3 – 18 所示。

3.2.4   管理信息系统的硬件结构

管理信息系统的硬件结构是指系统硬件组成及其拓扑结构,同时还应包括硬件的物理位置安排,如计算中心和办公室的平面安排。关于网络的知识,在计算机网络课程中有过详细的讲解,这里不再赘述。图 3 – 19 所示是某集团公司的管理信息系统的硬件结构,包括服务器、交换机、磁盘阵列等设备;硬件结构还要考虑硬件的能力,例如有无实时、分时或批处理的能力要求等。

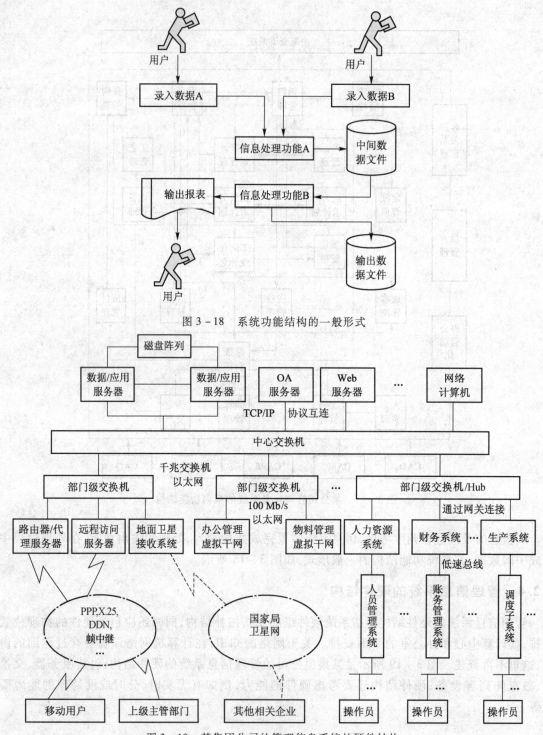

图 3 - 18　系统功能结构的一般形式

图 3 - 19　某集团公司的管理信息系统的硬件结构

3.2.5 管理信息系统软件结构

　　管理信息系统的软件结构主要指管理层次和各个子系统的交叉关系,如图3-20所示。该结构由图3-14所示的管理信息系统的概念结构演变而来。

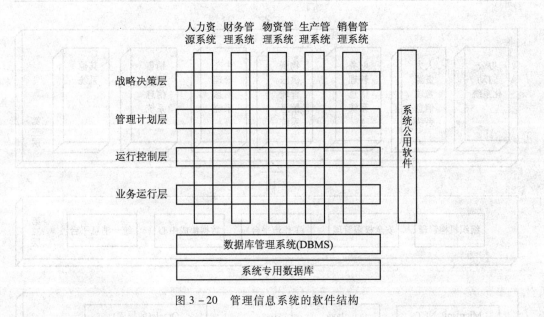

图3-20　管理信息系统的软件结构

3.2.6 管理信息系统整体结构

　　管理信息系统的整体结构指的是涵盖基础设施、操作系统、数据库、应用系统平台、应用软件以及完成企业其他的管理功能的应用程序,以及这些构件之间的关系。图3-21所示是某集团公司管理信息系统整体结构图,该系统结构框架分为4层:第1层是系统平台软件,即操作系统层;第2层公共管理层,各个子系统公用的管理模块;第3层为功能层,通过搭建统一的应用系统平台,实现管理信息系统的各项管理功能,各功能模块之间建立统一接口,以实现信息共享;第4层是企业信息门户,用于管理信息系统的安全管理和企业信息的统一发布。

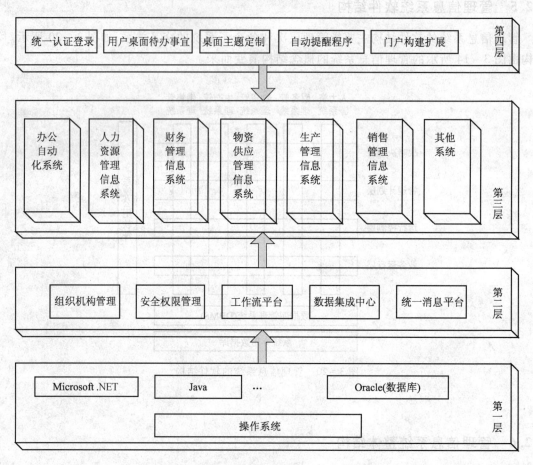

图 3 - 21　某集团公司管理信息系统的整体结构

3.3　管理信息系统的相关学科

　　MIS 是一个交叉综合性学科,随着管理科学、信息科学、系统科学和计算机科学的发展而不断发展的新型学科,如图 3 - 22 所示。管理科学为 MIS 的发展提供了管理基础理论,是 MIS 的灵魂,信息科学为 MIS 的发展提供信息理论的支持,系统科学为 MIS 的发展提供了方法论的支持,计算机科学为 MIS 的发展提供了技术的支持。MIS 每一次的进步都是由这 4 个学科有力推动的结果。

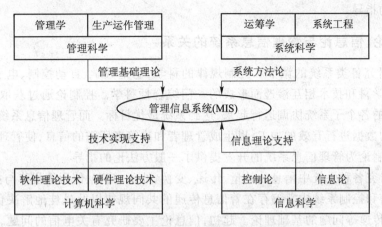

图 3-22 管理信息系统与相关学科的关系图

3.3.1 管理学、生产运作与管理在管理信息系统中的应用

面向管理、服务于管理是管理信息系统的发展的动力和目标。管理学和生产运作与管理主要解决组织管理领域的问题,管理信息系统是一个"三分"技术"七分"管理的系统,管理模式的建立、工艺生产流程的制定、组织的分配模式的确定等,这些思想为 MIS 的开发和应用提供了基本的理论,是信息系统的灵魂所在。管理信息系统的实质是对企业的管理流程进行模拟,实现企业管理的信息化,为企业计划、组织、控制、领导、创新等具体管理职能提供支持和实现。由此可见,管理信息系统与管理学关系十分密切,管理学为管理信息系统学科的发展奠定了基础。

3.3.2 运筹学、系统工程在管理信息系统中的应用

运筹学是一门应用科学,它广泛地运用现有的科学技术知识和数学方法,研究模型的建立以及寻求模型的最优解决方案,解决企业发生的专门问题,为决策者选择最优决策方案提供定量依据。运筹学常用的模型有预测模型、决策模型、分配模型、库存模型、搜索模型、指定模型、排队模型、运输模型、线路模型、规划模型、动态规划模型等。管理信息系统应用系统提供的数据和这些模型进行有机结合,对管理人员遇到的结构化程度较高的问题,通过应用运筹学模型的方法,定量地给出问题的答案。

系统工程是一种设计、规划、建立一个最优化系统的科学方法,是一种为了有效地运用系统而采取的各种组织管理技术的总称。它把复杂问题进行分解,通过对各个子问题的解决,再逐层综合,最终达到解决问题的目的。大型管理信息系统的规划、分析、设计与实施以及系统的维护和升级工作是一项复杂的系统工程。首先把一个复杂的、庞大的信息系统划分成若干个相对独立的子系统,通过对各个子系统分期分批的开发,最终集成各个子系统,形成完整的管理信息系统。当然各个子系统在开发过程中要注意相关子系统的要求,因此,系统工程的方法为开发 MIS

提供了方法论的指导。

3.3.3　控制论、信息论与管理信息系统的关系

控制论是研究各类系统的调节和控制规律的科学,它是数学、自动控制、电子技术、数理逻辑、生物科学等学科和技术相互渗透而形成的一门综合性科学。控制论通过获取信息和系统反馈,把功能不同的各个子系统协调运行起来,达到系统最优目标。而管理信息系统开发的目的就是如何对输入的数据进行有效的加工,以生成管理者和决策者所需的信息,使管理决策达到最优目标。因此,控制论为管理信息系统的开发提供了一般方法论的指导。

信息论是研究各种系统中信息的计量、传递、变换、处理、储存、使用等规律与技术的科学,它是主要研究通信和控制系统中普遍存在着信息传递的共同规律以及最佳地解决信息的获取、度量、变换、储存、传递等问题的基础理论。起初,信息论主要研究有关电信的问题,属于物理学的范围。如今它已经突破了这个界限,广泛渗透到各个学科领域,成了用来研究各个领域问题的理论,包括管理信息系统的开发与应用。MIS 解决的主要问题是信息的输入、变换和输出,属于信息的应用和管理层面的问题,信息论解决信息的表示、计量、传输、加解密等问题,因此信息论为MIS 提供了信息理论层面的支持。

通过对信息性质的研究,信息论可实现对企业管理过程形成的数据进行获取、变换、传输、处理、利用和控制,生成管理和决策的信息,从信息的形成原理上指导管理信息系统开发实践,达到有效地开发信息系统的目的。

3.3.4　计算机科学与管理信息系统的关系

计算机科学是与管理信息系统联系最密切的学科之一。管理信息系统是依赖于现代信息技术而形成的。20 世纪 90 年代开始,由于微机技术的进步,成本大大降低,性能大大提高,计算机及更广范围的信息技术在管理信息系统中应用,从信息收集到信息使用的各个环节中都显示出无比的优越性。外存设备及数据库技术日益大型化,为企业存储海量的数据提供了空间及可靠安全的管理;网络技术、多媒体技术的成熟,实现信息共享,极大地方便了组织内部与组织之间的相互交流,打破组织管理的地域障碍,为电子商务和移动商务的发展奠定了基础;计算机的运算能力及相应软件为应用数学方法解决复杂的管理问题提供了灵活且有力的手段。因此,计算机科学对管理信息系统发展有着深刻的影响。没有计算机科学的支持难以完成现代化管理活动中大量的、复杂的数据的加工处理,更谈不上对管理进行预测、控制和辅助决策了。

3.3.5　软件工程与管理信息系统的关系

软件工程是用工程、管理学和数学的方法研制、维护计算机软件的有关技术及管理方法。它的目标是在给定成本、进度的前提下,开发出具有可靠性、有效性、可理解性、可移植性、可维护性、可追踪性并满足用户需求的软件产品。软件工程在项目管理方面已经积累了一整套量化理论,人力资源管理、质量管理、时间管理、成本管理、风险管理等软件开发过程的管理都有其量化

模型。

　　MIS 开发理论把重点放在对系统的开发理论、开发方法的研究上,它对软件工程的描述只是在 MIS 系统开发过程的系统实施阶段,提到了程序设计这一软件工程中的比较独立的要素,事实上在 MIS 建设的过程中,不仅可以利用这些软件工程的模型对 MIS 系统开发工作进行管理和评估,还可以从中开发出适合 MIS 的一些理论模型,用于对 MIS 开发的评估,提高 MIS 开发的质量和成功率。

　　软件工程为管理信息系统提供了具体的实现方法,明确了管理信息系统的开发目标,规范了管理信息系统的开发实施步骤,同时,提出了管理信息系统开发过程中所必须遵守的原则。

3.4　管理信息系统的发展趋势

　　企业管理思想和管理方法的不断创新,互联网络和信息技术的高速发展,管理信息系统的深入应用,彻底改变企业的生产方式和经营管理模式,反过来也对管理信息系统的开发提出了更高的要求。现在的管理信息系统不仅广泛地应用了信息技术,而且深入地融入了企业文化、管理思想等新的内涵,总的发展趋势是管理思想现代化、开发平台标准化、系统应用网络化、信息资源海量化和应用系统集成化。

3.4.1　管理思想现代化

　　企业信息化改变了企业竞争优势的内容和形式,也为企业谋取竞争优势提供了有力的武器,能否利用信息技术获取竞争优势将对企业未来的生存和发展产生巨大影响。电子商务、移动商务、供应链管理(SCM)、客户关系管理(CRM)、敏捷制造、虚拟制造、精益生产、商业智能(EI)等适应知识经济的新的管理模式和管理方法不断涌现。成功的企业信息化建设应该成为推动企业管理变革的契机,并与其他变革思想和实践相结合,共同促进企业管理系统的优化。新的管理模式的出现需要有新的技术手段给予支撑,而新的技术手段的问世,必然促进新的管理模式的出现。今天的信息系统正在革命性地改变着人力资源管理、财务管理、物资供应管理、生产管理、销售管理、办公管理等各个方面,因此,在信息系统的建设过程中,企业信息化应致力于从深层次上触动企业进行管理变革,必须不断吸收这些新思想和新方法,以适应这种新的管理模式变化对管理变革和发展的要求,达到提升企业竞争优势的目的。

3.4.2　开发平台标准化

　　随着信息技术的进一步应用,各类平台和数据库在功能和性能方面逐渐趋向统一;在计算机体系结构方面,基于浏览器/服务器的体系结构,实现信息系统独立于硬件平台、操作系统和数据库;支持标准的数据库访问、标准网络通信协议和异构系统互联技术的发展,实现信息系统的集成性、开放性、互操作性和可扩展性;标准化的开发平台和数据库技术,为大规模的企业应用集成奠定了基础,是信息系统的发展方向。

3.4.3   系统应用网络化

随着电子商务应用范围的不断扩大,企业的全球运作能力和世界性销售网点的建立,需要依靠信息系统实现世界范围内的协调和管理,包括订货、发货、交货、支付、费用结算等管理活动,以及子公司、销售网点与总部和供应商之间畅通无阻的通信联系。互联网的出现为信息资源的开发和共享,为信息系统的应用,为全球性的商业系统的建立,提供了技术支持的平台,不仅仅是两个节点之间的信息交换,而且牵涉到订货者、发货者、金融机构、中间商、物流管理者等多主体的信息交换,使得顾客可以查询到世界各地市场上商品的价格信息和质量信息,将这种信息交换用计算机网络连接起来,将进行交易的整个过程都用电子方式来提高运作效率。

网络技术给企业所带来的最大利益是使得企业可以从传统的时间和空间的制约条件中解脱出来,进行更有效、更迅速的商业活动。

3.4.4   信息资源海量化

管理信息系统通过对数据资源的处理形成信息资源,随着系统数据和信息的日积月累,信息系统所拥有的数据量不再是 MB 级,而是 GB 级,甚至向海量数据方向发展。近年来,随着信息系统在应用深度和广度上的空前发展,海量数据信息系统逐渐增多。随着计算机技术、互联网技术以及其他相关技术的迅猛发展,更多数据量大、技术含量高的新型海量数据信息系统会不断涌现。它们一般由分布式大型数据库构成,以处理海量数据为主,因此,需要高密度海量空间存储设备、数据压缩及处理技术、智能化数据提取和分析技术等相应的软硬件条件。同时在海量数据中寻找对于管理者或决策者有价值信息的搜索引擎技术、分析技术,也成为信息系统的研究热点之一。

3.4.5   应用系统集成化

现代管理信息系统软件的规模越来越大,且管理思想越来越复杂,以至于超出了软件开发者在合理的时间和成本内设计、描述、开发和验证它们的能力,因此,系统的高度集成是解决系统复杂性的主要方法之一。系统集成是一种在某种环境下为提高企业信息系统总体性能的全局性的观念和方法,它利用的各种方法和技术工具(计算机和自动化技术),在单个系统成功运行的基础上,实现各个子系统集成。集成化的用户环境将业务运作系统和工作信息集成起来,并通过可扩展的应用界面为用户提供集成化的服务,使其整体性能最优。其目的在于提高系统的效率,降低成本,提高质量,确保系统的全局和局部的柔性等,以满足多变的市场竞争环境的需要,为企业经营战略服务,如 ERP 系统就是应用集成的典型代表。

3.5 案例分析

零售之王——沃尔玛信息管理成功经验介绍[①]

2002 年 1 月 22 日,美国第二大连锁零售商凯马特以 163 亿美元的巨额负债申请破产保护。同一天,凯马特几十年来的老对手、美国第一大连锁零售商沃尔玛则宣布,2001 财政年度公司销售收入超过 2 200 亿美元,成为全美乃至全球销售额最大的公司。凯马特和沃尔玛的差距为什么会越来越大? 这是因为他们对信息技术的把握程度具有极大的不同。凯马特的信息技术总裁一直未能拿出一套切合公司实际的信息管理系统来有效管理库存、运输、储藏等商品供应链。而沃尔玛则专门建立了世界上一流的信息管理系统、卫星定位系统和电视调度系统,全球 4 100 多个店铺的销售、订货、库存情况可以随时调阅查询。

3.5.1 沃尔玛应用信息技术的历程

沃尔玛公司是世界上最大的商业零售企业,1962 年开办了第一家连锁商店,1970 年建立起第一家配送中心,走上了快速发展之路。据沃尔玛公司提供的资料,截至 2001 年 4 月 15 日,该公司在国内外共有 4 249 家连锁店,截至 2002 年 4 月 5 日,5 周内净销售额达到 214.89 亿美元,较去年同期 187.7 亿美元增长了 14.5%。9 周内的销售额为 386.96 亿美元,较去年同期的 336.55 亿美元增长了 15%。沃尔玛能有如此巨大的增长,是建立在沃尔玛迅速地利用信息技术整合优势资源的基础之上的。

在信息技术的支持下,沃尔玛能够以最低的成本、最优质的服务、最快速的管理反应进行全球运作。1974 年,公司开始在其分销中心和各家商店运用计算机进行库存控制。1983 年,沃尔玛的整个连锁商店系统都采用条形码扫描系统。采用商品条形码可代替大量手工劳动,不仅缩短了顾客结账时间,更便于利用计算机跟踪商品从进货到库存、配货、送货、上架、售出的全过程,及时掌握商品销售和运行信息,加快商品流通速度。1984 年,沃尔玛开发了一套市场营销管理软件系统,这套系统可以使商店按照自身的市场环境和销售类型制定出相应的营销产品组合。

20 世纪 80 年代末,沃尔玛开始利用电子数据交换系统(EDI)与供应商建立自动订货系统。该系统又称为无纸贸易系统,通过计算机联网,向供应商提供商业文件,发出采购指令,获取收据、装运清单等,同时也使供应商及时准确地把握其产品销售情况。1990 年沃尔玛已与它的 5 000 多家供应商中的 1 800 家实现了电子数据交换,成为 EDI 技术在美国的最大用户。20 世纪 90 年代初沃尔玛就在公司总部建立了庞大的数据中心,在全球近 4000 家商店通过网络可以在一个小时内对每种商品的库存、上架、销售量全部盘点一遍,所以,在沃尔玛的门市店不会发生缺

---

① 本案例源自 2003 年第 26 卷第 3 期《情报理论与实践》P249 - 251,信息技术在商业经营管理中的应用——零售之王沃尔玛成功经验介绍,作者:梁南燕、赖茂生,北京大学信息管理系

货情况。公司总部与全球各家分店和各个供应商通过共同的电脑系统进行联系，它们有相同的补货系统、相同的 EDI 条形码系统、相同的库存管理系统、相同的会员管理系统、相同的收银系统。这样的系统能从一家商店了解到沃尔玛全世界的商店资料。

　　正是依靠先进的电子通信手段，沃尔玛才做到了商店的销售与配送中心同步、配送中心与供应商保持同步。沃尔玛与生产商、供应商建立了实时链接的信息共享系统，赢得了比其竞争对手管理费用低 7%，物流费用低 30%，存货期由 6 周降至 6 小时的优异成绩。

3.5.2　沃尔玛利用信息技术强化经营管理

1.　完善的物流管理系统

　　沃尔玛拥有由信息系统、供应商伙伴关系、可靠的运输及先进的全自动配送中心组成的完整物流配送系统。以往的零售业都是由分店向各制造商订货，再由各个制造商将货发到各个分店。而沃尔玛推行"统一订货，统一配送"。各分店的订货单都先汇总到总部，然后由总部统筹订货。商品成交后，就被直接送往公司的配送中心。沃尔玛在美国建立了 70 个由高科技支持的物流配送中心，配送中心完全实现了自动化。每种商品都有条码，由十几公里长的传送带传送商品，由激光扫描器和计算机追踪每件商品的储存位置及运送情况。沃尔玛的商店备有 8 万种以上的商品，其中有 85% 的货都是由公司的配送中心直接供应，而其他竞争者只能达到 50%～60% 的水平，销售成本也因此要比零售行业平均低 2%～3%。通过迅速的信息传递与先进的计算机跟踪系统，沃尔玛可以在全美范围内快速地输送货物，使各分店即使只维持极少存货也能保持正常销售，从而大大节省了存储空间和存货成本。沃尔玛被称为零售配送革命的领袖，其独特的配送体系，大大降低了成本，加速了存货周转，成为"天天低价"的最有力的支持。沃尔玛的物流效率之所以高，是因为他们采用了最先进的信息技术，专门从事信息系统工作的科技人员有 1 200 多人，每年投入信息技术的资金不下 5 亿美元。信息技术与沃尔玛的经营活动密切结合的历程参见表 3-2。

表 3-2　信息技术与沃尔玛的经营活动密切结合的历程

年份	经营活动			信息技术实现
	员工顾客	供应管理	订单管理	
1985	各部门自负盈亏	地区分销中心	集中采购	手控存货终端，每家店装有卫星天线
1986	员工从后台转到店内现场工作	每周从订购到送货的周期		自动化分销中心
1987	给员工计算资金，加快结账速度	交叉使用账台		定制 EPOS，信用卡和储蓄系统

续表

年份	经营活动			信息技术实现
	员工顾客	供应管理	订单管理	
1988—1989	增加结账通道	全面推广电子数据交换,72小时订货到送货时间	多层次采购	高速扫描仪,全面的电子数据交易能力
1990—1991	决策辅助工具的培训		应用信息技术。供应商在网上进行销售分析,追加订单与存货管理	实时的电脑销售分析与DSS能力,应用网上信息技术,供应商接入
1992—1993	建立新的业务部分与服务(药业)	如果有要求可以每天送货或当天送货	减少中介层	新的专业化系统,开始全面实施局域网
1994—1995		降低店内库存	加快供应链速度	宣布开展全球电子邮件项目,开发商开发应用软件的速度提高40%
1996—1997	购物篮采购分析			与台账扫描仪联网的数据仓库,手控扫描终端
1997—1998	网上沃尔玛	实时销售与存货数据	用于小型供应商的自动化供应链	网上店面,用于小型供应商的网上电子数据交易
2000		一年网站的访问量增长了570%	感恩节获得了11亿美元的历史最大单日销售量	
2001	10月31日重新启动了经过改造后的网站	网站改善搜索引擎后,消费者能够很容易找到万种商品中的任意一种		网站改进

2. 客户关系管理

零售业是直接与最终消费者打交道的行业,顾客决定一切,如果企业不以满足顾客需要为中心是无法生存下去的,这一点沃尔玛公司理解得比谁都透彻。"让顾客满意"始终排在沃尔玛公司目标的第一位,"顾客满意是保证我们未来成功与成长的最好投资"是公司的基本经营理念。因此在客户关系管理上,沃尔玛每周都对顾客期望和反馈进行调查,管理人员根据计算机信息系统收集信息,并通过直接调查收集到的顾客期望及时更新商品的组合和组织采购,改进商品陈列摆放,营造舒适的购物环境,使顾客在沃尔玛不但买到称心如意的商品,而且得到满意的全方位的购物享受。

2001年5月,沃尔玛把3 000台NCR网络自助服务亭(WebKiosks)部署在沃尔玛全球的每一家超市。这种用于礼品注册的自动客户服务机将放置在沃尔玛珠宝柜台附近,顾客事先用扫描仪把婚宴、婴儿或生日纪念日所需的物品清单输入服务机,以便亲朋好友购买相应礼品时参考。沃尔玛高级副总裁兼首席信息官K. Turner先生说:"这项客户服务技术简单易用,为我们的客户提供更多的购买选样,进一步体现了我们以低价格为客户提供高质量服务的承诺。"

3. 先进的供应链体系

沃尔玛的供应链是典型的大型零售业主导型,它的管理主要由 4 部分组成:顾客需求管理,供应商和合作伙伴管理,企业内和企业间物流配送系统管理以及基于互联网、内联网的供应链交互信息管理。

（1）顾客需求管理

供应链运作方式有两种,一种称为推动式,一种称为拉动式。推动式的供应链以制造商为核心,产品生产出来后从分销商逐级推向顾客。沃尔玛采用的拉动式供应链则是以最终顾客的需求为驱动力,整个供应链的集成度较高,数据交换迅速,反应敏捷。

（2）供应商和合作伙伴管理

供应商参与了企业价值链的形成过程,对企业的经营效益有着举足轻重的影响。建立战略性合作伙伴关系是供应链管理的重点,供应链管理的关键就在于供应链上下游企业的无缝链接与合作,但这种合作关系的建立是一个复杂的过程。沃尔玛主要是通过计算机联网和电子数据交换系统,与供应商共享信息,建立伙伴关系。

（3）供应链交互信息管理

信息共享是实现供应链管理的基础,供应链的协调运行建立在节点主体间高质量的信息传递与共享的基础上,因此,有效的供应链管理离不开信息技术的可靠支持。在沃尔玛,除了配送中心外,投资最多的便是电子信息通信系统。沃尔玛的电子信息通信系统是全美最大的民用系统,甚至超过了电信业巨头美国电报电话公司。沃尔玛是第一个发射和使用自有通信卫星的零售公司。

4. 网上零售

沃尔玛早在 1996 年 7 月,就推出了公司的电子商务网站 www.wal-mart.com。当时,公司这一集成了高技术及传统零售业务优势的电子商务网站,提供了基于 SSL 加密协议的在线信用卡交易处理,能够使因特网用户在浏览网站时将中意商品加入购物篮中,并方便地进行在线结算,订购的商品则经美国联合邮包服务公司直接送至客户手中。

1999 年末,这家传统零售业巨头又通过与领先因特网巨头 AOL 合作,向沃尔玛公司消费用户提供低成本的因特网接入服务,将业务触角再次伸展至 Web 领域,并期望借以推动公司在线业务的发展。同时,沃尔玛公司还向消费用户提供了能够迅速创立在线账号、实现因特网接入的相关软件。另外,作为这项合作的一部分,AOL 的在线购物网站还提供了到沃尔玛公司电子商务网站 www.wal-mart.com 的链接,从而在客观上使 AOL 当时的 1 900 万用户均成为沃尔玛公司电子商务网站的潜在购物用户,进一步扩大了沃尔玛公司在线用户群体。

虽然 2000 年 2 月沃尔玛的电子商务网站排名只列第 46 位,但是,在这一年中网站的访问量增长了 570%,感恩节获得了 11 亿美元的历史上最大单日销售量。可见沃尔玛是时刻关注电子商务的发展,积极利用因特网提供的商机,逐渐利用网络来宣传自己,用新的经营理念,先进的信息技术进行业务重组,以不断地发展经营规模。

5. 数据仓库

利用数据仓库技术，沃尔玛对商品进行市场类组分析，即分析哪些商品顾客最有希望一起购买。沃尔玛数据仓库里集中了各个商店一年多详细的原始交易数据，在这些原始交易数据的基础上，沃尔玛利用自动数据挖掘工具（模式识别软件）对这些数据进行分析和挖掘。一个意外的发现就是：与尿布一起购买最多的商品竟是啤酒。按常规思维，尿布与啤酒风马牛不相及，若不是借助于数据仓库系统，商家决不可能发现隐藏在背后的事实。原来美国的太太们常叮嘱她们的丈夫下班后为小孩买尿布，而丈夫们在买尿布后又随手带回了两瓶啤酒。既然尿布与啤酒一起购买的机会最多，沃尔玛就在一个个商店里将这两种商品摆放在一起，结果是尿布与啤酒的销售量双双增长。由于这个故事的传奇和出人意料，所以就在业界和商界流传开来。沃尔玛公司近年来用大容量的数据仓库进行数据挖掘和客户关系管理，对其3 000多家零售店的80 000种商品时刻都能把握住利润最高的商品品种和数量。

如今，沃尔玛利用NCR的Temdata对超过7.5 TB的数据进行存储，这些数据主要包括各个商店前端设备（POS机）采集来的原始销售数据和各个商店的库存数据。Teradata数据库里存有196亿条记录，每天要处理并更新2亿条记录，要对来自6 000多个用户的48 000条查询语句进行处理。销售数据、库存数据每天夜间从3 000多个商店自动采集过来，并通过卫星线路传到总部的数据仓库里。沃尔玛数据仓库里最大的一张表格容量已超过300 GB，存有50亿条记录，可容纳65个星期3 000多个商店的销售数据，而每个商店有50 000到80 000个商品品种。他们在从事由数据变信息，由信息变知识的知识挖掘工作，通过全集团、全方位、全过程和全天候的自动数据采集技术，改变传统的依靠假设和推断来确定订货的方式。从数据的不断积累过程中以小时为单位动态地运行决策模型，导出数亿个品种的最佳订货量、最佳商品组合分配、降价、商品陈列等。如今其数据仓库容量已扩充一倍以上。利用数据仓库，沃尔玛在商品分组布局、降低库存成本、了解销售全局、进行市场分析、趋势分析等方面均有卓越表现。

3.5.3 结论

沃尔玛的成功在于它能够利用信息技术参与企业经营活动，节约了成本，实现了"天天平价"及"顾客满意"，强化了企业的核心价值，提高了企业的竞争能力。对于传统零售业来说，其经营的成败决定于收集、处理和传播信息的能力以及对信息技术的充分利用。信息技术推动着零售业实现信息的高效流动，从而节约了时间；能够与供应商和顾客建立起良好的联动机制，实现了快捷的产销结合；随时监控自身的运作质量，为迅速地适应市场及时做出调整；可大幅度地降低运营成本，提高了企业经济效益。对于我国的零售业来说，要结合自身的情况，借鉴沃尔玛的经营之道，加快零售业在信息经济时代的发展。

案例思考题

1. 沃尔玛是怎样成功地应用信息技术的？
2. 信息管理对于沃尔玛经营活动起到了哪些促进作用？

习　题

1. 简述管理信息系统的功能。
2. 简述管理信息系统的构成要素和系统活动。
3. 结合人力资源管理系统实例,说明管理信息系统的功能结构。
4. 简述软件工程与管理信息系统的关系。
5. 简述管理信息系统的发展趋势。

第 **4** 章

管理信息系统规划

　　管理信息系统的建设是一项耗资巨大、历时长、技术复杂的系统工程,涉及组织的人员、设备、技术、资金等相关要素,因此,在管理信息系统开发初期,首先要进行全面系统的管理信息系统的规划。企业战略规划是企业领导者以组织的未来发展为根本出发点,为维持和寻求持久竞争优势,而做出的有关全局的策划和谋略。管理信息系统规划是关于系统的长远发展计划,涉及组织的战略目标、管理体制、环境等诸多因素,是对管理信息系统开发应用等一系列相关活动做出的统筹安排,因此,管理信息系统规划是组织战略规划的一个重要组成部分。

　　在进行规划之前,决策者应该认真回顾组织在以往的信息化工作中存在的问题,总结经验,统筹未来,根据组织的目标和发展战略以及信息系统建设的客观规律,考虑组织面临的内外环境、组织的运营方式、企业文化等因素,科学地制定信息系统的发展战略和总体方案,安排系统建设的进程,达到合理配置和使用组织的资源,确保信息系统建设顺利进行的目的。

　　在本教材中,"组织"概念泛指企业、事业、团体等具有经营或管理职能的部门。

4.1　管理信息系统规划

4.1.1　管理信息系统规划的目的和意义

1. 管理信息系统规划的目的

　　管理信息系统规划应从总体上把握系统的建设方向,具体地讲,管理信息系统规划的目的如下。

　　(1) 为实现组织整体战略提供强有力的工具

　　MIS 满足组织的业务运行管理需求的同时,确保管理信息系统开发符合组织总的战略目标,使系统能真正成为提高组织竞争力的有力工具。对组织的生产、经营和管理进行综合调查,以及组织高层管理者的参与,是系统规划成功的关键。这样才能确保将来建设的系统更好地服务于组织发展战略。

（2）确保管理信息系统满足组织各部门对信息的需求

管理信息系统规划要从组织的总体考虑,在进行初步调查时,要涉及组织的各个部门,因此,管理信息系统规划应更加注重组织部门间的信息需求,以及组织对外发布或接收的信息需求。通过规划找出系统中存在的问题,正确识别 MIS 为实现企业目标必须完成的任务。

（3）为组织领导对系统开发决策提供依据

系统开发耗费大量的组织资源,有时还要进行业务流程重组,管理信息系统规划要对系统建设重要性和必要性提出翔实可靠的依据,便于高层领导的理解和支持。

（4）确定系统开发的优先次序

不同子系统对于组织的重要程度不同,管理信息系统规划在考虑组织资源有限性的同时,还要注意系统间的数据传递关系,综合各种因素后,确定系统包含的各个子系统开发的先后顺序。

（5）优化资源配置

管理信息系统规划可以合理地分配利用组织的现有资源,优化系统的投资结构。

2. 管理信息系统规划的意义

组织信息化建设往往对组织机构、组织的生产运作流程以及企业的文化带来很大影响。信息系统建设的意义是使组织的管理工作更加规范化,获取持久的竞争优势。从我国许多大型企业的信息化进程来看,MIS 没有达到预期的目的,甚至浪费了组织的大量人力、财力和物力资源,其主要原因是组织在进行信息系统开发前没有进行科学的系统规划,而只是根据组织的现有条件分步开发各个子系统,最终导致系统集成困难,形成信息孤岛;另外,有的组织尽管进行了系统规划,但规划本身并不科学,同组织的战略规划相脱节,导致信息系统不能很好地服务组织战略的发展。

有研究表明,科学合理的信息系统规划对组织产生积极影响,表现在以下几方面。

（1）制定信息系统规划时,组织将重新审视原有的组织战略,以仔细检验是否符合组织发展的需求。

（2）信息系统战略与组织战略相互支持,促进组织战略的实现。

（3）信息系统规划使组织的员工与管理人员充分认识到系统开发意义以及组织信息化的必要性,有利于调动员工积极参与信息化建设工作。

信息系统规划应切实符合组织需求,为有计划、有步骤地进行信息资源开发利用做好准备,从而提高信息系统开发成功率。

4.1.2　管理信息系统战略规划的内容

管理信息系统的战略规划包含的内容较为广泛,在宏观上,涉及国家经济政策、法律法规;在微观上,涉及组织总战略目标、各职能部门的目标,以及组织信息部门的活动与发展。信息系统规划主要是通过对组织的目标和现状进行分析,制定指导信息系统建设的纲领性文件。

1. 管理信息系统规划的具体内容

(1)组织战略规划和管理信息系统战略规划的匹配

组织规划包括组织的战略目标、政策和约束以及对信息的需求分析,而管理信息系统的规划指出了应如何支持组织的战略目标、如何支持组织的信息需求。因此,管理信息系统规划的首要工作是建立两个规划的战略目标的对应关系,使得管理信息系统规划的战略目标、系统功能结构和数据资源的分布等能够支持组织的基层运作、中层控制、管理层计划和高层决策。

(2)管理信息系统关键成功因素的识别

通过调查分析组织的目标和发展战略,评价现行系统的应用现状,研究识别影响管理信息系统的关键成功因素。

(3)定义管理信息系统的整体结构

根据组织的战略目标和系统的关键成功因素,重新定义组织过程、定义管理信息系统总体结构,包括功能结构、信息系统的组织、人员、运行环境配置等。

(4)长期规划和短期规划

长期规划一般指管理信息系统未来较长一段时间内的系统整体规划,一般期限是 3~5 年,甚至更长时间。短期规划,指系统未来 1~2 年的系统开发应该完成的工作。长期规划注重研究管理信息系统战略和组织的长远需求和规划的协调匹配程度,一般来讲要考虑组织层面的长期规划和业务运行层的规划,规划的内容较为宏观;而短期规划则是在系统应用层面的开发计划,内容更加具体。长期规划易受组织的外部环境的影响;而短期规划则更多受到组织的业务流程和管理体制的影响。

长期规划通常包括当前组织业务分析、组织环境分析、现行组织战略分析、预测未来的需求、关键成功因素分析、信息系统规划目标、MIS 与组织战略的匹配分析;对目前组织的业务流程与信息系统的功能、应用环境和应用现状进行评价;对信息技术发展的预测等。短期规划主要包括系统的资源规划、系统开发的实施规划、详细的实施规划、预期的实施困难、进度报告、预算报告、预期的质量报告、系统应用培训计划、硬件设备的采购计划、应用项目的开发计划、系统切换工作计划、系统维护计划、人力资源的需求计划、资金需求等。

管理信息系统规划的具体内容,见表 4-1。

表 4-1 管理信息系统规划的具体内容

长期规划	短期规划
规划概述	规划的目的和意义
规划目的	当前信息系统存在的问题分析
规划内容简介	拟开发的信息系统项目
现行组织战略分析	系统的资源规划

长期规划	短期规划
当前组织业务分析	系统开发的实施规划
组织环境分析	详细的实施规划
预测未来的需求	预期的实施困难
信息系统规划目标	进度报告
业务层信息系统规划的主要目标	预算报告
与组织战略的匹配分析	预期的质量报告
关键成功因素分析	系统应用培训计划
信息系统战略规划	硬件设备的采购计划
业务层面信息系统战略规划	应用项目的开发计划
组织的创新匹配	系统切换工作计划
组织流程重组	系统维护计划
人力资源战略	人力资源的需求计划
资金需求	资金需求计划

2. 管理信息系统规划应注意的问题

（1）信息系统战略目标应和组织战略目标协调一致

通常情况下，组织战略制定在前，信息系统战略制定在后，前者注重的是宏观发展，后者注重的组织应用，为使两者的目标一致，要求根据组织的战略目标演化出系统的战略目标。

（2）信息系统规划专家和组织战略管理专家的协调

战略决策属于非结构化决策范畴，组织战略管理专家经常用自己的专家经验和偏好对于组织的未来发展做出预期的判断，而信息系统专家根据管理科学理论和数学模型对系统开发做出判断，由于管理决策不能进行实验验证，往往得不到组织管理决策者的认可，许多时候，信息系统规划专家和组织战略管理专家难以达成一致意见。

（3）领导的重视和业务部门的积极配合与协调

由于战略规划总是要考虑外部的变化，因而要求进行内部变革以适应外部变化，信息系统的规划难免涉及组织流程的重组，影响一些部门和个人的利益，这种变革对现有的人员来说是一次适应性考验，同时参加规划的管理人员对以后规划的实现负有责任，他们往往是不欢迎的，这样他们就有可能在实行这种战略规划时持反对或消极态度。因此，领导重视和和业务部门的积极配合，是信息系统规划成功的关键所在。

成立由企业最高领导为总负责人、各职能部门管理负责人为成员的规划领导小组，有利于规划的执行，也能充分体现战略规划的重要性。中层管理人员和基层员工也要参与规划，因为他们是规划的执行者。

（4）做好思想动员

开始做信息系统规划之前，思想动员工作十分重要，组织管理层要表明信息系统规划的决心和态度，让相关人员了解战略规划目的，对于组织长远发展的意义，明确相关人员的责、权、利，并对信息系统规划工作做出具体安排。

4.1.3　管理信息系统规划的步骤

制定企业管理信息系统战略规划要求企业决策层、管理层、控制层和业务层的相关人员参加，还要有信息系统专家、企业战略规划专家、计算机系统专家等组成的具有各方面知识体系的规划队伍。管理信息系统规划的步骤，如图 4-1 所示。

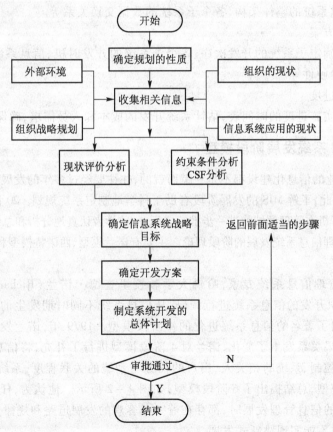

图 4-1　管理信息系统规划步骤

（1）确定规划的性质

明确管理信息系统战略规划是长期规划还是短期规划，确定系统规划的具体方法，以及选择进取型还是保守型规划的原则。

（2）收集相关信息

收集的信息主要包括外部环境信息、组织的现状、组织当前的战略规划和组织当前的信息系统应用状况，也包括各种相关的政策法规，以及组织所处行业的相关信息。

（3）进行战略和约束条件分析

战略和约束条件分析包括企业战略和信息系统战略的一致性分析，系统的关键成功因素分析，系统的开发方法、子系统的划分，企业的内外环境分析和组织的文化分析。

约束条件分析包括相关的政策法规要求分析，现有系统的软硬件环境分析，信息系统的技术背景分析，企业的人力、财力和物力投入分析等。

（4）确定信息系统的战略目标

信息系统的战略目标由系统的总体目标和各个子系统的分目标构成，包括系统战略怎样满足企业的战略，信息系统的整体架构，各个子系统的数据交换关系等。

（5）确定开发方案

开发方案包括确定子系统的开发次序、各个子系统的开发时机、信息系统开发方法、确定开发环境和平台、购置硬件等。

（6）制定实施进度

制定系统规划实施进度的时间表，估计系统开发的成本和人员需求，确保规划能按时完成。

4.1.4 管理信息系统发展阶段模型

任何组织和企业的信息化建设都不是一蹴而就的，往往要经过多年的发展和积累，最终达到成熟的应用信息化，因此，了解 MIS 的发展阶段有助于科学地制定系统规划。20 世纪 70 年代到 20 世纪 90 年代，随着计算机在管理领域的进一步推广应用，一些学者认真地分析和总结了管理信息系统的发展历程，建立了管理信息系统发展的阶段理论。主要有诺兰模型、西诺特模型和米切模型等。

1. 诺兰模型

1974 年，美国管理信息系统专家，哈佛大学教授里查德·诺兰（Richard. L. Nolan）通过对 200 多个公司或组织开发的信息系统进行调研，从信息系统不同时期发生的相关费用与其应用效果分析，首先提出了著名的信息系统进化的 4 阶段模型。1979 年，诺兰发现组织用于信息系统建设的投资和效果关系发生了变化，诺兰对 4 阶段模型进行了补充，将信息系统的主要目标、系统部门的计划与控制、系统的相关人、用户的任务与系统的关联程度、系统采用的关键技术 5 个指标，加入评价模型，总结提出了 6 阶段模型，如图 4-2 所示。他认为，任何组织由手工管理向以计算机为手段的信息管理发展时，都存在着一条客观的发展道路和规律，即必须从一个阶段发展到下一个阶段，不能实现跳跃式发展。

（1）4 阶段论模型

在组织信息系统发展 4 阶段论模型中，诺兰按时间顺序将时间横轴划分成 4 个区间，即初装期（开发期）、蔓延期（普及期）、控制期和集成期，同时用纵轴来表示与信息系统开发和维护应用相关联的费用支出。当时计算机主要用于促进组织的业务合理化和简单化，减少工作人员重复

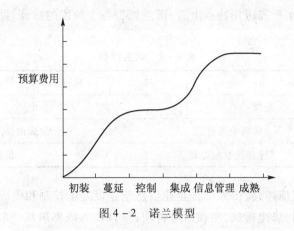

图 4-2   诺兰模型

的、机械的手工工作,信息系统开发、使用和维护费用与系统的应用效果之间的关系比较明确。

（2）6 阶段论模型

诺兰 6 阶段论模型把时间轴分为初装期、蔓延期、控制期、集成期、信息管理期和成熟期,这是一种波浪式的发展历程,其前 3 个阶段应用简单,具有计算机数据处理的特征,后 3 个阶段应用集成化程度较高,显示出信息技术时代的特征,前后之间的"转折区间"是在集成期中。由于办公自动化系统的普及、管理信息系统应用日益广泛而导致了发展的非连续性,这种非连续性又称为"技术性断点"。

（3）诺兰模型各阶段的主要特征

① 初装阶段,企业购买计算机用于管理各部门。特点是数量少、缺乏应用软件系统,只能完成一些数值计算、统计报表、文字处理等简单的工作。

② 蔓延阶段,管理部门大量使用计算机。特点是数量多、小范围联网;实现了文件共享、文件传送等工作;同时盲目地开发软件、购买计算机,缺乏计划和控制,信息系统不完善。

③ 控制阶段,组织的高层有意识地进行系统开发的控制和硬件购买的限制,管理部门有意识地规划计算机网络,并服务于各个部门信息管理,出现了较为完善的部门级的信息系统。

④ 集成阶段,企业开始有规划地将各个部门的信息系统进行集成,建设综合的管理信息系统,消灭信息孤岛,提高信息系统的使用效率。

⑤ 信息管理阶段,出现了综合类的信息系统,对信息进行协调和深入使用,来辅助企业提高管理效率。

⑥ 成熟阶段,将信息管理与企业管理融合在一起,充分地管理组织的内外信息资源,满足组织各个管理层次的需要,实现真正的信息资源管理,达到辅助决策的目的。

（4）诺兰模型的应用

诺兰模型是在总结了美国企业近 20 年的计算机应用发展历程的基础上,提出的创造性研究成果,该理论已成为说明企业信息化发展程度的有力工具,是第一个描述信息系统发展阶段的抽象化模型,具有划时代的重要意义。

从技术水平、应用水平和应用特点上看,诺兰模型各个阶段的特征,见表 4 - 2。

表 4 - 2　诺兰模型

应用阶段	初装	蔓延	控制	集成	信息管理	成熟
应用水平	初级		中级		高级	
应用特点	面向业务管理			面向信息资源管理		
技术特点	计算机数据处理			信息技术		

根据诺兰理论模型描述,我国大部分企业信息化建设处于控制和集成期,迫切需要对组织的信息系统进行统一规划,快速集成,实现信息管理,早日步入成熟阶段,完成"以信息化带动工业化"的宏伟目标。

2. 西诺特模型

诺兰模型是以组织计算机应用水平为背景建立的,尤其在系统应用的前期,硬件的背景更加明显,这对于一些大中型组织来说是非常适合的,对于一些规模比较小的组织略显不足,1988 年美国著名的信息管理学家西诺特(W. R. Synnott),从组织数据和信息管理的视角,给出了一个组织信息化发展的阶段模型,他把信息系统的发展归结为 4 个阶段:数据阶段、信息阶段、信息资源(Information Source)阶段和信息武器阶段。他用这 4 个阶段的推移来描述组织信息化阶段的划分,从计算机简单地处理原始数据的"数据"阶段开始,逐步过渡到用计算机加工数据并将它们存储到数据库的"信息"阶段;接着,经过诺兰所说的"技术性断点",到达把信息当作资源经营的"信息资源管理(Information Source Management,IRM)"阶段;最后,到达将信息化作为给组织带来竞争优势的武器,即"信息武器"阶段。西诺特还提倡:随着计算机信息系统作用的变化,作为信息资源管理者的高级信息主管或称为首席信息官(Chief Information Officer,CIO)的重要性应当受到重视。当前,很多发达国家的企业都接受了西诺特对诺兰模型的改善,将信息资源管理作为组织的战略资源进行开发,国内已有联想、海尔、万华等多家一流企业成功引入了 CIO 机制,强化了信息资源管理工作。

3. 米切模型

诺兰模型和西诺特模型针对每个组织的信息化发展阶段的划分,目的在于指导组织的信息化建设。20 世纪 90 年代初,美国的信息化专家米切(Mische)通过对美国的组织信息化发展进程的分析,认为美国的各个组织的信息化发展普遍经历的 4 个阶段是:起步阶段(20 世纪 60 年代 ~ 20 世纪 70 年代)、增长阶段(20 世纪 80 年代)、成熟阶段(20 世纪 80 年代 ~ 20 世纪 90 年代)和更新阶段(20 世纪 90 年代中期 ~ 21 世纪初期);各个阶段的特征不仅仅只是表现在数据处理工作的改善和管理水平的提高,还涉及系统的理念、技术的综合水平、信息化解决方案、知识的管理等方面。由此得出的表征信息化发展阶段的 5 个特征分别是:① 全员素质、态度和信息技术视野;② 信息技术融入企业文化;③ 数据库管理系统能力;④ 代表性应用和集成程度;⑤ 技术状况。每个特征包含着若干个属性(评价指标),共计 100 多个不同属性,这些特征和属性可用来帮助企业确定自己在综合信息技术应用发展过程中所处的位置。

在信息化发展的 4 个阶段中，每个阶段都具有上述 5 个特征，"米切模型"是研究一个企业的信息体系结构和制定信息系统规划的基础，可以帮助企业和开发机构把握自身当前的发展水平。企业可以使用如表 4-3 所示的分析、了解自己的 IT 综合应用在现代信息系统的发展阶段中所处的位置以及这个企业信息系统建设发展的下一个目标。

表 4-3 米切模型的特征表

阶段 特征	起步阶段	增长阶段	成熟阶段	更新阶段
全员素质				
企业文化				
数据库管理				
集成程度				
技术状况				

目前许多企业虽然应用了管理信息系统，但还存在着诸多的问题。通过对华东地区某个沿海城市的实力较强的前 30 家企业调查研究表明，大多数企业在开发 MIS 时没有经过科学有效的构思和详细规划，没有深入研究如何将信息技术与业务工作结合。系统集成时许多企业只是侧重技术开发，忽略了信息资源规划，对于这种情况，可以参照"米切模型"，找出在综合信息技术应用过程中的差距，并找到改进的方向，从而做到在不同阶段采取不同的措施。

在实践中，普遍使用的是诺兰模型，并以西诺特模型和米切模型作为补充，对企业的信息化程度进行准确的定位，从而科学地规划企业的信息化进程和目标。

4.2 管理信息系统规划的主要方法

管理信息系统规划是组织信息化成功的保证，管理信息系统规划方法成为诸多专家研究的课题之一。目前，产生了很多的管理系统规划方法，组织应用较多的是关键成功因素法（Critical Success Factors，CSF）、战略目标集转化法（Strategy Set Transformation，SST）和企业系统规划法（Business System Planning，BSP），本节将对这三种方法进行介绍。

4.2.1 关键成功因素法

关键成功因素法（CSF）是组织进行信息系统开发时，主要分析影响系统成功的主要因素，并对这些因素进行有效识别和合理控制，目的在于提高信息系统的成功率。1970 年，哈佛大学教授 William Zani 在 MIS 模型中使用了关键成功变量，这些变量是确定 MIS 成败的因素。10 年后，麻省理工学院教授 Jone Rockart 以关键因素为依据来确定系统总体规划,将 CSF 提升成为 MIS 效果的战略方法。在现行系统中,总存在着多个变量影响系统目标的实现,其中若干个因素是关键的和主要的(即成功变量)。通过对关键成功因素的识别,找出实现目标所需的关键信息集合,并应用于系统开发实践,从而确定系统的划分及开发的先后次序。实践证明,CSF 在确定组织关键成功因素和 MIS 关键成功因素这两方面都取得了良好的效果。

1. 采用关键成功因素法对企业进行管理信息系统规划的流程

(1) 定义 MIS 的战略目标

根据组织的战略目标定义组织的信息系统战略,信息系统战略应支持组织的战略。

(2) 识别所有系统开发的影响因素

将 MIS 的战略目标,逐层分解到各个子系统的战略目标,根据系统总体需求,找出影响各个目标实现的所有因素。

(3) 识别关键影响因素

对影响系统开发的因素进行分析,一般采用德尔菲法、层次分析法、模糊综合评价等方法确定系统的关键成功因素。

(4) 识别性能和指标

给出每个关键成功因素的性能指标和测量标准。

(5) 确定系统规划

通过对企业关键成功因素指标分析,直接总结出企业的关键业务过程,通过信息系统规划确定信息系统应实现的业务过程,从而使得信息系统得以支持企业的关键业务过程。

关键成功因素法流程,如图 4-3 所示。

图 4-3　关键成功因素法流程图

要识别一个企业的关键成功因素,首先要了解企业的目标。从目标出发,可以看到哪些因素与之相关,其中有哪些是直接相关,哪些只是间接相关。一般可以采用鱼骨图作为识别关键成功因素的工具,关键成功因素就是要识别与系统目标联系的主要数据类及其关系。

关键成功因素法通过对企业目标分解和识别、关键成功因素识别、性能指标识别,确定系统规划。

某企业在信息系统规划时,把影响组织 MIS 的因素定义为:企业的环境因素(包括内部环境和外部环境)、数据因素、技术和构架因素、系统因素、团队因素以及目标和需求因素,可以用鱼骨图画出影响信息系统的各种因素,以及影响这些因素的子因素,如图 4-4 所示。

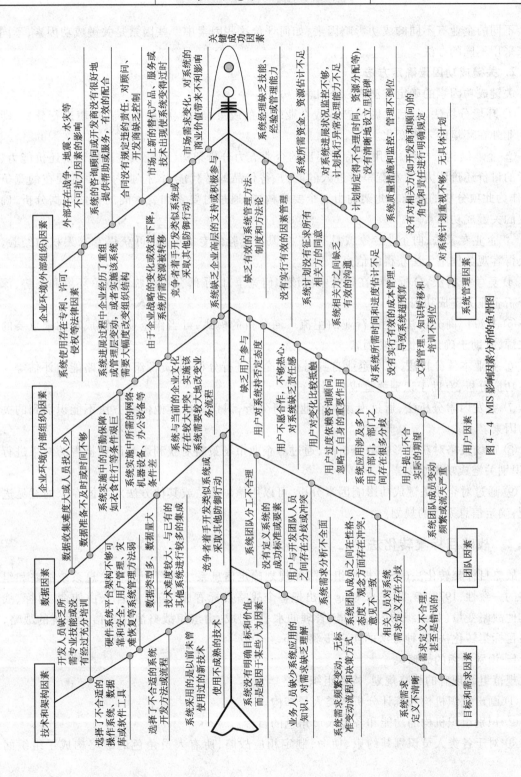

图4-4 MIS影响因素分析的鱼骨图

不同的企业有不同的成功影响因素,如何评价这些因素中哪些因素是关键成功因素,不同的专家采用不同的办法。

2. 关键成功因素确定方法

关键成功因素的确定方法有以下几种。

① 环境分析法,包括对影响产业或企业绩效的政策、经济、社会等外在环境进行分析,即重视企业外在环境的未来变化。

② 企业结构分析法,应用波特所提出的企业五力分析架构(包括供应商的讨价还价能力、购买者的讨价还价能力、潜在竞争者进入的能力、替代品的替代能力、行业内竞争者现在的竞争能力)作为此项分析的基础。此架构由五个要素构成,通过对要素和要素间的评估数据分析,确认企业的关键成功因素。

③ 企业专家法,向企业专家或具有 IT 知识与经验的专家咨询,可获得专家累积的经验,还可获得客观数据中无法获得的信息。

④ 竞争分析法,分析公司在行业中应该如何竞争,以了解公司面临的竞争环境和态势,深度地分析企业关键成功因素。

⑤ 主流厂商分析法,是该行业的主流厂商分析的模式,可当作企业关键成功因素重要的信息来源,有助于确认关键成功因素。

⑥ 企业本体分析法,针对企业自身对企业全面进行分析,如资源组合、策略能力评估等。通过各功能分析,有助于识别关键成功因素。

⑦ 突发因素分析法,通过专家对企业调研分析,识别一些其他传统方法不能识别到的关键成功因素。

⑧ 市场策略对获利影响的分析法,通过对企业市场策略对获利影响研究报告的结果进行分析,识别关键成功影响因素。

⑨ 通过对企业关键成功影响因素分析,可以用德尔菲法或其他方法对不同专家的意见进行处理,确定信息系统的规划。

4.2.2　战略目标集转化法

战略目标集转化法(SST)根据组织战略规划确定信息系统规划。确保信息系统战略和组织战略的一致性,1978 年,William King 提出把整个战略目标看成"信息集合",由使命、目标、战略和其他战略变量(如组织的内外环境、管理的水平)组成,由组织战略演化出信息系统的战略,即战略目标集转化法,这种方法的实现步骤如下。

1. 识别组织的战略集

规范组织现有的战略规划,构造组织战略集合。

① 画出组织机构和统计分析各类人员结构。

② 识别组织机构的功能和各类人员角色的目标。

③ 对于各类人员识别其约束、使命,制定相应战略,所有人员角色的战略构成了组织的总

战略。

④ 规划各类目标和战略。

2. 将组织战略集转化成 MIS 战略

组织战略集转化成 MIS 战略主要是将组织战略目标、组织战略以及战略属性对应转换成 MIS 战略目标、约束以及战略等。这个转化的过程包括对组织战略集的每个元素识别转换为对应的 MIS 战略约束,然后提出整个 MIS 战略的结构。

将某企业组织战略转换为信息系统战略,如表 4－4 所示。组织的目标受不同干系人的要求影响,组织目标 01(年增收入 10%)由股票持有者 S、管理者 M 和顾客 C 引出;组织战略 S1 由目标 01 和 06 引出,为了实现年增收入 10% 战略目标,组织战略是增加新产品,战略属性则是管理难度增加;对应的信息系统的战略目标为改进结账速度和数量(M01),相应约束是设计新产品的模型(A1),由此导出的 MIS 战略是 D1 模型设计(C1)。依次类推,这样就可以列出 MIS 的目标、约束以及战略。

表 4－4 组织战略向 MIS 战略转换关系表

组织的战略				MIS 的战略		
组织相关者	组织目标	组织战略	战略属性	MIS 目标	约束	战略
股票持有人(S)	01:年增收入 10%(S,M,C)	S1:新增产品(01,06)	A1:管理复杂(M)	M01:改进结账速度和数量(S2)	C1:做好模型(A1)	D1:模型设计(C1)
管理者(M)	02:改进现金流(G,S,C)	S2:…	A2:…	M02:…	C2:…	D2:…
顾客(C)	03:…	S3:…	A3:…	M03:…	C3:…	D3:…
雇员(E)	04:…	S4:…	A4:…	M04:…	C4:…	D4:…
政府(G)	05:…	S5:…	A5:…	M05:…	C5:…	D5:…

4.2.3 企业系统计划法

20 世纪 70 年代初,IBM 公司通过系统开发实践总结出一种能够帮助规划人员根据企业目标制定出 MIS 战略的一种方法——企业系统规划法(BSP)。企业系统规划法的基本思想是:企业的信息系统目标应支持企业的运作目标,信息系统战略应表达出企业各个管理层次的需求,向整个企业提供一致性的信息;信息系统不依赖企业的组织机构,能够适应环境的变化,即使未来企业的组织机构和管理体制发生变化,信息系统仍能保持工作的能力。

BSP 方法实现的主要步骤有定义企业目标、定义企业过程、定义数据类、定义信息系统总体结构、确定系统开发顺序、编写报告等,其基本思路如图4-5所示。

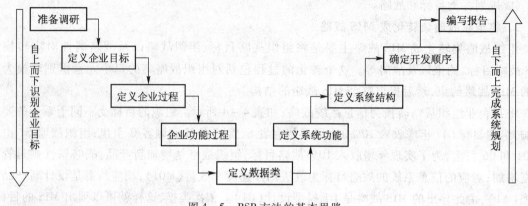

图4-5　BSP方法的基本思路

BSP方法是自上而下地由企业的目标导出基本的数据需求,然后再自下而上地由数据需求演化出系统规划。

(1) 准备和调研工作

总体规划的准备工作要在组织管理的中高层进行,涉及的部门较多,需要各部门的协调工作。这个阶段的主要内容包括:成立系统规划小组,制定工作计划。

调研时需要深入各级管理层,了解企业有关决策过程、组织职能、部门和相关人员的各类活动,查阅相关资料,分析系统中存在的问题。收集的主要信息有:企业的一般情况(环境、管理目标、人员、产品、客户和供应商信息)、现行系统的运行情况(概况、基本目标、软硬件环境、技术力量和系统的运行情况)。

(2) 定义企业目标

根据对调研过程中收集材料的分析和企业的长远规划,确定企业长远目标。

(3) 定义企业过程

企业过程是BSP方法的核心,企业过程是企业管理中必要且逻辑相关的、为了完成某项管理功能的一组活动,如组织的物资供应管理、人力资源管理等。企业过程定义要根据企业目标确定各个过程的目标、约束条件、子目标的划分等。

(4) 企业过程重组

在企业过程定义的基础上,分析现有的流程是否通畅,找到重复、低效或者无效的业务流程,根据信息系统工程原理,优化业务流程。

(5) 定义数据类

数据类是业务流程过程中通过物流、资金流产生的逻辑相关数据。一般从业务过程的角度出发,将与该过程有关的输入数据和输出数据按逻辑的相关性整理出来,并归纳成数据类。定义数据类时,应标明数据的来源、处理和应用情况。

（6）定义系统的功能

功能是管理各类资源的相关活动和决策的组合。管理人员通过管理这些资源支持管理目标；根据输入数据、输出数据和业务流程，确定系统应实现的功能。

（7）定义信息系统总体结构

根据数据类和过程的功能，对数据资源和信息流程进行合理组织，定义信息系统的整体构架和相应的功能结构，建立功能/数据类矩阵，通过功能数据的关系分析定义各个子系统的相关资源，确定数据资源的分布。

（8）确定系统开发次序

分析各个子系统的相互制约关系，在全面考虑组织资源和战略的前提下，确定系统的开发先后顺序。在确定系统的开发次序时还要考虑与现有系统的关系，尽可能利用现有的系统，减少系统开发的费用。

（9）编写系统规划报告

对系统规划材料进行整理，完成系统规划报告，提出建议书和开发计划。

4.2.4 三种方法相结合的 CSB 法

1. 三种方法的比较

CSF 方法能抓住系统开发过程中的主要矛盾，侧重解决组织中的关键成功因素，系统目标的识别重点突出，适用于管理目标明确的系统规划。

SST 方法从企业各类角色的要求识别信息系统战略规划，保证目标比较全面，疏漏较少，但它在突出重点方面不如 CSF 方法，工作内容比较繁琐。

BSP 方法强调从企业的目标出发，通过定义并改进企业的业务流程，确定组织的数据需求和系统功能，最终确定系统的总体结构，但缺乏对组织关键成功因素的分析。

在实际信息系统规划中，通常将三种方法（CSF、SST 和 BSP）结合使用，简称 CSB 方法。

2. CSB 系统规划方法

CSB 方法先用 CSF 方法确定关键成功因素，然后用 SST 方法补充完善企业目标，并将这些目标转化为信息系统目标，用 BSP 方法校核两个目标，并确定信息系统结构。这样就弥补了单个方法的不足之处，但这也使得整个方法过于复杂，削弱了单个方法的灵活性，对于大型的管理信息系统来说，这个方法是非常实用的。

由于信息系统战略规划属于非结构化决策问题，没有固定的解决办法，往往根据具体情况和专家的偏好选择规划的方法。当然，不同规划方法和规划专家的规划结论也是有所不同的，因此，组织在进行信息系统规划时，应当具体情况具体分析，全面地综合各方意见，确保规划的合理性。

4.2.5 系统规划的其他方法

在管理信息系统规划中，总的规划完成后，还要做出详细的实施计划，如人力、财力、物力等方面计划,这些计划的制定需要一些专门的方法和工具支持,如网络计划技术(PERT)、运筹学(OR)、技术经济分析、可行性分析等方法,同时也有可能借鉴制造资源计划(MRP)、企业资源计划系统(ERP)、客户关系管理系统(CRM)、供应链管理系统(SCM)等系统的思想和方法。

随着相关学科的发展,还会出现更多的制定规划的方法,科学地使用各种方法和思想对于制定合理的系统规划是十分重要的。

4.3　基于 BSP 的信息系统总体规划

4.3.1　组织调研分析

系统规划期间组织调研工作是对组织的现状和现行系统运行的状况进行的粗略的分析,不涉及具体业务操作层面的分析工作,组织调研分析的工作具体内容包括:

① 现行组织的战略。

② 围绕组织的战略,分析每个业务流程在运作中产生的信息,明确信息的用途。

③ 分析信息系统为提供与收集上述信息应具备的主要功能。

④ 分析现有系统与组织规划需求的差距与改进方向。

系统规划阶段收集的信息是全面的、笼统的,信息系统分析阶段还需要进一步收集业务层面的信息。

确定业务流程的一种有效方法是选定一些组织业务流程,进行输入－处理－输出分析,如图4－6所示。

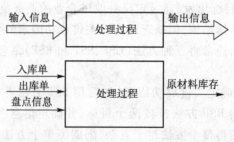

图4－6　输入－处理－输出图

4.3.2　定义企业目标

为确定信息系统的目标,需要调查了解企业的目标和为了达到这个目标所采取的经营方针及实现目标的约束条件。

每个目标可以分为若干个子目标,子目标可以用一定的指标来衡量。整个目标体系可以用目标层次分析图来表达,图4－7所示是某高新企业目标层次分析图的一部分。

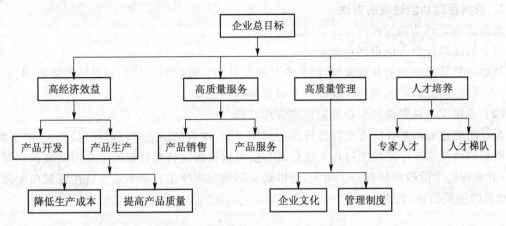

图 4 – 7 某高新企业目标层次分解图

4.3.3 定义功能过程

企业系统规划(BSP)方法强调管理功能应独立于组织机构,企业所有的组织结构都是为系统的目标服务的,即不论组织机构如何设置,组织的目标是不会改变的,从企业的全部工作中分析归纳演绎出相应的功能过程。

1. 企业资源及其生命周期

资源是企业为了达到自身的目标所使用的人员、原材料、资金、设备厂房、数据资源以及其他企业的产品,是企业管理对象。资源一般分为两类。有形资源和无形资源。有形资源分为关键性资源和支持性资源两类。前者是企业的产品或服务,是企业赖以生存或发展的基础;后者指实现企业目标必须使用和消耗的那些资源,如原材料、资金等。无形资源是指不具备实物形式或具有意识形态的管理对象,如企业战略计划、企业文化等。

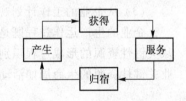

图 4 – 8 企业资源生命周期

资源的生命周期,是指企业的一项资源由获得到退出企业所经历的各个阶段,一般分为产生、获得、服务和归宿 4 个阶段,如图 4 - 8 所示。

① 产生阶段:根据企业的计划,对资源的请求活动。

② 获得阶段:指利用支持资源进行关键性资源的开发活动,即获得资源的活动,如利用各种原材料生产相关产品活动。

③ 服务阶段:指各类资源在企业内的流动(物流)活动和服务活动的延续活动,如产品库存和原材料库存管理。

④ 归宿阶段:指资源应用或服务活动结束的阶段,如产品销售、工具的报废等。

2. 识别管理功能过程的方法

通常识别管理功能过程的方法有以下3种。

（1）从战略计划方面识别功能

战略计划是指企业的长期发展计划、产品研发计划、产品的设计等,还包括经济预测、市场预测、行业的发展预测等,识别完成这些任务需要的MIS功能。

（2）根据支持性资源的生命周期识别管理功能

企业功能过程都是伴随着支持性资源的运用过程,所有的功能过程都要用到一定的资源,所有的资源的消耗都在一定功能过程下进行,因此,可以根据支持性资源的生命周期来识别管理功能,但并非在一个阶段中只有一个功能,应根据实际情况来决定。某企业支持性资源在生命周期4个阶段的主要活动,见表4-5。

表4-5　支持性资源的生命周期的管理活动

支持性资源	生命周期			
	产生阶段	获得阶段	服务阶段	归宿阶段
人力资源	人员计划	招聘、调动	培训、服务	解聘、退休
原材料	生产计划	采购、入库	库存管理	出库、退货
资金	财务计划、账款回收	拨款、应收款	银行业务、总会计	应付款业务
动力设备	设备使用计划	采购、拆借	维修、改装	报废、归还

（3）从企业的工作计划观察关键性资源识别管理功能

企业的生产运作过程既是支持性资源的消耗过程,同时也是关键性资源的形成过程,因此,从关键性资源的形成过程识别管理功能过程,是对支持性资源识别管理功能过程的补充。某企业关键性资源的生命周期活动,见表4-6。

表4-6　企业关键性资源的生命周期活动

关键性资源	生命周期			
	产生阶段	获得阶段	服务阶段	归宿阶段
产品市场	订货服务	销售计划	产品库存管理	销售服务
产品工程	市场计划	产品研发	产品设计	产品生产
生产服务	生产计划	生产调度	包装存储	发货运输
质量服务	质量预测	质量检查	质量控制	质量报告

（4）汇总分析

为了确保企业的功能过程的完整性和一致性,对以上 3 种方法识别出来的功能进行汇总分析,把同类型的功能归类,删掉重复的管理功能,并在此基础上绘制出企业管理功能过程图。汇总分析的目的:检验是否已识别出所有的功能,判定系统分析人员是否理解企业过程,也是今后定义信息结构的依据。

根据（1）、（2）和（3）的分析,从两类有形资源识别出的管理功能过程,如图 4-9 所示。图 4-9 中的左边一列是管理功能过程,右边表示了关键性资源和支持性资源之间在生命周期内的关系,反映了企业管理功能过程的流程,如"产品市场管理"类的功能过程包括市场计划、销售计划、订货服务、产品库存管理、发货运输和销售服务,其中"市场计划"管理过程影响着产品研发、生产计划、人员计划、质量预测、人员计划、采购、资金计划、设备计划等所有的管理过程,表明企业一切活动是以市场需求为中心的概念。

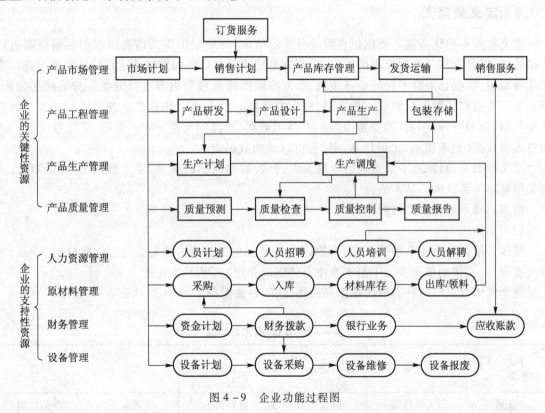

图 4-9 企业功能过程图

识别功能以后,可以把管理功能过程和组织机构之间的关系画在一张表上,这就是组织/功能矩阵,如表 4-7 所示。这张表展示了组织与功能之间的关系。

表 4 - 7 组织/功能矩阵

组织 \ 功能	市场管理					产品工程管理		原材料管理		财务管理		…
	市场计划	产品库存	订货服务	销售计划	销售服务	产品设计	产品开发	采购进货	库存管理	财务计划	资金管理	
财务部门	×		/			/			/	○	○	
销售部门	○	○	○	○	○							
设计部门		×				○	○					
物资部门						×		○	×			
…												

说明:○表示主要负责;×表示参加;/表示一般参加

4.3.4 定义数据类

定义数据类的任务就是根据信息需求分析的结果,对规划中体现信息需求的数据资源进行严格的定义、科学的分类和合理的组织,为信息系统功能与目标的实现奠定良好的数据基础。在总体规划中,数据是来自不同的业务领域,通常按照所属领域和内容进行分类。为了便于分析,把关系较为密切的数据归纳成一种类型,称为数据类。数据类反映各类业务主体的内容。如客户类数据(地域分布、偏好、消费能力等)、产品类数据(产品的类别、型号、规格、适用范围等)、人力资源类数据(档案信息、工资信息)等,都可以成为数据类。

定义数据类的目的:了解企业的数据要求,分析数据共享的关系,建立数据类/功能矩阵,为定义信息结构系统提供基本依据。

数据类规划的方法有两种:实体法和功能法。

(1) 实体法

实体是指参与企业活动的人员、事物以及一些抽象的概念(如人员、设备、原材料、产品、规章制度等)。实体的概念在本书第 8 章中有详细的介绍,这里不再赘述。

每个实体可以用四种类型的数据来描述,这四种数据类型的特点,如表 4 - 8 所示。

表 4 - 8 实体/数据类矩阵

数据类 \ 实体	人员	设备	材料	资金	产品
计划	人员计划	设备计划	材料需求	预算	产品计划
统计	人员统计	维修记录	需求历史	财务统计	产品需求
文档	员工档案	设备档案	原材料特征	财务会计	产品规范
事务	员工工作记录	使用记录	采购记录	应收账款业务	订货、退货

① 计划类数据,包括战略计划和短期计划。短期计划从时间的跨度来看包括年度计划、季度计划、月计划、旬计划等,从计划的内容看,包括人力资源计划、财务计划、销售计划等。

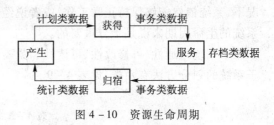

图 4-10 资源生命周期

② 统计类数据,企业发生的历史数据,是企业的过去行为的记录,用于对未来生产提供决策依据的数据。

③ 事务类数据,反映由获取或分配活动引起的存档类数据,如生产活动的调度记录。

④ 存档类数据,记录资源的状况,支持经营管理活动,仅和一个资源直接相关,如设备档案、产品技术档案等。

一般情况下,以企业实体为基础识别数据类。结合企业资源生命周期图 4-8 和实体/数据类表 4-8,可以得出数据类和生命周期的各个阶段的关系,如图 4-10 所示。

(2)管理功能法

每个管理功能都有相应的输入、输出,如图 4-6 所示。因此,对每个功能标出输入、输出数据类,与第一种方法得到的数据类比较进行调整,最后归纳出系统的数据类。

4.3.5 功能规划和子系统的划分

每个子系统包含若干项功能,这些功能的共同目标是完成组织的某项业务职能,子系统的划分一般是根据业务流程和数据信息关系确定,尽可能把功能相近的或者业务相近的过程划分在一个子系统中,从而减少子系统之间的信息交换,达到系统优化的目的。

1. 子系统划分的原则

(1)子系统要具有相对独立性

子系统的划分一方面是为了明确企业过程,另外一个更重要的方面是为了系统开发顺利实施,子系统要具有相对独立性,便于系统分期分批进行开发工作的安排。

子系统独立性较强,表现在子系统内部功能的凝聚性较好,子系统之间数据信息的依赖性较弱,子系统的划分还必须兼顾组织机构的要求。

(2)子系统划分应使数据冗余较少

子系统划分可能引起相关功能数据分布在各个不同的子系统中,产生大量的数据调用,大量的中间结果需要保存和传递,大量计算工作将要重复进行。数据冗余使系统的工作效率降低,同时不利于数据维护工作,容易造成系统数据的不一致问题。

(3)子系统的划分应考虑到各类资源的充分利用

适当的系统划分在满足系统功能需求的前提下,应考虑到各类信息资源的合理分布和各种设备资源在系统应用过程中得到充分利用,提高信息系统的应用价值。

(4)子系统划分应考虑适应管理发展的需要

为了适应现代管理的发展,子系统的划分还要充分考虑在未来组织管理模式发生变化的情况下,系统依然能够保持正常工作,或者说经过简单的修改就能适应新的工作环境,这对于延长系统的生命周期来说是十分重要的。

子系统互通性、可修改性、可读性和紧凑性是评价系统划分的主要依据,根据系统划分原则,子系统的划分方法有六类,见表 4 - 9。

表 4 - 9　子系统划分方法

方法分类	划分方式	互通性	可修改性	可读性	紧凑性
功能划分	按业务处理功能划分	好	好	好	非常好
顺序划分	按业务先后顺序划分	好	好	好	非常好
数据拟合	按数据拟合程度划分	好	好	较好	较好
过程划分	按业务处理过程划分	中	中	较差	一般
时间划分	按业务处理时间划分	较差	较差	较差	一般
环境划分	按实际环境和网络分布划分	较差	较差	较差	较差

2. 子系统划分的 BSP 法

BSP 方法将企业过程定义、数据类定义及两者之间的关系作为定义信息系统结构的基础。数据和过程的关系通过建立 U/C 矩阵的方式表示,U/C 矩阵是一个用普通的二维表来分析汇总数据的工具。矩阵的列表示数据,行表示企业过程,C(Create)表示该项数据由该过程生成,U(Use)表示该过程使用该项数据,如表 4 - 10 所示,"生产能力计划"过程使用"工艺流程(U)"数据和"物资供应(U)"数据,产生"设备负荷(C)"数据项。U/C 矩阵首先将系统的所有的数据项和系统的所有功能过程联系起来,然后进行数据的正确性分析和系统划分。

(1) U/C 矩阵分析

通过对 U/C 矩阵的检验,分析数据的正确性、一致性和冗余程度,及时发现并纠正前段分析和调查工作的疏漏和错误。

1) U/C 矩阵正确性分析

在建立了 U/C 矩阵之后,依据"数据守恒原理"对 U/C 矩阵的正确性进行分析。数据守恒原理要求每个数据类(列)必须有一个产生的"源"(C,即生成该数据的功能过程),至少有一个或多个"用途"(U,即至少有一个或多个功能过程调用该数据项)。

2) U/C 矩阵一致性检验

原则上每一列只能有一个 C,如果没有,则可能是数据收集有错;如果有多个 C,则有两种可能性:①功能过程引用错误,误将其他功能过程引用该数据类定义为生成该数据类;②该数据类涵盖的数据过多,数据类是一大类数据的总称,应将该数据类进行拆分和细化。

每一列至少有一个 U。如果没有 U,原因是漏填或者该数据类应归入其他数据类里边,通过数据分析,予以更正。

如表 4-10 所示的第 7 列有 3 个 C,通过分析可知:"产品数据类"应由"工艺设计开发"过程产生,"产品工艺"和"库存控制"两个过程使用该数据类,故元素 $(X=7, Y=6)$ 和 $(X=7, Y=7)$ 的"C"应该为"U"。

3)无冗余性检验

表 4-10　U/C 矩阵

数据类＼功能	客户	订货	产品	工艺流程	材料规格	成本	零件规格	材料库存	成品库存	职工	销售区域	财务计划	计划	设备负荷	物资供应	任务单	行号 Y
经营计划		U				U						U	C				1
财务计划						U						C	U				2
资产计划												U					3
产品预测	U		U								U						4
产品设计开发	U		C	U	C		C						U				5
产品工艺				U	U		C	U									6
库存控制							C	C							U	U	7
调度		U	U				U							U		C	8
生产能力计划			U											C	U		9
材料需求			U		U											C	10
操作工序				C										U	U	U	11
销售管理	C	U	U							U	U						12
市场分析	U	U	U								C						13
订货服务	U	U	U							U							14
发运		U	U							U							15
财务会计	U	U	U						U	U		U					16
成本会计		U	U			C						U					17
用人计划										C							18
业绩考评										U							19
列号 X	1	2	3	4	5	6	7	8	9	10	11	12	13	14	15	16	

无冗余性检验,不能出现空行或空列。如果出现空行或空列,则可能是下列两种情况:

① 数据类或功能过程的划分是多余的;② 在调查或建立 U/C 矩阵过程中漏掉了它们之间的数据联系。在表 4-10 中就没有冗余的功能和数据。

　　建立 U/C 矩阵首先要进行系统化地自顶向下确定其具体的过程(或过程类)和数据(或数据类),最后填上过程/数据之间的关系,即完成了 U/C 矩阵的建立过程,见表4-10。

　　(2) U/C 矩阵的求解

　　U/C 矩阵求解过程就是对系统结构优化的过程,同时为子系统的划分奠定基础。U/C 矩阵的求解过程是通过表上作业来完成的。其具体操作方法是:左右调整表中的数据类列,上下调整功能过程行,使得"C"元素尽量地朝对角线靠近,如表4-11所示(注意:这里只能是尽量朝对角线靠近,但不可能全在对角线上)。

表4-11　表上移动作业过程

功能 \ 数据类	计划	财务计划	产品	零件规格	材料规格	材料库存	成品库存	任务单	设备负荷	物资供应	工艺流程	客户	销售区域	订货	成本	职工
经营计划	C	U												U	U	
财务计划	U	C													U	U
资产计划		U														
产品预测			U									U	U			
产品设计开发	U		C	C	C							U				
产品工艺			U	U	U	U										
库存控制			U			C	C	U		U						
调度			U				U	C	U		U					
生产能力计划									C	U	U					
材料需求			U		U						C					
操作工序								U	U	U	C					
销售管理		U	U					U				C	U	U		
市场分析		U	U									U	C	U		
订货服务			U					U				U	U	C		
发运		U	U					U						U		
财务会计	U	U	U					U				U		U		U
成本会计	U	U	U											U	C	
用人计划																C
业绩考评																U

　　(3) 子系统功能的划分

　　① 沿 U/C 矩阵对角线,以"C"元素为中心一个接一个地画方块,既不能重叠,又不能漏掉任何一

个数据和功能。小方块的划分是任意的,但方块所在的行和列必须将所有的"C"元素都包含在小方块之内。

② 划分后的小方块即为今后新系统划分的基础,每一个小方块即是一个子系统,见表 4 – 12。

表 4 – 12　子系统划分表

功能	数据类\功能	经营计划	财务计划	产品	零件规格	材料规格	材料库存	成品库存	任务单	设备负荷	物资供应	工艺流程	客户	销售区域	订货	成本	职工
经营计划	经销计划	C	U												U	U	
	财务计划	U	C													U	U
	资产计划		U														
技术准备	产品预测			U									U	U			
	产品设计开发	U		C	C	C							U				
	产品工艺			U	U	U	U										
生产制造	库存控制				U		C	C	U		U						
	调度			U				U	C	U		U					
	生产能力计划									C	U	U					
	材料需求			U		U	U				C						
	操作工序								U	U	U	C					
销售	销售管理		U	U				U					C	U	U		
	市场分析		U	U									U	C	U		
	订货服务		U	U				U					U	U	C		
	发运		U	U				U						U	U		
财会	财务会计	U	U	U				U					U		U		U
	成本会计	U	U	U				U							U	C	
人事	用人计划																C
	业绩考评																U

③ 由于 U/C 矩阵调整,或者说小方块(子系统)的划分不是唯一的,如表 4 – 12 中实线和虚线所示,具体如何划分应征询有关信息系统专家和管理专家根据组织具体情况来确定。

（4）数据资源的分布

在对系统进行划分并确定了子系统以后，通过子系统之间的联系（"U"）可以确定子系统之间的共享数据。从表 4－12 可以看出所有数据的使用关系都被小方块分割成了两类：一类在小方块以内，一类在小方块以外。在小方块（子系统）内所产生和使用的数据，今后主要放在本子系统的计算机设备上处理。而在小方块以外的数据联系（即图中小方块以外的"U"），则表示各子系统之间的数据联系，这些数据资源今后应考虑放在网络服务器上供各个子系统共享或通过网络来相互传递。如表 4－13 所示。

表 4－13　系统划分和数据资源分布表

功能 ＼ 数据表	经营计划	财务计划	产品	零件规格	材料规格	材料库存	成品库存	任务单	设备负荷	物资供应	工艺流程	客户	销售区域	订货	成本	职工
经营计划	经营计划子系统														U	U
														U	U	
技术准备			产品工艺子系统									U	U			
	U											U				
						U										
生产制造		U	U					生产制造计划子系统								
		U	U	U												
销售			U				U						销售子系统			
			U													
		U	U													
		U	U													
财会	U	U	U											U	1	U
	U	U	U											U		
人事																2

注：1 表示财会子系统，2 表示人事档案子系统

4.4　信息系统规划与其他系统的关系

4.4.1　信息系统规划与业务过程再造

随着社会技术水平的发展,管理理论在不断地发展,企业流程随之被赋予不同的内涵。早期的管理理论,局限于当时的社会环境及技术水平,管理的重心主要以基层的生产作业管理为主,如工序管理、工艺流程管理等。流程设计特指基层的生产作业流程设计,随着管理的重心由基层的作业管理向中层战术管理、高层战略决策管理的转移,企业流程的内涵也随之发生变化,不但包括业务处理过程,而且包括了管理控制过程,以及战略决策过程。现在所探讨的企业流程则涵盖了战略计划、管理控制、业务处理等方面内容的广泛意义上的企业流程。从 20 世纪 20 年代起,泰勒制管理就是围绕如何简化管理流程、降低成本来提高效率。将流程理解为"输入 – 处理 – 输出",其优点在于便于了解企业管理的整个过程,从而有利于进行信息系统分析设计;其缺点是没有考虑流程中各类客户的不同需求,而把多样化的客户行为简单化,也没有互动交流。

1990 年,美国 Michael Hammer 博士首先提出了"企业过程再造"(Business Process Reengineering,BPR)的概念,并将它引入到西方企业管理领域。企业过程再造是对企业的业务流程作根本性的思考和彻底重建,其目的是改善产品成本、质量、服务,使企业能最大限度地适应以"顾客,竞争,变化"为特征的现代企业经营环境。以关心客户的需求和满意度为目标、对现有的业务流程进行根本的再思考和彻底的再设计,利用先进的制造技术、信息技术以及现代化的管理手段、最大限度地实现技术上的功能集成和管理上的职能集成,以打破传统的职能型组织结构,建立全新的过程型组织结构,从而实现企业经营在成本、质量、服务、速度等方面的巨大改善。

1. BPR 的基本原则

(1)以顾客为导向

BPR 所追求的改造是以顾客需求为导向,凡是无法为顾客创造价值的活动,均为 BPR 改革的目标。

(2)以流程为导向

传统企业在分工的架构下,强调功能部门而非流程,强调各部门完成各部门的工作,而非所有部门完成一项整合的工作。BPR 则强调打破部门及组织的界限,以流程为工作单位,重新设计工作及组织架构。

(3)横向集成和纵向集成

跨部门的工作,按流程合并重复的工作环节;纵向权力下放,压缩层次,弱化中间层,使组织扁平化;加强并行工程,串行已不可能再压缩的流程,可考虑把串行变为并行。

(4)流程改进后具有显效性

BPR 不是在原有的组织架构上作修补的工作,而是彻底改变作业流程。因此,改进后的流程提高了效率,消除了浪费,缩短了时间,提高了顾客满意度和公司竞争力,降低了整个流程成本。

（5）运用信息科技

有效运用信息科技是流程改造中重要的一环。信息技术一项重要的功能是能突破时间及空间限制，适时、适地将信息传递给用户，使得流程中的信息流及物流相匹配并快速流转。

制定这些原则的主要目的是为 BPR 提供支持，便于计算机处理，降低业务流程的复杂性。

2. BPR 的分类

根据业务流程的范围，可以将 BPR 分为以下三类。

（1）功能内的 BPR

功能内的 BPR 通常是指对职能内部的流程进行重组。在企业的现行体制下，各职能管理机构重叠、中间层次多，而这些中间管理层一般只执行一些统计、汇总、填表等工作，信息系统可以直接取代这些业务而将中间层弱化，做到机构不重叠、业务不重复。例如，物资管理由分层管理改为集中管理，取消二级仓库管理；财务核算系统将原始数据输入系统的数据库服务器，全部核算工作由服务器完成，变多级核算为一级核算，弱化了中间层，减少了人力的支出，并提高了企业的管理效率。

（2）功能间的 BPR

功能间的 BPR 指在企业范围内，跨越多个职能部门边界的业务流程再造。例如，某集团公司进行的新产品开发机构重组，以开发某一新产品为目标，组织集研发、设计、生产、供应为一体的项目组，打破部门的界限，实行团队管理，以及实现研发、设计、生产制造并行交叉的作业管理等。这种组织结构灵活机动，适应性强，将各部门人员组织在一起，使许多工作可平行处理，从而大幅度地缩短新产品的开发周期。

（3）组织间的 BPR

组织间的 BPR 是指发生在一个集团公司中的两个子公司间的业务重组，如很多子公司采用共享数据库、EDI 等信息技术，将公司的经营活动与上游供应商和下游销售商的经营活动连接起来。公司与其上游供应商和下游销售商的运转像一个公司，实现了对整个供应链的有效管理，缩短了生产周期、销售周期和订货周期，简化了工作流程，提供了企业的运作效率。

对于信息技术与业务流程再造关系的问题，波特认为，BPR 是运用信息技术和人力资源管理手段大幅度改善业务流程绩效的革命性方法。哈默强调，企业在引入信息技术之前，首先应保证流程正确无误，这是发挥信息技术效用的有效途径。

3. BPR 的基本步骤

（1）建立共识

为了建立起整个组织成员对 BPR 的希望并达成共识，企业高层主管必须在 BPR 前就企业所处市场地位或其迫切需要实现的目标与管理人员进行充分沟通，以建立全体员工的共同愿景与向心力。这阶段主要是为 BPR 做准备，主要工作包括获得管理者的大力支持以及同管理人员充分沟通，发现流程再造机会，建立流程再造小组，制定计划等工作。

在建立流程共识阶段，要求精通信息技术的人员参加，分析信息技术和信息系统的潜能，将信息技术提供的潜力和备选的流程联系起来，评估现有的信息技术是否能够解决系统的 BPR 问题，描述 BPR 的性质、涉及范围、可采用的流程再造方法及需求,确定满足这些需求的信息技术能力。

（2）流程诊断

主要任务包括对现有流程及其子流程的描述和分析。通过确定流程的需求和顾客价值实现情况,分析现有流程存在问题及产生原因,确定非增值活动。流程诊断通常有两种方式,① 针对企业所有的流程;② 针对关键性流程或与企业远景目标冲突的流程。此外,对现行企业流程诊断要针对特定重组目标,特别是对那些跨部门、跨组织流程,应投入更多关注。

流程诊断还要对企业的管理业务进行全面细致的调查研究,充分了解物流、资金流和信息流（各种输入、输出和处理过程）,目的是找出存在问题,特别对不合理的业务应重点研究和诊断。诊断完毕要写出专门报告,详细说明调查情况和存在的问题,供有关领导审阅。它包括对现有流程及其子流程的描述和分析,需要识别出可以应用信息技术为企业赢得竞争优势的企业关键成功因素,评价信息技术应用于这些活动后能产生的潜在优势,以及最终能为企业赢得怎样的竞争优势。

（3）新流程设计阶段

BPR 过程简化的主要思想是战略上精简分散的过程、职能上纠正错位的过程、执行上删除冗余的过程。通过头脑风暴法和其他新技术,提出各种可能的解决方案。新方案应满足企业战略目标,从头开始、彻底地设计企业流程,同时应注意设计与新流程运营相适应的人力资源和信息系统。主要包括以下工作。

1）开始业务流程再造工作

审核 BPR 方针、业务规章、工作流程等,重点是理清相互关系,给模型输入定量内容,最终形成现有流程详细模型,特别要弄清现有流程中存在哪些问题。

2）界定新业务流程备选方案

要解决上一步提出的问题,产生新的模型和新的工作流;进行"If－Then－Else"设想,由多个专家给出多个方案,让各种变革都反映在各流程环节的工作流程里,然后对各个环节优化,最后再画出新流程图,具体界定有哪些变化。

3）评估每一备选方案可能的代价及其产生的收益

最终结果应提出一个可实施的优选方案。信息系统分析和设计任务是提出新流程各种可能方案,并最终完成一个可实施的优选方案,构成可以看到全貌的原型。接着进行信息系统具体分析和设计,确定企业信息技术环境,选择信息技术形式和系统网络类型。例如,如何组织企业内部局域网,与外部联系使用广域网或虚拟专用网,安排企业数据库,客户端服务器模式具体设计等。此阶段须在对新流程原型分析基础上建立一整套信息系统的实施方案。

（4）具体实施阶段

主要任务是流程及组织模型的详细设计,详细定义新任务角色,与管理人员就新方案进行充分沟通,制定阶段性实施计划并实施,制定新业务流程和系统的培训计划并对员工培训。实施时要准备好应急措施,评估新流程绩效并在运作过程中不断改善。随着新流程实施,对原有组织应予以扁平化,对绩效评估、激励方式、奖励制度也应随之变革。这一阶段要真正实现业务流程的变更,需要进行信息系统建立工作,使其匹配企业运作的新流程,实现流程信息化改造。另外,这一阶段还需要对企业员工培训,尤其是信息技术方面的培训。

4. 流程再造与信息系统对应过程框架

目前,有许多企业管理软件供应商对企业流程再造提供全面解决方案,用于新的生产方式并与管理结合的一些系统。这些系统高度集成,虽减少了集成困难,但系统本身已包含一定的流程,就要按其约定的流程工作。如果其流程适合企业具体情况或与再造要求一致,应用后会取得良好效果,否则就会引发许多矛盾。而目前国内企业往往盲目要求软件供应商根据自身情况对信息系统进行调整,这常常造成对规范运作流程的违背,势必降低企业运作效率。因此,企业在流程再造过程中尤需注意信息系统的建设,选择最适于企业自身的开发方式,流程再造与信息系统对应过程框架,见图4-11。

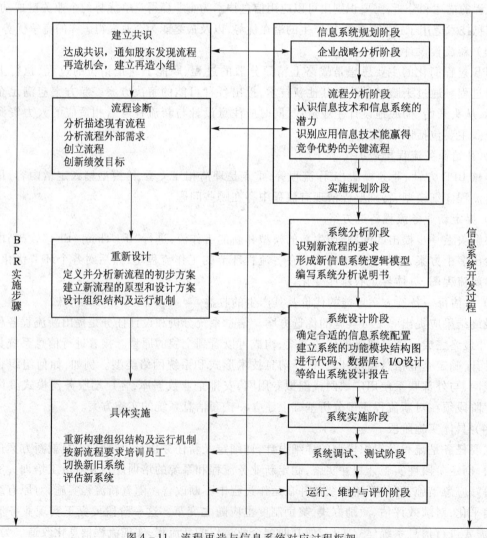

图4-11　流程再造与信息系统对应过程框架

　　信息系统规划(ISP)和 BPR 有着非常密切的关系,它们均有共同的思想使顾客满意,它们均是采用系统工程的方法,均由系统开发队伍去完成,在实际工作上它们也是相互衔接的。在项目进行期间有可能需要对商业过程的某些领域进行彻底的重新评估,并且需要根据新的、创新的信息系统来帮助企业重建所有内部商业过程,作为一个系统分析员,有责任在项目进行期间识别和建议改进方法。

4.4.2　信息系统规划和企业形象系统

　　企业形象系统(Corporate Identity Systems,CIS)起源于 20 世纪 20 年代,德国 AEG 电器公司,请著名设计师将 AEG 三个字母设计成公司的标志,并且将它统一用在信签、信封以及部分产品上面,这是最早的 CIS 系统;1956 年 IBM 公司也成功地实施了 CIS,为公司建立了良好的企业形象,自此 CIS 开始被各大公司推广应用。

　　CIS 是企业在长期的生产、经营活动中逐渐形成的历史传统、文化理念、企业的价值观念、道德规范、行为准则等企业的意识形态。企业领导者把文化的影响力应用于企业,以辅助解决现代企业管理中的问题,形成了企业形象。企业形象系统的产生也是源于对效益的追求,属于企业的无形资产。

　　信息系统在某种意义上讲是 CIS 的延伸,或者说在更高层次上的表现。一个信息系统规划得好,运作得好,也就是给企业树立良好的形象,因而,信息系统规划时要和 CIS 结合。信息系统规划要考虑企业文化,体现企业精神,要将信息系统规划和企业形象建设有机地结合起来,有利于信息系统的应用和推广。

　　每个公司均有一个不同于其他企业的公司文化,它包括业务流程和决策的方式、交流中未写出的规则、共享的价值观、企业变革的引入等。CIS 应融入信息系统规划,它不同于过去人们应用信息技术的简单模式,如提高效率、减轻人的劳动、辅助决策等,而是将 CIS 与信息技术和企业战略结合在一起,直接辅助经营战略的实现,或者为经营战略的实施提供新的方案。例如,在信息系统界面中加入具有企业特色文化的背景图标、主色调、企业标志图标等企业的文化元素,在信息系统中增加企业介绍、企业文化建设、员工交流等模块,以达到通过信息系统体现企业内涵,让员工时刻感受到企业的文化氛围,加强职工凝聚力的作用。

　　企业文化各种各样,总起来分为两大类,进取型和稳健型。进取型的企业领导喜欢冒风险,在信息系统方面他们更希望采用先进的不太成熟的技术;而稳健型的则厌恶风险,在信息系统方面愿用成熟的技术,并愿意开发能立即见效的项目。总之,企业的习惯不同,规划的方式和内容就不同,进行信息系统规划和企业形象规划均要很好地研究企业的文化和习惯。

　　CIS 建设把企业文化和信息系统规划结合起来,宣传公司的品牌,树立企业形象,扩大知名度,增强产品的市场竞争力。同时实施客户关系管理(CRM),建立和巩固良好的客户关系,使企业获得长远的发展。

4.5　案例分析

<h3 style="text-align:center">S 新华书店集团的信息化规划</h3>

　　企业信息化规划以整个企业的发展战略目标为指导,结合行业对信息技术应用趋势以及行业信息化的最佳实践,提出企业的信息化建设的战略目标,制定企业未来信息化蓝图以及实施保障计划,全面系统地指导企业信息化的进程。信息化规划是信息化建设的基本纲领和总体指向,是企业进行信息化建设的依据。

　　企业信息化规划的关键成果是企业的信息化蓝图,信息化蓝图规定了企业未来(3～5 年)将要建设的信息系统,以及各个信息系统之间的集成关系。在内容上,信息化规划围绕蓝图展开,即以蓝图为核心,阐明为什么、是什么和怎么做,即为什么要建设蓝图确定的信息系统,蓝图确定的各个信息系统内容是什么,蓝图确定的信息系统如何建设。

　　下面结合 S 新华书店集团的信息化规划,介绍如何制定企业的 IT 规划,以及 IT 规划对企业的价值所在。

1. S 集团新华书店集团介绍

　　S 新华书店集团公司具有四大业务板块:出版发行业务板块、旅游板块、文化产业板块以及包含其他业务的综合板块。目前集团确定了了建立大型强势的文化产业集团的战略目标,力争在 3～5 年内使集团的销售收入突破 100 亿元,经营收入做到全国前三名。

　　集团是出版行业较早应用信息化的单位之一,信息化应用为推动集团出版发行业务以及其他各项业务的发展起到重要作用,培养了一大批信息化人才。但是,随着中国加入 WTO 后出版行业对外开放、集团改制以及市场竞争加剧,集团的信息化建设越来越不适应集团发展的需要,迫切需要加快信息化建设,塑造集团的核心竞争优势。

　　S 新华书店集团信息化的规划具有以下难点。

　　① 集团的管理架构处在变化之中,未来可能根据业务板块成立事业部、异地分公司,以及这些部门是否独立核算等诸多不定因素。

　　② 主营业务板块具有多种业务形式,不同的业务模式之间具有关联关系。

　　③ 集团目前信息化部门的职能以及 IT 人力资源分布不均衡,需要重新配置集团的 IT 人力资源,并明确集团以及分(子)公司信息部门的信息化职能。

2. 信息化规划的起点——集团战略目标、集团管理以及业务分析

　　信息化建设归根到底是为企业的管理和业务服务。集团发展战略是对未来业务发展和管理变革做出的总的规划,因此 IT 规划必须以集团的总体战略为依据,并作为集团发展战略的一部分。

　　IT 规划首先对集团的发展战略进行分析,并按照图 4－12 所示的分析层次逐渐细分扩展,直至最后分析到每个公司不同的业务模式。针对每一个分析层次,分析本层次的特点,当前的现状以及未来的发展目标,并分析本层次分析内容的关键成功要素,信息化建设的目标根据关键成功因素确定,如针对大众出版物发行公司的连锁发行业务模式:连锁模式的特点是统一采购、统一配送、统一形象、统一标识、统一经营策略;当前的现状是连锁经营已经初步完善,但是还没有发挥出连锁经营的优势;未来的发展目标是建立多种连锁经营形式并存,并成为跨地域的连锁销售渠道;连锁经营的关键成功要素在于物流、信息化、服务、低运营成本;连锁经营未来的信息化建设的目标是加强连锁经营各个环节的信息共享、提高物流能力和客户服务水平,加强信息分析,更好地制定采购营销决策,降低运营成本。

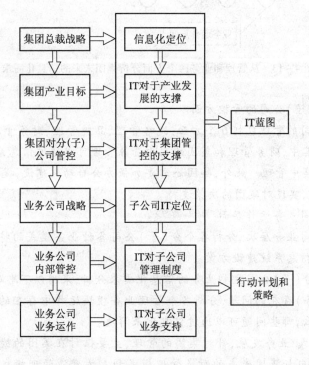

图 4 – 12   集团信息化战略分析

结合集团未来的发展目标,通过层层分解,并就每一分析层面对信息化的需求和建设目标做详细分析,形成企业未来的信息化建设的目标体系,从而可以从整体把握集团的信息化建设的目标和重点,掌控企业未来信息化建设的全局。

3. 信息系统规划分析

在明确了集团战略、集团对分(子)公司的管控以及各个分(子)公司业务的发展,明确了各个层次的信息化建设目标之后,需要对集团未来建设的信息系统进行分析。

集团未来需要建设的信息系统包括两个方面,如图 4 – 13 所示。

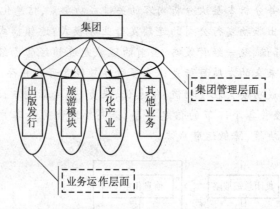

图4-13　从管理和业务两个方面分析集团未来的信息化需求

（1）在集团对分（子）公司的管控方面

集团对分（子）公司的管理包括6个方面：战略管理、品牌管理、财务管理、人力资源管理、研发管理、信息化管理，其中，财务管理和集团的人力资源管理可以通过信息系统加强管控，支持集团财务和人力资源的集中管理。此外，集团还需要加强办公自动化建设，提高管理效率和知识共享；加强商务智能建设，实现对集团的决策支持。

（2）在分（子）公司业务运作层面

在各个分（子）公司业务层次，分析各个分（子）公司各种业务模式的特点，提出支持各个分（子）公司业务运作的信息系统建设方案。

针对集团管理和分（子）公司主要业务的信息化需求分析，采用以下思路进行。

① 当前管理（业务）存在的问题，分析各个管理业务模块运作中存在的主要问题，制约业务扩大的主要因素是什么，哪些问题可以通过信息化来解决。

② 未来的管理模式/业务发展，针对集团的管理，主要探讨在集团的战略目标指引下，集团未来的管理模式，主要包括集团未来的财务管理模式和人力资源管理模式；在未来的管理模式下，集团以及分（子）公司的权力和义务。对于各个分（子）公司的业务，需要明确未来的业务发展的规模，业务发展的地理范围，业务模式有何变化，不同业务模式之间的关系。

③ 管理/业务成功的关键因素，明确集团提升财务和人力资源管理的关键要素，各种业务发展的关键因素；关键要素指明了未来信息化建设的重点。

④ 管理/业务蓝图，根据集团未来管理模式和业务发展目标，描绘未来管理和业务蓝图；明确主要管理功能、业务环节和相互之间的逻辑关系。

⑤ 未来信息系统结构，未来的信息系统需要支持未来管理/业务的运作，管理和业务蓝图主要环节确定了未来信息系统的主要功能模块。

⑥ 各个功能模块描述，对未来支持管理/业务的信息系统各个功能模块描述，明确未来的信息系统是如何支撑未来管理业务运作的；功能模块描述需要深入到管理和业务的细节。

⑦ 信息系统带来的关键价值分析,明确实施信息系统后,将带来哪些关键的改变,这些改变是否与未来的管理模式和业务发展相适应,是否能够解决目前业务运作的问题,通过对信息系统价值的分析,使信息系统的选择着眼于未来的价值,符合信息化建设要以价值为导向的原则。

4. 集团的信息化蓝图

信息化蓝图是对集团信息化需求的总的反映。它涵盖了集团管理以及业务各个方面的信息化需求,并包含了不同信息系统之间的逻辑关系。根据信息化蓝图,如图4-14所示,集团未来需要建设的信息系统包括:分销行业企业资源计划系统(ERP)、人力资源管理系统、物流管理系统、客户关系管理系统、企业信息门户/办公自动化系统以及商务智能/决策支持系统。各个系统的应用范围,见表4-14。

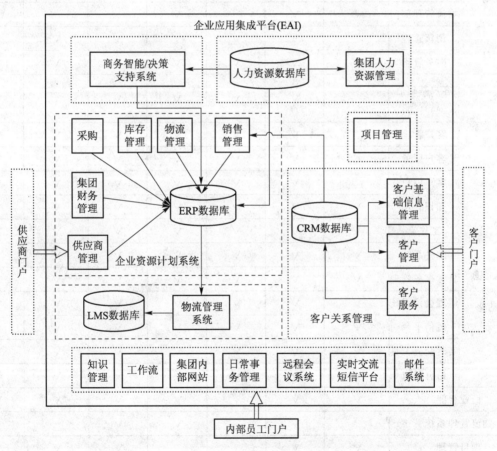

图4-14　集团未来的信息化蓝图

表 4 - 14　各个应用系统主要模块的应用范围

应用系统	主要模块	应用范围					旅游模块	文化产业
		集团总部	出版发行					
			教材公司	连锁公司	出版公司	物流		
企业资源规划	供应商管理		✓					
	供应商门户		✓	✓	✓			
	采购管理		✓					
	库存管理		✓					
	物流管理部门		✓					
	销售管理		✓	✓	✓	✓	✓	✓
	财务管理	✓	✓	✓	✓	✓	✓	✓
客户关系管理	客户基础信息管理		✓	✓	✓	✓	✓	✓
	客户管理		✓	✓	✓	✓	✓	✓
	客户服务		✓	✓	✓	✓	✓	✓
	客户门户		✓	✓	✓	✓	✓	✓
企业信息门户/办公自动化	知识管理	✓	✓	✓	✓	✓	✓	✓
	工作流	✓	✓	✓	✓	✓	✓	✓
	邮件系统	✓	✓	✓	✓	✓	✓	✓
	日常事务管理	✓	✓	✓	✓	✓	✓	✓
	运程会议系统	✓	✓	✓	✓	✓	✓	✓
	短信平台	✓	✓	✓	✓	✓	✓	✓
	实时交流工具	✓	✓	✓	✓	✓	✓	✓
	信息门户	✓	✓	✓	✓	✓	✓	✓
商业智能		✓	✓	✓	✓	✓	✓	✓
物流管理系统			✓	✓	✓	✓		
项目管理		✓				✓	✓	✓
人力资源管理系统		✓	✓	✓	✓	✓	✓	✓

　　集团未来的信息系统,是集成的信息系统而不是信息系统的简单堆砌。在汇总各个部分的信息化需求时,还需要明确未来不同信息系统之间的集成方式。报告建议尽量采用集成的应用

系统,如成熟的 ERP 能够实现业务财务的集成,针对不同应用系统的集成尽量采用专用集成工具集成,针对集团特殊的业务需要,采取自主开发的方式实现集成。

5. 当前信息系统的迁移计划

规划还确定对现有信息系统的取舍,根据对集团现有应用系统的诊断分析,保留目前门店使用的 POS 系统,以及现有的硬件基础设施,对其他信息系统进行替代。在新系统上线之前,现有系统继续由各个分(子)公司的人员负责维护,同时,在现有系统停止使用之前,尽量不在现有系统基础上做外挂应用系统的开发。

6. 集团信息化实施计划

信息化的实施计划是在解决了为什么开发 MIS 以及 MIS 是什么之后,解决怎么做的问题。实施计划部分主要采用以下思路完成,如图 4–15 所示。

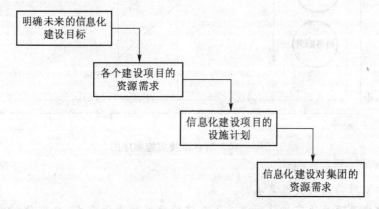

图 4–15　信息化实施计划思路

(1) 明确未来的信息化建设项目

信息蓝图以及信息基础设施规划明确了未来需要建设的信息系统,一般按照信息系统在不同分(子)公司的应用情况确定建设项目,在未来的信息化建设中,根据集团的实际情况以及信息化建设的规律,需要对不同的信息系统进行合并建设:如教材发行公司的 ERP 与 CRM 需要把两个系统同时建设;同时,对于某些信息系统的建设,需要分拆成多个信息化建设项目,如集团的物流管理系统建设,需要分拆成物流中心储运系统建设和未来物流信息系统建设两个项目。

(2) 各个建设项目的资源需求

信息系统建设的资源需求主要包含 3 方面:时间、人力资源和资金需求。其中时间是信息化项目建设开始到上线运行的时间;人力资源包含实施人员和维护人员;资金需求指购买信息系统以及实施信息系统的资金,按照常见的信息系统计价方式估计。

(3) 信息化项目的实施计划

确定各个项目建设的先后顺序。从每一个应用系统实施对管理和业务的重要程度与紧急程度两个维度来分析,结合各个项目实施周期,排出各个信息化建设项目的实施计划。信息系统实施顺序,如图4-16所示。

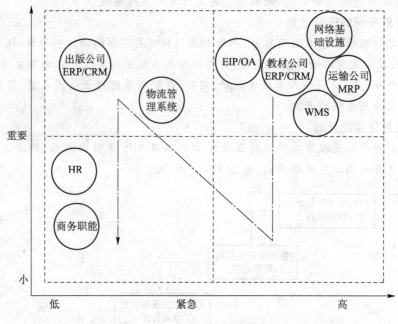

图4-16　信息系统实施顺序图

（4）实施计划对集团的资源需求

根据信息化建设项目的实施计划以及各个建设项目的资源需求,分阶段列出集团进行信息化建设需要的资源。

7. 集团信息化治理建议

信息化建设的顺利进行不仅需要集团高层领导的全力支持,还需要一个有战斗力的信息部门。目前集团的信息中心力量非常薄弱,不能有效执行集团信息中心作为信息化管理部门的职责,其余的信息人员在各个分（子）公司分布不均匀,导致各个分（子）公司信息化水平参差不齐。

信息化管理是集团管理的重要内容,为加强集团未来的信息化建设,集团需要加强信息化管理。当务之急是充实集团信息中心的实力,选拔既懂信息化建设规律又懂管理的复合型人才。根据集团未来信息化建设需求和集团IT人力资源配置现状,提出集团IT人力资源配置方案。该方案增强了集团信息中心的管理实力,明确了集团信息中心、各个分（子）公司以及专业信息服务公司的定位和职责。

8. 信息化规划对客户的价值

通过信息化规划报告的制定,纠正了客户对信息化建设的错误认识,树立了信息化建设的正确思路。目前,客户已经非常认可信息化规划的价值,如果早进行信息化就会少走很多的弯路。总的来说,信息化规划对客户的价值主要表现在以下方面。

（1）明确集团进行信息化建设的目标

从集团整体战略以及管理和业务总体分析信息化建设目标,避免信息化建设只见树木不见森林。

通过对集团战略、集团管理和业务的分析,明确了集团进行信息化建设的目标,形成了信息化建设的目标体系,为集团的信息化建设指明了方向。

集团自身进行的信息化建设,通常以问题作为信息用户建设的出发点而不是以发展战略目标为出发点,以各个公司的信息化建设需要而不是从集团的信息化发展的需要来考虑,对于信息化需求分析只见树木不见森林,往往信息系统刚刚建设完成就落伍了。

（2）促进集团就未来的信息化建设达成共识

信息化规划站在集团战略发展的高度,根据集团未来的战略目标制定集团未来的信息化应用蓝图和实施计划,其根本出发点是集团价值最大化,因此能够就集团的信息化建设在各个分(子)公司之间达成共识,减少了各个分(子)公司在信息化建设中的冲突,降低了信息化推进的阻力,能够加快信息化建设进程,降低成本。

（3）构建了保证集团信息化建设顺利进行的组织保障

信息化规划强调信息化建设是集团对分(子)公司管控的重要职能之一,集团应该加强信息中心的建设,并提出了集团 IT 人力资源配置建议,指明集团以及分(子)公司信息部门的主要职能,帮助集团建立了信息化管理体系。

（本案例源自:http://www.amteam.org/k/Board/2004 – 5/0/476998.html,作者:邓为民)

习　题

1. 信息系统规划和企业战略规划的联系与区别是什么?
2. 信息系统规划主要方法有哪些? 各有哪些优缺点?
3. 简述信息系统规划的 BSP 方法。
4. 企业过程再造对于开发信息系统有哪些作用?

第 **5** 章
信息系统可行性分析

　　管理信息系统开发是一项涉及组织的管理体制、经营机制、组织结构、管理方式和人们的传统观念等一系列实际问题的复杂系统工程,并且具有开发实施周期较长、技术密集、投资大、收效较慢等特点。要在预定的成本、时间内开发出预定质量的软件,存在着许多的问题。如果这些问题在开发前没有被充分认识并提供可行的解决方案,就有可能导致系统开发的失败。为了以较少投入获取最大产出,确保系统高水平、高质量地按期完成,企业开发管理信息系统前,必须做好可行性分析工作。

5.1　可行性分析概述

　　系统可行性分析是在企业当前所处的环境下,分析企业是否具有开发信息系统必需的技术、资金、人员及其他条件,规划方案是否先进合理,企业的管理制度和管理方式是否适应新系统开发等一系列问题。

　　可行性分析阶段不是去开发一个信息系统,而是确定企业面临的问题能否通过信息系统开发来解决,哪种系统开发方式比较适合,项目开发所需的必要条件是否具备。分析系统可能开发方案的利弊,判断组织的目标是否现实,系统完成后所带来的经济效益是否值得投资,是否在较高层次上以较抽象的方式进行简化的需求分析和设计过程。如果得出的结论是不可行的,就取消立项,终止系统开发工作;如果可行,则按当初的规划进行;如果基本可行,则需要对系统开发方案做必要的调整或修改后,再进行可行性分析,直至结论为可行。因此,需要在进行大规模的系统开发之前,从多方面综合地对将要开发的系统进行初步分析和论证。这对于保证资源的合理使用、避免失误是十分必要的,也是项目以后能否顺利进行的必要保证。

　　在进行项目可行性分析中,首先需要进行概要的分析研究,初步确定项目的规模和目标,确定项目的约束和限制,把它们清楚地列举出来。要仔细地研究现行系统中存在的问题,从经济、技术等角度分析组织,提出开发新系统的主要原因,组织的潜在需求是什么,新系统如何完成这些需求。在对现行系统分析的过程中,系统的信息质量、系统运行费用是非常重要的指标,如果信息质量较差,则影响组织正常决策,分析新系统如何提高信息的质量,就是解决问题的方法之一。研究中要实地考察,并查阅现行系统的资料。

一般情况下,了解到的是问题的表面现象,而不是问题的实质。因此,要认真分析问题的实质是什么。如果系统与其他系统都有一定联系,还要了解这个系统与其他系统的接口关系和接口间的约束条件。

可行性分析中第一种错误做法是花大量的时间去分析旧系统,了解旧系统做什么,而不是了解怎么做。第二种错误做法是不认真搜集资料,凭空想象。

从现有的物理系统出发,对物理系统进行简要的需求分析,抽象出该系统的初步逻辑结构,参考物理系统建立 MIS 初步逻辑模型。初步逻辑模型是相对第 7 章系统分析中的逻辑模型而言的,是系统可行性分析阶段提出的系统初步逻辑框架,不涉及具体的业务流程、数据流程等内容。

新系统的初步逻辑模型实质上是系统分析员勾画的新系统概念结构,系统分析员应该与用户一起对新系统初步逻辑模型进行分析,找出制约系统开发的关键问题。如果系统分析员对于问题有误解或用户对于业务问题有遗漏,此时就可以更正。可行性分析主要是分析员定义问题,分析问题,导出试探解,在此基础上重新定义问题,分析问题,修改问题;继续这个循环过程,直到初步逻辑模型完全符合系统目标。

澄清问题的定义后,系统管理人员要导出系统的初步逻辑模型。然后从初步逻辑模型出发,探索出若干种可供选择的解决方案,对每种解决方案都要仔细研究它的可行性。

5.1.1 可行性分析的目的

在国家《计算机软件开发规范》中指出,可行性分析的主要任务是"了解用户的需求及现实环境,从技术、经济和社会因素三个方面分析并论证软件项目的可行性,编写可行性研究报告,制定初步的项目开发方案"。具体地说,可行性分析的目的包括以下几方面。

(1)可行性分析

系统开发在技术、经济、社会等各种条件下的可行性,对系统开发相关联的各种因素进行综合分析。

(2)方案择优

对可以实现系统开发目标的各种方案加以客观的评述和比较,确定最优方案。

(3)方案论证

阐明并论证所选择的方案,形成可行性分析的结论。

(4)投资决策

最终达到避免盲目投资,减少不必要损失的目的。

5.1.2　可行性分析的依据

管理信息系统面向企业的各个部门的用户,因此,应当结合不同部门的特点,对组织内部做详细的调研。根据各个部门的要求,主要调研的内容包括以下几方面。

① 企业的管理机制、管理方法、机构设置及职能,各部门、子公司或生产车间的地理分布情况。

② 企业的生产规模、产品结构、库存管理、营销网络、设备状况。

③ 企业的生产流程、业务处理过程。

④ 企业的人力资源管理、财务管理、物资供应管理、生产管理、销售管理、办公管理等对 MIS 的要求。

⑤ 企业现有计算机数量、性能、应用范围、应用人员的素质,企业在信息处理方面存在的薄弱环节。

根据上述内容结合立项报告,对系统基本情况和基本需求进行可行性分析。

5.1.3　可行性分析的步骤

可行性分析的主要内容是定义问题,要初步确定问题的规模与目标,然后导出系统的初步逻辑模型。最后从系统的初步逻辑模型出发,选择若干供选择的系统开发方案。一般应从以下几个方面研究系统的可行性。

(1)成立可行性分析小组

可行性分析是关系到系统开发的重要工作,需要成立专人负责的可行性分析小组,统一协调系统的可行性分析工作。

(2)立项请求

通过对系统和企业环境的简要了解,初步确定系统开发目标,并提出立项请求。

(3)系统调查研究

通过初步调查,分析组织的管理体制、主要业务流程等,充分听取用户对现有系统的意见以及对新系统的要求,全面掌握企业现状;同时,可行性分析小组也有必要对组织所处行业的信息化应用开发情况进行深入详细的分析。

(4)提出多个备选的开发方案

根据用户的需求,组织的资金状况、人力资源的水平,给出若干能满足要求的备选方案;一般而言,应给出费用较高及技术最先进的开发方案、费用适中及技术水平适中的中间方案、费用最低的方案,供决策者选择。

(5)技术可行性分析

根据组织提出的组织战略目标、系统功能、性能和实现系统的各项约束条件,从技术的角度分析实现系统的可行性。技术可行性分析往往是系统开发过程中难度最大的工作。由于系统分析和定义过程与系统技术可行性评估过程同时进行,系统目标、功能和性能的不确定性会给技术可行性论证带来许多困难。技术可行性分析包括技术分析、资源分析和风险分析。技术分析的任务是论证现有信息技术是否支持系统开发与应用的全过程;资源分析的任务是论证组织是否具备系统开发所需的各类人员(管理人员和各类专业技术人员)、软硬件资源和工作环境等;风险分析的任务是分析在给定的约束条件下系统存在哪些潜在的技术风险因素。

(6)经济可行性分析

对管理信息系统的成本和效益进行分析,评估项目的开发成本,估算系统投入产出情况,进而综合评价开发管理信息系统的经济可行性。

(7)社会可行性分析

主要是分析信息系统开发对于组织内部、外部环境产生的影响。研究在系统开发过程中可能涉及的各种合同、知识产权、责任以及与法律相抵触的问题。

(8)选择最优方案

在备选方案中选择最优的方案,通常是根据组织的经济实力和决策者的偏好,确定系统的开发方案。

(9)进度计划的编制

系统开发的进度计划,大体上规定系统开发的开始、结束日期和相应子系统的名称、完成时间、地点、完成标志及责任分工。具体到各个子系统,一般包括开发准备阶段、业务需求调查、系统分析和设计、软件编制、现场调试、数据准备及录入、功能确认、试运行、系统验收等计划;采购设备、设备安装调试和网络布线一般在系统开发中期的时候进行。责任分工规定双方对于具体项目的工作内容和配合方式。在配合方式中规定人员组织方式、人员素质要求、提供的设备和场所。

(10)编写可行性分析报告

可行性分析的最后一项工作是综合可行性分析的成果编制可行性分析报告,并且提交给信息系统开发领导小组审议批准。

技术可行性分析是系统可行性分析工作的关键,这一阶段决策的失误将会给开发工作带来灾难性的影响,目前信息技术高度成熟,对于管理类的软件项目,不存在过多的技术问题。可行性分析能保证系统开发有明显的经济效益和较低的技术风险,避免发生各种法律问题。此外,可行性分析还要为每一个可行的系统方案制定一个粗略的开发计划。可行性分析所花费的时间根据项目规模确定,可行性分析的成本应占项目预算总成本的10%左右。

5.1.4 可行性分析的参与人员

可行性分析小组的成员,应由系统相关的各类人员以及行业专家组成,但并不是越多越好,主要是精练,大致有以下几类人员。

(1)组织的分管部门领导

熟悉组织的管理模式及组织决策过程的管理人员。

(2)组织的管理人员

组织的中层管理人员可以从管理的角度分析系统功能是否能满足要求,以及对企业现行业务流程的影响。

（3）组织的 IT 维护和管理人员

组织的 IT 人员熟悉本企业的信息系统开发和应用现状,对于系统开发能够给予很多的指导。

（4）基层业务人员

基层业务人员可分析新系统业务功能是否具有可操作性。

（5）系统分析员

系统分析员是对拟开发系统较为熟悉,经验丰富,能全面地考查系统开发的可行性,以及业务功能的可实现性的专家级人员。

（6）组织管理专家

分析系统实施后对组织的管理影响。

（7）计算机技术专家

从总体构架上把握计算机技术对系统的可行性方案的支持程度。

（8）程序员

从技术角度分析系统功能实现的难易程度。

5.2　立项阶段的主要工作

立项是管理信息系统开发的首要步骤,是进行可行性分析的前提,也是建立管理信息系统的基础性工作。立项阶段首先研究组织的经营问题,如组织的工作效率低、成本高、资金短缺、生产周期过长等;其次是信息管理问题,如信息传递不及时、数据不一致、查找困难等;最后是技术问题,如现行系统结构不合理、数据处理速度慢等。因此,企业决策层要在立项阶段提出系统中存在的问题,明确系统的开发目的,系统的主要功能和性能、业务范围、运行环境等,以及信息系统开发达到的预期效果。

5.2.1　立项的原则

（1）经济实用原则

立项首先要充分利用组织现有资源,以经济实用为原则,开发符合企业需要的信息系统。

（2）可行性原则

在现有情况下,从全局的角度预测企业的发展趋势,综合考虑各方面影响因素,使系统能够满足企业未来的发展需求,为项目的顺利开展奠定基础。

5.2.2　立项阶段的目标

立项阶段要达到如下目标:

① 分析现行系统的弊端,向决策者阐述开发系统的原因及新系统的优点,并得到其认可。

② 在组织内,介绍现行系统存在的问题,并获得各个部门及相关人员的理解和支持。

③ 大体估计系统开发所需要的各项资源,进行简要成本收益分析,确定系统开发所得到的收益。

5.2.3 立项阶段的任务

立项阶段的主要任务包括以下几个方面。

（1）完成立项调查

立项调查主要是了解企业现有的情况,现有的管理模式、组织结构、企业规模等基本信息,并预测企业发展趋势,为定义新系统和进行可行性分析提供充分的、有价值的信息,保证新系统建立起来具有足够的可扩展性。

（2）定义新系统

为解决现行系统存在的问题,立项人员要在宏观层面上,研究新系统"包括哪些内容"、"如何开发"、"怎样产生价值"、"达到什么样的目标"等重大问题,即定义新系统。

（3）规划新系统应用前景

新系统应用后能够解决现行系统的哪些问题,对整个企业有哪些积极影响等。

（4）编写《管理信息系统开发立项报告》

对立项阶段的成果进行总结,并向决策层提交项目书面建议——《管理信息系统开发立项报告》,报送有关领导审批。

立项报告的内容主要包括现有系统的调研分析、开发新系统的必要性和紧迫性、粗略的成本效益分析以及新系统应用后对组织的积极影响,便于上级领导决策。

5.3 技术可行性分析

要确定使用现有技术是否能够实现系统,那么就要对开发系统的功能、性能和限制条件进行分析,确定在现有的资源条件下,技术风险有多大,系统开发能否实现,这些是技术可行性分析的内容。这里的资源条件是指已有的硬件、软件资源,现有技术人员的水平和工作基础,当然,组织还可以根据需要补充这些资源。

在技术可行性分析过程中,系统分析员应收集系统性能、可靠性、可维护性和可生产性方面的信息;根据类似功能和性能的系统,采用的技术、工具、设备和开发过程中成功和失败的经验、教训,分析实现系统功能和性能所需要的各种设备、技术、方法和过程;分析项目开发在技术方面可能出现的风险以及技术问题对开发成本的影响等。技术可行性分析是在特定条件下,分析技术资源的可用性和这些技术资源用于解决系统中存在的问题的可能性和现实性。

技术可行性分析一般要考虑以下四方面。

（1）项目开发的风险

现有的技术,能否实现新系统的目标,是否能有效地支持新系统的运行。在给定限制条件和时间期限内,现有技术能否开发出预期的系统,并实现预期的功能。

（2）人力资源的有效性

用于项目开发的技术人员队伍是否可以建立,人员的数量条件是否具备,人员的技术水平是否满足需要,是否可以通过招聘或培训获得所需的熟练技术人员,以及系统的用户能否接受新技术。

（3）技术方案的可行性

选择合适可行的技术方案后,自主开发方案应考虑现有技术的发展趋势和掌握的技术是否支持该项目的开发,以及组织是否具备开发能力;委托开发应考虑市场上是否存在该技术的开发环境、平台和工具等问题。

（4）资源的有效性

所需的各种计算机硬件设备、软件环境是否具备,系统开发的相关资源是否具备。如对于电子商务系统,外部的网络环境是否具备等。

由于可行性分析处于系统最初研究阶段,技术可行性是十分关键的,需要分析应用于本项目的目前最先进技术的水平。技术可行性分析需要相当丰富的系统开发经验,不要为了获取项目而忽略不可行的因素,对问题的评估要准确,一旦开发人员评估技术可行性有误,将会带来灾难性的后果。

5.3.1　技术条件

1. 硬件

硬件是软件赖以运行的物理环境,在开发信息系统时,硬件设备主要是服务器、计算机、网络通信设备和其他一些辅助设备。服务器和计算机方面主要考虑 CPU 频率、内存容量、硬盘容量、支持功能、联网能力、显示效果等。通信设备方面主要是必须构建的网络环境,与特定网络连接的接口设备的稳定性、安全性、可靠性、传输速率等。辅助设备方面主要是指打印机、扫描仪等,系统运行其他相关设备的功能、效率、质量。

对于大型信息系统或数据传输速率要求较高的信息系统,主机应采用高性能、高可靠性的服务器,使用大型数据库管理系统建立数据中心,采用高端存储设备提供数据的统一存储,并结合磁带机和备份软件来完成数据的离线备份。

对于一些要求连续运行、安全可靠性高的信息系统,如银行的信息系统,要满足信息系统网络数据存储中心系统 7×24 小时不间断运行的要求,可以采用高可用性主机,采用 CPU 保护、内存保护、I/O 保护、系统电源保护、冷却保护、内部硬盘保护等多项高可用性设计,确保数据安全。

除了数据中心要具有相应的系统和数据的备份能力外,为了确保在出现不可预见突发事件情况下,系统仍然具有快速恢复提供服务的能力,具有关键业务的信息系统一般应设立两个数据中心,两个数据中心一般分别位于不同的建筑物或不同的地域,以防自然灾害,如火灾、地震、水灾等威胁数据中心的安全。远程灾难备份中心(辅助数据中心)与主数据中心具有相同架构,但是设备质量、数量可以简化,在备份软件的控制和管理下完成与主数据中心之间的数据同步备份,进一步提高系统整体的可靠性。

2．软件

软件是驱动硬件设备的灵魂,在可行性分析中要予以充分的重视。硬件选择出现问题,可以随时更换,不会给系统带来严重的后果;但软件选择失误,就有可能导致系统的整体失败。

软件分为系统软件和应用软件。系统软件主要考虑操作系统提供的接口是否符合要求,是否具备实时处理或批处理能力,分时处理的时间间隔是否能接受,还要考虑操作系统的安全性和易操作性。应用软件主要考虑对系统开发运行的支持软件,如数据库管理系统(DBMS)、程序开发平台和支持工具软件,数据库管理软件的存储量、存储速度、安全性等性能。

要考虑程序开发平台的种类和开发效率是否满足需要,程序开发运行软件的功能和性能是否满足要求,网络软件的性能是否满足要求。同时,选择开发平台时,还要考虑组织已有信息系统的开发平台的情况。

3．技术人员

技术人员条件包括软件开发人员、维护人员、业务管理人员等人员的数量、知识水平和来源以及团队合作水平。

5.3.2 项目技术来源

(1)自主开发

企业有自己的专业信息系统技术开发团队。

(2)联合开发

一般指企业与企业之间、企业与高校科研单位之间合作开发,双方各发挥自己的特长,如用户对系统的业务功能要求较为熟悉,但对信息技术掌握的水平较弱;而软件公司熟悉信息技术,但对组织的业务流程比较生疏。

(3)购买商品化软件

一般是小型的应用系统,企业不须修改而直接引用。

(4)委托开发

就是用户将全部开发任务交给专门机构来完成,仅向开发机构提供必要的业务说明和功能需求。

相关内容在第6章有详细的介绍,在此不赘述。

5.3.3 技术可行性分析需要注意的问题

(1)全面考虑系统开发过程所涉及的所有技术问题

信息系统开发过程涉及多方面的技术,如系统的开发方法、软硬件、系统布局和结构、输入输出技术、管理决策理论和方法的应用等。应该全面和客观地分析信息系统开发所涉及的技术以及这些技术的成熟度和实用性。

（2）技术方案的实用性

应根据系统规划和用户的需求，结合信息系统的特点，设计切实可行的技术开发方案。

（3）采用成熟的技术

在信息系统开发过程中，有时为了解决系统的一些特定问题，为了使所开发的信息系统具有更好的适应性，需要采用某些先进或前沿技术。在选用先进技术时需要全面分析所选技术的成熟程度，慎重选用最先进的开发技术。成熟技术经过长时间优化和补充，其优化程度、可操作性、经济性要比新技术好。因此，在开发新信息系统的过程中，在满足系统开发需要、适应系统发展、保证开发成本的条件下，为降低系统开发的风险，应尽量采用成熟技术。

（4）开发团队的技术水平

许多技术总的来看可能是成熟和可行的，但是开发队伍中如果没有人掌握这种技术，又没有引进掌握这种技术的人员计划，那么这种技术对本系统的开发仍然是有很大风险的。

5.4　经济可行性分析

管理信息系统在组织中迅速推广应用的根本原因在于系统的应用促进了组织的发展，给组织带来了巨大的经济效应。但有关研究表明，并不是所有的信息系统开发都给组织带来了经济效益，失败的案例也比比皆是。因此在信息系统开发的前期，除了要进行技术可行性分析之外，成本/效益分析也是可行性分析的重要内容之一。成本/效益分析用于评价 MIS 开发的经济合理性，给出系统开发的成本论证，并将估算的成本与预期的利润进行对比。

经济可行性问题包含两方面：一方面是经济实力，即组织对于系统开发所需的资金的支持能力；另一方面是经济效益，系统开发是否给组织带来经济效益或提高工作效率。经济可行性分析的内容是进行开发成本的估算，以及估算项目成功取得的效益，确定 MIS 是否值得投资开发。

MIS 的成本是指实施信息系统项目所需的投入，是系统开发过程中投入的各类资源的总成本，较为容易计算；MIS 效益则是指投资的信息系统项目所带来的产出，是系统应用后组织获得的经济收益，受系统特性、规模和具体的应用情况等多种因素的制约，精确地计算出系统的收益是很困难的。信息系统的全部效益与实施信息系统项目所需的全部人力、物力和财力的比值，是衡量信息系统项目效果，决策系统开发与否的依据。

5.4.1　管理信息系统的开发成本

管理信息系统的整个生命周期划分为：系统规划、系统分析、系统设计、系统实施和系统运行维护 5 个阶段，成本估算是对这 5 个阶段的总费用（即初期的投资和将来的运行费用等）进行估算，前 4 个阶段是系统的开发阶段，所发生的费用属于一次性投资，而第 5 个阶段发生的费用则属于日常性运行成本。

一次性投资包括：购置并安装硬件及有关设备的费用、MIS 系统开发费用、软件费用、机房及其附属设施费用等；日常性运行费用包括：人员费用、运行和维护费用。

在系统的可行性研究阶段只能得到上述费用的预算,即估算成本,在系统交付用户运行后,上述费用的统计结果才是实际发生的成本。

一般来说,系统的成本有如下 6 部分组成。

① 购置并安装硬件及有关设备的费用,如计算机软硬件设备、网络通信及安装调试费用。

② MIS 系统开发费用,包括系统的开发劳务费,系统开发过程的各种材料消耗费用。

③ 软件费用,如支持工具类软件、数据库管理系统等费用。

④ 人员费用,人员的培训费及试运行等方面所需要的费用。

⑤ 运行和维护费用,指系统投入使用以后,所消耗的打印纸、磁盘、水费、电费、管理人员工资等费用。

⑥ 机房及其附属设施费用。

5.4.2 管理信息系统的经济效益

系统效益包括直接经济效益和间接经济效益。直接经济效益指应用系统为用户增加的收益或降低的成本,是可以直接进行计算或可以直接用数字表达出来的经济效益,它可以通过统计方法估算,如节省的人员、增加的产量、提高的库存周转率等;间接经济效益是指新系统通过提高管理水平、增强企业市场应变能力,使企业的每一个部门和岗位都受益,最终使企业获得市场竞争优势。间接经济效益有的是有形的,有的是无形的,难以用数字直接表达出来,也难以直接进行计算,只能用定性的方法和专家的经验估算。

只要信息系统实现系统规划和系统分析中的功能,在系统投入运行以后就会取得一定的经济效益(包括直接经济效益和间接经济效益),即使没有明显的盈利也会获得相应的间接经济效益(如提高组织员工的工作效率)。

由于可行性分析研究工作是在信息系统的开发和运行之前进行,因此在信息系统尚未建成时,经济效益的估计只能依靠专家的经验和知识,根据已完成的其他类似的信息系统所取得的直接经济效益和间接经济效益来进行估算,从而预测出系统真正运行实施后可能取得的效益。

这里讨论经济效益的估计,可以从两方面进行。

1. 直接经济效益

① 加强管理费用控制,降低了多少管理费用。

② 全程监控订单的审批、生产、材料的出入库、发货情况、欠款情况、退货情况等,加强企业成本分析与控制,明显减少延期交货的现象,降低了多少成本。

③ 科学合理的采购计划、生产计划的制定和执行,为企业找到最优化的采购方式和生产方式,明显降低库存(如成品、半成品和车间积压),加强原材料库存管理,降低了多少库存资金。

④ 部门职责明确化,拓宽了部门间的沟通渠道,减少多少人的工作量,减少多少费用。

2. 间接经济效益

间接经济效益的特征决定了在信息系统可行性研究期间,对其只能做出粗略的估计甚至是定性的判断,如降低劳动强度、缩短工作周期、提高数据处理的准确性和及时性、改善领导决策、提高组织声誉等。具体包括以下几个方面。

① 管理的力度和深度大为加强,从而压缩了"管理层次",实现了"扁平化"管理,提高管理工作水平所带来的综合效益。

② 建立了合理的信息化运作管理流程和机制,提高了企业凝聚力,增强了企业创新意识以及提高了员工积极性,加强了企业团队合作精神,提高企业应变能力和市场竞争能力,提高企业信誉所带来的综合效益。

③ 提供准确及时的生产经营信息,使得信息沟通相当便利,为各级人员提供准确及时的生产经营信息,提高决策的及时性和正确性所带来的综合效益。

④ 信息能力和速度的增加,减少了信息传递过程出现的偏差,提高了企业的工作效率,增强了企业柔性组合生产能力所带来的综合效益。

⑤ 系统的企业业务重组,流程再造,改善企业的运作流程,使企业进入良性发展的轨道,为企业的长期发展奠定了基础。

根据以上的成本/效益分析,确定系统开发的经济合理性:

① 总效益大于总成本,开发对组织有价值。

② 总效益小于总成本,原则上不应开发,组织应分析导致成本高和效益低的具体原因,重新规划,调整开发方案,至少要达到总成本与总效益持平。

成本/效益分析还应计算出整个系统的投资回收期,信息系统的投资回收期一般为 3～5 年。值得指出的是,信息系统的效益并不仅仅体现在可以计算的直接经济效益上,往往间接经济效益比直接经济效益要大得多。因此,即使直接经济效益不理想,也不应轻易否定系统开发的价值。

5.5　社会可行性分析

社会可行性分析主要是研究信息系统开发和应用对于组织内管理体制、人文等方面的影响以及对于组织外部的影响。同时信息系统开发涉及若干技术,这些技术是否存在侵犯知识产权等问题,都将是社会可行性分析的内容。

5.5.1　组织内部可行性分析

从组织的内部管理上分析新系统开发的可行性,内容包括以下 4 方面。

① 企业高层领导对新系统开发是否支持,尤其涉及组织流程和组织结构重组时,态度是否坚决,这对于信息系统开发来说是至关重要的。

② 管理计划层和中层控制层人员对新系统开发的积极性如何,是否能积极地配合系统开发工作,为系统开发创造条件。

③ 新系统的开发运行会导致管理模式、数据处理方式及工作习惯的改变,这些变动的幅度如何,基层工作人员是否具备相应的素质以及是否能接受这些变化。

④ 组织现行管理的基础工作如何,现行管理系统的业务处理以及业务流程是否规范等。

5.5.2 外部可行性分析

外部可行性分析主要分析组织外部环境对信息系统开发的要求和影响,内容包括以下 4 方面。

① 当前电子商务(EB)、客户关系管理(CRM)、企业资源规划(ERP)系统应用的进一步成熟,每个企业都是供应链上的一个环节,新系统的开发对于组织的上游供应商、下游的销售商(客户)以及组织的相应关系人有哪些影响。

② 新系统开发是否会引起侵权或其他法律责任。

③ 新系统是否符合政府法规政策,是否考虑了行业要求、有关主管部门的要求,如开发高校学生综合管理信息系统,就需要考虑高校的上级管理部门省教育厅、教育部等部门的相关要求;以及信息系统开发是否符合国家信息产业的有关标准和规定。

④ 组织所处的外部经济技术环境对新系统是否有影响,如技术的更新换代等对系统会产生怎样的影响。

社会因素的可行性分析是定性地分析外部环境、内部环境和企业文化对系统开发应用产生的影响,也是可行性研究中不可缺少的内容。

5.6 编写可行性分析报告

5.6.1 可行性报告的注意事项

可行性分析报告是可行性分析工作的总结性文档,包括总体方案和可行性论证两方面。可行性分析工作和提交的可行性分析报告都应当符合一定的要求。一般来说,可行性分析报告的注意事项大致包括以下内容。

① 可行性分析必须符合国家政策、法规和相应的技术规范,对于一些行业的单独的信息系统,首先执行国家标准、其次是部级或省级标准。

② 可行性分析要充分地考虑系统的目标、范围、规模等各方面,以及系统间的影响关系。

③ 可行性分析所提供的解决方案所涉及的技术、资料应该详实可靠,并且注明资料的来源和出处。

④ 可行性分析中的经济、技术和社会评价应清晰明确,切忌有模糊的结论。

⑤ 可行性分析报告应该广泛争取组织或各部门成员的意见和建议,并对意见给以解释或接受。

5.6.2 可行性分析报告的内容

可行性分析报告是分析人员对现行系统的初步调查、可行性分析的结果的总结,是新系统开发的依据,也是管理信息系统开发过程中的第一份文档。

（1）引言

说明编写文档的目的，主要包括管理信息系统的名称、用户单位名称、背景、目标，可行性分析的论证单位，拟定新系统的开发单位，该系统与其他系统或部门的联系，在可行性报告中使用的专门术语及其定义，该报告中所引用的文件和技术资料。

（2）可行性研究前提

说明开发项目的功能、性能和基本要求，各种约束条件，可行性研究方法和决定可行性的主要因素。

（3）对现行系统的分析

对现行系统的分析：实现的目标与完成的任务，用户单位的组织机构和管理体制，现行系统的状况，说明现行系统的处理流程和数据流程、工作负荷、各项费用支出、可供利用的资源及制约条件，现行系统存在什么问题。

（4）系统的技术可行性分析

对所建议系统的简要说明，与现行系统比较的优越性，采用所建议系统对用户的影响，对各种设备、现有软件、开发环境的影响，对经费支出的影响，对技术可行性评价。

（5）系统的经济可行性分析

说明所建议系统的各种支出，成本/效益分析，投资回收期等。

（6）社会因素可行性分析

说明法律因素对合同责任、侵犯专利权和侵犯版权等问题的分析，说明使用可行性是否满足用户行政管理、工作制度和人员素质的要求。

（7）新系统的方案

通过经济、技术、社会可行性分析，逐一说明各个可供选择的方案，确定所选择的最佳方案。说明最终方案要实现的功能，新系统的组成结构，新系统开发计划、安排，包括开发的各阶段对人力、资金、物力的需求，新系统实现后对组织结构、管理模式的影响。对于其他可供选择方案，说明未被推荐的理由。

（8）可行性分析的结论

根据以上对开发新信息系统的可行性分析，应该得出一个管理信息系统开发项目是否可行的结论。一般有以下几种方式：

① 经济合理、技术可行、符合社会要求，可以立即进行系统的开发。

② 需要对系统的目标进行重大修改，并增加一定的资源后才能进行开发。

③ 要推迟到某些条件具备以后再开始进行开发。

④ 不能或不必要进行系统开发。

可行性分析报告要用户单位领导、管理人员与系统开发人员共同进行讨论、分析和研究。可行性分析报告一旦通过，就成为用户单位领导、管理人员和系统开发人员的共同遵守的纲领性文件，是将来系统开发时系统分析员与用户交流的基础文本。

5.7 案例分析

——"某高校人力资源管理信息系统"可行性分析报告

5.7.1 引言

1. 项目名称

某高校人力资源管理信息系统可行性分析报告

2. 项目的开发单位

某信息科技有限责任公司

3. 编写目的

近年来,某高校随着我国高等教育的蓬勃发展,不论是办学规模,还是教学质量都有了很大的进步,教师队伍不断壮大。人事考核制度、分配形式也逐渐多样化、复杂化,因此,开发人力资源管理信息系统,加强学校的人力资源管理,迫在眉睫。

本报告是某高校人力资源管理信息系统可行性研究的综合报告。

4. 背景

该高校现有教职工 872 人,其中:教师 541 人,教授 58 人,副教授 152 人;博士 125 人(含在读博士),硕士 237 人。学校人事处下设人事科、劳资科、师资科三个科室,主要负责制定和实施全校人才资源规划;机构设置与编制管理;人事管理的规章制度建设;人事调配;办理教职工的录用、聘任、培训、进修、考级、考核、考勤、奖惩、定级、退休、延聘、返聘、辞职(辞退)等手续;教师队伍建设规划,选拔中青年骨干教师,选派公费出国留学人员,办理自费出国留学手续;办理专业技术人员职务晋升工作,管理职员职级晋升手续;用工管理,负责全校教职工的工资、福利、津贴、加班费、劳保费、健康互助费等的审批,保险费的交纳;负责人事档案管理和人事资料统计;协助市人才交流服务中心和省教育厅开展工作。

综上可知,繁琐的高校人事工作会消耗管理者大量的精力,降低管理效率。因此建立一套完善的高校人力资源管理信息系统,辅助领导决策,提高管理水平,具有重要的现实意义。

5. 参考资料

学校提供的所有业务和管理资料;可行性研究编写规范;信息系统分析与设计。

5.7.2 现行组织系统概况

1. 组织的目标和战略

学校人事处的目标:为学校工作提供良好的人才,按照学校薪酬管理制度,及时做好工资管理、人事管理、考勤管理等工作。

2. 业务概述

（1）人事调配科

人事科主要负责机构设置管理，各类人员编制管理，人事管理的规章制度建设，人员招聘、合同管理、考核，调配管理（离退休、调出、离职、辞退、处分、借调、校内调动等管理），年度人员补充计划，教职工奖惩，教职工工龄核定，办理教职工请假和离职、辞职事宜，年度考核管理，人事数据维护、统计，协助组织部做好领导干部的考核、调配、任免工作。

（2）师资管理科

负责学校教师队伍的规划、建设以及管理工作，办理聘请教学、科研人员的审批管理工作，引进高素质人才，协调引进人员家属工作安排，应届毕业生的选拔录用工作，专业技术人员的进修、培训以及继续教育，学校中青年骨干教师的选拔、培养、管理以及考核，优秀教师各项奖励基金的申报组织、推荐和管理，教师队伍建设，专业技术职务聘任日常工作，教师出国留学、进修的选拔派遣和管理，教师资格证书审核报批，制作、整理全校专业技术人员的业务档案。

（3）劳动工资科

工资、补贴的调整及日常管理，考勤及各类假期的待遇，根据国家工资改革政策，负责做好工资改革工作，负责教职工工资变动、调整及工资管理有关事宜，校内津贴管理，指导和审核工资工作，校内津贴、考勤奖、年终考核奖的发放，教职工福利费的管理，办理合同制工人的有关保险。

（4）办公室

处理人事处日常内外协调等事务。

（5）人才交流中心

负责校内富余人员的交流、服务；为人员流动提供信息、咨询、培训等服务；开拓各种渠道，促进人员的校内外流动；对进入中心的人员进行管理；临时工管理。

（6）档案室

负责人事档案编目、存放和查询的管理工作。

某高校的组织机构，如图 5-1 所示。

3. 存在的主要问题

人事处根据自身的工作需要在不同阶段开发应用了多个子系统，分别是人事管理子系统、档案管理子系统、工资计算子系统、津贴计发子系统和省厅上报报表子系统等五个子系统。现行各个子系统之间信息无法交流，各种系数参数调整非常困难。各子系统之间的信息交互数据量大，几乎都是通过手工处理的，而且有几个系统只能运行在 Windows 95 下，已经不适应现代企业管理的需求。所以需要重新开发一套综合的人力资源管理信息系统来辅助管理者，提高管理效率。

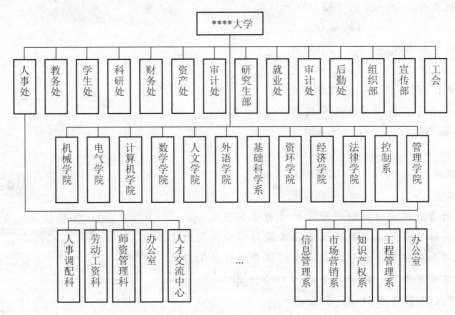

图 5-1　某高校组织机构图

5.7.3　拟建立的系统

1. 简要说明

为了提高人力资源管理的效率和科学管理水平,学校计划投入一定资金开发新的人力资源管理系统,来解决传统人事工资系统可拓展性差,和其他部门交互只能通过纸质报表以及子系统间数据多次重复转录,导致数据不一致性等问题。

2. 初步建设计划

系统计划于 2006 年 3 月开工建设。开发期 6 个月,试运行 3 个月,系统计划于 2007 年 1 月 1 日正式投入运行。

5.7.4　经济的可行性

1. 支出

(1) 系统开发费用

① 人员费用。本系统开发期 6 个月,需要开发人员 4 人;试运行期 3 个月,需要 1 个人,工资平均每人按 3 000 元/月,因此,人员费用为(6 × 4 + 3 × 1) × 3 000 = 81 000 元。

② 硬件设备费用。本系统所需要的硬件设备费用 61 600 元,其中:

服务器 1 台　　　　　　　20 000 元

计算机8台	32 000元
打印机8台	4 000元
网络设备和布线	2 000元
不间断电源1台	2 000元
电脑桌8台	1 600元

③软件费。系统所需软件费用为2万元,其中:

Windows NT	5 000元
SQL Server	6 000元
Java环境	5 000元
报表工具	4 000元

④耗材费。所需消耗材料费用估计为0.5万元。

⑤咨询评审费。本系统所需要的咨询评审费用约为1万元。

⑥调研和差旅费。本系统调研和差旅费估计为1万元。

⑦不可预见费用。按开发费用的15%计算。

系统开发总费用为21.57万元。

(2)系统运行费用

假定本系统运行期为10年,每年的运行费用为:

①系统维护费。一年需要的维护费用为0.5万元。

②设备维护费。假设设备运行更新期为5年,并且5年以后的设备价格以现价计算,则设备更新费为6.16万元,假设日常故障维护费用每年0.3万元,则平均每年设备维护费用为6.16/10+0.3=0.916万元。

③消耗材料费。每年消耗材料费按0.5万元计算。

系统年运行费用为1.916万元,则10年累计系统运行费用为19.16万元。

综上,系统开发和运行总费用为40.73万元,折合4.1万元/年。

2. 收益

人力资源管理系统获得的经济收益如下:

提高工作效率,减少工作人员。

本系统投入运行可以提高人力资源管理工作效率达一倍,甚至更多,可以减少现有40%的工作人员,人事处现有人员10人,可以减少4个工作人员,每人每月工资按2 000元计算,节约员工工资4×0.2×12=9.6万元/年。

3. 支出/收益分析

在10年期间,系统投资和收益情况见表5-1。其中,系统总投入40.73万元,系统总收入96万元,4.2年可以收回投资。从经济上考虑,系统有必要开发。

表 5-1 人力资源管理系统支出/收益分析表

项目支出		项目收益	
项目	费用(万元)	项目	费用(万元)
10 年系统总投入	40.73	10 年系统总收入	96
1. 开发总费用	21.57	1. 系统经济效益	96
(1) 人员费用	8.1	年系统收益	9.6
(2) 硬件设备费用	6.16	年提高效率(减少人员工资)	9.6
(3) 软件费	2	2. 间接经济效益	
(4) 耗材费	0.5	(1) 提高工作质量	
(5) 资询评审费	1	(2) 提高管理水平	
(6) 调研和差旅费	1	(3) 提高决策水平	
(7) 不可预见费用	2.81	(4) 减少工作劳动	
2. 系统运行费用	19.16		
年系统运行费用	1.916		
(1) 年系统维护费	0.5		
(2) 年设备维护费	0.916		
(3) 消耗材料费	0.5		

注:经济效益分析,没有考虑资金的时间价值和系统的间接经济效益。

5.7.5 技术的可行性

本系统开发涉及的技术因素有:

① 信息系统开发方法。在开发小组中有熟练掌握面向对象方法开发软件系统的资深系统分析员和程序员。在信息系统开发方法上不存在任何问题。

② 网络和通信技术。有专门的网络技术人员。

③ B/S 结构规划和设计技术。开发小组有丰富的 B/S 开发经验。

④ 数据库技术。开发小组有丰富的应用数据库开发经验。

⑤ Java 开发技术。开发人员都熟练使用 Java 编程。

综上,本系统在开发技术上是完全可行的。

5.7.6 社会可行性

本系统集成了人事管理子系统、档案管理子系统、工资计算子系统、津贴计发子系统和省厅上报报表子系统 5 个子系统功能的综合人力资源系统,充分考虑了上级教育厅数据报表的需要,符合现有的信息系统开发的政策和法规,因此,满足社会可行性。

5.7.7　可行性研究结论

通过经济、技术、社会环境等方面的可行性分析,该高校开发人力资源管理信息系统,经济合理、技术可行、符合现有的各项政策法规,可以立即进行信息系统的开发。

习　题

1. 什么是可行性分析?在开发信息系统之前为什么要进行可行性分析?
2. 可行性分析包括哪几个阶段,并简述各阶段的目的。
3. 简述立项的任务和原则。
4. 简述可行性分析的目的、依据和步骤。
5. 简述技术可行性分析的内容及注意事项。
6. 应从哪些方面考虑新系统的经济可行性?
7. 应如何编制系统的可行性分析报告,编制过程中应注意哪些问题?

第 **6** 章

管理信息系统开发方法

通过前面各章节的学习,已经具备了管理基础、信息理论、系统工程的基本知识,掌握了系统规划和可行性分析的基本理论,奠定了信息系统开发的理论基础。同其他工程项目一样,信息系统也需要一套开发方法指导项目的分析设计和实施运行工作。

20世纪60年代末,计算机技术开始应用于管理领域。然而由于当时计算机软硬件环境的限制,以及对信息系统开发方法的研究不足,信息系统只能处理一些简单的管理应用。到了20世纪70年代,人们认识到管理信息系统开发应用是一个多学科、综合性的系统工程,开始重视信息系统开发方法的研究,逐渐形成一套科学的方法论,推动了这一领域的发展。

本章介绍管理信息系统的传统开发方法:结构化方法、原型法和面向对象方法。结构化方法是信息系统开发早期的一种方法,技术成熟,应用较广,适合开发大型信息系统;原型法符合人们学习思维习惯,适合小型系统的开发;面向对象方法是在面向对象的编程技术引导下的一种新型开发方法,本书将在第9、10章详细介绍。另外本章还介绍信息系统开发的最新方法——轻量级方法,如敏捷开发、极限编程、增量模型等。

6.1 结构化开发方法

20世纪70年代出现了结构化系统开发方法(Structured System Development Method,SSDM),历经多年的应用,其思想体系逐渐成熟,已经成功地应用于一些大型或中型的复杂信息系统开发实践中。这种方法的理论基础是:信息系统具有生命周期。生命周期(Life Circle)指信息系统从立项、分析、设计、实施、运行和维护,直至系统不能满足用户的新需求,而进入新一轮开发的全过程,类似人的生命一样具有出生、成长、衰老和死亡周期过程。生命周期将软件工程和系统工程以及管理理论进行有机的结合,将信息系统开发过程分为若干阶段,并明确规定每一阶段的任务、原则、方法以及开发工具,分阶段、分步骤地开发信息系统。

6.1.1　结构化开发方法简述

信息系统的开发方法与程序设计方法研究的进展是分不开的。结构化开发方法就是从结构化程序设计中受到启发,演变而来的。1966年G. Jacopini和C. Bohn从理论上证明了:任何单入口、单出口程序仅使用顺序、条件和循环3种结构就可以表示出来,反复运用几个简单逻辑运算就可以完成较为复杂的程序设计。结构化程序设计按"自顶向下、逐步求精"的方法编写程序,规范了程序设计,使程序设计人员可以很容易地理解其他开发人员编写的代码,规范了程序设计,提高了程序开发效率。系统分析设计人员受这种程序设计方法的启发,逐渐形成结构化开发方法。

结构化开发方法主要包括结构化系统分析(SSA)和结构化系统设计(SSD)两部分内容,其基本思想是:将系统工程思想、工程化方法和生命周期方法相结合,先将整个信息系统开发过程划分出若干个相对独立的阶段,如系统规划、系统分析、系统设计、系统实施、系统运行与维护等,按用户至上的原则,借鉴程序设计的结构化和模块化思想,在系统规划、系统分析、系统设计3个阶段,自顶向下地对系统进行分析与设计;在系统实施阶段采用自底向上的系统工作方式实现。

结构化系统开发方法在系统调查期间,从企业战略决策层的管理决策工作的方式和流程入手,逐步深入管理层和基层运行层,全面了解各层次的信息需求,满足上一层的信息需求,并明确下一层应完成哪些具体的工作;在系统分析设计时,局部的优化服从系统整体的优化;在系统实施阶段,则是从最基层的模块开发做起,向上集成,逐渐地构成整体系统。

综上所述,结构化方法是应用系统思想和方法,把复杂的对象分解成简单的组成部分,并找出这些部分的基本属性和彼此之间的关系。然后,对各个功能模块做出进一步的分析,直到所有模块都足够简单为止。一般一个模块只实现一个子功能。系统分析阶段面临的问题较为复杂,结构化方法能"化繁为简、化难为易",便于系统分析和设计的实现。

6.1.2　结构化开发方法的阶段划分

用结构化系统开发方法开发管理信息系统,一般可将整个开发过程分为5个阶段,每个阶段又包含若干前后关联的工作步骤,通常称之为系统开发的生命周期,如图6-1所示。

从图6-1中,可以看到系统生命周期分为系统规划、系统分析、系统设计、系统实施和运行维护5个阶段,各阶段的主要工作内容介绍如下。

1. 系统规划阶段

根据用户的系统开发请求,进行初步调查,明确问题,确定系统目标和总体结构,确定分阶段实施进度,然后从技术、经济和社会角度进行可行性分析,得出系统是否值得开发的结论。若不可行,则就此终止规划工作;反之则向用户提交一份系统开发的初步方案,方案经过反复修改,决策层批准后,就可以进入系统分析阶段。若初步方案未通过审核,则根据初步调查结果和可行性研究报告修改系统的开发方案。系统规划阶段的具体过程,如图6-2所示。

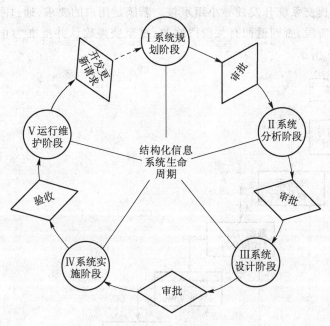

图 6-1 生命周期图

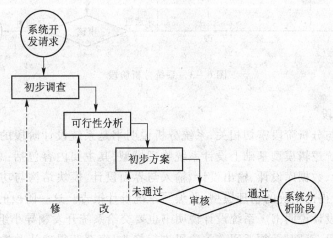

图 6-2 系统规划阶段

2. 系统分析阶段

系统分析阶段以系统规划阶段提出的目标为出发点,并根据系统规划阶段的初步方案,在对组织进行详细调查(具体的业务层面的调研分析)的基础上,逐步进行组织机构和功能分析、业务流程分析、数据和数据流程分析、数据综合查询分析,并提出新系统逻辑方案模型,最后以系统分析说明书的形式,提交系统开发领导小组审核。若满足用户的要求,通过系统开发领导小组审核,则转入系统设计阶段,否则返回有关阶段修改,直至获得确认并批准为止。系统分析阶段的具体过程,如图6-3所示。

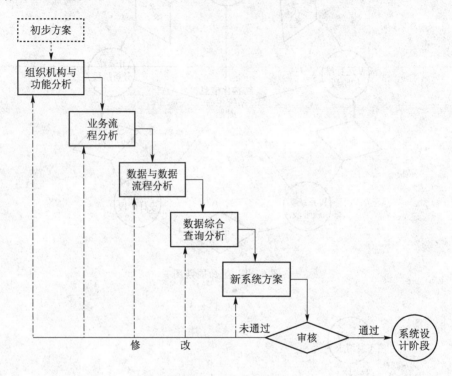

图 6-3　系统分析阶段

3. 系统设计阶段

系统设计阶段与分析阶段密切相关,系统分析说明书是系统设计阶段的工作依据。本阶段的主要任务是在系统逻辑模型基础上设计系统物理模型,其主要内容包括:总体结构设计、系统流程设计、代码设计、数据库设计、输出设计、输入与界面设计、模块结构与功能设计和系统物理配置方案设计,最后得出系统的物理模型,并编写系统设计报告。这一阶段的工作成果是反映系统物理模型的系统设计说明书。系统设计说明书也要交给系统开发领导小组审核,若审核通过,则进入系统实施阶段,否则,必须返回有关阶段进行修改,直至获得确认并批准为止。系统设计的具体过程,如图6-4所示。

4. 系统实施阶段

在系统的设计方案得到审批后,就进入了系统实施阶段。这一阶段的内容包括数据准备、编写程序和测试、系统试运行、系统切换等工作。数据准备是从组织中选取一些样本数作为测试用例,这步工作常被忽略,但又是非常重要的。编程和部分测试工作是同步进行的,在编写完成所

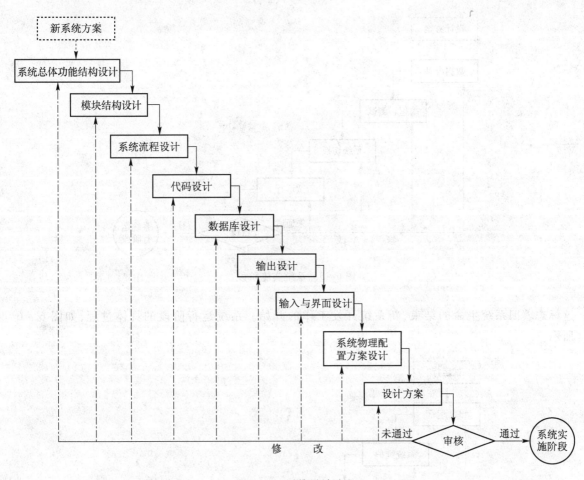

图 6 - 4 系统设计阶段

有程序之后,还要进行综合测试和系统总体测试。系统切换完成新旧系统的转换工作。另外,人员培训通常在系统试运行阶段进行,系统完善性维护也是这一阶段的任务。系统实施阶段具体过程,如图 6 - 5 所示。

5. 运行维护阶段

这个阶段新系统已经通过测试和试运行,成功地投入组织使用,并服务于组织的各项工作。这个阶段要做的主要是日常维护性工作,包括:系统的日常运行管理、系统维护、系统评价、结果分析等。在系统的运行过程中,可能出现由于环境变化或是因开发过程中未能发现的或无法解决的功能要求,导致系统功能不能满足需求,在这种情况下需要对系统进行局部调整或修改。如果出现了不能满足用户需求等问题(一般系统运行若干年之后,系统运行的环境、技术水平已经发生了根本性的变化,现有的系统不能满足需求时),用户将会进一步提出开发新系统的要求,

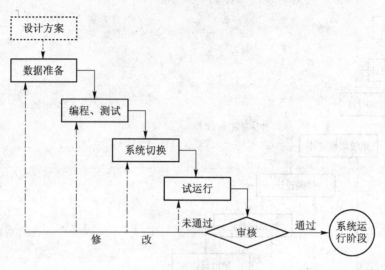

图 6-5 系统实施阶段

这标志着旧系统生命的结束,新系统开发工作的开始。系统运行阶段的具体过程,如图 6-6 所示。

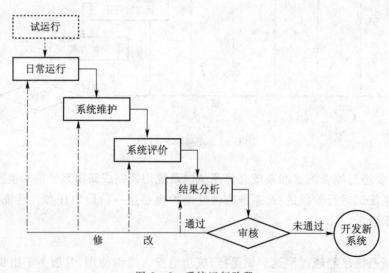

图 6-6 系统运行阶段

由此可见,企业信息化建设只有开始没有结束,旧系统淘汰的同时也是新系统开发的开始。

6. 阶段反馈的结构化模型

图 6-2~图 6-6 说明了结构化生命周期的各个开发阶段内工作流程环节的反馈模型,但不能完全说明企业信息系统生命周期中的所有问题。事实上,结构化方法还要求系统开发各阶

段之间也可以有针对性的修改反馈,一个阶段出现了问题,可以回溯到该阶段以前的任何阶段。阶段间的反馈模型,如图6-7所示。例如,如果在实施阶段发现严重问题,有可能使整个开发阶段回溯至设计阶段或更早时期。这种反馈的结构化模型,有的文献也称作"瀑布模型"。

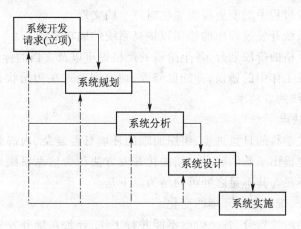

图6-7 阶段间的反馈模型

6.1.3 结构化开发方法的优缺点

1. 结构化开发方法的优点

(1)面向用户的观点

结构化开发方法要求深入了解用户需求。把是否能满足用户需求作为衡量信息系统成败的唯一标准,有利于充分调动企业各级管理人员的积极性,自始至终参与系统的开发过程。

(2)自顶向下的分析设计与自底向上的系统实施

结构化开发方法首先从战略决策层的需求出发,演化出中间管理层的需求、再演绎出基层业务处理层的需求,即自上而下、从粗到精、由表及里,将系统逐层逐级进行分解,得出系统的信息模型;在此基础上,首先实现业务运行层的系统开发、然后实现中间管理层的系统、最后实现战略决策层的信息系统,即自下而上、由底层向高层进行系统实施工作。

(3)严格划分工作阶段并明确各阶段的界限及任务

结构化开发方法规范了系统开发各个阶段的目标任务,各个阶段的先后顺序及严格的界限划分,顺次解决系统开发的"Why?"(即系统开发的可行性),"What?"(即用户的需求),"How?"(即实现系统功能的问题),并且每个阶段的研究成果都是下一个阶段开发的基础,各阶段不能随意跳转。

(4)工作成果规范化、文献化

结构化开发方法严格划分工作阶段,要求各个阶段形成规范化的文档,详细记录该阶段系统开发工作内容,便于各阶段开发人员共享信息以及同用户交流,为后期系统维护奠定基础。同时,也有效地解决了组织人员或者开发人员变动后(新增加的系统开发人员或用户),新加入的开发人员不熟悉系统的问题。各阶段分别对应的文档是:系统规划报告、可行性分析报告、系统分析说明书(系统说明书)、系统设计说明书、系统实施报告、系统使用说明书和系统维护使用报告,另外,还有系统开发过程中的变更报告等临时产生的文档。

(5) 及早地发现系统开发过程中的错误以提高系统的成功率

结构化开发方法严格的阶段划分,各个阶段的严格评审以及文档的标准化,可以在早期发现本阶段或以前阶段开发工作中的错误,并加以修改,使错误消灭在初始状态,节省系统后期的修改和维护费用,提高系统的成功率。

2. 结构化方法的缺点

随着信息系统相关学科的日益进步,组织面临的环境日益复杂,内部管理问题也复杂多变。这对信息系统的开发也提出了新的要求。结构化开发方法作为信息系统早期的主流开发方法,也存在着一些问题和不足。其不足之处可归结为以下几点。

(1) 开发周期较长,难以适应环境的变化

结构化方法严格的阶段划分,各个阶段不能并行工作,导致系统开发周期过长,而现代企业面临的环境复杂多变,很多情况下,信息系统还没有上线运行,当初的系统需求就已经发生了变化,组织不得不申请变更需求,需求的变化对于结构化系统开发来说是灾难性的,由于结构化方法的严格问题回溯机制,往往造成系统很不稳定,开发单位需要重新调整系统的分析设计方案,大大延长了系统的开发周期。

(2) 开发过程严格,无法适应需求的变化

由于系统开发人员和系统用户对于信息系统所拥有信息的不对称性,许多用户很难在系统分析期间全面准确地描述系统需求,用户的需求往往在系统开发过程中随着开发工作的进展而逐步明确,或者说在开发过程中激发了用户更高的需求。结构化方法各阶段分工明确,后一阶段的工作严格地依赖于前一阶段的结果,这些变化对于结构化方法来讲难以做出迅速的响应。

(3) 难以应付非结构化的问题

非结构化管理决策问题没有明确的规律可循,受组织特征和组织决策者的偏好影响较大,需求较难描述,需要开发人员同决策者进行反复探索来确定,如企业的最高决策层关于企业的战略目标决策受决策者的学识、偏好影响较大,无规律可循,对此类需求不明确的非结构化问题,结构化方法很难处理。结构化方法要求前一阶段的工作是后一阶段工作的基础,前一阶段工作的正确性对后一阶段的工作起着决定性作用。这些导致对于非结构化决策问题,结构化方法有其局限性。

(4) 用户很难尽早地建立系统预期的概念结构

由于结构化开发方法在系统规划、分析、设计过程中耗费大量的时间,尤其是反复修改各个阶段的报告,导致用户看到的往往总是书面文档,很难在早期建立预期的系统概念结构。有时到系统调试期间,用户才发现并不是自己期望的系统,导致开发的返工,造成不必要的浪费。

如果系统分析阶段存在着错误或疏漏,则在系统开发的后续阶段更正该错误,这将大大影响

系统开发的进度和成本。另一方面,信息系统开发的实践表明,在系统开发后期,由于以前阶段的错误,而引起的变更,要比在早期修正这个错误所需付出的代价高 2 ~ 3 个数量级,如图 6 - 8 所示,各阶段需求变更的成本曲线,定性地描绘出了在系统开发的不同阶段引入一个变动需要付出代价的变化趋势。

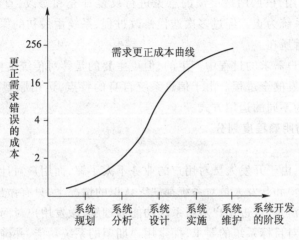

图 6 - 8　需求变更的各阶段成本曲线

3. 结构化方法的适用条件

这种方法主要适用于信息需求明确、规模较大、结构化程度较高的管理信息系统的开发工作。

结构化开发方法在生命周期法的基础上,结合结构化程序设计的思想,要求在信息系统开发过程中形成一套比较严格的标准、规范、方法与技术,系统开发的组织管理工作有章可循,确保系统开发的成功。结构化方法在很长一段时间以来一直是信息系统,特别是大型信息系统的主流开发方法。但对于一些中小型系统或者组织自行开发系统的开发方式,结构化方法表现出其局限性。随着学术界对信息系统开发方法研究的不断进展,原型法能有效地解决结构化方法存在的问题。

6.2　原型法

结构化开发方法严格的阶段划分、标准化的文档管理,较长的开发周期,不适用于小型信息系统的开发。原型法(Prototyping Method,PM)是在 20 世纪 80 年代,在计算机软硬件技术发展的基础上,特别是关系数据库系统(RDBS)、第四代程序设计语言(4GL)和各种功能强大的辅助系统开发工具的出现,逐步形成的一种系统设计思想、过程和全新的系统开发方法。原型法的出现有效地弥补了结构化方法在信息系统开发方面的不足。

6.2.1　原型法的概念

原型是可以通过逐步改进成为可运行系统的模型。原型法是指系统开发人员在获取一定的基本需求定义后,利用系统开发辅助设计工具,快速地建立一个目标系统的最初版本(即系统原型),并把它交给用户试用,根据用户反馈的意见进行反复补充和修改,直到完全搞清系统的需求,开发出用户满意的系统为止。经过多次迭代修改过程,系统由最初的原型演化成为目标信息系统,这是原型法的宗旨所在。

原型法是在研究用户需求的过程中产生的,但更主要的是针对传统结构化方法的不足之处,因而原型法面向系统开发的全过程。由于信息系统自身的特点,运用原型法的目的和开发策略的不同,原型法可表现为不同的运用方式。

1. 按照系统需求的明确程度划分

(1) 探索型

系统开发开始阶段,由于开发人员对用户的业务不太了解,而用户对计算机系统能帮助他们做什么也不清楚。在用户和开发人员对系统都缺乏认识的情况下,只有做出一个原型,通过实际演示将问题进一步揭示清楚,促进用户对新系统功能的理解,激发用户对问题的进一步探讨与研究。其目的是弄清用户对目标系统的要求,探索用户期望的系统功能,并确定具体的开发方案。

(2) 实验型

系统开发之前,这种类型的原型需求相对确定。原型的目的是验证具体的开发方案是否满足用户的需求,以确定开发人员对于系统的理解程度。

(3) 演化型

演化型构造方法是先按照基本需求开发出一个系统,交付用户使用,然后根据需求的变化随时进行修改以补充功能。这是一种渐进增量式的系统开发方式,通过原型的不断试用、改进过程,将原型系统演化成最终的目标系统。它将原型方法的思想贯穿到系统开发全过程,对于需求变更较为频繁的系统较为适合。

2. 按原型的最终用途划分

(1) 抛弃型

此类原型在系统真正实现以后就抛弃不用了。如探索原型,其初始的设计仅作为参考,用于探索目标系统的需求特征。

(2) 演化型

从目标系统的一个或几个基本需求出发构造系统原型,通过多轮修改和追加系统功能,逐渐丰富原型系统,直至演变成最终的系统。

6.2.2　原型定义策略

1. 需求分析的要求

需求分析是管理信息系统开发过程早期的关键环节,它对系统开发的成功与否至关重要。

一般说来,需求分析必须满足以下的要求。

（1）需求的正确性

所规定的需求必须是用户所需要的。

（2）需求的完整性

需求分析的完整性是渐进的。原型法在早期的开发版本中,主要考虑系统主要的需求,忽略次要的需求,但在最终的系统中,需求应是完整、准确的。

（3）需求的可理解性

用户和系统开发人员双方应能以一种共同的方式来解释和理解所规定的需求。

（4）需求的一致性

需求之间内容一致,不能有逻辑上的冲突和矛盾。

（5）需求的非冗余性

不应有含混不清的、多余的需求和说明。

（6）需求的可测试性

需求应该能够验证,相应的文档应当易读和可修改。

2. 需求分析的基本内容

（1）系统约束

系统的内外环境、资源限制、行业的法律法规等。

（2）系统的输出信息

描述系统开发的目的,系统应输出哪些信息用以满足组织管理工作的需要,以及输出介质和输出格式的要求。

（3）系统输入数据与界面设计

确定系统输入数据的特征及定义,例如数据元素的属性、特征、内容、来源、数量、频率等;系统中数据定义以及数据间的关系,例如格式、命名、类型等;设计输入界面的风格等。

（4）主要功能

确切指定系统应完成的功能和数据变换流程。

6.2.3　原型法的实施步骤

结构化开发方法遵循软件开发的生命周期,严格划分开发阶段,原型法与其显著区别是生命周期的阶段性不明显。模糊了系统规划阶段、分析阶段和设计阶段,原型法是通过不断地对系统的"原型"加以修正,来获取用户所有需求,揭示存在的问题,修改和完善系统功能。这种方法符合人们认识和改造事物的客观规律。图6-9所示给出了原型法工作的基本流程。

从上述流程来看,原型法原理简单,不需要复杂的结构化理论,只是通过具有未来系统特征的原型,构建可视化较强的开发人员和用户的沟通桥梁。用户面对直观的系统初始原型,在演示或使用过程中很容易发现原型中的不足,提出明确的需求,使系统开发真正实现面向用户的观点。同时,原型系统使开发人员更容易理解用户需求和用户理想中的信息系统,系统的开发工作

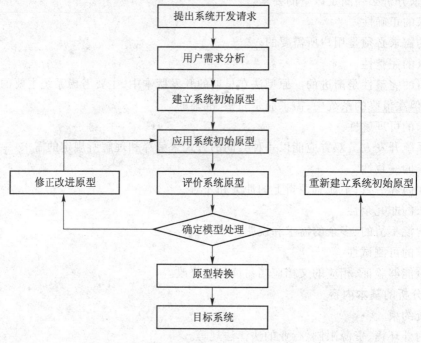

图 6 - 9　原型法工作流程

随着原型的逐步完善,而日趋明朗。

1. 用户需求分析

原型法的需求分析主要是讨论构造原型的过程。根据原型法的基本原则,系统开发人员应根据用户对系统的描述说明(系统的主要功能、输入及人机界面、输出、总体结构等),结合信息系统的基本特点,快速分析,弄清用户的基本信息需求,快速确定软件系统的基本需求,描述系统的基本规格说明,以满足开发原型的需要。根据原型所要体现的特性,快速分析的关键是要注意重要分析内容的选取和描述,围绕使用原型的目标,确定局部的需求说明,写出一个简明的概要需求说明书,反映用户的信息基本需求和用户对于信息系统的期望;列出相关的数据载体(如凭证、报表、电子数据)和它们之间的关系;确定数据的输入/输出过程;概括出用户主要业务原型,并粗略估计系统开发应用的成本,从而,尽快开始构造系统原型。

2. 建立系统初始原型

在快速分析的基础上,根据概要需求说明书,系统开发人员应使用辅助设计工具(可视化编程工具,如 Visual Basic、Visual FoxPro)及数据库管理系统(DBMS,如 Access、SQL Server),尽快实现一个可运行的系统初始原型。

系统初始原型应充分反映系统待评价的特性,忽略最终系统在某些细节上的要求和次要的系统功能。例如,如果构造原型的目的是确定系统输入界面的形式,可以利用输入界面自动生成工具,由界面形式描述和数据域的定义立即生成简单的输入模块,而暂时不考虑参数检查、值域检查和后处理工作,还有诸如系统的安全性、健壮性、异常处理以及数据的存储、系统备份恢复等功能,均不在系统的原型考虑范畴之内。系统原型只要能够实现系统初始功能即可。

初始原型的质量对于用户和开发人员识别系统需求具有导向作用,原型的规模和展现方式是系统开发人员着重研究的问题,如果原型过于初级,往往不能准确地反映目标系统。如果为追求完整而做得太大,就不容易修改,将增加修改的工作量。因此,系统开发人员要科学合理地规划系统的初始原型。

提交一个初始原型所需要的时间,根据系统的规模、复杂性、需求完整程度的不同而不同,一般而言,提交一个系统的初始原型大概需要 3~6 周的时间。

设计系统初始原型主要工作是建立一个能满足概要需求说明书的、能够试运行的、具有主要功能的、不完善的交互式应用系统。开发人员的任务是提供友好的用户输入/输出界面,编写所需的应用程序模块,建立原型数据库系统,实现系统初始原型功能。

3. 应用和评价原型系统

用户要在开发者的指导下试用原型,在试用的过程中考核评价原型的特性,分析其运行结果是否满足规格说明的要求,验证原型的正确程度,以及规格说明的描述是否满足用户的愿望。开发人员和用户共同评价原型,认真听取用户对初始原型的意见,纠正系统概要需求说明书中的误解和分析中的错误,获取更具体的用户需求,为满足环境变化或用户的新设想,提出全面的修改意见。

原型系统必须通过所有相关人员的检查、评价和测试。由于原型忽略了部分次要的需求内容,它集中反映了要评价系统的主要特性,外观看起来可能会有些残缺不全,这是十分正常的。

4. 修正和改进原型系统

根据用户对初始原型系统的改进意见,系统开发人员与用户共同探讨修改初始概要需求说明书,并修改原型系统,然后再使用、评价、修改。通过"分析/使用/评价/修改"这一过程的反复迭代,不断完善系统原型。

原型法的目标是鼓励改进和创造,而不是仅仅保持某种设想,开发者不应认为提供了完整的模型就等于系统的成功。因为即使原型的开发过程完全正确,到最终版本的系统时,用户还是可能提出一些有意义的修改意见,这不能看作是对开发者的批评,而是在开发过程中的一种自然的现象。

5. 原型的转换

经过多次修改原型,达到用户满意的原型。原型向目标系统转换,转换策略有三种,如图 6-10 所示。

（1）原型的一次性使用

在结构化方法中的某个开发阶段,由于很难理解用户的需求而采用原型法,在明确了系统的需求后,继续进行系统的其他开发阶段。对于这种情况,随着这个阶段的结束,原型被抛弃,原型系统只是一个阶段性的工具而已,如图 6-10(a)所示。该方式可用于验证、完善系统需求和人

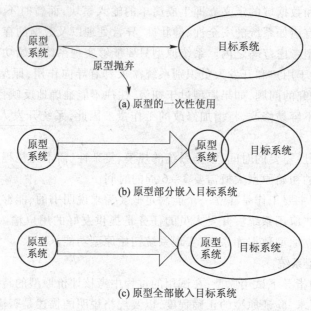

图 6 - 10　原型系统向目标系统的转换策略

机界面的原型开发。

（2）原型部分嵌入目标系统

原型部分嵌入方式是将完成了的原型中的部分，作为目标系统的一部分，如原型的库表结构、界面等。对应于演化型的原型系统，原型作为核心，逐步添加新功能，发展成为最终目标系统，如图 6 - 10(b)所示。

（3）原型全部嵌入目标系统

采用该方法时，原型开发采用高级开发工具和数据库，同目标系统即将采用的开发工具和数据库基本相同，或者具有自动的转化功能，使得原型完全嵌入在最终的目标系统中，如图 6 - 10(c)所示。

6. 文档编写

整理编写原型开发过程中的各类文档，包括最终系统的需求文档、原型本身的说明书等。

6.2.4　原型构造的修改控制

原型的构造着重考虑系统开发主要内容，如各管理层对信息的需求、业务层提供哪些数据处理功能、系统应具备的主要业务功能等。由于原型不同于最终系统，它需要迅速实现，投入试运行，因此，原型应充分体现系统的主要功能，忽略部分次要功能，如报表打印的具体格式、系统的备份和恢复、系统的安全机制等。

原型法的开发过程是一个不断地对系统原型进行使用、评价、修改的循环、迭代的过程。一般说来,修改和迭代的次数越多,原型的质量就越高,但由于组织的人力、物力和财力的限制,这种重复迭代过程不可能无限期地进行下去,必须用有效的方法加以控制,在有限次的修改过程中达到最佳效果。

控制原型修改次数的方法很多,在管理信息系统的开发中,通常可采用下列方法。

(1)限制修改次数

根据组织投入的经费和时间进度的要求,测算每次修改原型的大体费用和需要时间。系统开发人员和用户联合商定原型的修改次数。当然为了有效地减少修改的次数,要求系统开发人员提供的原型尽可能完善,贴近目标系统。

(2)限制用户接受的百分数(距离目标系统程度)

在管理信息系统开发中,由于用户和系统开发人员的信息不对称,对原型系统的某些功能、评价指标的认识不一致的情况是难免的,所以不能期望用户百分之百满意。为了控制修改原型的次数,可事先定下用户对原型的满意度标准,例如,用户对原型的满意度标准定为90%,那么当用户满意度达到该值时就可停止原型修改。

对于基础管理较好、需求较稳定的组织,随着原型的修改次数的增加,用户对于原型的满意度是逐渐提高的。在组织管理基础工作薄弱或用户素质较差、需求不稳定的系统环境下,用户开始不能提出明确的系统原型,在原型修改过程中的想法经常变化,随着修改原型次数的增加,用户的满意度变化是不规律的,但总体趋势是用户的满意度在不断地提高,如图6-11所示。但是,试图通过一再修改原型来提高用户接受的百分数,有时也是行不通的。

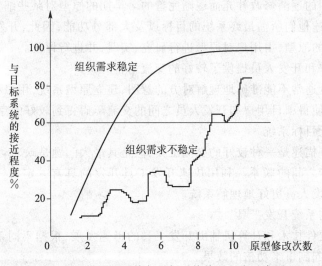

图6-11 原型系统与目标系统接近程度示意图

在实际开发时,一般事先同时定下修改次数和用户满意度这两项指标的最大值,在原型修改过程中只要达到其中一个最大值,就停止修改原型。

6.2.5　原型法应注意的几个问题

原型法是信息系统研制过程中的一种简单的实验模拟方法,与结构化方法和早期的方法相比,更符合人类渐进式认识世界的规律。在实际的开发过程中,使用这种方法时要注意以下问题。

1. 原型法的开发原则

(1) 集成用户主要需求的原则

原型法是一种边实验边开发的模式,因此,初始模型借助先进的软件开发工具和技术,集成用户主要需求,忽略次要的需求和功能,提高开发速度,解决结构化方法周期长的问题。

(2) 成本最小化原则

系统原型在集成用户主要需求和反映新系统的基本特征的前提下,本着最小成本原则开发系统原型。这个用来模拟新系统功能的模型,有时不一定要具有新系统的所有功能,也不一定要具有某些功能的实际操作过程,而是为用户建立未来系统的直观概念。

(3) 用户全过程参与原则

原型法要求用户全过程参与系统的开发工作,用户是评价原型是否可行的主体,准确的模型是系统开发成功的关键因素。

2. 对原型建立过程的有关要求

(1) 并非所有的需求都能在系统开发前被准确地定义

需求是随着原型的逐渐修改补充而逐渐完善的。早期的原型对某些细节问题往往不可能十分清楚,用户只能叙述他们所需最终系统的目标以及大部分功能,因此,开发人员只能根据对系统的理解,构造系统的原型,由用户对原型进行研究、实践,并进行评价。

(2) 原型为用户和开发人员提供了较好的交流平台

用户和开发人员通常不能准确地理解对方的意图,建立原型系统,用户和开发人员通过屏幕的直观性、动态性而使得项目用户和开发人员之间的交流障碍得到较好的克服。

(3) 原型要接近目标系统

虽然图形和文字描述是一种较好的交流工具,但是其最大问题是缺乏动态性和交互性,用户不能感受到相关功能之间的联系。利用快速开发工具开发的具有一定目标系统功能的原型系统,有助于用户和开发人员更好地理解系统。

(4) 选择合适的系统开发工具

随着计算机软硬件技术和计算机辅助开发工具的迅速发展,根据不同系统的特征选择合适的系统开发工具,将起到事半功倍的效果。

(5) 需求确定后,原型尽可能少改动

原型修改试验期间,用户与开发人员在原型的基础上共同探讨、改进和完善方案,开发人员根据这个方案对原型进行修改得到新的原型,再去征求用户意见,反复多次直到得到满意方案为止。最终方案确定后,原型尽可能不再改动,应采用行之有效的方法来完成全部开发工作。

3. 对原型本身的有关要求

① 原型要充分考虑系统将来实现的难易程度,不得与目标系统脱节。

② 尽量仿真目标系统的操作界面,与目标系统的操作过程完全相同。

③ 演示数据的存储可以通过文本文件、数据库或其他数据形式。

④ 对于界面中容易误解或难以理解的操作,应给出方便快捷的帮助或者以标注方式进行详细说明。

6.2.6 原型法的特点

1. 优点

（1）符合人们认识世界的规律

人们认识事物的过程是循序渐进的,对事物的描述都是受环境的启发不断完善的,同时,人们改进一些事物比起创造事物要容易,因此,通过原型建立、演示、修改原型的循环过程,使用户和系统开发人员对所开发的系统达成一致意见,能够确保系统开发人员对用户的要求得到充分的理解,用户对于信息系统的未来功能有个合理的预期。

（2）系统开发周期短,开发费用低

原型法通过具体的系统,能够缩小开发者和用户对问题的理解与认识的差距;用户全程参与系统的开发工作,与开发人员互相交流信息,这有利于系统开发人员快速掌握系统的需求;计算机辅助开发工具,能够快速建立原型,缩短开发周期;原型模型能够及早暴露系统存在的问题,而在系统开发的早期解决问题,能有效降低系统的开发成本。

（3）系统原型准确地描述了目标系统

原型提供了具体的、可视的模型,减少误解和不确定性;在原型建立、演示、评价、修改循环过程中,用户始终参与系统需求的描述与修改,有效降低信息需求的不确定性,使信息系统的原型描述比较准确。

（4）系统易于被用户接受,减少培训时间

用户始终直接参与开发的全过程,协助系统开发人员构造原型系统,原型的直观性、感性特征易使用户理解系统的全部含义,讨论的原型是开发者与用户共同确认的,讨论问题的标准是统一的,因此,基于原型系统的目标系统,更易于被用户接受。另外,用户熟悉原型系统的操作,对于目标系统,用户能在很短时间内掌握系统的使用方法,大大缩短了用户培训时间。

（5）能充分利用最新的系统开发环境

原型法能够利用最新的系统开发工具,加快了原型的开发速度,减少了费用,提高了效率。

2. 缺点

（1）解决复杂的大型管理信息系统问题很困难

对于复杂的大型管理信息系统,由于功能种类多、技术复杂,系统的初始原型构建较为困难,需要严格地进行系统规划和系统分析设计来实现。

（2）对开发工具要求高

由于原型法要求根据用户的改进意见，能够循环往复地快速生成系统的原型，因此，要求自动化程度较高的计算机辅助工具（CASE）支持系统的开发过程。

（3）要求用户有较高的信息化知识

由于原型法是反复渐进的过程，要求用户积极配合，才能进行反复地修改和完善，这就要求用户对于信息化有一定的了解，才能更加准确地描述需求和评价系统原型。有时原型需要反复修改，用户不理解，可能会失去信心和耐心。

（4）对于组织的管理基础工作要求较高

对于原基础管理不善、信息处理混乱的组织，需要进行业务流程重组的问题，原型法的使用有一定困难。

（5）有可能导致各子系统之间的数据冗余，系统集成困难

原型法开发系统，由于没有进行结构化方法的总体规划，没有进行详细的系统分析和设计，各子系统之间很容易产生冗余数据；没有充分考虑系统的接口，导致系统集成困难。

（6）系统层次结构不明确，不便于管理控制

由于缺乏严格的阶段划分，系统层次结构不明确，不便于系统开发工作的总体控制。

3. 原型法的适用性

原型法充分体现了以用户为中心的原则，用户全程参与开发过程，良好地沟通交流，使得最终开发的系统能满足用户的需求。原型法适用于以下几种系统。

① 适用于开发过程较为简单的小型管理信息系统。

② 适用于企业管理基础较好，业务处理过程比较简单或不太复杂的系统。

③ 适用于业务需求和系统目标相对较为确定的系统。

原型法需要有功能强大的计算机辅助设计工具（CASE）支持，这部分内容将在本章的第 6 节予以介绍。

6.3   面向对象的方法

结构化方法是一种严格按照阶段划分的建模方式进行系统的开发工作，开发周期较长；原型法符合人们的认知习惯，但不适合开发大型的管理信息系统；而面向对象方法（Object-Oriented Method，OO）是尽可能模拟人类习惯的思维方式，使开发软件的方法与过程尽可能接近人类认识世界、解决问题的方法与过程。与前两种方法相比，面向对象方法是一种全新的开发方法，它以对象为出发点，以类为依据，以继承为手段，提出一种系统开发的新思路。

6.3.1   面向对象概念和方法

1. 面向对象的基本概念

面向对象方法认为系统是由若干相互联系的对象构成的，对象就是由数据和操作组成的封

装体,与客观实体有直接对应关系,一个对象类定义了具有相似性质的一组对象。应用面向对象方法开发信息系统,系统的分析与设计应以对象为中心,以类和继承为构造机制,来认识、理解、反映客观世界,并把面向对象程序设计的思想应用于系统开发过程中,指导开发活动的系统方法,简称面向对象方法,是建立在对象概念基础上的系统开发方法学。这里指的继承性是对具有层次关系的类的属性和操作进行共享的一种方式。

与结构化系统开发方法类似,面向对象方法是受面向对象程序设计方法(Object-Oriented Programming, OOP)的启发而产生的。这种程序设计的基本思想包括:把客观世界的任何事物都看作对象,复杂的对象可以看作由简单的对象以某种方式组合而成的;把所有对象都划分成各种对象类,每个对象类都定义一组数据和一组方法;按照子类和父类的关系,把若干个对象类组成一个层次结构的系统;对象彼此之间通过传递消息互相联系。有如下公式:

面向对象 ＝ 对象 ＋ 类 ＋ 继承性 ＋ 消息

对象、类、继承性和消息是面向对象方法的重要概念。

（1）对象

对象是客观世界中的任何事物或人们头脑中的各种概念用计算机语言表述的抽象,或者说是现实世界中个体的数据抽象模型。对象是事物运行方式、处理方法和属性值的一种抽象表述,是信息包和有关信息包的操作描述;它是事物的本质,不会随周围环境改变而变化的、相对固定的最小的集合。它可用一组属性和可以执行的一组操作来定义。

（2）类

类是对象的模板,类是对一组有相同数据和相同操作对象的定义,一个类所包含的数据和方法描述一组对象的共同属性和行为。类是在对象之上的抽象,对象则是类的具体化,是类的实例。类可有其子类,也可有其父类,形成类层次结构。

（3）继承性

继承性是对象之间属性关系的共同性,即子模块继承了父模块的属性。通过这种机制,在定义和实现一个新类时,可以利用已有的定义作为基础来建立新的定义而不必重复定义它们。

（4）消息

对象之间进行通信的一种构造叫做消息,当一个消息发送给某个对象时,包含要求接收对象去执行某些活动的信息。接收到消息的对象经过解释,然后予以响应。消息通信就是描述对象间通信的机制。消息通信包括两个方面,一个是消息的传递,另一个是消息和方法的动态联编。所谓动态联编是指只有在程序运行时才将对象或对象之间的方法和消息连接起来。

上述四个概念在第9章中有详细的介绍。

2. 面向对象的方法

OO方法的抽象技术是从实体抽象到类型,从各类对象抽象出系统的类。OO方法在解决实际问题时,从一个具体的需求着手,通过找术语(关键词)的方法找出需要研究的实体,然后研究每个实体的属性、特征和功能。而其他的方法则是着眼于问题的解决方案或系统的开发。OO方法追求的是实际问题空间与信息系统解空间的近似或直接模拟,如图6-12所示。

从概念上讲,OO 方法把设计分成两个层次,一个是应用域,一个是解决域。OO 方法在对应用域进行需求分析时寻找实体,这些实体最终被抽象成类。解决域中的对象对应于应用域中的实体,同类对象抽象得到的类与应用域中的类型相对应。

OO 方法的设计思想从一开始就提供了明确的规范,贯穿于 OO 方法的三个步骤:需求分析、设计和实现,它把需求分析、设计和实现这三个过程完整地、有机地、紧密地结合起来,如图 6 - 13 所示。

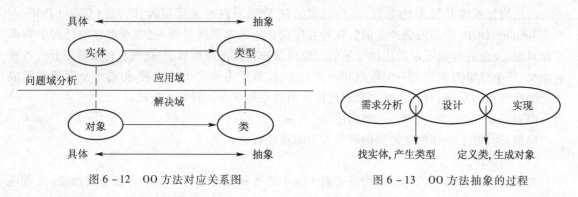

图 6 - 12　OO 方法对应关系图　　　　　　　图 6 - 13　OO 方法抽象的过程

6.3.2　面向对象方法的发展历程

20 世纪 50 年代后期,在用 FORTRAN 语言编写大型程序时,常出现变量名在程序不同部分发生冲突的问题。于是,ALGOL 语言的设计者在 ALGOL 6.0 中采用了以 Begin…End 为标识的程序块,使块内变量局部化,避免与程序块外的同名变量相冲突,这是编程语言中首次提供封装的尝试。20 世纪 60 年代中后期出现了第一个面向对象的语言,它是一种名为 Simula 的计算机仿真语言。到了 20 世纪 80 年代出现了更多优秀的面向对象语言,如 Smalltalk、C++ 等。

由于 Smalltalk 的推广使用,面向对象的方法和原理很快推广到与信息技术有关的各个领域。20 世纪 80 年代中后期,面向对象技术取得了很大的发展,并且在计算机科学、信息科学和系统科学中得到了有效的应用,显示了强大的生命力。面向对象技术不仅是程序设计的新范型、系统开发的新方法,更重要的是一种思维方法的体现。

面向对象开发方法主要有 Booch 方法、Coad 方法、OMT 方法、Jacobson 方法、UML 方法等。

1. Booch 方法

该方法的创始人是 Rational 公司的 Booch,他的贡献在于开发了面向对象的分析设计方法 Booch Method 和可重用的、灵活的 Booch 组件。他也是 Rational 公司可视化建模工具 Ration Rose 产品的开发者之一。

Booch 最先描述了面向对象的软件开发方法的基础问题,指出面向对象开发是一种根本不同于传统的面向过程和面向数据的分析设计方法。面向对象的软件分解更接近人对客观事物的理解,而功能分解只通过问题空间的转换来获得。Booch 方法的面向对象过程是对系统的逻辑视图和物理视图不断细化迭代和渐增的开发过程,包括以下步骤。

① 在给定的抽象层次上识别类和对象,类和对象的识别包括找出问题空间中关键的抽象和产生动态行为的重要机制,开发人员可以通过研究问题域的术语发现关键的抽象。

② 识别这些对象和类的语义(特征),语义的识别主要是建立前一阶段识别出的类和对象的含义。

③ 识别这些类和对象之间的关系,开发人员确定类的行为(即方法)和类及对象之间的互相作用(即行为的规范描述)。

④ 实现类和对象,该阶段利用状态转移图描述对象状态的模型,利用顺序图(系统中的时态约束)和对象图(对象之间的互相作用)描述行为模型。

在关系识别阶段描述静态和动态关系模型,这些关系包括使用、实例化、继承、关联、聚集等。类和对象之间的可见性也在此时确定。

在类和对象的实现阶段要考虑如何用选定的编程语言实现,如何将类和对象组织成模块。

在面向对象的设计方法中,Booch 强调基于类和对象的系统逻辑视图与基于模块和进程的系统物理视图之间有很大的区别。他还区别了系统的静态和动态模型。然而,他的方法偏向于系统的静态描述,对动态描述支持较少。Booch 建议在设计的初期可以用符号体系的一个子集,随后不断添加细节。对每一个符号体系还有一个文本的形式,由每一个主要结构的描述模板组成。符号体系由大量的图符定义,但是,其语法和语义并没有严格的定义。

2. Coad 方法

Coad 方法是 1989 年 Coad 和 Yourdon 提出的面向对象开发方法,是面向整个系统开发生命周期的方法学。Coad 方法严格区分了面向对象分析(OOA)和面向对象设计(OOD)。Coad 模型,如图 6-14 所示。

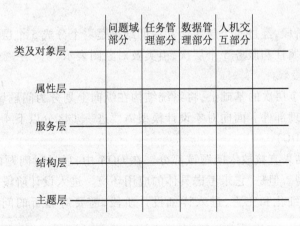

图 6-14   Coad 模型图

(1) OOA 分析阶段

将系统按构成划分为主题、类和对象、结构、属性、方法 5 个层次,OOA 的任务就是通过分析问题域,建立系统的概念模型。

① 定义主题,概念模型包含大量类和对象,往往难以掌握,这时可以定义主题实现对模型的划分,给出模型的整体框架,划分出其层次结构。主题由一组类及对象组成,用于将类及对象模型划分为更大的单位,便于理解。在定义主题时,可以采取先识别主题,而后对主题进行改进和细化,最后将主题加入到分析模型当中。

② 发现并标识类与对象,进行类及对象的发现及描述。可以从应用领域开始,逐步识别基础的类和对象,以形成整个应用的基础。这个步骤要通过分析领域中目标系统的责任、调查系统的环境,从而确定对系统有用的类、对象及责任。

③ 定义服务,对象提供的服务就是对象收到消息后执行的操作,它描述了系统需要执行的功能和处理。定义服务的目的在于定义对象行为之间的消息链接。其具体步骤包括标识对象状态、标识必要的服务、标识消息链接和对服务的描述。

④ 识别结构,标识结构就是对下述两种结构进行识别并标识。该阶段分为两个步骤:

(a)识别“一般 – 特殊”结构,表示一般类是基类,特殊类是派生类,该结构捕获了识别出类的层次结构。

(b)识别“整体 – 部分”结构,表示聚合,由属于不同类的成员聚合成为新的类,该结构用来表示一个对象如何成为另一个对象的一部分,以及多个对象如何集成更大的对象。

⑤ 定义属性,属性是对象所保存的信息。类的属性所描述的是状态信息,在类的某个实例中属性的值表示该对象的状态值。对于每个对象,都需要找出在目标系统中对象所需要的属性,而后将属性安排到适当的位置,找出实例链接,最后进行检查。对每个属性应该给出描述,并确定其属性的名字和属性的描述与存在哪些特殊的限制(如只读、属性值限定于某个范围之内等)。

在面向对象分析阶段,经过 5 个层次活动后的结果是一个分成 5 个层次的问题域模型,包括主题、类及对象、结构、属性和服务 5 个层次,由类及对象图表示。

(2)OOD 设计阶段

在 OOA 建立的 5 个层次的基础上,将系统结构在纵向上划分为问题域部件、人机交互部件、任务管理部件、数据管理部件。面向对象设计模型需要进一步区分以下 4 个部分:

1)问题域部分(PDC)

面向对象分析的结果直接放入问题域部分。在 OOA 中,通过对问题的详细分析,已初步得到了问题域的基本模型。但是,它未考虑具体的应用环境。进入设计阶段,要根据所选择的编程环境,对分析模型进行细化和完善,进入详细设计阶段,需要对分析的问题域模型进行补充和修改。

需求调整设计过程中,如果发现原来所确定的需求不够完整或认识上存在偏差,可先进行部分调整,使之准确反映客户需求,并将修改对应到分析结果中。

类的重用,进入软件设计阶段,就要开始考虑各类之间的代码共享问题。对于从问题分析中抽象出的对象集合及对象之间的关系,可首先考虑在软件环境中是否有能够直接使用的类或可继承的类。

为一般类建立协议,在设计时,有一些具体类存在相似的操作或属性。这时,可通过这些具体类引入抽象类,为这些具体类定义一组服务,这些服务可以是空操作(称为虚函数)。此外,还要调整继承关系,方便类间共享特性。

2)任务管理部分(TMC)

任务也称为进程,就是执行一系列活动的一段程序,当系统中有许多并发任务时,需要依照各个行为的协调关系进行任务划分,所以,任务管理主要是对系统各种任务进行选择和调整的过程。采用面向对象程序设计方式,每一个对象都是一个独立实体,因此,从概念上讲,不同对象是可以并发工作的,但在实际系统中,许多对象之间往往存在相互依赖关系,而且多个对象可能是由一个处理器处理的。所以,设计任务管理工作时,主要是确定对象之间的关系,包括选择必须同时动作的对象,以及对相互排斥的对象的处理进行调整。根据对象完成的任务及对象之间的关系,进一步设计任务管理子系统。

这部分的活动包括识别任务(进程)、任务所提供的服务、任务的优先级、进程是事件驱动还是时钟驱动以及任务与其他进程和外界如何通信。

3)数据管理部分(DMC)

数据管理子系统的任务是将一个系统的实现和它所需的具体数据存储分离开来,建立完善的数据存储管理体系。将数据单独管理,一方面,可以规范数据的存储和操作方式,提高数据访问的通用性;另一方面,专门的数据管理系统可以保证数据存储的安全性、访问的并发性、较好的可维护性等。

4)人机交互部分(HIC)

这部分的活动包括用户界面风格,用户分类,描述人机交互的脚本,设计命令层次结构,设计详细的交互,生成用户界面的原型,定义 HIC 类。

Coad 方法的主要优点是通过多年来大系统开发的经验与面向对象概念的有机结合,在对象、结构、属性和操作的认定方面,提出了一套系统的原则。该方法完成了从需求角度进一步进行类和类层次结构的认定。尽管 Coad 方法没有引入类和类层次结构的术语,但事实上已经在分类结构、属性、操作、消息关联等概念中体现了类和类层次结构的特征。

Coad 方法将设计分成这四部分的作用主要是保证系统功能独立。用户界面部分是在分析应用的基础上,确定人机交互的细节;任务管理明确任务的类型并设计处理过程;数据管理部分主要针对系统中涉及的数据,采用独立的管理方式,既保证数据的安全性又方便对数据进行操作;问题域部分保存前述三个部分产生的结果。四个部分各司其职,如果某个部分出现问题,修改也仅限于该部分,不会影响到其他几部分。

3. OMT 方法

OMT 方法是 1991 年由美国通用电力研究和发展中心的 James Rumbaugh 等 5 人提出来的,它通过对问题空间进行自然分割,以更接近于人类的思维方式建立问题域模型,将自底向上的归纳和自顶向下的分解相结合,把问题域模型和解空间模型相统一。

OMT 支持三种基本模型:对象模型、动态模型和功能模型。

① 对象模型表示系统静态的、结构化的数据,其主要概念包括:类、属性、操作、继承、关联和聚集。

② 动态模型是一种表示系统的时态的、行为的控制方式,其主要概念包括:状态、子状态和超状态、事件、行为和活动。

③ 功能模型则表示了系统的转换功能,其主要概念包括:加工、数据存储、数据流、控制流和角色。

3 种模型用纵向视图把系统划分为能够用统一的符号表示和操作的部分,每种模型都包含了对应于另外模型中的实体,但不同模型间的相互联系是有限的、明确的。OMT 方法的中心思想就在于从 3 个不同的角度和观点对所要考虑的系统进行建模。

该方法将开发过程分为四个阶段:

① 分析,基于问题和用户需求的描述,建立现实世界的模型。

② 系统设计,结合问题域的知识和目标系统的体系结构(求解域),将目标系统分解为子系统。

③ 对象设计,基于分析模型和求解域中的体系结构等添加的实现细节,完成系统设计。

④ 实现,将设计转换为特定的编程语言开发的软件,同时保持可追踪性、灵活性和可扩展性。

4. Jacobson 方法

Jacobson 方法与上述三种方法有所不同,它涉及整个系统生命周期,包括需求分析、设计、实现和测试 4 个阶段。需求分析和设计密切相关。需求分析阶段的活动包括定义潜在的角色(角色指使用系统的人和与系统互相作用的软、硬件环境),识别问题域中的对象和关系,基于需求规范说明和角色的需要发现用例,详细描述用例。设计阶段包括两个主要活动,从需求分析模型中发现设计对象,针对实现环境调整设计模型。第一个活动包括从用例的描述发现设计对象,并描述对象的属性、行为和关联。在这里还要把用例的行为分派给对象。

在需求分析阶段的识别领域对象和关系的活动中,开发人员识别类、属性和关系。关系包括继承、组成聚集和通信关联。定义用例的活动和识别设计对象的活动,两个活动共同完成行为的描述。Jacobson 方法还将对象区分为语义对象(领域对象)、界面对象(如用户界面对象)和控制对象(处理界面对象和领域对象之间的控制)。

在该方法中的一个关键概念就是用例,用例是指与行为相关的事务(Transaction)序列,该序列将由用户在与系统对话中执行。因此,每一个用例就是一个使用系统的方式,当用户给定一个输入,就执行一个用例的实例并引发执行属于该用例的一个事务。用例模型根据领域来表示,有如下 4 种。

① 分析模型,用例模型通过分析来构造。

② 设计模型,用例模型通过设计来具体化。

③ 实现模型,该模型依据具体化的设计来实现用例模型。

④ 测试模型,用来测试具体化的用例模型。

这些模型将在第 9 章和第 10 章做详细的介绍。

5. UML(Unified Modeling Language)方法

自 20 世纪 90 年代 Rational 公司提出统一建模语言(Unified Modeling Language, UML)和统一开发过程(Rational Unified Process, RUP)以来,基于 UML 和 RUP 的面向对象方法成为面向对象技术的一个重要发展方向,是第三代面向对象开发系统的产品主要特色之一。因此,面向对象的开发工具主要以支持 UML 为主。这些开发工具又可以分为两类,一类是以支持过程管理为核心内容的建模工具(当然也包括 UML 的建模),典型代表就是 Rational 公司的 Rational Suite 2003,另外一类是以支持 UML 为核心内容的建模工具,典型代表就是 Rational 公司的 Rational Rose。UML 是面向对象技术领域内占主导地位的标准建模语言。

UML 是一种定义良好、易于表达、功能强大且普遍适用的建模语言。它融入了软件工程领域的新思想、新方法和新技术。它的作用域不仅限于支持面向对象的分析与设计,还支持从需求分析开始的软件开发全过程。

本书在第 9 章、第 10 章中有 UML 详细的应用情况,在此不赘述。

6.3.3 面向对象开发方法的评价

面向对象的开发方法利用特定软件,完成直接从对象客体描述到系统结构的转换,解决了传统结构化方法中客观世界描述工具与软件结构的不一致性,减少了从系统分析、设计到软件模块结构之间的多次转换映射的繁杂过程。

1. 面向对象方法的主要优点

(1) 符合人们认识客观世界的一般规律

人们在认识客观世界时,是一个循序渐进的过程,是一个从具体(现实系统)到抽象(概念世界),再从抽象(概念世界)到具体(信息世界)的过程,客观世界中任何事物反映在人头脑中便是抽象的概念。人脑中的抽象事物由数据和行为组成,就是面向对象方法中的对象。传统的面向过程的设计方法以算法为核心,把数据和处理过程作为相互独立的部分,数据代表问题空间中的客体,程序代码则是处理这些数据的主体,这种方法忽略了数据和行为之间的内在联系,不便于用户理解系统。面向对象方法以客观的对象为核心,对问题领域进行自然的分解,确定需要使用的对象和类,在对象之间传递消息,实现对象间的有机联系,符合人们日常思维,易于用户接受和开发人员间的交流。

(2) 系统有较好的可维护性和稳定性

面向对象方法的系统结构是根据问题领域模型建立起来的,而不是面向过程对系统功能的分解,所以,当系统功能需求变化时,并不会引起系统结构的整体变化,往往仅需要做些局部性的修改。

(3) 可重用性好,便于二次开发

面向对象方法的继承机制在重用技术方面发挥了很大的灵活性。在重用一个对象类时可以创建该类的一个实例,也可以派生出一个满足要求的子类。传统方法编写的模块,没有注重模块的良好分类和对于模块重用的良好的规划,因此,重用性较差。

从上面的分析中,可以看到面向对象方法的主要优点有:实现了从对客观世界描述到软件结构的直接转换,大大减少后续软件开发量;开发工作的重用性、继承性高,降低重复工作量;缩短了开发周期。

2. 面向对象方法的主要缺点

① 需要较高级的软件环境和开发工具支持。

② 一般不太适宜大型的、对象较多以及关系较为复杂的 MIS 开发,缺乏整体系统设计划分,易造成系统结构不合理、各部分关系失调等问题。

③ 只能在现有业务基础上进行分类整理,不能从科学管理角度进行整理和优化。

④ 初学者不易接受、难学。

3. 适用于各类信息系统的开发

面向对象方法可以普遍适用于各类信息系统开发,但是不能涉足系统分析以前的开发环节,该方法特别适用于图形、多媒体等系统的开发。

6.4　信息系统的其他开发方法

6.4.1　增量模型

增量模型(Increment Model)融合了瀑布模型的重复应用和原型模型的迭代特征,采用随着日程时间的进展而交错的线性序列,每一个线性序列产生软件的一个可发布的"增量",是一种循序渐进的开发方法。此模型先利用较少的业务用例来实现基本需求和核心的功能,构建一个原始的系统架构雏形,经过验证确认后,每次通过在原有基础上增加一部分用例,进行进一步开发,得到一个可运行架构,实现一个阶段性小目标,从而使构架逐步向目标系统接近,如图 6–15 所示。

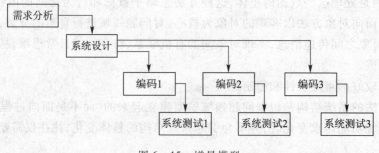

图 6–15　增量模型

在使用增量模型时,第一个增量往往是实现基本需求的核心产品。核心产品交付用户使用后,经过评价形成下一个增量的开发计划,它包括对核心产品的修改和一些新功能的发布。这个过程在每个增量发布后不断重复,直到产生最终的完善产品。

1. 增量模型优点

增量模型比较真实地反映了软件开发循续渐进的过程,每次迭代都可以看到一定的改进。这使得信息系统项目在开发过程中是可见和可验证的。

① 使项目开发中的问题不至于完全遗留到项目的末期,使问题得以及时解决。

② 在较短时间内向用户提交部分功能产品,使用户能及时看到阶段性成果,这比长时间等待一个大目标的实现要好得多,增加了用户的满意度。

③ 逐步增加产品功能,使用户有较多的时间学习和适应新产品。在开发过程的早期,及时反馈有关信息,易于开发和维护。

④ 软件开发可以较好地适应变化,客户可以不断地看到所开发的软件,从而降低开发风险。

2. 增量模型缺点

增量模型增加了管理工作的复杂性和管理成本。把每个新增的构件集成到现有软件体系结构中时,会对原有系统造成破坏,因此,需要开放式体系结构,可能会降低系统的开发效率。

① 由于各个构件是逐渐并入已有的软件体系结构中的,所以加入构件必须不破坏已构造好的系统部分,这需要软件具备开放式的体系结构。

② 在开发过程中,需求的变化是不可避免的。增量模型的灵活性可以使其适应这种变化的能力大大优于瀑布模型和快速原型模型,但也很容易退化为边做边改模型,从而使系统开发过程的控制失去整体性。

3. 增量模型适用范围

增量模型主要适用于规模较大,功能较复杂,开发周期较长的信息系统项目。

以上几种开发模型都以用户需求为主线,说明软件项目是以满足用户需求为目标的。同时也反映出需求信息的传递加工过程是一个意识对于物质的反映过程,是一个不断深入的演化过程。尤其是对较为复杂的事物的认识过程更是如此。几种模型都强调信息系统开发的演化过程,并且有各自的适用范围。

6.4.2 螺旋模型

由 Barry Boehm 于 1988 年提出的螺旋模型(Spiral Model),是瀑布模型与原型模型相结合并增加两者所忽略的风险分析而产生的一种模型。该模型通常用来指导大型软件项目的开发计划、产品开发、用户评议等活动。它将每一个螺旋周期分为确定目标与约束,识别、评估与控制风险,开发、验证下一阶段的产品,下一阶段的计划 4 个阶段。在每个周期中都要根据上一周期的用户评议的结果进行新的规划和风险分析,所以开发者和用户能够更好地理解和对待每一个演化级别上的风险。螺旋模型要求在项目的所有阶段直接考虑技术风险,如果应用得当,能够在风险变成问题之前降低它的危害。沿着螺旋线每转一圈,表示开发出一个新的更完善的软件版本,直到得到满意的软件产品。螺旋模型如图 6 – 16 所示。

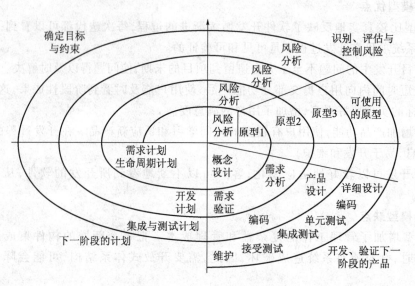

图 6 – 16　螺旋模型

（1）螺旋模型优点

螺旋模型允许和强调不断地判断、确定、修改用户的需求,用户需求的变化可以动态地体现出来。以风险管理为导向,进行全过程的风险管理。

（2）螺旋模型缺点

对于小型软件项目管理成本相对较高,管理过程较为复杂。对于不太熟悉的领域,可能会把次要部分当作主要框架,从而做出不切题的原型。不断修改原型使得原型偏离预定目标。

（3）适用范围

螺旋模型适用于不太复杂的信息系统开发工作。

6.4.3　基于知识的模型

基于知识的模型是把瀑布模型和决策支持系统相结合,在项目开发的各个阶段,开发人员都利用决策支持系统辅助项目的开发工作,从而建立满足项目开发的具有模型库、方法库、知识库、数据库和对话单元的“三库一单元”决策支持系统,实现对项目开发过程中知识的管理,如图 6 – 17 所示。

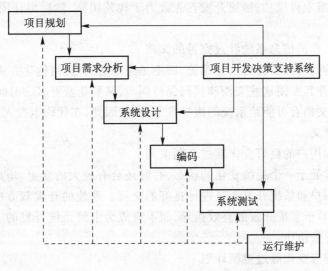

图 6-17 知识模型

6.4.4 敏捷开发

如何快速响应应用户需求的变化,是信息系统开发方法研究的主要课题之一。结构化方法、面向对象的方法以及原型法都要经历一定的固定环节,属于重量级的系统开发方法,而敏捷开发方法(Agile Development,AD)是一种以人为核心,迭代、循序渐进的开发方法,是一种轻量级的软件开发方法论。其主要特征是要适应组织环境变化和需求变化,充分发挥开发人员的创造积极性。

敏捷开发避免了传统瀑布方式的弊端,主要是吸收了各种新型开发模式的"动态"特性,关注点从开发过程到文档,从用户到系统的开发者。敏捷开发与传统的结构化开发方法的主要区别在于:

① 迭代:敏捷开发强调开发的迭代性,缩短了软件版本的周期。

② 客户参与:以人为本,客户是软件的使用者,是系统业务专家,没有客户的参与,开发者很难理解客户的真实需求。

③ 小版本:实现小版本的开发对于复杂的客户需求,合理地分解小版本与系统的整体上的统一。

1. 敏捷开发的基本原理

2001 年,17 名编程大师分别代表极限编程(XP)、Scrum 团队开发模式、特征驱动开发、动态系统开发方法、自适应软件开发、实用编程等开发流派,发表敏捷软件开发宣言,标志着敏捷软件开发思想体系的成熟。敏捷软件开发宣言内容如下。

(1) 强调团队友好交互胜过好的过程管理和工具

人是系统开发成功的最为重要因素。如果没有优秀的开发团队,那么即便是有好的过程管理和工具,项目也很难取得成功;敏捷开发首先致力于构建团队,然后再让团队基于需要来配置环境。

（2）开发有效工作的信息系统胜过完善的文档

系统开发的目的是有效工作的信息系统,而不是完善的文档,结构化方法编制众多的文档需要花费大量的时间,并且要使这些文档和代码保持同步,又要花费更多的时间。如果文档和代码之间失去同步,那么文档有可能给系统的维护带来误导,因此,在代码上投入更多精力,要比整理繁琐的文档更具有意义。

（3）开发人员和用户的良好合作胜过合同谈判

系统的需求经常处于一个持续变化的状态,有时还会有较大的变更,增加新的功能,成功的信息系统项目要求用户和系统开发人员进行良好的交流。系统的开发双方应该积极接受变更,并调整合同;合同是对于系统开发的有效指导,而不应成为束缚系统开发的主要障碍,成功的关键在于和用户之间有效协作。

（4）开发人员响应变化胜过遵循计划

响应变化的能力常常决定着信息系统开发的成败,系统开发人员在构建计划时,应该确保计划是灵活的,并且易于适应组织需求和环境方面的变化。

敏捷软件开发是信息系统开发管理的新模式,用来替代阶段式开发的瀑布开发模式。敏捷方式也称轻量级开发方法。敏捷开发集成了新型开发模式的共同特点,它重点强调:

① 以人为本,注重编程中人的自我特长发挥。

② 强调系统开发的最终信息系统,而不是文档。文档是为系统开发服务的,而不是开发的主体。

③ 用户与开发者的关系是协作,而不单纯是合同的甲乙双方关系。开发者不精通用户业务,因此,要适应用户多变的需求;用户积极配合开发人员的工作,而不是为了开发系统,把开发人员努力变成用户业务管理的专家;开发人员和用户应相互协作配合,共同完成系统的开发任务。

④ 设计周密是为了最终软件的质量,但不表明设计比实现更重要,要适应客户需求的不断变化,设计也要不断跟进,完善设计方案。

2. 敏捷开发的实践

敏捷开发的核心实践被总结为七类:迭代和增量建模、有效团队协作、简单性的实践、验证工作、提高生产率、文档的实践和有关动机的实践。敏捷开发实践的内在关系,如图6-18所示。

（1）迭代和增量建模的实践

在迭代和增量方式建模中需要贯彻四种实践:选用合适的开发模型、小增量建模、迭代、循环使用这个模型,这样可以把系统更快地交付到用户的手中。

（2）有效团队协作的实践

团队协作的实践内容主要包括与他人一起建模、项目关系人（stakeholder）的积极参与和公开演示模型。

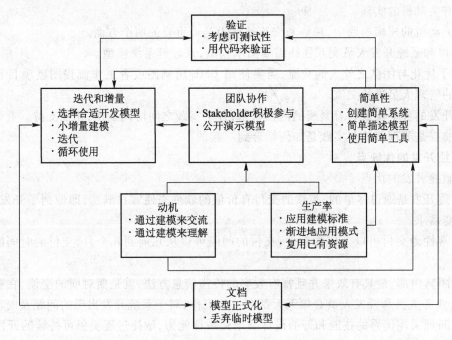

图 6-18 敏捷开发七种实践关系图

（3）简单性的实践

创建最简单的系统、建立最简单的模型和使用最简单的工具。

（4）验证工作的实践

为了提高信息系统的开发质量，需要考虑系统的可测试性，通过代码验证，使抽象模型的可行性得以检验。

（5）提高生产率的实践

在提高系统开发生产率的实践中，主要包括以下 3 个方面。

① 应用建模标准：所有信息系统开发人员，应该同意并遵从一套共同的建模标准集。

② 渐进地应用模式：在模型中恰当地应用那些通用的架构、分析和设计模式。

③ 复用已有的模块：系统中可以复用的模块，包括代码、模型、构件、文档模板等。

（6）文档的实践

文档的实践涉及的主要方面如下。

① 丢弃临时模型，例如设计草图、索引卡片、初始的设计方案等，让文档和代码之间保持一种同步和互相补偿的关系。

② 文档模型正式化，目标是使系统的文档模型数目最小化。

③ 在有错误时才更新文档，经常维护或更改文档无疑会造成资源的浪费。

（7）有关动机的实践

在有关动机的建模实践中，理解和交流被认为是最重要的两个方面。

① 用户和系统开发人员交互往往需要图示模型，来理解系统模型。

② 为了优化与团队之外人的交流，需要使用 UML 用例图或者工作流程图就项目预期的范围与组织的管理人员进行交流。

敏捷开发的各个实践有着紧密的内在联系，各个实践之间协同工作，相互支持。有效运用敏捷开发的前提是要理解这些实践是如何结合到一起的。

3. 敏捷开发的优缺点

（1）敏捷开发的优点

① 敏捷开发是通过尽早的、持续的交付有价值的软件来使客户满意，即使到了开发的后期，也欢迎改变需求。

② 经常性地交付可以工作的软件，交付的间隔可以从几周到几个月，交付的时间间隔越短越好。

③ 在团队内部，最具有效果并且富有效率的传递信息方法，就是面对面的交谈，在整个项目开发期间，业务人员和开发人员必须天天都在一起工作，对于系统开发出现的问题及时沟通。

④ 不断地关注优秀的技能和好的设计会增强敏捷能力，敏捷过程提倡可持续的开发速度。

⑤ 每隔一定时间，团队会在如何才能更有效地工作方面进行反省，然后相应地对自己的行为进行调整。

（2）敏捷开发的缺点

① 在典型的敏捷方法中，没有重视到文档的作用，这使得软件开发人员在文档编撰过程中没有形成一套行之有效的方法，甚至是敷衍了事，当成一项可有可无的任务，为系统的后续维护带来不便。

② 对那些不明确、优先权不清楚的需求较难适应。

③ 敏捷适应目前社会的快节奏，充分发挥个人的个性思维多一些。个性思维的增多，也会造成软件开发继承性的下降。因此，敏捷开发是一个新的思路，但不是软件开发的终极选择。

④ 对于历时长、团队规模较大的大型信息系统应用的开发，文档的管理与衔接作用还是不可替代的。

（3）敏捷开发技术的适用范围

敏捷开发技术适用于项目团队的人数不应太多、项目的需求经常发生变更、项目具有较高风险以及开发人员可以参与决策的项目。

6.4.5　极限编程

为了更好地理解敏捷开发，先介绍敏捷开发的主要方法——极限编程（eXtreme Programming，XP）。极限编程的创始者是肯特·贝克（Kent Beck）、沃德·坎宁安（Ward Cunningham）和罗恩·杰弗里斯（Ron Jeffries），他们在为克莱斯勒汽车公司综合报酬系统（Chrysler Comprehensive

Compensation System,C3)的薪水管理系统项目工作时提出了极限编程方法。Kent Beck 在 1999 年 10 月编写的《极限编程解析》一书中详细地对这一方法进行了解释,自此极限编程成为软件行业较为流行的开发方法。

在 XP 的项目开发中,主要监控系统项目的四个要素:成本、时间、质量和范围,通过研究要素之间的相互作用,协调项目的开发工作,确保信息系统开发成功。

1. XP 制定四个准则

(1) 交流

在 XP 中注重的不是文档、报表和计划,而是口头的无缝交流,这是 XP 核心价值观。让开发人员集体负责所有代码并结对工作,鼓励用户与团队内部的不断沟通。

(2) 简单

专注于最小化解决方案,鼓励只开发当前需要的功能,摒弃过多的文档,做好为变更需求而改变设计、在公共代码规范的指导下不断地做好系统重构的工作。

(3) 反馈

有关信息系统开发状态的问题是通过持续、明确的反馈来反映的。为确保准确性和质量,开发小组快速地编写软件,然后向用户演示,通过单元测试和功能测试获得快速反馈意见。在编码之前先写测试用例,并在设计改变或集成之后重新测试。用户应积极参与系统功能的测试,对于系统开发人员可以获取用户反馈意见是至关重要的。

(4) 勇气

勇气指的是快速工作,并在需求发生变更时,具有重新进行系统分析、设计和开发的信心,提倡积极面对现实和处理问题的勇气,例如放弃已有代码,改进系统设计。

2. XP 制定的有效实践内容

(1) 完整团队

项目的所有参与者应工作在一个开放的场所中,这个场所具有组织文化的一些标志,如显示系统开发进度的图表。

(2) 规划游戏

XP 不讲求统一的用户需求分析,也不是由开发人员调研,而是以用户案例的形式获取用户的需求,让用户主动编写系统的需求,然后由系统开发人员进行分析,设定优先级别,并进行技术实现。当然游戏规则可进行多次,每次迭代完毕后再行修改。用户案例是开发人员与用户沟通的焦点,也是版本设计的依据,所以其管理一定是有效的、沟通顺畅的。计划是持续的、循序渐进的适合系统实际需要,开发人员每周估算一次系统开发的成本,而用户则根据成本和系统的商务价值来选择要实现的特性。

(3) 简单设计

团队保持设计和当前的系统功能相匹配,它通过了所有的测试,表达了用户的需求,并且包含尽可能少的代码。

（4）结队编程

大多数的子系统任务都是由两个程序员并排坐在一起在同一台机器上构建的。

（5）测试驱动开发

编写单元测试是一个验证行为，更是一个设计行为，它更是一种编写文档的行为，通过系统测试的结果，判断系统开发的正确程度。

（6）重构

随时利用重构方法改正错误的代码，保持代码尽可能正确、具有表达系统需求的能力。

（7）持续集成

在确保系统运行的所有单元测试通过之后，进行系统完整地集成，频繁的集成可以尽早发现可能导致系统失败的原因，使得团队能够以最快速度完成系统的开发工作。

（8）集体代码所有权

团队中的每个成员都应该拥有对代码进行改进的权利。这意味着每个人都要对其参与的代码负责任，每个人都可以参与任何其他模块的开发。

（9）编码标准

在 XP 里没有严格的文档管理，代码为开发团队共有，团队负责人结合项目特性为系统的编码制定统一标准，这样有利于开发人员的流动管理，因为所有的人都熟悉系统的编码。

（10）隐喻

XP 中系统隐喻为开发团队提供了一致的规划，隐喻是将整个系统联系在一起的全局视图，它是系统未来的影像，它使得所有模块间的关系明显直观。如果模块的外观与整个隐喻不符，开发人员很容易知道哪些模块有错误。隐喻是让项目参与人员都必须对一些抽象的概念理解一致，也就是常说的行业术语。因为开发人员不熟悉业务本身的术语，软件开发的术语用户不理解，因此，开始要先明确双方使用的术语，避免歧义。

（11）小版本

为了高度迭代，向用户展现系统的开发进度，小版本发布是一个可交流的好办法，用户可以有针对性提出反馈意见。但小版本把模块缩得很小，会影响系统的整体思路连贯，所以小版本也需要总体合理的规划。

（12）每周工作 40 小时

XP 认为编程是愉快的工作，不轻易加班，今天的工作今天做，小版本应是在单位时间内可以完成的工作。但是如何合理安排工作量和进度的确值得引起国内软件企业和用户的重视。

3. XP 的开发过程

XP 把软件开发过程定义为聆听、设计、编码、测试的迭代循环过程，如图 6 - 19 所示。

4. XP 特点

（1）XP 优点

① XP 诞生于一种加强开发者与用户的沟通需求，让客户全面参与系统开发设计，保证变化的需求及时得到修正。

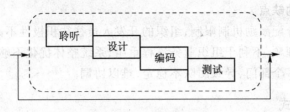

图 6 - 19 XP 过程图

② XP 承诺降低信息系统项目风险,改善业务变化的反应能力,提高开发期间的生产力,为软件开发过程增加乐趣。

（2）XP 缺点

① 大中型项目的开发团队难以组建。

② 系统编译或测试周期过长。

③ 重构会导致大量的人力和时间开销。

（3）XP 适用范围

XP 适用于规模小、需求变化大、质量要求严格的项目。方法因变化而制定,出发点就是希望以最高的效率和质量来解决用户眼前的问题,以最大的灵活性和最小的代价来满足用户未来的需要。

6.5 信息系统的开发方式

组织在通过可行性分析后,用户单位根据自身的技术力量、资金情况、外部环境等各种因素进行综合考虑和选择合理的开发方式,对于系统的成功是非常重要的。管理信息系统的开发方式主要有自行开发、委托开发、合作开发、购买商品化软件四种。下面对四种方法予以介绍。

6.5.1 自行开发方式

自行开发方式指由用户依靠自己的力量独立完成系统开发的全部任务。这种开发方式要求组织的信息管理部门(信息中心)有水平较高的计算机技术专业开发队伍,对管理信息系统分析与设计以及组织的工作业务较为熟悉,如大型企事业单位和计算机公司等。

1. 自行开发方式的优点

① 自行开发方式往往采用原型法开发,开发周期短,开发费用低。

② 用户和开发人员均熟悉组织的环境和工作方式,了解组织的战略,沟通方便,易于获取组织的需求,容易开发出适合本单位需要的系统。

③ 自行开发方式,维护人员往往就是当时系统开发人员,因此,方便系统维护和日后扩展。

④ 自行开发的方式,有利于培养组织的系统开发队伍。

2. 自行开发方式的缺点

① 经常受组织的分配激励机制限制,组织的开发人员往往积极性不高。

② 业务流程不易理顺,不利于组织业务流程重组,系统整体优化不够。

③ 开发队伍涉及多个部门,导致团队不稳定,难以协调。

6.5.2　委托开发方式

委托开发方式是指由用户(使用方)委托具有一定资质或开发经验的软件公司、科研院所(开发方)开发管理信息系统。采用这种方式的通常情况是开发方具有较强的计算机信息系统开发经验,通过到使用方调研,按照用户的需求承担系统开发的任务。双方应签订系统开发项目协议,明确新系统的目标与功能、开发时间与费用、系统标准与验收方式、人员培训等内容。

1. 委托开发方式优点

① 对企业来说最省事、省时。

② 开发的系统技术水平比较高。

2. 委托开发方式缺点

① 开发费用较高。

② 系统维护与扩展需要开发单位的长期支持。

③ 为了后期使用维护,在开发过程中需配备精通业务的人员和本企业的计算机人员参加。

④ 开发过程中需要开发单位和使用单位双方及时沟通,进行协调和检查。

这种开发方式适合于使用单位没有系统分析、设计及软件开发人员或开发队伍力量薄弱,但资金较为充足的单位。

6.5.3　合作开发方式

合作开发方式指用户与某一开发组织联合组建开发团队,联合开发本企业的 MIS。合作开发方式适合于使用单位有一定的系统分析、设计及开发人员,但开发队伍比较薄弱,希望通过系统的开发,建立完善和提高自己的技术队伍,便于系统维护工作,但在开发过程中需要双方及时达成共识,进行协调和检查。

1. 合作开发方式优点

① 可充分发挥企业人员精通业务、开发单位人员熟悉计算机的优势。

② 可在较短时间内完成任务。

2. 合作开发方式缺点

① 双方在合作中沟通容易出现问题。

② 开发方往往为了保护自己的知识产权,对系统开发技术有所保留,不易于调动系统开发方的积极性。

6.5.4　购买商品化软件

购买商品化软件指用户根据自身的需求,购买成熟的商品化软件。目前,对于某些领域的应用,一批专门从事系统开发的公司已经开发出了很多使用方便、功能强大的商品化软件如人力资源管理系统、财务管理系统等。

1. 购买商品化软件的优点

① 购买商品化软件费用低。

② 商品化软件提供完整的文档供培训和维护使用,缩短用户从开发到应用信息系统的时间。

③ 售后服务较好。

2. 购买商品化软件的缺点

① 不太适合于规模较大、功能复杂、需求量不确定性程度较高的系统。

② 功能比较简单,个性化应用比较差,难以满足特殊要求。

③ 需要有一定的技术力量,根据用户的要求做系统二次开发工作。

6.5.5　各种开发方式的比较

不同的信息系统开发方式有各自不同的优点和缺点,需要根据使用单位的实际情况来进行选择,也可以综合使用多种开发方式。表6-1所示对上述4种开发方式做了简单的比较。

表6-1　各种开发方式的比较

特点比较＼方式	自行开发	委托开发	合作开发	商品化软件
系统分析和设计能力	较高	低	较低	低
编程能力	较高	不需要	较低	较低
系统维护	容易	较困难	较容易	较困难
开发费用	少	多	较少	最少

6.6　计算机辅助软件工程

6.6.1　计算机辅助软件工程概念

计算机辅助软件工程(Computer Aided Software Engineering, CASE)是实现信息系统开发过程中某些环节任务自动化的生成工具。CASE是把系统开发过程中具有共性的工作提炼出来,并提供集成化的开发工具,目的是为了减少开发人员大量重复性工作,而把精力集中到信息系统分析与设计工作,提高系统开发效率和质量的方法。

CASE方法解决问题的基本思路是:通过调查分析,了解系统的初步需求后,在系统开发过程中,CASE借助专门的软件开发工具,帮助系统开发人员快速实现现实系统和信息系统的对应。

CASE工具能快速地生成系统的原型,促进用户和开发人员的交流。同时,团队成员可以通过系统原型共享各自的开发成果,从而有效地检查和修改系统。

CASE出现从根本上改变了开发系统的思维方式,主要体现在考虑问题的角度、开发过程的做法、实现系统的过程等方面。其特点如下。

① CASE工具从系统开发过程划分为两个阶段:设计CASE工具和实施CASE工具。设计CASE工具辅助系统分析、设计等系统开发生命周期前期阶段的实现,如各类绘图工具;实施CASE工具处理编码、测试以及维护活动,实施工具辅助将系统设计的成果自动地转换为数据库的库表结构、源程序代码、报表、输入/输出界面等信息系统的主要构件及功能。

② CASE工具在系统分析设计过程中将处理功能和相关的将数据自动建立对应关系。如果某个数据流程或处理流程进行调整,数据字典及调整中涉及的数据和处理过程将会自动适应调整,CASE工具通过自动化调整,支持原型法的迭代和开发工作。

③ CASE数据库存储了项目期间由分析员所定义的所有信息数据库包括业务流程分析图、数据流图、E-R图、功能结构图、界面、报表以及测试用例和测试结果。

6.6.2　计算机辅助软件工程环境

由于计算机软硬件技术的迅速发展,对于快速开发系统给予了很好的支持,下面对CASE的集成开发环境(IDE)基本要求进行介绍。

一般认为,适用快速系统开发工具的CASE要具备数据库管理、程序代码生成、报表、界面、文档、图形、系统测试、数据字典等管理工具,如图6-20所示。

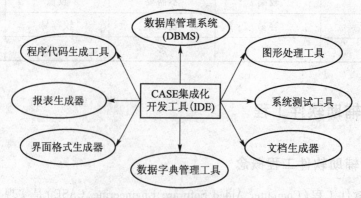

图6-20　CASE工具集成开发环境(IDE)

（1）数据库管理系统（DBMS）

为数据文件的设计、数据的存储和查询提供方便，简化了程序的开发，为建立集成化的数据字典奠定基础。集成化的数据字典是用来保存系统有关实体的定义和信息。它可以辅助生成系统的某些部件。

（2）程序代码生成工具

程序代码生成工具从原型系统中自动产生可执行代码，以减轻复杂的编码过程，交互性能强，例如第四代语言（4GLS）。

（3）报表生成器

集成化的开发工具允许原型开发人员使用非过程化语言，快速生成自由格式的用户报表。由用户决定数据库名称、报表格式等，系统自动将上述信息保存起来，需要时可方便地打印出相应报表。这样用户就能在原型化过程中直接参与、帮助开发报表功能。

（4）界面格式生成器

界面格式生成器自动根据用户的简单描述，能够快速生成用户所需的各种界面格式文件。

（5）文档生成器

产生系统分析、系统设计和系统实施的有关文档的自动生成工具。

（6）图形处理工具

完成各种分析图、流程图、结构图绘制的软件。

（7）系统测试工具

用以测试系统错误或不一致的专用工具及其代码生成工具。

（8）数据字典管理工具

系统各类数据字典的生成、修改、删除、查询等维护工具。

6.6.3　CASE 的工作流程

基于 CASE 工具的信息系统开发过程是系统开发的各类人员将现实系统演变成目标信息系统的过程。系统分析人员、系统设计人员和系统实施人员应用相应的 CASE 工具，高效地完成系统分析、设计和实施工作，系统用户对描述现行系统的需求、审查系统的逻辑模型、物理模型和目标信息系统是否符合实际需要。基于 CASE 工具的系统开发工作流程，如图 6-21 所示。其过程为：

① 对现行系统调研，应用系统分析（CASE）工具辅助系统的分析工作，建立系统业务流程图、数据流图、系统数据字典等，构建系统的逻辑模型。

② 根据系统逻辑模型，应用系统设计（CASE）工具辅助系统的设计工作，建立系统的总体结构、代码设计、数据库设计、输出设计、输入设计、界面设计等，构建系统的物理模型。

③ 根据系统物理模型，应用系统设计（CASE）工具辅助系统的实施工作，进行程序编码、系统测试等工作，构建目标信息系统。

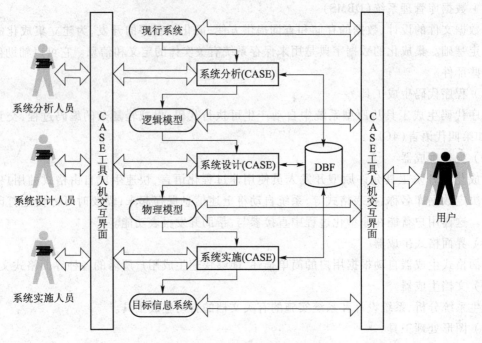

图 6 - 21　CASE 工具工作流程

6.6.4　计算机辅助软件工程的特点

CASE 只是一种辅助的开发工具,它主要作用是帮助开发者开发系统的各类图表、程序和说明性文档。在实际开发一个信息系统时,CASE 环境的应用必须依赖于一种具体的开发方法。如结构化方法、原型法、面向对象方法等。

1. CASE 工具的优点

① 自动化系统分析和设计工具,自动化代码生成,使开发者从繁杂的分析设计图表和程序编写工作中解放出来,使结构化方法更加实用,使原型法和 OO 方法更容易被实施。

② 应用 CASE 工具使系统的各部分能重复使用,使系统开发的进度加快,而且使系统功能进一步完善。

③ 自动测试工具大大地提高了系统的质量。

④ 自动报表和界面生成工具,规范了报表和输入/输出设计,提高了系统的友好性。

2. CASE 工具的缺点

① CASE 不能自动地设计出满足业务需求的系统,系统设计人员仍然需要去理解企业的业务需求以及业务流程。

② CASE 要求项目的每一个成员必须遵循一套共同的命名公约、标准和开发方法,在缺少组织化纪律的情况下可能阻碍它们的使用。

③ 缺乏全面完善的 CASE 工具。

习 题

1. 请简述系统开发方法的必要性和常用的开发方法。
2. 简述三种常用管理信息系统开发方法的优缺点和适用条件。
3. 简述结构化开发方法的基本思想。
4. 简述原型法的工作流程。
5. 简述面向对象方法的基本思想。
6. 简述敏捷开发的优缺点及适用条件。

第 **7** 章
结构化系统分析

在管理信息系统开发实践中,系统分析人员逐渐认识到,为了使开发出来的目标系统能满足实际需要,首先必须用一定的时间来认真研究以下问题:系统开发的原因是什么(Why)?为解决该问题,系统应做些什么(What)?系统应该如何去做(How)?在总体规划阶段,通过初步调查和可行性分析,建立了系统的目标,已经回答了前述的第一个问题(Why);而第二个问题的解决(What),正是系统分析阶段要完成的任务;第三个问题(How)则在系统设计阶段被解决。

1. 结构化系统分析的概念

结构化系统分析(Structured System Analyse,SSA)是在总体规划的指导下,对系统进行更加深入详细的调查研究,确定新系统开发逻辑模型的过程。系统分析人员根据信息系统规划,对现行系统进行分析,先后描述现行系统业务流程、数据流程、系统的逻辑模型,再通过优化,建立新系统逻辑模型的过程称作系统分析。

根据组织的现行系统与信息系统各自的特点,认真调查和分析用户需求及潜在的需求。所谓用户需求,是指新系统在现有的资源条件下必须满足所有性能的要求,通常包括新系统应完成的功能需求、系统性能及系统可靠性要求、安全保密要求;界定哪些工作交由新系统完成,哪些工作继续由手工完成,以及新系统可以提供哪些新功能;通过对现有系统分析,在逻辑上规定新系统的目标功能,系统分析阶段不涉及系统的具体物理实现,着重解决新系统"做什么"的问题。系统分析质量的好坏是决定系统开发成败的关键。

2. 结构化系统分析的任务

系统分析的主要任务是:① 了解用户需求,详细了解每个业务过程和业务活动的工作流程及信息处理流程;② 从物流、资金流和信息流 3 个方面,理解用户对信息系统的需求,以业务流图方式反映系统的业务处理过程;③ 在业务流程重组和优化的基础上,抽象出系统的数据流图;④ 运用信息系统开发的理论、开发方法和开发技术,确定系统应具有的逻辑功能,形成系统的逻辑模型,为系统设计提供依据。

从系统开发的阶段划分来看,系统分析是总体规划工作的具体实施,是系统设计工作的基础;从工作范围来看,总体规划是面向整个组织的全局宏观工作,注重研究各子系统之间的信息交流及约束关系,而系统分析则是局部的子系统内部的工作。系统分析阶段的主要工作内容和工具,如图7-1所示。

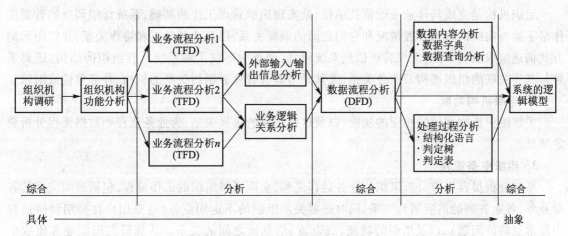

图7-1 系统分析工作流程

3. 结构化系统分析的难点

由于系统分析人员和用户对于开发系统的信息不对称问题的存在,系统分析人员熟悉信息系统的理论知识,大多考虑系统技术实现方面的研究问题;而用户熟悉业务,则多从业务功能的实用性考虑;为了弥补两者知识的差异性,系统分析人员必须与用户密切合作,准确地解决"做什么"的问题,这是系统分析工作的重点之一。

7.1 系统详细调查与方法

系统详细调查是在系统初步调查的(系统规划阶段)基础上,对于系统的业务流程、信息的具体内容及其形成和传递关系进行详细的调研,是系统分析阶段的首要工作;详细调查关注系统的业务实现,同时也要考察系统用户的偏好和习惯。因此,系统详细调查的方法涉及统计学、管理学、社会学等领域的知识,调查的进展及成果关系到分析工作的质量,与选择的调查方法和系统分析员的经验也有很大关系。

详细调查的对象是现行系统,主要目的是为系统的需求分析、组织结构和功能分析、业务流程分析、数据流程分析等各种分析活动提供详尽的资料,以便于准确科学合理地建立新系统逻辑模型,因此,详细调查阶段务必做到全面、准确了解现行系统。

详细调查参与人员包括系统的各类开发人员(系统分析员、设计人员和程序员)和应用人员

（业务人员、管理人员以及决策者），用户应积极配合参与，两者结合能够互补不足，深入发现系统存在的问题，共同研讨解决方案。

7.1.1　系统详细调查的内容

1. 组织机构

组织机构是完成具体业务的依托单位，是实现组织管理工作的基础，系统详细调查的首要工作是了解当前组织机构设置情况和它们之间的隶属关系，以及业务分工和协作关系，并以图示的方式描述组织机构；对于大型管理信息系统而言，调查中不仅了解系统所在组织的结构，还要了解与其相关联的组织机构及业务关系，尤其是与其有着业务制约关系的机构、外部单位或组织。

2. 组织机构功能

了解组织机构完成的相应的功能，以及这些功能的隶属关系，为业务流程和数据流程分析奠定基础。

3. 组织业务流程

系统分析员首先应分析组织的业务运作流程，全面了解组织的工作流程，包括组织完成的各项业务，各业务间的前后制约关系，同时还要关注组织的不定期业务（这是用户在初期调研过程中经常忽略的问题），以及组织的物流、资金流、信息流之间的关系。认真研究组织业务流程中不合理的部分，为系统的重组和优化奠定基础。如果组织已经正在使用一套信息系统，系统分析员还要了解现有系统的运行情况，并对系统的优缺点以及运行过程中存在的问题作出综合评价，同时还要了解现有系统的开发工具和使用的数据库情况，对新系统数据升迁和新旧系统的切换奠定基础，业务流程以业务流程图的形式反映系统业务逻辑关系。

4. 组织人员分工与偏好

管理信息系统是人－机系统，需要对组织中负责具体业务的相关人员进行调查，充分了解系统各类角色所负责的具体业务内容和需求，全面了解组织的人员分工，以及业务的传递关系，同时还要了解新系统未来用户的个人偏好。

5. 各类信息载体处理流程

在组织中，信息是通过一定的载体来记录、传递、保存和反映组织生产运营状态。信息载体包括两类：第一类包括纸质的单据（凭证）、台账、报表、计划、文件、报告等；第二类主要是针对已有软件系统的组织而言，包括电子文件、数据库、E-mail 等。

全面收集、整理、分析各类信息载体，包括信息载体产生的流程，基础数据的来源，表内数据间的运算公式，表与表之间的数据关系，报表的周期、类型及各报表的时序关系，并搞清楚数据由哪些部门产生、哪些部门使用，相关文献资料的出处等。

6. 定义系统边界

根据系统规划的要求，定义信息系统或子系统的边界，同时搞清各个子系统的数据调用关系，为日后其他子系统的开发和系统的验收奠定基础。

7. 系统的资源与约束条件

了解企业的现有人力资源的水平,软件、硬件设备的装备情况;了解系统受到哪些条件限制,如项目开发资金、现有设备能否再利用、办公地点、系统运行的外部环境支持情况等,新系统开发在充分利用现有的资源基础上,还需要补充哪些资源,同时还要研究系统的开发理念是否同组织的文化相吻合。

7.1.2　系统详细调查注意的事项

系统详细调查涉及系统的方方面面,为达到系统调研的目的,在调研过程中,应注意以下事项:

1. 制定周密的调研计划

用户和系统分析人员首先应确定系统的调查范围,和组织的相关人员共同落实具体的调查时间和地点,确定调查内容,然后编写调查进度计划,并把调查意向传达到相关人员,尤其是被调查的组织及相关人员。大型信息系统的调研还要分小组实施,注意在分组时,着重考虑各个系统分析的人员知识结构,合理搭配分工,以期达到事半功倍的目的。

2. 系统详细调查动员会

系统详细调查开始前,组织召开由企业高层领导、系统分析人员、具体业务部门主管和业务人员共同参加的动员会,讲清调查的目的、意义、重要性、注意事项、相关责任等问题。最大程度地调动用户的积极性。

3. 调查态度

由于系统分析人员和相关业务人员信息不对称、知识结构不同,系统分析人员应循序渐进、积极引导,对被调查对象要有良好的态度和耐心,同时业务人员也要积极配合调查,确保高质量地完成调研任务。

4. 调查顺序

调查顺序应充分考虑业务的逻辑约束关系,确定合理的调查顺序。

5. 总结汇报

及时对调查获取的原始数据进行记录、研究、归纳,以求对系统进行全面了解,尽可能做到每天调查结束后,进行汇总,并把调研过程中存在的问题及时整理。

调查中还必须注意到现行系统的薄弱环节,它是新系统中要重点解决和改进的问题。对这些问题的有效解决有可能极大地增加新系统的经济效益和社会效益,从而提高用户对新系统开发的热情。

7.1.3　信息载体

信息载体是承载企业基础数据和信息的载体。无论是哪类企业,都是通过各种信息载体传递、记录、反映企业信息。

1. 信息载体种类

信息载体种类包括单据（凭证）、台账、报表、计划、文件、报告等。

（1）单据（凭证）

收付钱款或货物（有形和无形的）凭据，它一般发生在企业的运营层，记载某项具体工作实际发生情况。

（2）台账

由一定格式、相互联结的账页组成，以单据（凭证）为依据，按照一定的要求（如时间次序、某种分类等），全面、连续、系统地记录各项管理业务。

（3）报表

向上级报告情况的表格，它按照一定的统计要求，将一定周期内的单据或者台账进行汇总、排序、分类汇总等，形成具有价值的信息。

（4）计划

企业各种决策的具体体现，是行动前所拟订的方案，它向下传达了行动的目标、行动的具体内容等信息。

（5）标准

衡量事物或活动的准则。在企业中，标准是企业相应工作的准则。

（6）文件

公文书信，指有关政策理论等方面的文件。大都呈非结构化，多为非数值型数据，其内容一般是难以事先设定的。

2. 信息载体的属性

（1）类型

信息载体的类型包括计划、单据（凭证）、台账、报表、计划、标准、文件等。

（2）信息载体名称

信息载体唯一的标识名称。

（3）产生周期

信息载体产生的时间间隔，通常分为年、半年、季、月、周、日、随机等多种形式。

（4）联数

信息载体每次产生需要的份数。

（5）平均份数/高峰份数

信息载体在产生周期内平均份数/最大份数。

（6）单位信息量

单位信息量表示一份信息载体所需要的字节数（即 8 个二进位）。

（7）最大信息量

单位信息量×高峰份数。

（8）当前保存时间

当前保存时间为信息载体需要保存在当前发生部门的时间。

（9）存档时间

信息载体作为企业的档案存放的时间。

（10）来源

产生信息载体的相关部门。

（11）去向

接收信息载体的相关部门。

（12）安全保密

要求属性描述信息载体对外的密级。

（13）处理的时间要求

信息载体产生的时间，如月初、月末或固定时间。

（14）结构化程度

表示信息抽象描述的难易程度。

（15）具体内容

为信息载体中凡是需要保存的数据项的集合名称、类型、长度、数据加工的公式、值域、备注描述等。

7.1.4 系统详细调查的方法

常用的信息系统调查方法主要有面谈、开调查会、参加业务实践和发放调查表4种方式。

1. 面谈

在明确信息收集的目的之后，面谈是一种比较有效的方式，一般采用问与答的方式进行。在面谈之前需要进行深思熟虑，制定面谈提纲，准备提出哪些问题，以及如何取得面谈成功的方法。面谈需要获得面谈对象所处理的具体业务内容，还应了解其对当前系统状态、组织和个人目标的观点。

（1）面谈准备

1）阅读项目的背景材料

面谈前首先应阅读组织的背景信息以及与该组织所在行业的背景信息，这类信息通常可以在公司及相关的 Web 网站、年度报告及有关文件中获取；其次要获取企业决策层开发信息系统的主要意图；还要注意组织成员如何描述自己及组织的语言及其习惯用语，以便有效地利用面谈的时间，提高面谈效率。

2）确定面谈目标

根据收集的背景信息、用户的初步需求和系统分析员的经验确定面谈目标，确定 5～8 个关于决策行为和信息处理的关键问题，包括信息资源管理、信息的格式、决策频度、决策方法等。

组织不同层次的对象对系统的看法也不尽相同，面谈时要充分接触各个层次的管理人员和业务人员。

（2）问题类型

系统调查分析的问题主要分为两类：开放式问题和封闭式问题。

开放式问题就像问答题一样，不是一两个词就可以回答的，这种问题需要解释和说明，同时向对方表示你对他们的回答很感兴趣，还想了解更多的内容，如："各基层单位向总公司报送哪些数据，数据是如何处理的，数据处理过程中存在哪些问题？"等，而封闭式问题是相对开放式问题来说的，一般提问者给出了答案范围，通常是客观选择题，答案是一个或多个选项，如：员工工资包括哪些项目？

问题的有效性是顺利完成面谈的保证，当你对问题的答案有疑问时，可让对方以实例的形式进行表述，调查时应针对问题层层剖析，从而得到问题答案要点的多层意思，进一步澄清问题。

（3）编写面谈提纲

根据对面谈目标内容的界定，预先设计面谈提纲，按照组织业务的逻辑关系，确定调研问题的先后顺序，对于无逻辑关系的问题可根据系统分析员的经验，按重要程度排序。

（4）定期交流总结和编写面谈报告

各小组在每天完成面谈后，应立即整理面谈内容及各类信息载体的关系，仔细分析各个问题的解释和相互关系，标出面谈的要点，并提出自己的观点，不明确的解答或相互间有冲突的答案，可同相关的业务管理人员进行再次交流，直至全部搞清问题为止；最后，编写业务调查报告，再次同面谈对象交流报告的内容，听取反馈意见，以全面充分地了解组织的业务逻辑。

2. 开调查会

调查会由组织的管理人员、业务人员、管理专家、计算机专家和系统开发人员共同参加，系统地听取业务人员和管理人员介绍业务的内容、范围、现行系统存在的问题以及对新系统的要求和想法；管理专家对于系统存在的问题和现行管理模式提出建设性意见；计算机专家从技术的层面进行合理的规划；系统开发人员可以介绍目标系统的国内发展现状，也可做一些启发性、介绍性的发言，通过多轮讨论使开发人员对业务有所了解，使管理人员了解系统的预期效果。

3. 参加业务实践

系统分析员像管理人员一样参加业务实践，可以比较深刻地掌握现行系统的业务运作流程，信息的产生、传递、加工、存储和输出的具体过程和方法，充分了解现有系统的功能、效率以及存在的问题，参加业务实践需要完成一个业务周期的工作流程，才能全面地了解系统的真实概貌。这是较好的系统调查的方法，但缺点是需要系统分析人员耗费较长的时间，完成一个周期的业务实践，适合组织自主开发方式的系统开发模式。

4. 问卷调查表

问卷调查表往往是一种固定格式的调查方式，可以让很多业务人员回答相同的问题，系统分析员通过对问卷进行统计分析，得到问题的规律性答案或不同业务人员对待同一问题的差异性答案，引导系统分析员发现系统存在的隐含问题。

问卷调查表设计的原则：

（1）开放式问卷

对于每个问题要预见答案的大体范围，使业务管理人员尽可能准确地回答问卷的内容，如：你觉得系统怎么样？这个问题范围就很大，可能得不到准确的答案，可以把它简化为：你认为系统的功能是否完善或是否满足需要？你认为系统的操作是否方便？这样业务及管理人员可以规范地、有针对性地回答你的问题。封闭式问题应提供一个标准的答案选项，如果无法列举全部答案，可以只列出系统分析员关注的主要答案选项，并补充一个"其他"选项。

（2）问卷内容结构紧凑合理

问题题干内容要具有较强的综合性和概括性，避免问题重复，尽可能减少题目的数量，减少管理及业务人员的填写问卷的时间；问题明确清晰，措辞简练，不要存在二义性。

（3）合理地安排问题的逻辑顺序

合理地安排问题的逻辑顺序，留出足够的空白空间来填写相关答案。

（4）问卷格式清晰便于填写

从页面的设计和颜色的搭配等方面，保持问卷风格的一致性。

问卷设计完成后，可以同骨干的管理及业务人员进行交流问卷的内容，可以采用试填写的方式，判断问卷是否全面合理，进行修正后，形成正式的调查问卷。

7.1.5　信息载体的收集与整理

企事业单位的信息反映在一定的载体上，包括原始管理资料、经过加工整理后的手工或电子报表等；系统的收集、理解和分析各类载体，有益于系统分析员全面理解系统的具体业务；在收集各类载体时应注意载体的产生周期（如日报、月报和年报），载体的层次（如基层单位车间的报表、管理层的报表和决策层的报表）；不同周期和不同层次的报表所反映的内容也有所差异。

在实际的系统调研过程中，往往是根据不同的信息系统项目和不同的开发阶段要求，将上述多种方法结合使用。

7.2　系统需求分析

详细调查完成后，系统开发人员对当前系统现状、用户的需求、存在的问题等有了深入的了解，并收集到了大量的系统资料。此时便可在系统总体规划的指导下，对系统需求进行分析。

系统需求分析是系统分析员按照系统的思想结合自身的系统开发经验，根据收集的资料，对系统目标进行分析，对组织的信息需求、功能需求、辅助决策需求、管理中存在的问题等进行系统的分析，抽取现行系统本质的、整体的需求，并优化系统的需求，为设计一个结构良好的新系统逻辑模型奠定坚实的基础。具体实现包括以下内容。

1. 现行系统状况分析

现行系统分析的主要工作包括：组织的管理现状、原系统的目标分析、环境分析、原有系统存在的问题分析以及新系统目标与环境分析，找出现行系统的主要缺点，国内外同行业的信息化状况分析等内容。

2. 信息需求分析

信息需求分析是根据组织的各级管理人员的管理需要来分析企业的信息需求,同时要考虑到组织所处的行业、主管部门以及相应的政府部门的信息需求,其目的是对组织的数据和信息需求进行分析,为新系统数据模型提供信息。在管理信息系统的系统分析中,不仅需要确定数据在不同职能部门的用途,同时还要确定各类信息的来源,理清不同管理层次的信息需求的逻辑关系,充分考虑到组织的战略信息需求,预测未来可能的信息需求,确定所有管理层次上的信息需求,并且要把所有的数据综合在一个组织的总体数据模型中,为后续的系统分析奠定基础。

通常要对下面的企业三类信息需求进行分析。

(1)业务处理工作的信息需求

这部分是组织的基层信息管理的需要,同时也是中层管理和高层管理信息的基础数据,这部分信息的完善与否,直接关系到中高层信息的准确性,影响组织的决策。例如,一个集团公司中的每个员工的工资信息,属于业务处理工作的信息需求。

(2)中层管理者的信息需求

根据基层业务数据和组织的有关政策规定,按照一定的规则经过处理加工后,形成的较为综合的管理信息,如,一个集团公司的下属分公司的工资总额或人均工资,就是由每个人的工资来测算的。

(3)高层领导者的决策信息需求

高层领导者的决策信息需求,往往既包括组织的内部信息,还包括组织的外部信息,如某集团公司决定调整员工工资,那么高层领导者既要掌握本企业的工资水平(如人均工资),企业的经营现状,同时还要了解行业或地区的工资水平等信息。

3. 功能需求分析

为了达到系统的总目标,完成组织各类信息需求,功能需求分析主要任务是确定新系统应该具有哪些功能,各子系统应具备的功能,以及各项功能之间的依赖关系。系统的整体的功能结构包括以下几方面。

(1)满足组织的管理模式和现行生产经营需要

信息系统的功能应符合组织的管理模式和管理方法,满足组织的科学管理及生产经营的需要。

(2)满足辅助管理、辅助决策的功能

适当的引入统计分析方法,对系统产生的数据进行系统的分析,支持组织决策的需要。

(3)预测未来的功能

引入定量预测模型,充分预测组织未来发展态势。

4. 辅助决策需求分析

由于管理工作具有一定艺术成分的特点,不同的决策者具有不同的决策风格,因此,在不同的时间,为了不同的目的,决策需求的信息取决于两个因素:单个决策者特征和决策的组织环境。

(1)单个决策者特征

主要包括其对信息系统知识的了解程度,对信息了解的越多,则其对信息系统的要求就越高,也越特殊;决策者的管理风格主要指管理者的技术背景、领导作风及其决策能力都能影响到其对信息的质量和数量的要求,有些决策者习惯选用大量的详细资料,而另外的一些决策者则喜欢用综合性比较强的信息,甚至是一些反映组织运行的趋势变化的图表,喜欢到基层进行调查来做决策;决策者对信息需求的理解能力也影响着系统的决策需求分析,有的决策者不清楚自己需要什么信息,有的决策者对组织信息及组织以外的信息的理解也不尽相同。

（2）决策的组织环境

主要指管理机构的层次与组织设计。不同的管理层次需要的信息不同,不同管理层次需要的信息的详尽程度也是不同的,高层的决策者往往需要一个阶段报告、例外报告以及概要报告,中间管理层和业务层需要的是定期报告和详细分析报告;组织设计的特征也把决策者同他们的环境联系起来,即组织的机构、任务、决策过程以及这个组织的构成特性都会影响决策者的作风和他们对信息的需求。

辅助决策需求分析的主要任务是根据业务工作的决策问题及其特点、相关学科（例如管理科学、统计学、运筹学等）方法以及应用条件,提出辅助决策的定量模型,为新系统设计辅助决策功能提供信息。

5. 需求规定

（1）对系统性能的规定

说明对信息系统的输入、输出数据精度的要求,包括传输过程中的精度;说明对信息系统的时间特性要求,如对响应时间、更新处理时间及数据的转换和传送时间等的要求;还要说明对信息系统灵活性的要求,即当需求发生某些变化时,系统对这些变化的适应能力,如操作方式上的变化、运行环境的变化、同其他子系统接口的变化、精度和有效时限的变化等,为了提供这些灵活性而应该对系统性能的要求加以标明。

（2）对功能的规定

用列表的方式,逐项定量和定性地叙述对信息系统所提出的功能要求,说明输入哪些数据、经过怎样的处理、输出哪些数据,说明系统的数据维护、软硬件维护和安全维护,说明系统应支持的终端数和应支持的并行操作的用户数,同时还要考察各类管理人员办公地点的地域分布。

（3）输入/输出要求

解释各输入/输出数据类型,并逐项说明其信息载体、格式、数值范围和精度等。对系统的数据输出包括对数据的备份恢复、报表输出、图形或显示报告的描述等。

（4）数据管理能力和故障处理的要求

说明需要管理的文卷和记录的个数、表和文卷的大小规模;列出可能的系统和硬件故障以及对各项性能而言所产生的后果和对故障处理的要求。

（5）其他专门要求

如用户单位对安全保密的要求,对使用方便的要求,对可维护性、可补充性、易读性、可靠性、运行环境和可转换性的特殊要求等。

7.3　组织机构与功能分析

7.3.1　组织机构

　　系统详细调查之前,系统分析人员要充分地了解组织的内部结构,以及组织内各机构业务的依赖关系。在对组织机构进行分析的时候,首先了解组织的整体结构,然后详细研究要开发系统所在的组织部门机构的构成,还应对该组织隶属关系以外的与组织发生信息交换关系的组织予以关注。

　　组织机构图是反映系统组织机构隶属关系的层次图,如山东某集团公司组织机构,如图7-2所示。

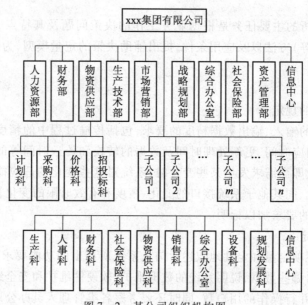

图7-2　某公司组织机构图

7.3.2　组织机构功能分析

　　通过对系统内部各级组织机构的了解,系统分析人员可以进一步明确被调查对象在组织中完成的所有功能。

　　组织机构功能图是用来描述组织隶属的各个机构完成的具体业务树状图,便于系统分析员概括地了解各功能之间的层次关系,在画组织机构功能图时,应注意以下几点:

　　① 画出组织中的业务功能的隶属层次关系,尤其是系统涉及的部分组织机构功能。应根据系统目标来调查系统的相关问题,集中考虑与系统目标有关的各种流,凡是有物质交换、资金流动、信息流动的具体地方都标志出来,可以忽略次要因素,突出重点,并明确系统的现状、边界和范围。

② 组织中现行机构的名称有时并不能反映该部门所做的全部实际工作,必要时应分解每一个部分,根据具体情况画出组织机构功能图。

③ 在实际工作中,组织机构的划分通常是根据满足组织最初工作需要而确定的。随着生产的发展、生产规模的扩大和管理水平的提高,原来单一的业务,又派生出许多新的业务。新业务在同一个组织中由不同的业务人员分管,当这部分业务变化发展到一定程度时,就要引起组织本身的变化,演变出一个新的、专业化的组织,由它来完成某一类特定的业务功能。

例如,某集团公司劳资部,早期负责全集团公司的劳动力管理、工资核算、劳动定额、劳动保险等工作,随着企业改革的不断深入,国家对社会养老保障制度的进一步完善,劳动保险科的职能进一步扩大,已经涵盖了养老保险、医疗保险、失业保险、工伤保险、生育保险等综合功能的业务科室,人员也已经由原来的2~3人,增加到10人左右。该公司将劳动保险科的职能从劳资部分离出来,组建社会保险处,全面负责本企业的社会保障业务,并协调和地方社会保障部门的关系,报送数据,同时也将劳资部更名为人力资源部。

另外,随着组织外部环境的变化经常也有部门机构合并的状况发生,如我国2008年实施的"大部制"改革,把功能相近的部委合并,目的在于合并冗余的功能设置,提高工作效率。

④ 组织的变化事先难以全部考虑到,但可以预先知道系统的功能。如果以系统完成的功能为基础来设计和考虑系统,则系统将对组织机构的变化有一定的独立性,并有较强的生命力。某集团公司财务部功能,见图7-3。

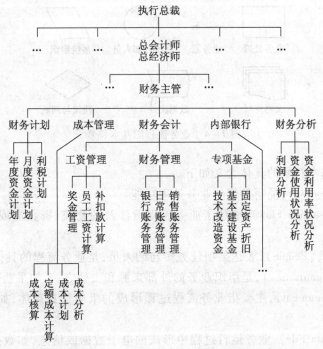

图7-3 组织机构功能图——某公司财务部功能

7.4 业务流程分析

组织机构和功能分析主要从系统纵向反映了系统的制约关系,而业务流程分析则是从横向的角度反映系统的业务传递接续关系,通过对业务流程分析,可以帮助系统分析员了解该系统各项业务的具体处理过程,并同功能分析的结论相结合,发现系统中存在的问题,分析现有系统的不足之处,提出系统的业务处理流程优化方案,为组织进行业务流程重组提供依据。

7.4.1 业务流程分析的基本概念

业务流程分析的主要工具是业务流程图,并辅以相应的文字或数学公式进行说明,业务流程图是用图形方式来描述组织实际业务的处理过程,用一些简单方便的方法和工具来表达它们,使之成为系统分析员和用户之间进行交流的共同语言。

组织功能的实现是一系列具体业务完成的体现,业务流程图是组织实现具体业务过程的描述,是业务流程分析工作最终结果的反映,业务流程图有许多种画法,不同的学者对于业务流程图的画法各有差异,系统分析员在进行业务流程分析时,往往同系统设计人员共同约定业务流程图的图例和具体画法。这里讲解的是一种比较普遍的表示方法,其中,各种符号的表示方法,如图7-4所示。

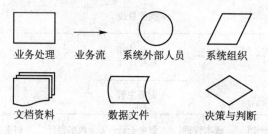

图7-4 业务流程图基本符号

业务流程图中基本符号的具体含义如下。

① 业务处理(Process),说明具体的业务处理功能。

② 业务流(Transaction Flow),表达了业务流程所涉及的物流、资金流或信息流的具体内容和流动方向。

③ 系统外部人员(People),表达某项任务参与的人员,是业务流程的具体执行者。

④ 系统组织(Organization),是组织业务的外部来源和去处之一,如采购科、招投标科等。

⑤ 文档资料(Document),主要指业务流程过程形成的纸质信息载体,如报表、凭证、文件或文书档案信息。

⑥ 数据文件(Data File),业务运行过程中形成的电子数据或信息,如数据库文件、电子表格等电子化的信息。

⑦ 决策与判断(Decision and Judgement),根据业务的具体情况,对业务流程的转向进行判断或决策。

7.4.2　业务流程分析

业务流程分析是管理信息系统详细分析的第一步,主要对详细调查结果进行整理和分析,最后由业务人员进行确认,以全面地反映现行系统的业务运作情况。

业务流程分析采用的是自顶向下的方法,首先画出高层管理的业务流程图,对于组织的业务流程做整体描述;然后对综合性较强或较为繁琐的业务流程进行分解,画出详细的业务流程图,直至业务较为简单、易于理解为止。

下面以一个具体的案例介绍业务流程图的画法。

某公司的物资供应管理系统业务流程,如图 7-5 所示。

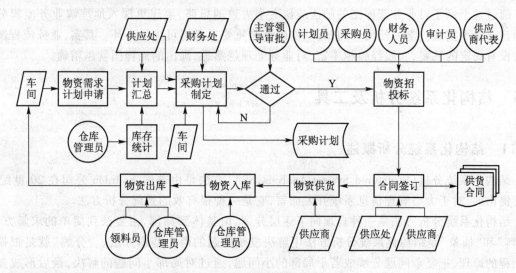

图 7-5　物资供应管理业务流程图

从物资供应管理业务流程中,可以看到此项业务涉及的单位有基层车间、供应处、财务处和供应商等,参与完成的人员包括计划员、采购员、财务人员、审计员、供应商代表、主管领导、仓库管理员、领料员等,该业务流程中的主要业务包括物资计划申请、计划汇总、采购计划制定(根据现有库存数量和公司的资金情况)、报主管领导审批(审批未通过,则重新制定或修改计划)、招投标、签订合同、供应商供货、物资出/入库等。该图概要地反映了组织的物资的管理流程,由于属于系统整体的业务流程描述,在很多业务细节方面,还不完善,因此需要进一步细化。如图 7-6 所示,以物资入库为例,说明业务流程图的分解过程。

物资入库业务流程图是物资供应管理业务流程的细化,由供应商通过物流公司提供物资,采购人员按照招标采购合同进行验收,不符合合同要求的予以退货,符合合同约定的则由仓库保管

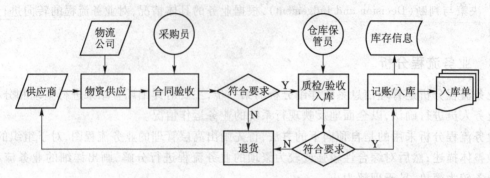

图 7-6　物资入库业务流程图

员进行质量检查/验收,符合要求则记账,修改库存信息,办理入库,开具入库单,否则,办理退货。

通过这个例子对业务流程图的画法应该有个大致的思路,要想更深入地理解业务流程分析必须自己动手实践。学习任何一门知识,实践都是重要且必不可少的一环。其实,业务流程图的画法没有固定的答案,实践经验越丰富,对业务处理越熟悉,画出的流程图就越精确。

7.5　结构化系统分析及工具

7.5.1　结构化系统分析概述

结构化系统分析(Structured System Analysis,SSA)方法是由美国 Yourdon 公司在 20 世纪 70 年代提出的,对于大型管理信息系统开发而言,它是一种很有效的系统分析方法。

结构化系统分析方法是一种自顶向下逐层分解、由整体到局部、由复杂到简单的求解方法。"分解"和"抽象"是结构化系统分析方法中解决复杂问题的两个基本方法。"分解"就是根据系统工程的原理,把复杂问题分解成若干局部的小问题,通过对局部小问题的解决,最后形成复杂问题的解决方案;"抽象"就是根据优化后的业务流程,构建系统的数据流程,最后形成系统的逻辑方案的过程。

"自顶向下逐层分解"是结构化系统分析方法将复杂的系统分解成较易理解的子系统的过程,例如,设图 7-7 中 P0 是一个复杂系统,结构化方法将它分解成 P1、P2、P3、P4 四个子系统。若 P1、P4 仍然很复杂,可继续将它们分成 P1.1、P1.2、…和 P4.1、P4.2、…子系统,如此逐层分解直至子系统足够简单,容易理解和准确表达为止。

按照自顶向下、逐层分解的方式,不论系统的复杂程度和规模有多大,分析工作都可以有条不紊地开展。对于比较复杂的系统只需多分解几层,分析的复杂程度并不会随之增大,这也是结构化系统分析的特点。

结构化系统分析通过业务流程分析,建立一套分层次的数据流图,辅以数据字典、基本说明等工具来描述系统,构建系统的逻辑模型,为结构化系统设计做准备。

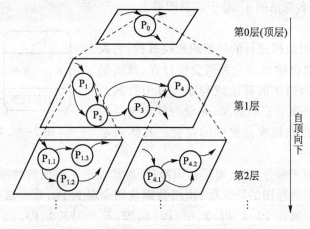

图7-7　自顶向下逐层分解图

7.5.2　数据流图

数据流图(Data Flow Diagram,DFD)是业务流程图的抽象,数据流图抛开业务流程的具体组织和人员关系,从信息传递和加工的角度,以图形的方式描述系统的数据来源、信息的形成过程、数据存储和处理过程的逻辑关系。数据流图是结构化系统分析的主要工具之一,表示了系统的逻辑处理功能,反映了系统内部信息的形成过程;数据流图具有抽象性、概括性、层次性的特点,包括4个基本要素:外部实体、数据处理、数据流和数据存储。各要素简介如下:

1.　外部实体

外部实体是指系统边界外的与系统有交互的人员、组织部门、其他系统或者其他组织,它提供数据的输入或接收数据的输出,即系统数据的外部来源和去处,例如财务处、计划科和采购员等,外部实体也可以是另外一个与该系统有着信息交互的信息系统。

外部实体的表示形式,如图7-8所示,为了降低数据流图复杂程度,减少数据流的交叉,同一外部实体可能在一个流程图中出现两次或更多次,就用在其右下角加斜线的方法加以说明,第一个重复出现的实体加一条斜线,如图7-8中的计划科实体,第二个重复出现的实体加二条斜线,如图7-8所示的采购员实体,依次类推;对于某些数据处理过程有多个外部实体参与,往往只需画出主要的外部实体即可。

图7-8　外部实体

外部实体的命名基本上是以名词为主,主要是现行系统中单位、科室部门名称、岗位名称或者其他子系统名称,命名简洁明了,易于识别即可。

2. 数据处理过程

数据处理过程是对数据进行的处理或变换过程,它表示从数据输入转换到数据输出的一系列变换过程,最底层的数据处理过程基本为简单的算法或程序。每个数据处理过程都应命一个名字表示它的含义,并统一规定编号用来标识该数据处理过程在层次分解中的位置。具体表示方法如图7-9所示。

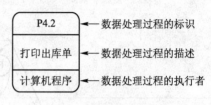

图7-9 数据处理过程图

数据处理过程分为三部分:最上面是标识部分,通常规定 P 后面的数字用小数点分开,分为几位就表示该处理位于流程图的第几层,顶层数据流图命名为P0,第一层数据流图命名为P1、P2、…、Pn,第二层数据流图 P1.1、P1.2、…、P2.1、P2.2、…、P3.1、P3.2、…,第三层数据流图P1.1.1、P1.1.2、…、P2.1.1、P2.1.2、…,其下各层流程图依此类推,如 P3.1 表示在第二层数据流图中的第一层数据流图中的第三个数据处理过程的第二次划分,为该数据流图中的第一个数据处理过程。

中间是数据处理过程名称的描述,表示对这个数据处理过程的逻辑功能描述。一般用一个动词加一个名词的动宾语结构或者一个名词加动词结构表示,所选动词要能明确地表达该处理的功能,例如,"计算货款"、"打印出库单"、"合同管理"、"库存盘点"等。

最下面是数据处理过程的执行部分,表示该数据处理过程由谁来完成,可以是一个人、一个部门,也可以是一段计算机程序,在实际应用中数据处理过程执行者比较明确的情况下,通常省略。

3. 数据流

数据流表示在外部实体、处理过程、数据存储等要素之间的信息传递关系。数据流包括两部分内容,一是数据的流向(箭头的指向);二是数据流的具体内容,由一组确定的数据或数据结构组成,数据流在 DFD 图中通常用 F 加一个阿拉伯数字序号表示。数据流可以从数据处理流向数据处理,也可以从数据处理流进(或流出)数据存储等,还可以从外部实体流向数据处理或从数据处理流向外部实体,图7-10所示的入库单信息(F1)和物资库存信息(F2)就是数据流的图例。

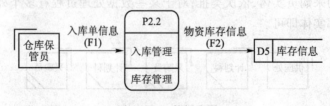

图7-10 数据流图

入库单信息(F1)数据流有入库单编号,物资名称,规格型号,单价,数量,供应商单位,入库日期,保质期;物资库存信息(F2)数据流有物资编号,物资名称,规格型号,单价,库存数量,供应商单位,入库日期,保质期,出库单价,批次,库位编号,入库审核人,质检员。

数据流的命名以名词为主,表示该数据流传递的数据信息,如物资入库信息、库存信息等;同样为了数据流图的简洁明了,部分根据数据处理过程和数据存储能够推断的显而易见的数据流名称,可以略去,如图7-10所示的"物资库存信息",根据产生该信息的数据处理过程为"入库管理(P2.2)"和保存该数据流信息的"数据存储(D5)",系统分析设计人员可以简单地判断出该数据流内容是"物资库存信息(F2)",该数据流的含义比较明确,因此,"物资库存信息(F2)"数据流信息的描述部分可以略去,如图7-11所示。

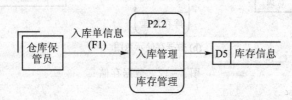

图7-11 简化后的数据流图

需要注意的是数据流图中的数据流和业务流程图中的业务流区别:业务流传递的往往是以单据(凭证)、报表等纸质介质为主,而数据流传递的是经过处理或结构化的电子数据和信息为主。

4. 数据存储

数据存储是由数据处理过程进行变换或加工后相关内容的数据或信息逻辑存储的表示,简言之,是系统存储数据的地方。

从数据处理过程流入或流出数据流时,数据流方向是很重要的。如果是读数据,则数据流的方向应从数据存储流出,写数据时则相反;如果是又读又写,则数据流是双向的,双向数据流应注明各自数据流内容。为了便于系统设计人员理解,应尽可能少地使用双向数据流。特别地,在修改数据时,虽然必须首先读数据,但其本质是写数据,因此,数据流应流向数据存储,而不是双向。

为了减少数据流的交叉,使数据流图可读性强,同外部实体一样,同一数据存储可以在数据流图中重复出现多次,但需要加画一竖线以示区别,如图7-12(a)所示的D5;图7-12(b)所示为数据存储(D4和D5)、外部实体、数据处理过程和数据流应用示意图。

5. 数据元素、数据结构、数据流和数据存储关系

数据元素是信息的基本单位,它描述每个数据项的名称和长度;而数据结构是用来反映一个信息的内部构成,即一个信息由哪些数据元素构成,以什么方式构成,呈什么结构。数据结构有逻辑上的数据结构和物理上的数据结构之分。逻辑上的数据结构反映数据元素之间的逻辑关系,而物理上的数据结构反映数据元素在计算机内部的存储安排。数据结构是信息的一种组织方式,其目的是为了提高算法的效率,它通常与一组算法的集合相对应,通过这组算法集合可以对数据结构中的数据进行某种操作。

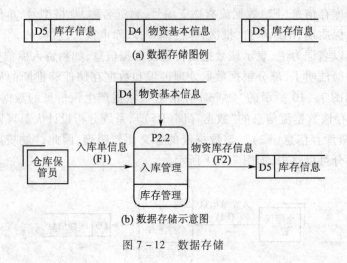

图 7 – 12　数据存储

数据流通常是由一个或多个有联系的数据结构(或数据)组成,数据存储则是多个数据结构的集合体,有时单一的数据元素也可以构成数据流(如某种物资是否到货,在数据流上传递的只是一个到货状态数据),其关系如图 7 – 13 所示。

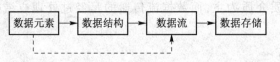

图 7 – 13　数据元素、数据结构和数据存储的关系

7.5.3　数据流图的绘制步骤

针对不同的信息系统,不同的系统分析员有不同的理解,因此,数据流图可以有不同的画法。一般遵循"由外向里、由左到右、由上到下"的原则,即先确定系统的边界或范围,后画出处理过程的输入和输出,再考虑系统的内部,大致步骤为:

① 先画出系统的外部实体,对于向系统提供数据(输入信息)的外部实体,应画在流程图的左边或上边,对于从系统获取数据(输出信息)的外部实体,应画在流程图的右边或下边;然后从左到右、从上到下画出由该外部实体产生的数据流和相应的数据处理过程,如果需要保存数据或信息则画出对应的数据存储。最后,画出接收该系统或数据处理输出信息的外部实体。

② 先画顶层数据流图,后画分层数据流图。根据业务流程图,识别系统的外部实体、数据的传递关系、主要处理逻辑、数据存储等内容,画顶层数据流图,系统的顶级流程图是系统的概括和综合,可以不画数据存储;由于处于较高层次的数据流图内容相对抽象,需要进一步进行分解,因此,分层数据流图是把上一层的数据流图的各数据处理过程进行分解。

画第一层数据流图,将顶层的数据处理过程细分,画成第二层数据流图;在二层数据流图的基础上细分三层数据流图,如此继续下去,直到底层的数据流图只能用几个简单的、不能再细分的数据处理过程组成时为止。

对数据处理过程进行分层时,应该注意以下两方面。

(a) 下一层图应包含上一层图中的与该数据处理过程有关的全部数据流,下一层图中的数据流不必出现在上一层。

(b) 下一层图应包含上一层图中的与该数据处理过程有关的全部数据存储,下一层图中的数据存储不必出现在上一层。

③ 对于数据流和数据存储的规约如下。

(a) 对于各个数据处理过程,除画出有关外部实体或数据存储流入的数据流以及考虑来自其他的数据处理过程的流入的数据流外,同时还要考虑该数据处理过程向有关外部实体输出或数据存储写入的数据流。

(b) 避免过多的数据流交叉,同一外部实体、数据存储在同一张数据流图可以出现多次。

④ 系统分析人员向用户、组织的管理者,详细解释各流程图的数据传递及处理关系,经反复讨论、调整后得到全面反映业务流程的数据流图。

数据流图的图例和画法并不统一,系统分析员可以根据所开发的系统实际情况,自行定义数据流图的图例和画法,并在系统说明书的前面做出说明,以便于系统设计人员使用和理解。

7.5.4 数据流图的简评

1. 用途

① 系统分析员通过 DFD 可以自顶向下分析系统的数据录入、处理、加工和存储的流程。

② 可以较为清楚地描述未来需要计算机实现的数据处理过程。

③ 根据数据流向,定义数据的存取和传递方法,以及信息的查询方式。

④ 根据 DFD 中的数据存储,对系统的数据构成和信息分布作进一步分析,为数据库设计提供依据。

⑤ 对于每个数据处理过程,可以使用自然语言、判定树、判定表等工具详细描述信息的处理过程。

2. 特点

① DFD 是业务流程图的抽象,每一层都明确描述了"需要输入哪些数据"、"进行哪些处理"和"生成哪些信息"。

② 清楚定义了各个 DFD 图的处理边界,并反映系统的数据流向和处理过程。

③ 由于自顶向下分析,易于发现系统业务流程或数据流程中存在的问题,及早地修正系统分析的错误。

④ 容易与计算机处理相对应。

⑤ 不直观,一般都要在业务流程分析的基础上加以概括、抽象和提炼来得到。

⑥ 手工绘制过程繁琐,工作量较大,需要借助计算机绘图工具,如 Office、Visio 等。

3. 命名

命名使系统开发人员易于理解其含义,不论是外部实体、数据流、数据存储还是数据处理过程,其命名要充分地概括其本质特征,并要言简意赅。

7.5.5　数据流图的质量

1. 数据流图的复杂性

DFD 分层结构是按照系统工程的原理,把组织的信息形成过程,通过逐层分解划分为较小的且相对独立的一大批相互关联的 DFD,通过单独考查每一个 DFD,了解信息流动关系,设计人员如果想了解某个数据处理过程更加详细的信息,可以跳转到该数据处理过程的下一层,如果要知道一个 DFD 是如何与其他 DFD 相关联的,也可以跳转到上一层。

数据流图的分层数应控制在一定的范围内,并非越细越好。对于逻辑关系复杂的模块其分解的层数多一些,但在分层时首先尽可能地考虑将复杂的处理过程和简单的处理过程搭配分解,做到各数据流图的分解层次基本一致,避免个别处理过程层数过多,给设计工作带来不必要的麻烦。

分析人员在分解 DFD 时,应遵循如下原则:

① 每个 DFD 中包括的数据处理过程数目通常为(7±2)个,以 5～9 个为宜,有些情况下可以少于 5 个,如顶层或较高层次的数据流图,但不应超过 9 个。

② 接口的最小化是指一个数据处理过程与数据流图的其他部分的连接,每个 DFD 中的每一个数据处理过程、数据存储和外部实体相连接的数据流数目不应超过 9 个;有大量接口的复杂的数据处理过程不易于理解。

系统分析员通常可以把这种输入/输出较为复杂的数据处理过程分解为两个或更多的过程,以使分解后的过程接口更少。

2. 数据流的一致性

系统分析员通过查找 DFD 中各种数据流的不一致性可以发现画图错误或系统分析过程中忽略的内容,以下是三个经常发生且易判别的一致性错误:

① 一个数据处理过程和它分解的子过程在边界数据流内容中有差别。

② 数据存储和数据处理过程输入的数据流数据内容与输出的数据流内容联系不大。

③ 对于数据处理过程和数据存储,有数据流出但没有相应的数据流入,或者有数据流入但没有相应的数据流出。

数据处理过程分解以一种更详细的形式展示了一个高层数据处理过程的内部细节。在大多数情况下,高层 DFD 中的数据处理过程流入和流出的数据内容应与分解后的 DFD 中流入和流出数据过程的数据内容是相同的,称为数据流的一致性。

DFD 不一致可能发生在单个数据处理过程或数据存储的数据流入或流出之间,数据处理过程将输入数据转换成输出数据,数据不应该没有意义地传给数据流图的其他部分。以下是两条原则:

① 流入数据处理过程的所有数据必须流出该过程或用于产生流出该过程的数据。

② 流出数据处理过程的所有数据必须曾流入该过程或是由流入该过程的数据产生。

注意:数据流的名称在不同的层次可能不一样,其原因很多,如将一个组合的数据流分解为更小的数据流。所以,系统分析员必须仔细地看清楚数据流的内容,而不仅仅是看到它的名称。由于这个原因,只有在所有的数据流均定义后方可进行一致性分析。

7.5.6 检查数据流图中的错误

前面已经讲过,画数据流图是一个反复修改、逐步完善的过程。在对草图进行准确性检查时,应坚持"数据守恒原理",即 DFD 中的数据必须有其来源和去处,一般从以下几个方面考虑:

① 数据存储和数据处理至少有一个输入的数据流和一个输出的数据流。

② 上层图中的数据存储和数据流应全部出现在下层图中。

③ 任何一个数据流至少有一端是数据处理过程,也就是说数据流不能直接在数据存储之间、外部实体之间以及数据存储和外部实体之间直接连通。

④ 数据处理过程或数据流标记不正确。

⑤ 数据存储涵盖的数据信息界定不清,相互间数据描述有重复。

图 7-14 所示给出了四种典型的 DFD 错误画法。

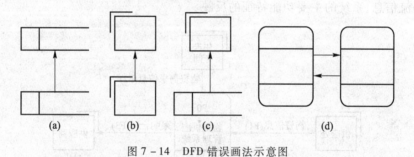

图 7-14 DFD 错误画法示意图

7.5.7 业务流程图和数据流图的区别

业务流程图是描述系统实体(包括单位、人员)之间业务关系、作业顺序和管理信息流向的图表;业务流程图主要是描述一个业务是如何进行的。利用它可以帮助分析人员找出业务流程中信息的不合理流向,为数据流图的建立奠定基础。

数据流图是一种能全面地描述信息系统逻辑模型的主要工具,数据流图的作用主要是解释一个系统方案中的数据是如何流转的,它用四个元素(数据流、外部实体、数据处理过程、数据存储)综合地反映出信息在系统中的流动、处理(变换)和存储情况。

系统需求分析过程中绘制的业务流程图等虽然形象地表达了管理信息中的流动过程,但仍没有完全脱离一些物质要素(如部门、货物、产品等),数据流图则进一步舍去物质要素,打破具体的部门、人员界限,单纯地分析数据的流转过程,为系统设计奠定基础。

7.5.8   数据流图的绘制举例

某集团公司物资供应管理的业务流程如图7-5和图7-6所示,根据该业务流程绘制系统的数据流图。

为了简明扼要地说明数据流图的具体画法和该公司物资供应管理的数据流程关系,本例略去了与供应系统密切相关的财务管理方面的数据流程,读者可根据自己的理解给予补充。

1. 物质供应系统的顶层数据流图

物资供应管理系统的顶层数据流图,如图7-15所示。该数据流图中有四个主要的外部实体:供应处(公司的物资调度管理部门,也是未来信息系统的主要管理和使用部门)、生产车间(物资的需求部门)、供应商(物资的提供单位)和领料员(物资的领用人员),该图概要性地反映了系统将要完成的主要功能。

对于该顶层数据流图,由于涉及的数据存储均是综合类信息,因此,本图未画出具体的数据存储。物资信息(F1)、物资需求信息(F2)、采购合同(F3)和物资领用信息(F4)是该系统主要的数据流,是多个数据的集合体,这里也是综合性描述。数据流图的顶层图是系统的主要外部实体、主要数据流信息、系统的主要功能特征的反映。

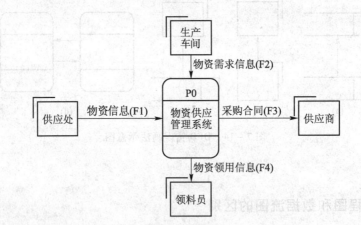

图7-15   物资管理系统顶层DFD图

将顶层DFD图的数据流、数据处理过程与数据存储进行分解,画出第一层数据流图。

2. 物资管理信息系统的一层DFD图

通过对业务流程图和顶层数据流图的分析,系统的第一层数据流图包含四个主要的数据处理过程:计划管理(P1)、合同管理(P2)、库存管理(P3)和系统综合查询(P4);涉及的外部实体包括:顶层图的供应处、生产车间、供应商与本层DFD图新增加的实体(采购员、仓库管理员、领料员和财务处);数据存储包括采购计划(D1)、采购合同(D2)、库存信息(D3)和入库信息(D4);数据流主要包括:物资信息(F1)、物资需求信息(F2)、采购合同(F3)、…、(F20)。物资供应管理系统第一层 DFD 图,如图 7-16 所示。

其中:采购员外部实体出现两次、采购合同数据存储出现两次,这里分别加画斜线和竖线以示区别。

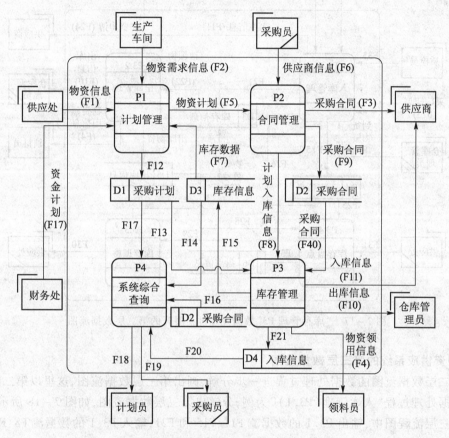

图 7-16 物资供应管理系统第一层 DFD 图

3. 物资供应系统的第二层数据流图

将第一层数据流图的数据处理过程:计划管理(P1)、合同管理(P2)、库存管理(P3)和综合查询(P4)进一步分解,画出第二层数据流图,这里以第一层数据流图中的数据处理过程"库存管理(P3)"为例,画出系统的第二层数据流图,如图 7-17 所示。

在图 7-17 中,输出 P3 的数据流 F4、F10、F11、F15 和 F21,输入 P3 的数据流 F8、F40 和 F13,与 P3 有关的数据存储 D3 和 D4,与 P3 有关的外部实体供应商、仓库管理员和领料员,均体现在第二层数据流图中,充分体现了数据流图的"数据守恒原理"。

　　库存管理(P3)数据处理过程包括入库管理(P3.1)、出库管理(P3.2)、库存调整(P3.3)和库存盘点(P3.4)这四个处理过程。

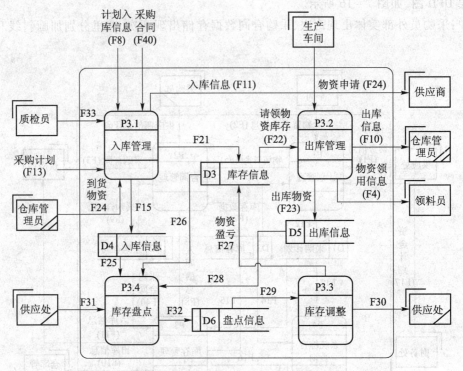

图7-17　"库存管理P3"数据处理过程展开的第二层数据流图

4. 物资供应系统的第三层数据流图

　　将第二层数据流图的数据处理过程进一步分解,画出第三层数据流图,这里以第二层数据流图中的数据处理过程"入库管理(P3.1)"为例,分解出第三层数据流图,如图7-18所示。

　　在第三层流程图中,输出P3.1的数据流F11、F15和F21,输入P3.1的数据流F8、F40、F13、F24和F33,与P3.1有关的数据存储D3和D4,与P3.1有关的外部实体包括质检员、仓库管理员和供应商,均体现在第三层数据流图中,符合数据流图的画法。

　　第二层数据处理过程入库管理(P3.1)细分为:质量检查(P3.1.1)、核对计划(P3.1.2)、入库登记(P3.1.3)、打印入库单(P3.1.4)和打印库存台账(P3.1.5)五个数据处理过程。这五个数据处理过程可以通过较为简单的数据逻辑描述,即可表达该处理过程的内容,因此,不须再细分。

　　在实际的信息系统开发项目当中,数据流图的绘制要复杂的多,根据不同的数据处理过程,分层的深度也可能不同。系统分析员应具体问题具体分析,通过和系统的业务管理人员多次交互以及对DFD的多次修改,最终才能画出满足系统需要的数据流图。

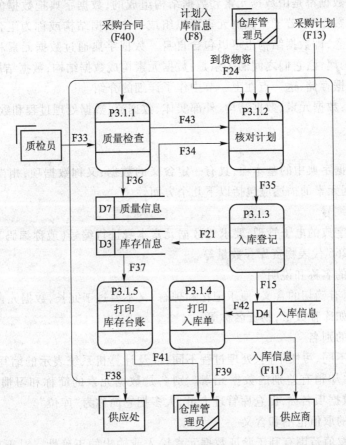

图 7 – 18 "入库管理 P3.1"数据处理过程展开的第三层数据流图

7.6 数据字典

在学习英语的时候,遇到不懂的单词,通过查找字典的方式来了解这个单词的含义和用法,在信息系统开发过程中,系统设计和系统实施人员对系统进行设计和实施时,需要明确地知道的数据的具体含义、数据的结构和数据之间的相互关系。然而,数据流图并不能详尽、精确地表述系统的数据信息,因此,在信息系统分析阶段,采用数据字典的方式予以描述。

数据字典(Data Dictionary)是描述信息系统数据或信息的数据,用于描述系统中各类数据的清单,便于系统开发人员以及未来的系统用户开发运行、维护和使用系统。数据字典的建立工作量大且繁琐,但在结构化系统分析中是必不可少的工作,以往数据字典多以纸质文档或简单的电子文档的形式存在,但随着数据库技术的进一步成熟,很多系统建立了数据字典管理系统,对系统数据进行详尽地说明、保存和维护,提高了系统的开发效率。

　　系统中的所有数据都是由数据元素和数据结构组成的,数据字典把数据的最小单位看成数据元素或称为基本数据项,若干个数据元素可以组成一个数据结构或称为组合数据项。数据结构是一个递归的概念,即数据结构也可以包含自身。数据字典通过数据元素和数据结构来描写数据流、数据存储的属性,它们之间的关系是:数据元素构成数据结构,数据结构或数据结构的组合构成数据流和数据存储,这一点在上一节中作了详细的介绍。

　　数据字典包括:数据元素、数据结构、外部实体、数据流、数据处理过程和数据存储六类条目,分别介绍如下。

1. 数据元素

　　数据元素是数据字典中的基本项,具有一定含义的数据,又称数据项,相当于信息系统中数据库的字段,对数据元素的描述应包括以下几个方面。

　　(1) 数据元素编号

　　为了便于数据字典的电子管理,要求对数据元素本身进行编号(或称编码),如,1～20107 代表物资名称,1～20266 代表物资库存数量等。

　　(2) 数据元素的名称和说明

　　名称是唯一的,有确切的含义,便于记忆和理解,又不要过于冗长,数据元素的说明应简明扼要,让人一看就懂,如库存数量,物资名称等。

　　(3) 数据元素的别名

　　可能由于用户不同、习惯不同、处理过程不同,以及计算机系统表示的缩写等原因会引起出现本义相同,但名称却稍有差别的数据元素。别名是数据元素的简称和习惯用语,如"库存位置"是一个标准的数据项名称,但仓库管理人员,大多把它简称为"库位"。

　　(4) 数据元素的取值范围和含义

　　表明数据元素取值范围有利于验证数据元素输入或输出的正确性。对于离散取值,要明确具体的离散取值和对应的含义;对于连续取值,要标明上下限。数据元素的含义是供系统开发人员、系统维护及使用人员了解系统的工具。如库存数量,属于离散数值型数据,数值含义:库存余额＋入库数量－出库数量;又如出入库时间,属于连续日期型数据,含义:仓库每天办理物资出库和入库的时间,该数据项的上下限为 9:00～16:00。

　　(5) 数据元素的长度

　　构成数据元素数字或字母个数,对于数值型数据还可能包括小数位,对于数值元素应标明整数位和小数位的长度。如供应商编号,属于字符型 6 位,如库存数量,属于数值型数据,其宽度由于不同的物资有不同的数量要求,应根据系统物资最大数量来界定。

　　(6) 与数据元素相关的数据结构

　　标明该数据元素被哪些数据结构所包含,了解数据流图中元素之间的相互关系。

　　表 7-1 中列出了物资管理系统中部分数据元素。

表 7 - 1　数据元素列表

数据项编号	名称	别名	含义/说明	数据值类型	取值范围	长度	有关数据结构
1 - 20107	物资名称	物资名	各类物资的名称	字符型		16	物资信息、物资计划……
1 - 20266	物资库存数量	库存数	库存余额 + 入库数量 - 出库数量	数值型	0 ~ 20 000	8	库存数据物资盈亏信息……
…	…	…	…	…	…	…	…
1 - 30126	供应商名称	厂商名	与集团公司有供应关系的厂商名称	字符型		32	入库信息,采购合同……

2. 数据结构

数据结构一般由若干个数据元素组成,也可以由若干个其他数据结构嵌套组成。数据结构描述应包括以下几个方面。

（1）数据结构编号

数据结构在数据字典中的唯一编号（或称编码）,如:2 - 0029 代表物资基本信息,2 - 0052 代表供应商基本信息等,2 - 0169 代表入库信息。

（2）数据结构的名称

名称是数据结构的主要特征数据的综合描述,有确切的含义,如物资基本信息,供应商基本信息、入库信息等。

（3）数据结构的别名

数据结构的常用名或者习惯用名,如供应商基本信息简称供应商信息。

（4）数据结构的结构

数据结构中所有的数据元素和引用的其他数据结构,被引用的数据结构较少时,直接列出该数据结构,如果引用的数据结构较多时,可直接列出数据结构的名称或编号即可。

（5）与该数据结构相关的数据流

标明该数据结构被哪些数据流所包含和引用,了解数据结构间的相互关系。

表 7 - 2 中列出了"物资管理系统"中部分数据结构的例子,这里给出了哪些数据流应用了哪些数据结构,其中在"入库信息"数据结构中包含了"物资基本信息"和"供应商基本信息"两个数据结构。

表 7-2　数据结构列表

编号	名称	说明	结构	相关的数据结构	有关数据流
2-0029	物资基本信息	物资的基本属性信息	物资编码、物资名称、型号、类别、计量单位		物资信息（F1）、物资需求信息（F2）、物资计划（F5）、入库信息（F11）、……
2-0052	供应商基本信息	供应商的基本信息	供应商编码、供应商名称、主要供应的物资、地址、联系电话、联系人		采购合同（F3）、供应商信息（F6）、出库信息（F10）、入库信息（F11）、……
…				…	…
2-0169	入库信息	物资验收入库的基本信息	入库单编号、{物资基本信息}、单价、数量、入库时间、质检员、保质期、{供应商基本信息}	物资基本信息、供应商基本信息	入库信息（F11）、库存信息（F21）、……

3. 数据流

（1）数据流编号

数据流在数据字典中的唯一标识。

（2）数据流名称

数据流的名称和说明,对数据流的性质和含义进行综合描述,以免产生误解。

（3）数据流的来源和去向

数据流的来源和去向,主要是外部实体、数据存储和数据处理过程,但来源和去向至少有一端是数据处理过程。

（4）数据流的组成

数据流中包含的数据元素或数据结构。

（5）数据流的平均流量和最大流量

单位时间里数据流的传输份数以及最大数据流量,是硬件设计的一个依据。

表 7-3 所示是数据流字典的例子。

表 7 - 3 数据流列表

编号	名称	来源	去向	组成	数据平均流量	最大流量
3 - 015	物资信息（F1）	供应处	P1	物资编码、物资名称、型号、类别、计量单位	25 份/月	60 份/月
3 - 027	供应商信息（F6）	采购员	P2	供应商编码、供应商名称、主要供应的物资、地址、联系电话、联系人	5 份/月	10 份/月
3 - 079	计划入库信息（F8）	P2	P3	入库单编号、{物资基本信息}、单价、数量、计划入库时间、质检员、保质期{供应商基本信息}	60 份/月	320 份/月
…	…	…	…	…	…	…
3 - 162	物资盈亏信息（F27）	P2.2	D3	盘点编号、物资编码、物资名称、型号、类别、计量单位、单价、盈亏数量、盘点人员编号、处理意见	10 份/月	25 份/月

4. 数据存储

（1）数据存储编号

数据存储编号是数据存储在数据字典中的唯一标识。

（2）数据存储的名称和说明

数据存储名称应该相当简略，说明一定要描述清楚，并具有概括性。

（3）数据存储的输入和输出

数据存储的输入和输出都应是数据处理过程，表明系统有哪些数据流流入或流出该数据存储。

（4）数据存储的组成

数据存储包含的数据元素或数据结构的描述。

（5）与数据存储有关的数据处理过程

表 7 - 4 所示是一个数据存储的例子。

表 7-4　数据存储列表

编号	名称	输入数据流	输出数据流	组成	有关的数据处理过程
4-006	采购计划(D1)	F12	F13、F17	物资需求计划、资金计划	P1、P3、P4、P3.1.2
4-007	采购合同(D2)	F9	F40	物资进货信息	P2、P3
…	…	…	…	…	…
4-015	库存信息(D3)	F15、F21、F27、	F7、F14、F26、F37	库存物资信息	P1、P3、P4、P3.1、P3.3、P3.4、P3.1.3、P3.1.5

5. 数据处理过程

（1）数据处理过程编号

（2）数据处理过程的标识与名称

数据处理过程标识应该与数据流图的标号一致，而且应和数据流图的层次相对应。

（3）数据处理过程的输入/输出数据流

（4）数据处理过程概括

将数据处理过程做简要介绍，主要是输入/输出数据流之间的变换关系，以便阅读理解。

表 7-5 所示是数据处理过程例子。

表 7-5　数据处理过程列表

编号	标识	名称	输入数据流	输出数据流	处理过程
5-008	P1	计划管理	F1、F2、F7、F17	F5、F12	① 根据物资需求计划(F2)、物资信息(F1)和资金计划(F17)，制定物资采购计划(F5、F12)；② 根据物资入库情况(F7)，记录计划的执行情况
5-017	P3	库存管理	F8、F13、F40	F4、F10、F11、F15、F21	① 根据采购计划(F13)、计划入库信息(F8)和采购合同(F40)，实现入库，并给供应商反馈信息(F11)；② 根据入库信息，修改入库记录(F21)；③ 根据物资入库信息、出库信息(F10)、领用信息(F4)，修改库存信息(F15)
…	…	…	…	…	…
5-021	P3.2	出库管理	F22、F24	F4、F10、F23	根据车间的物资申请(F24)、查询库存(F22)、修改出库信息(F23)、给仓库管理员提供出库信息(F10)、向领料员提供领料信息(F4)

6. 外部实体

（1）外部实体的编号

（2）外部实体的名称和别名

（3）与外部实体有关的数据流

指出外部实体有关的输入、输出，如果外部实体是另一个子系统，则说明这一信息系统输出和接收信息的格式规定及其程序设计语言、硬件设备等相关信息，以利于与系统接口相对应。

（4）外部实体的数量

表7-6所示是的外部实体的例子。

表7-6 外部实体列表

编号	名称	别名	输入数据流	输出数据流	数量
6-003	仓库管理员	库管员	F10	F24	90
6-009	供应处		F30、F38	F1、F31	1
…	…	…	…	…	…
6-017	供应商	厂家	F3、F11、F24		850

在实际的管理信息系统的开发过程中，数据字典涉及的数据量十分庞大，参与的人员也相当多，完善的数据字典保证了这些数据在系统中的完整性和使用时的一致性。

7.7 表达数据处理过程的工具

数据流图概要地反映了系统的数据输入、变换处理以及信息的生成和输出过程，数据字典对系统的数据进行了规范化的说明，但也注意到，对于数据流图中的数据处理过程的描述过于粗略，不宜于系统分析和设计人员了解系统处理过程的功能，本节将介绍表达数据处理过程的工具。

数据流图是通过自顶向下分层地表达系统的逻辑功能，高层次的数据流图表达系统综合数据处理的逻辑功能。随着数据流图的逐层展开，所表达的数据处理过程也越来越具体，较低层次的数据流图，反映了系统的全部逻辑功能，数据流图最底层的数据处理过程就是系统逻辑处理功能的基本单元。通过逐层地对 DFD 的数据处理过程表述，可以清楚地表述系统信息的形成过程。数据处理过程描述的常用工具有：结构化语言、判定表和判定树。

1. 结构化语言

结构化语言（Structured Language）是介于自然语言和程序设计语言之间的一种语言，它带有一定结构，但没有固定格式的自然语言，用中文或英文表述均可。自然语言的优点是容易表述和理解，但是不同的系统分析人员描述的风格也不同，因此，其缺点是不精确、随意性强。程序设计语言的优点是严格精确,但它的语法规定太死板,不同的开发工具在语法描述上或多或少有些差异,使用不方便。结构化语言综合了两种语言的优点,在表述方面容易理解,在逻辑上又准确无误。

结构化语言使用三类词汇:动词、名词和一些逻辑表达关键字。按照结构化程序设计的思路,结构化语言有三种基本语句:祈使语句、判断语句和循环语句,通过三种语句的嵌套来描述数据处理过程。同程序设计语言的区别在于它没有严格的语法,在实际开发过程中,用户和开发人员双方共同约定结构化语言的具体格式。

（1）祈使语句

祈使语句表述的是一个具体的动作,一个动词加个宾语的动宾结构,如打印出库单、计算工资等。

（2）判断语句

判断语句类似于结构化程序设计的选择结构,具体表示形式如下。

如果　　　条件成立
则
　　　　　执行动作 A
否则　　　（条件不成立）
　　　　　执行动作 B

判断语句根据处理过程描述的需要,可以嵌套。

（3）循环语句

在数据处理过程中需要重复执行的动作,应用循环语句描述,具体形式如下。

当　条件为真
　　执行动作 A

例如,某公司对待客户的优惠销售政策为:年交易额在 10 万元以下的客户无折扣;年交易额在 10 万元以上的客户,且无欠款的客户折扣率为 15%;年交易额在 10 万元以上的客户,且有欠款记录,与公司合作不足十年的客户折扣率为 5%;年交易额在 10 万元以上的客户,且有欠款记录,与公司合作十年以上的客户折扣率为 10%。利用结构化语句描述该数据处理过程如下。

```
If 年交易额 >= 10 万元
    If 无欠款记录
    折扣 = 15%
    Else
        If 与公司合作 10 年以上
        折扣 = 10%
    Else
        折扣 = 5%
    End if
```

```
        End if
Else
        折扣 = 0
End if
```

2. 判定树

结构化语言有时不能直观地表述数据处理过程,判定树是用来表示逻辑判断问题的一种图形化工具。它用"树"来表达不同条件下的不同处理过程,比自然语言的方式更为直观,一目了然。判定树的左侧为处理名称,中间是各分支条件,所有的判断分支列于右侧。

前面的例子用判定树表示,如图 7 - 19 所示。

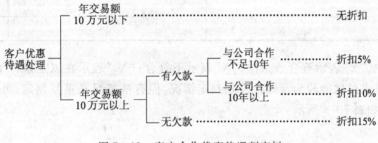

图 7 - 19 客户合作优惠待遇判定树

3. 判定表

对于多条件分支和多处理结果的数据处理过程,用结构化语言和判定树表述都比较繁琐,判定表采用二维表格形式来表达这类过程处理问题就比较容易,表格分成 4 个部分,如图 7 - 20 所示。左上角为条件说明,左下角为条件和行动说明,右上角为各种条件的组合说明,右下角为各条件组合下执行的相应行动。

图 7 - 20 判定表的格式图

下面仍用上面的例子来说明如何使用判定表。

对于客户优惠待遇的判定取决于 3 个条件,而每个条件有两个判断结果(即 Y 或 N),所以最多有 8 种可能产生的结果。我们知道给出的优惠待遇共有 4 种,这样可以得到下面的判定表,如表 7 - 7 所示。

表 7-7　客户合作优惠待遇判定表

不同条件组合 条件和判定	1	2	3	4	5	6	7	8
C1:交易额在 10 万元以上	Y	Y	Y	Y	N	N	N	N
C2:无欠款	Y	Y	N	N	Y	Y	N	N
C3:与本公司合作 10 年以上	Y	N	Y	N	Y	N	Y	N
D1:无折扣					√	√	√	√
D2:折扣率 5%				√				
D3:折扣率 10%			√					
D4:折扣率 15%	√	√						

该判定表中,"Y"表示符合该条件,"N"表示不符合;"√"表示在以上条件下做出对应的客户折扣策略。该表虽然能较为清晰地反映判定情况,但有些情况是重复判定,可以进一步简化。简化后的结构,如表 7-8 所示。

表 7-8　精化的判定表

不同条件组合 条件和判定	Ⅰ(1、2)	Ⅱ(3)	Ⅲ(4)	Ⅳ(5、6、7、8)
C1:交易额在 10 万元以上	Y	Y	Y	N
C2:无欠款	Y	N	N	—
C3:与本公司合作 10 年以上	—	Y	N	—
D1:无折扣				√
D2:折扣率 5%			√	
D3:折扣率 10%		√		
D4:折扣率 15%	√			

在系统分析阶段数据处理过程的描述,经常采用三种表达方式的有机结合,以准确地表示数据到信息转换的处理过程。

7.8 数据综合查询分析

7.8.1 数据综合查询

随着信息技术的普及,管理信息系统的应用范围已经深入到企事业单位的各个部门以及人们的日常工作和生活之中,而信息的综合查询是一项非常普遍的工作。如"供应或销售管理部门查询物资的库存情况","员工查询工资的发放情况","大众用户查询商品的报价情况"等。因此,系统分析阶段,在输出分析中,查询分析是一项不可忽略的重要内容,通过调查分析,将用户需要查询的需求列出清单或给出查询方式示意图。有的专家将数据综合查询分析称为"数据立即存取",意味着系统分析要提供哪些查询需要实时响应。

数据查询分析用数据立即存取图进行描述。

7.8.2 数据查询的基本类型

系统的查询基本上是对于实体的某些属性、属性的值或具有某些属性值的实体进行查询分析,一般有六种基本类型。

根据数据库原理,能唯一标识出一个实体属性的字段称为"主关键字"(Primary Key, PK),简称为关键字。一个主关键字可由一个或一个以上的属性组成。有时还需要若干"次关键字"(Secondary Key, SK),它虽然不能唯一地标识出一个实体,但能标识出具有某种特性的所有实体。在下面的分析中,实体(Entity)用 E 表示,实体的属性(Attribute)用 A 表示,实体属性的值(Value)用 V 表示,如图 7-21 所示。

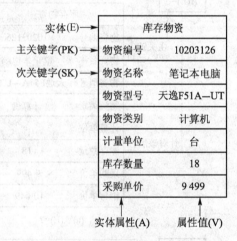

图 7-21 数据查询分析实体描述图

(1) 类型 1:A(E) =?

已知一个给定的实体 E 的主关键字(PK),查询其另外某一个特定属性 A 的属性值是什么?这是一种最常见的数据查询,即查询某实体的属性值,如图 7-22(a)所示。

例如,物资计划员已知某种物资的编号是 10203726,要查询该种物资库存数量(V)是多少?

(2) 类型 2:A(?){ = 、! = 、<、>、= <、> = 、$} V

对于一个给定的属性(A),已知其属性值(V),查询所有具有属性 A,并且属性值等于(或:! = 、<、>、= <、> = 、$)V 的实体,如图 7-22(b)所示。

例如,物资计划员查询库存数量(A)大于 18(V)的物资有哪些?

(3) 类型 3:?(E){ = 、! = 、<、>、= <、> = 、$} V

已知实体(E)的主关键字(PK)和一个特定的值 V,查询该实体的哪些属性值等于(或:

！ = 、< 、> 、= < 、> = 、$) V,如图 7 - 22(c) 所示。

例如,物资计划员查询物资编号为 10203726,查询值(V)等于 9 499 的属性有哪些? 该属性是"采购单价"。

（4）类型 4:?（E）= ?

已知一个实体(E)的主关键字(PK),该实体的其他各个属性(A)的值(V)是什么? 如图 7 - 22(d) 所示。

例如,物资计划员查询物资编号为 10203726 的所有属性(除物资编号外)及特征值。

（5）类型 5:A(?) = ?

已知对于一个给定的属性(A),查询所有实体的属性(A)的值,即查询具有某种属性的全部实体,如图 7 - 22(e) 所示。

例如,物资计划员查询仓库所有库存物资(E)的物资名称(A)。

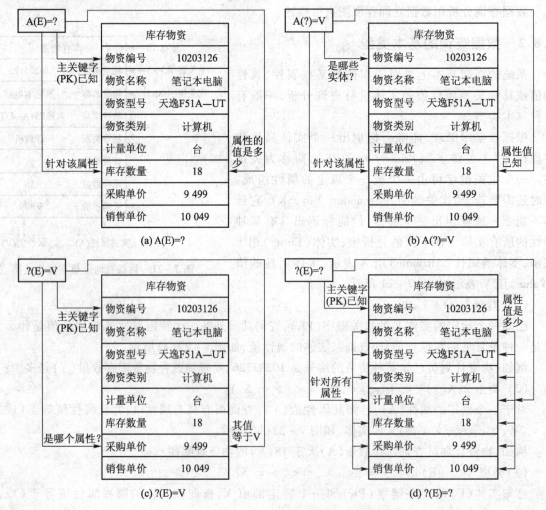

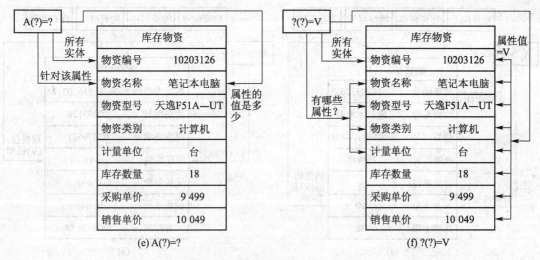

图 7-22 数据查询分析分类图

(6) 类型 6：? (?)｛ = 、! = 、< 、> 、= < 、> = 、$｝V

已知某个值（V），要查询在所有实体中有哪些实体（E），它的哪些属性等于 V，如图 7-22 (f) 所示。

例如，物资计划员查询属性值等于"计算机"的是"物资类别"，该实体的其他属性是：物资编号是 10203726，物资名称为"笔记本电脑"等。

7.8.3　数据综合查询分析

对于业务层或管理层的用户查询请求是容易描述的，通过录入基本的查询条件数据，应用数据库管理系统提供的查询工具，实现所需系统信息的查询工作，然而对于决策层用户其信息需求往往不是固定的，通常是一些综合类信息，因此，这类用户的数据查询分析描述起来是相当困难的，系统分析员应根据对业务情况的了解，同决策者交流，尽可能提供一些综合查询分析功能。

例如，某企业的供应信息系统，采购员在制定初步采购计划时需要同时查询：

① 数量低于库存下限的物资名称、物资型号。

② 提供该种物资的所有供应商名称。

③ 在提供该种物资的供应商中，查找报价最低的供应商名称。

下面画出物资采购查询分析图，并进行查询分析，如图 7-23 所示。

通过调研分析，采购员查询工作涉及 3 个数据存储：物资基本信息、库存信息和供应商信息，各数据存储的属性详见图 7-23，查询过程分析如下。

① 在"物资基本信息"数据存储中，对于所有实体，查询"库存下限"，即 A (?) = ?，获取每个实体的物资编号、物资名称、物资型号和库存下限，如图 7-23(a) 所示。

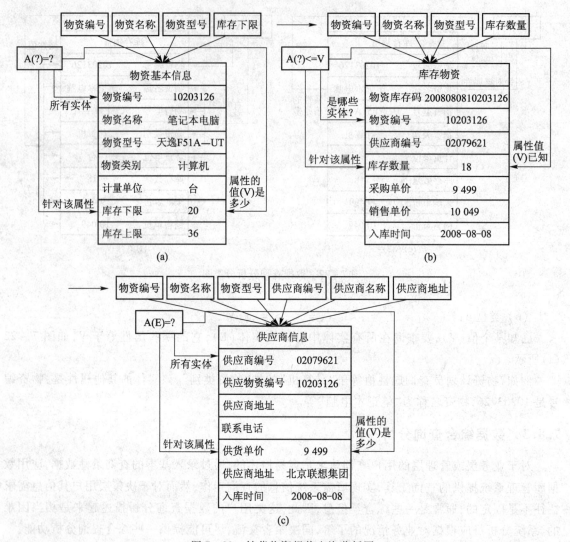

图7-23 缺货物资报价查询分析图

② 根据①的"物资编号"和"库存下限",在"物资库存"数据存储中,查询该"物资编号"标识下物资"库存数量"是否小于或等于"库存下限",即 A(?) <= V,并把小于或等于"库存下限"的物资编号、物资名称、物资型号和库存数量记录下来,如图7-23(b)所示。

③ 根据②记录的"物资编号",在"供应商信息"数据存储中,查询提供该"物资编号"物资的"供货单价",即 A(E) = ?,并排序,获得最低报价的供应商编号,如图7-23(c)所示。

数据查询分析往往是评价管理信息系统易用性的一项重要指标,方便快捷的查询分析,对于提高系统的使用效率具有重要意义。

7.9　信息系统开发方案的确定

系统分析目的是通过对原有系统进行详细地调查和分析,找出原有系统业务流程和数据流程的不足之处,并进行优化和改进,提出新系统的逻辑模型,给出新系统所要采用的信息处理方案。

系统分析的意义在于深入到具体的业务层面重新考虑信息系统开发的可行性和必要性,通过对系统建设的内容、环境和条件的调查,修正信息系统开发目标,使系统目标更加适应组织的管理需求和企业的战略目标。

信息系统开发方案的确定就是通过综合考虑业务流程分析、数据流程分析和系统功能划分(或子系统划分),最终提出信息系统的开发方案。

7.9.1　业务流程分析

分析原有系统中存在的问题以对现有业务流程进行重组,产生新的更为合理的业务流程。对原有业务流程的分析,全面综合地考虑各业务过程是否都有存在的价值,删除或合并一些冗余的处理过程,对于原有业务流程中不尽合理的地方,进行改进或优化。可以按信息系统的理论要求进行优化,并分析优化后的流程有哪些优缺点,权衡利弊,最终确定新的业务流程。分析过程中不要为了优化而优化,切实做到有的放矢,并有充分的理论依据得到用户的认可和积极协作。

7.9.2　数据流程分析

在对业务流程进行改进和优化之后,同样,数据流程也要随之变动。分析原有数据流程,要考虑各数据流程是否符合优化后的业务流程,是否要删除或合并一些冗余的处理过程,对原有数据流程中不尽合理的部分进行改进或优化。

另外,还要对数据字典的各种条目进行分析。着重考虑系统各类数据的目的和适用范围、数据量的大小、输入数据存在的意义等。例如,各类数据是否都得到了有效的利用,哪些数据是重复多余的或者是不符合实际需要的,现在的数据处理方式是否能满足要求,数据处理过程划分的是否合理,数据处理过程是否得到了优化,层次划分是否合理,是否满足后续开发的需要。

新系统的数据流图是在各种分析过程中逐步完善的,需要经过多次反复调整改进,最终要绘制出完善的新系统数据流图。

7.9.3　功能分析和子系统划分

系统借助一定的功能,实现系统开发目标,功能就是完成系统某项工作的能力。目标和功能的关系如图7-24所示。目标可看作是系统,第二层的功能可看作是子系统,再下面就是各项更具体的功能。

按照系统工程的理论把系统划分为若干子系统,通过各个子系统的实现,最后集成为一个综合的信息系统。子系统划分时,要明确子系统之间的接口关系,并用明确的文档约定下来,每一子系统的分析设计,要满足相关子系统的接口需要,这样为其他子系统的开发奠定基础。

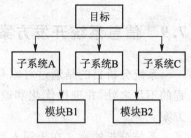

图 7-24　系统目标实现

子系统功能分析即是按照结构化系统分析与设计的基本思想,根据数据流图和数据字典,借助一套标准的设计准则和图表工具,按照自顶向下原则逐层把整个系统划分为若干个大小适当、功能明确、具有相对独立性并容易实现的子系统,从而把系统的总体功能转变为多个简单功能的过程,然后再自下而上地逐步设计。组成系统的子模块间彼此独立、功能明确,系统应能够对大部分模块进行单独维护和修改,因此,合理地进行系统划分、定义和数据协调是结构化系统分析的主要内容之一。

7.9.4　确定新系统的数据处理方式

数据处理的方式可分为两类:批处理方式和实时处理方式。

1. 批处理方式

批处理方式按一定时间间隔把数据积累成批后一次输入计算机进行处理。批处理的特点是费用较低而又可有效地使用计算机,通常适用于以下四种情况:

① 固定周期的数据处理,如学生成绩录入系统,只是在学期初和学期末进行。

② 需要大量来自不同方面的数据的综合处理,如大型企事业单位的统计报表系统,需要各基层单位报送数据,并统一汇总。

③ 需要在一段时间内累积数据后才能进行的数据处理。

④ 没有通信设备而无法采用联机实时处理的情况,如早期的单机系统。

例如,订货系统将一天内收到的订货单在计算机处理之前集中起来,并做汇总工作,然后加以处理。

2. 实时处理方式

实时处理方式的特点是面向处理,数据直接从数据源输入中央处理机进行处理,由计算机即时做出回答,将处理结果直接传给用户。这种处理方式的特点是及时,但费用较高。

通常适用于以下三种情况:

① 需要反应迅速的数据处理。

② 负荷易产生波动的数据处理。

③ 数据收集费用较高的数据处理。

如我国的铁路联网异地售票系统,其中的某一个站点售出了某次列车的一张票,系统应及时记录售票情况,更新剩余的车票。

对于信息系统开发,应根据系统的实际需要确定数据处理方式。如火车售票系统,选择批处理的方式,车票就有重复售出的情况;订货系统选用实时系统则浪费系统的硬件资源。

7.10　编制系统分析报告

　　通过对组织的详细调查,系统分析员深入分析系统的各项业务,提出系统逻辑方案,并编制系统分析报告。下面是系统分析报告的一般格式,系统分析员可根据具体情况进行适当的调整。

　　1. 引言

　　包括以下内容。

　　(1)引言

　　系统开发的目的和意义,以及说明编写系统说明书的目的。

　　(2)背景说明

　　信息系统项目所处的行业背景和信息化现状,以及当前用户发展状况、开发者实力水平等信息;该系统同其他系统的关系。

　　(3)定义

　　列出系统说明书中用到的专门术语的定义或解释。

　　(4)用户的特点

　　列出本系统的最终用户的特点,充分说明操作人员、维护人员的教育水平和技术专长,以及本软件的预期使用频度,这些是系统设计工作的重要约束。

　　(5)假定和约束

　　列出进行本系统开发工作的假定和约束,例如经费限制、开发期限等。

　　(6)参考资料

　　列出系统开发要用到的参考资料:

　　① 本项目经核准的计划任务书或合同。

　　② 本系统中引用的资料,包括所要用到的系统开发标准。

　　③ 列出这些资料的标题、文件编号、发表日期和出版单位,说明这些资料的来源。

　　2. 现行系统概况

　　(1)现行系统现状调查说明

　　(2)现行系统目标、规模和界限

　　(3)主要存在的问题分析、薄弱环节与用户要求

　　3. 新系统逻辑模型建立

　　(1)新系统目标

　　通过组织机构和功能分析、业务流程分析,以及对现行系统的薄弱环节的分析,提出更加明确和具体的新系统目标。

　　(2)新系统逻辑模型

　　① 根据业务流程分析,构建的各个层次的数据流图。

② 数据字典。

③ 数据综合查询分析。

④ 数据处理过程描述。

（3）系统功能分析

根据系统的目标，提出系统的具体功能。

4. 系统数据处理方式

通过系统的数据处理要求以及数据容量的估计，确定系统的数据处理方式、数据的分布与传输。

5. 系统应用的相关数学模型及说明

6. 系统逻辑设计方案的讨论情况及修改、改进之处

7. 待进一步研究的问题

根据目前条件，暂时无法满足用户的一些要求或新系统设想，并提出今后解决的措施和途径。

习　　题

1. 概述系统分析的主要任务。

2. 试述详细调查的内容和注意事项。

3. 简述数据流图的画法及注意事项。

4. 某集团公司物资的物资出库业务流程如下：

仓库管理人员将供应商送达的物资验收入库，并登记库存台账，基层车间材料员提交经过审批的材料领用申请单，给仓库保管员，仓库保管员审核通过后，登记出库信息，修改库存台账，并出库，然后打印出库单一式三份，其中一份仓库保管员留存，会计科和供应科各一份，请画出此业务的业务流程图。

5. 某集团公司物资管理系统的业务流程描述如下：

（1）生产车间每月末向集团物资供应部提出下个月的物资需求计划，物资部计划人员根据库存台账现有的物资情况和在途物资(已签订合同，未到货)情况，编制物资采购计划。

（2）采购人员根据物资采购计划，以及供货商报价单，编制合同台账。

（3）采购的物资到货后，仓库管理人员根据技术科提供的验收报告，以及合同台账，进行物资入库处理，更新库存台账，并打印入库单给供应商和集团公司的财务处。

请根据以上业务流程描述，画出该物资管理系统的数据流图。

6. 请根据以下描述，画出"教学管理系统"的数据流图。

该系统的数据流程描述如下：

（1）教学秘书将学生成绩单录入，形成学生成绩文件。

（2）打印成绩单，交给学生。

（3）依据学生成绩文件，对学生成绩进行综合分析，形成分析报告文件。

（4）将分析报告打印出来，交给教务处。

7. 什么是数据字典，简述它包含哪些内容。

8. 简述常见的数据处理过程表达工具。

第 **8** 章

结构化系统设计

在结构化系统分析中我们学习了如何应用结构化方法进行信息系统分析,搞清了系统"做什么"的问题。结构化系统设计(Structured System Design,SSD)的目的是在结构化系统分析过程中建立的逻辑模型基础上,重点阐述结构化系统设计的原理和方法,即要解决系统应该"如何去做(How)"的问题,建立信息系统的总体结构,构建信息系统的物理模型。

系统分析强调了业务逻辑问题,而系统设计专注于系统的技术实现问题。系统设计在一定程度上决定了整个信息系统的质量,开发人员要对系统设计有足够的重视,为系统实施奠定坚实的基础。

结构化系统设计的基本思想是自顶向下地将系统划分成若干子系统,子系统再分为模块,层层划分,然后自下而上地逐步设计。系统的总体设计要根据总体方案以及投入的资金和实际需求来确定设备的规模、性能以及分布方式。系统设计应该达到的主要目标是:在科学、合理地设计系统总体模型的基础上,尽可能提高可靠性、可维护性、兼容性、方便性、可扩充性、性能价格比和可理解性,并充分利用组织投入的人、财、物等资源,使之获得较高的综合效益。

在系统设计中,应遵循以下原则。

1. 系统性

系统设计要统一考虑各个子系统的内部结构和外部接口,设计规范标准,对系统的数据要求一次输入、整个系统共享,避免数据重复录入,数据不一致的问题,达到提高工作效率的目的。

2. 灵活性

系统的灵活性体现在系统结构和适应环境方面,系统应具有较好的开放性和结构的可变性。在系统设计中,应尽量采用模块化结构,提高各模块的独立性,尽可能使各子系统间的依赖关系减至最低限度。

3. 可靠性

可靠性是信息系统在规定的条件下(软硬件环境)和规定的时间内完成约定用户需求功能的能力。

4. 经济性

经济性指在满足系统需求的前提下,尽可能减少系统的开发费用。一方面,在硬件投资上,充分利用用户现有的计算机设备和软件,不能盲目追求技术和设备的先进性;另一方面,尽可能选用成熟的软件平台和开发工具。

系统设计的主要任务是以系统分析说明书为依据,对整个系统的划分、资源(包括硬件和软件)的配置、数据的存储、整个系统实施计划等方面做出合理安排,定义信息系统的计算机解决方案,设计的主要内容包括总体结构设计和详细设计。

总体结构设计又称系统的初步设计或概要设计,包括系统总体功能结构设计、模块结构设计、计算机处理过程设计等内容。

详细设计包括代码设计、数据库设计、输入/输出(I/O)设计、系统的物理配置方案设计(包括系统的硬件的选择、计算机系统的网络方案设计)等内容。

系统设计阶段的工作流程图,如图 8-1 所示。

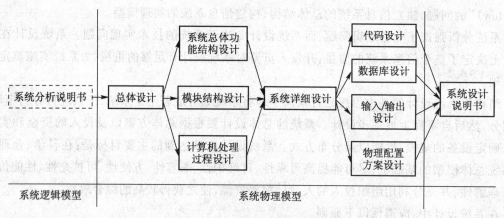

图 8-1　系统设计工作流程图

系统设计过程中会得出一系列的系统设计相关文件,最终整合成系统设计说明书,作为系统实施的依据。

8.1 系统总体功能结构设计

系统总体功能结构划分是根据系统规划中 U/C 矩阵明确了的各个子系统界限的划分和各子系统涵盖的主要功能,结合系统说明书的业务流程分析、数据流程分析的内容,构建系统总体功能结构,并进行分层功能结构设计,经过层层分解,可以把一个复杂的系统分解为多个功能较为简单的、大小适当、任务单一、相对独立、易于实现的功能模块,顶层的功能较为综合,低层(二层、三层或多层)的功能更加具体,最后以系统总体功能结构图的方式反映系统的各项功能关系。

根据系统分析阶段产生的数据处理过程分析、数据字典、数据查询分析等内容,系统设计人员编写系统的功能模块说明。

在总体功能结构设计时,应注意以下问题。

① 在管理信息系统总体功能结构设计时,业务内容相近或者处理逻辑功能相近的模块应尽可能划分到同一子系统下或同一主功能模块下面,做到层次结构分明,一目了然,同时应避免不同系统模块的功能交叉。

② 系统设计人员要将初步确定的系统总体功能结构同系统实施人员进行交流,充分考虑系统功能结构实施的难易程度及可能存在哪些问题,做到功能结构合理,操作可行,实施简单方便。

③ 总体功能设计还要与用户进行沟通,给用户讲解系统的功能结构,听取用户对系统功能布局的意见,经过几轮的交流修改后,确定最终的系统总体功能结构。

④ 模块之间的相互关系(如数据的传递、模块的调用)则通过模块结构图或 HIPO 图方式予以详细说明,各模块在这些关系的约束下,共同构成一个统一的信息系统,完成系统的功能,这部分内容将在下一节加以说明。

图 8-2 所示是某集团公司物资供应管理信息系统总体功能结构图。

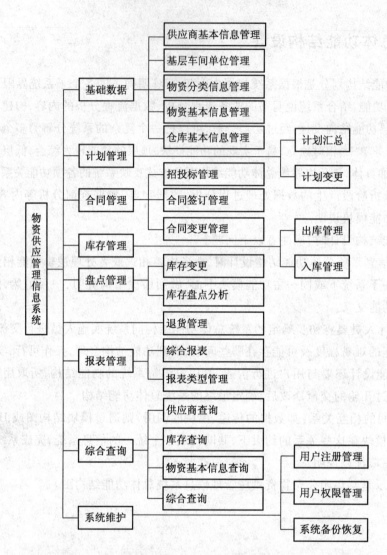

图 8 – 2 某集团公司物资供应管理信息系统总体功能结构图

8.2 模块结构设计

模块结构设计的主要目标是在系统总体功能结构的基础上,将数据流图转化为系统的功能模块结构,并明确各模块之间的控制关系。结构化系统设计采用模块结构图来描述系统的模块结构和模块之间的关系。

8.2.1 模块结构图概述

1. 模块

模块是具有输入和输出、逻辑处理功能、运行程序和内部数据4种属性的程序语言组合体。

模块一般用一个方框来表示,如图8-3所示,框内要写明模块的名称。

模块的命名通常由一个动词和做宾语的名词来表示,模块的名称应该能如实地反映出模块的主要功能。系统中的任何一个处理功能都可看成是一个模块。

模块的四个属性如下。

① 输入和输出,输入是模块获取的外部信息,输出是经过模块的处理功能变换后的数据,和数据处理过程不同的是模块的输入来源和输出去向都是同一个调用模块,一个模块从调用模块取得输入数据,加工后再把输出信息返回调用模块。

② 逻辑处理功能,模块内部完成输入数据转换成输出数据的程序功能。

③ 内部数据,是模块的程序引用的内部数据,如数学模型的参数设置等,它是仅供该模块本身引用的数据。

④ 程序代码,用来实现模块功能的代码,是模块内部特征的表现。

前两个属性是模块的外部表现特征,即反映模块实现的功能;后两个属性是模块的内部结构特性。在结构化系统设计中,设计人员关心的是外部特性,模块的内部特征是以后要解决的问题,这里只做必要了解。

模块间关系用模块结构图反映,主要图标有:模块、调用、数据和控制信息,如图8-4所示。

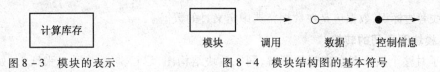

图8-3 模块的表示   图8-4 模块结构图的基本符号

2. 模块的调用

模块向被调用模块提供输入数据,经被调用模块处理后返回给调用模块的过程称为模块的调用。在模块结构图中,常用连接两个模块的箭头表示调用。箭头从一个模块指向另一个模块,表示前一个模块对后一个模块的调用,如图8-5所示。

根据调用关系,具有直接调用关系的模块之间相互称为上层模块和下层模块,只允许上层模块调用下层模块,而不允许下层模块调用上层模块。调用关系的箭头总是由调用模块指向被调用模块,也可以理解成被调用模块执行后又返回到调用模块。

模块调用有三种方式:① 直接调用,如图8-6(a)所示;② 通过条件判断进行选择调用,如图8-6(b)所示,箭头的尾部菱形表示有条件调用;③ 上层模块重复调用下层模块,如图8-6(c)所示,箭头的尾部是弧形表示循环调用。

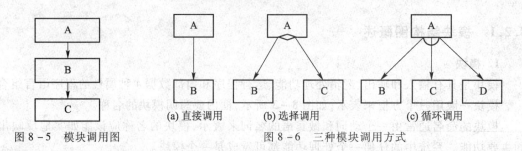

图 8 - 5　模块调用图

图 8 - 6　三种模块调用方式

3. 数据

在信息系统中的模块结构图中数据分为两类:① 一类是反映事物某些特征的具体数据,如库存数量、供应商名称和物资名称等;② 另外一类是控制信息,为了指导程序下一步的执行,模块间有时必须传送某些控制信息,例如,验证某份合同是否合格,物资质量是否满足要求等。控制信息与数据的主要区别是前者只反映数据的某种状态,不必进行处理,而数据是表示事物某个属性的值。

在模块结构图中,用尾部带空心圆圈的箭头线表示模块传递给另一个模块的数据,如图 8 - 7(a)所示;用尾部带实心圆圈的箭头线表示模块传递给另一个模块的控制信息,如图 8 - 7(b)所示。

数据可以从上层调用模块传递给下层被调用模块,被调用模块又可以将模块计算的结果返回给调用模块,数据名称一般在箭头线旁边标识,数据应是在数据字典中定义过的数据。

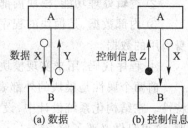

图 8 - 7　模块中的数据

4. 模块图之间的转接

为了对整个模块图有直观的理解,同一模块结构图,尽可能画在同一张纸上,如果模块结构图之间有相互调用关系,或当一张图上画不下的时候,就需要转接到另外一张纸上,或者避免图上线条交叉,都可以使用转接符号,转接符号的格式可以由系统设计人员自行定义,如图 8 - 8 所示,MKT21 图的 D 模块,需要 MKT15 图提供输入数据 X,这里用转接符号 MKT15 - 1 表示,MKT9 图的 A 模块,需要 MKT21 图提供控制信息 Z,这里用转接符号 MKT21 - 7 表示。

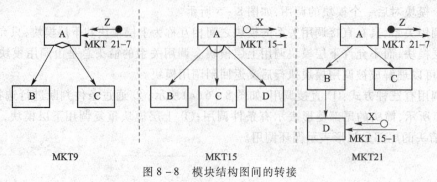

图 8 - 8　模块结构图间的转接

5. 模块结构图举例

某集团公司的物资入库时,首先查询入库物资基本信息,然后根据入库单信息,修改库存,最后根据物资基本信息和库存数据打印库存台账,其模块结构图,如图 8－9 所示。

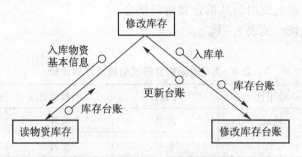

图 8－9　物资入库－修改库存模块结构图

8.2.2　模块间的联系

模块化设计的一个基本思想是系统模块结构的独立性,同时模块的内部功能应该联系紧密,不要过于松散。在这个思想指导下的模块结构图层次结构清晰,各个模块间相对独立,功能单一。结构化系统设计采用“耦合”和“内聚”来度量模块间和模块内部的关系。

耦合(Coupling)度量模块之间联系的松散程度,内聚(Cohesion)度量模块内部功能之间联系的紧密程度。模块耦合与模块内聚从不同的角度反映了模块的独立性。

1. 耦合

模块耦合程度是度量信息系统复杂程度的一个重要因素。如,我们设计 A 模块时,涉及 B 模块的设计,或者说 A 与 B 有着调用和被调用的关系,这样称 A、B 之间有联系;如果 A、B 模块中的某个模块发生变动,影响着另一模块的变动,则 A、B 之间的联系紧密,称为耦合紧密。由于对其中一个模块的调整,就不得不调整另外模块,所以,模块间的耦合程度对系统的可维护性和可靠性有着重要的影响。

影响模块间耦合程度的因素有:模块之间接口的复杂程度、传递信息的作用(是控制信息或是数据)、传递信息的数量 3 个方面。

耦合的类型主要有以下 4 种。

① 数据耦合(Data Coupling):模块之间只是调用与被调用关系,或一个模块直接修改或操作另一个模块的数据,即数据耦合。

② 控制耦合(Control Coupling):模块之间只是调用与被调用关系,并且传递控制信号,接收信号的模块根据信号值进行动作的调整,称为控制耦合。

③ 公共耦合(Common Coupling):两个以上的模块共同引用一个全局数据项或都和同一个公共数据环境有关,就称为公共耦合。

④ 内容耦合(Content Coupling):两个模块的内部属性(即运行程序或内部数据)相关联,或

者一个模块直接转入另一个模块时,称为内容耦合。

从可通用性、可读性和可修改性上讲,数据耦合最好,其他依次减弱;从与其他模块间的联系看,数据耦合是最弱的,其他依次增强。由此可见,在模块设计时应该尽量多地使用数据耦合,限制使用控制耦合,尽量避免使用公共耦合和内容耦合。

四种耦合类型的对比,见表 8 – 1。

表 8 – 1　不同耦合形式的模块性能比较

耦合形式	通用性	可读性	可修改性	对连锁反应的影响
内容耦合	最强	最坏	最坏	最坏
公共耦合	中	不好	不好	不好
控制耦合	弱	中	中	中
数据耦合	弱	好	好	好

模块的耦合性和独立性,见图 8 – 10。

2. 内聚

内聚是从模块自身角度来审视模块的独立性。如果一个模块的内部相关性很高,而且都是为了同一个功能,则认为该模块的内聚程度很高,反之,则内聚程度很低。

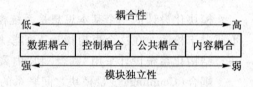

图 8 – 10　模块的耦合性和独立性

内聚的类型主要有以下 7 种。

① 偶然内聚(Coincidental Cohesion):一个模块由若干个并不相关的功能偶然地组合在一起,各成分之间毫无关系,则称为偶然内聚。

② 逻辑内聚(Logical Cohesion):几个逻辑上相关的功能被放在同一模块中,模块内部各组成部分在逻辑上具有相似的处理动作,但在功能上和用途上却彼此无关,则称为逻辑内聚。如一个模块读取各种不同类型外设的输入。

③ 时间内聚(Temporal Cohesion):也称“暂时聚合”,模块内部各组成部分的处理动作与时间有关(必须在特定的时间内执行完)。如一个模块完成的功能必须在同一时间内执行(如系统初始化),但这些功能只是因为时间因素关联在一起,所以称为时间内聚。

④ 过程内聚(Procedural Cohesion):如果一个模块内部的处理成分是相关的,而且这些处理必须以特定的次序执行,受同一控制流支配它们的执行顺序,则称为过程内聚。

⑤ 通信内聚(Communicational Cohesion):也称“数据聚合”,一个模块的所有成分都操作同一数据集或生成同一数据集,模块内部各组成部分的处理动作都使用相同的输入或产生相同的输出,则称为通信内聚。

⑥ 顺序内聚(Sequential Cohesion):如果一个模块的各个成分和同一个功能密切相关,前一

部分处理动作的输出是后一部分处理动作的输入,则称为顺序内聚。

⑦ 功能内聚(Functional Cohesion):模块内部各组成部分都是为了完成同一功能而聚合在一起,则称为功能内聚。

模块的内聚性和独立性,见图8-11。

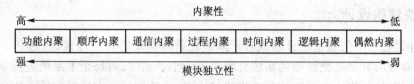

图8-11 模块的内聚性和独立性

内聚的好处是使得系统模块容易理解,功能单一,重复利用性好,也会使得后期的程序界面清晰。

内聚和耦合是密切相关的,与其他模块存在强耦合的模块通常意味着弱内聚,而强内聚的模块通常意味着与其他模块之间存在弱耦合。模块设计追求高内聚和低耦合。

8.2.3 模块设计要求

1. 模块的扇入与扇出

模块的扇出表示一个模块对下层模块调用的关系,如图8-12(a)所示,模块A的扇出数为3。一个模块的扇出数应控制在合理的范围之内,一般认为模块的扇出数在3~5个较为合适,扇出过多的模块意味着模块关系过于复杂,需要控制和协调的下层模块过多,这种情况,解决办法是适当地增加中间层次。

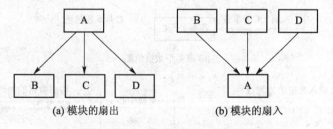

图8-12 模块的扇出与扇入

模块的扇入表示一个模块被上层模块调用的关系,指有多少个上级模块对该模块进行调用,如图8-12(b)所示,模块A的扇入数为3。扇入越大,代表该模块被更多的上级模块所调用,这是系统优化设计的表现,但也不能为了高扇入将一些相互无关的功能聚集在一起构成模块,虽然扇入高了,但是模块的内聚程度却低了,这是不可取的。

好的系统设计,上层模块应该有合适的扇出,下层模块应该有较高的扇入。

2. 模块的作用域

模块的作用域是指该模块所影响的模块集合,模块的每个调用都会产生某些处理的执行,或者另外的一些处理没有执行。

模块的作用域不应该超过模块的控制范围,即不应该超过该模块的上下模块的范围。

8.2.4　模块结构设计

模块设计是把一个信息系统分解成若干紧密联系的模块的设计过程,当遇到一个复杂的系统时,往往最有效的方法是把复杂的系统分解成若干个子系统,对每个子系统进行业务流程分析和数据流程分析,然后将数据流程转化为模块结构图,这种分解的方法就叫做模块化设计。模块设计是前面系统分析中功能结构设计的细化过程,功能结构站在系统功能用户的角度上,模块结构站在系统功能实现者或者开发者的角度上设计;与系统分析中的数据处理过程相比,模块设计更注重具体的细节。模块设计的目标是降低系统的开发难度,增加系统的可理解性、可维护性、运行效率等。

在系统分析阶段,采用结构化系统分析方法得到了由数据流图、数据字典、数据处理过程描述等组成的系统的逻辑模型,模块设计过程是由系统数据流图导出模块结构图的过程。

信息系统的数据流图一般有两种典型结构:事务型结构数据流图和变换型结构数据流图,如图 8-13 所示。

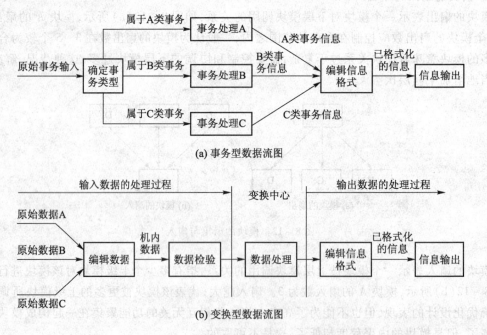

(a) 事务型数据流图

(b) 变换型数据流图

图 8-13　数据流图事务型和变换型结构

（1）事务型结构数据流图

事务型结构数据流图,见图8-13(a),这类数据流图通常可以确定一个数据处理过程为系统的事务中心,确定系统的事务分类,根据事务的不同分类,执行不同的事务处理过程。

事务中心具有以下四种处理逻辑:

① 输入原始事务。

② 分析原始事务,确定事务类型。

③ 为这个事务选择相应的逻辑处理路径。

④ 确保每一个事务能够得到完全的处理。

处于数据流图顶层(或者高层)的数据处理过程往往是彼此独立的,每一个数据处理过程看作是一类事务,通过事务类型分类再确定事务处理,最后得到信息的输出。

（2）变换型结构数据流图

变换型结构数据流图,见图8-13(b),这类数据流图的特点是同一数据来源进入系统的数据流所经过的数据处理过程都是相同的,属于一种线性结构,没有任何的判断分支。

变换型结构具有以下三种处理逻辑:

① 输入数据的处理过程。

② 数据变换的处理过程(主加工、主处理或变换中心)。

③ 输出数据的处理过程。

处于数据流图低层(或底层)的数据处理过程往往是彼此相互联系的,数据的输入输出往往是固定的,多个数据处理过程完成数据的变换处理,最后得到信息的输出。

这两种典型数据流图的结构可分别通过"以事务为中心"和"以变换为中心"的方法导出标准形式的模块结构图,下面分别讨论。

1. 以事务为中心的设计

为了对进入系统的事务进行分类处理,必须在事务记录中有一个类型识别标志,将各类型的事务转入专门的模块予以处理,这种模块称为事务处理模块,它的直接下级模块称为事务执行模块。在进行事务分析时,一般要经过以下七个步骤。

（1）确定事务的来源

通过业务流程和数据流程分析,确定事务来源,需要注意的是有时系统事务可能是某个与子系统相关的一个模块产生,也可能是变换型数据流程的数据处理过程的某个模块产生,这种情况在以变换为中心的系统结构进行分解时才能识别出来。

（2）确定以事务为中心的模块结构

图8-14和图8-15所示是典型的常用结构,当然还可以按照模块的设计原则,根据实际情况产生其他的系统结构。

（3）确定出每一种事务以及它所需要的处理动作

在一般情况下,可以从数据流图和数据字典中得到有关这方面的信息。但是,如果事务是在系统内部产生的,那么系统设计人员就要十分仔细地找出每一种事务及其所需要的处理动作。

（4）合并具有相同处理功能的模块

有时候在若干模块中存在着相同的处理动作,在这种情况下,要把这些相同的处理动作分离出来,合并成一个模块,或是从一组低层功能组合的模块中产生一个中层模块,这也是一种合并方式。

（5）分别建立专门的事务模块对每一种类型的事务进行独立的处理

如果系统中的有些事务非常相似,可以把它们暂时组合起来,进入同一个模块处理,但必须确保这个事务模块有较高的紧凑性。

（6）建立下次模块

对一种事务所引起的每一个处理动作,要分别建立一个直接从属于该事务模块的下级模块(即事务模块),要使用模块的分解原则,在分解时要注意允许有公共处理动作模块,加大它的扇入数。

（7）必要时对部分模块进一步分解

在执行上述步骤时,系统设计员应该按照本章所规定的各项模块设计原则进行设计,要确保设计出来的系统符合系统分析阶段所确定的逻辑功能要求,并且具有较高的可修改性。

高层的数据流图中的数据处理过程之间一般没有直接联系,而是通过数据存储发生关系,这时数据存储起着模块间桥梁的作用,这种情况下,其中的数据处理过程可能属于某类特定的事务。根据图 8-13(a)即可产生较高层次的结构图,如图 8-14 所示。

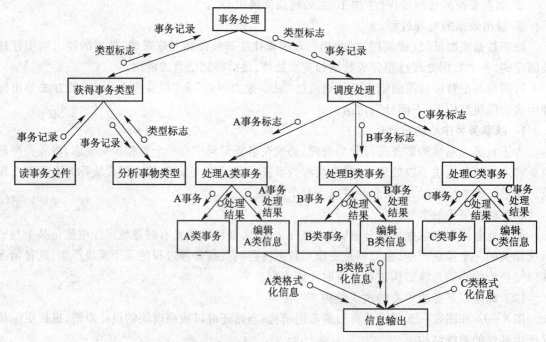

图 8-14　典型的以事务为中心的模块结构图

信息系统高层模块不但具有系统控制功能,而且还具有事务分类调度的功能,如果事务类型较多,那么顶层的事务处理模块控制范围较大,其扇出数也很大,这时要考虑顶层模块事务调度逻辑紧凑性如何,是否将其划分成多个事务处理子模块,针对各个子模块再进行细分,如图8-15所示,但如果对每一种类型的事务所需要的全部处理动作完全独立于其他类型事务的处理动作,可能是逻辑组合或是通信组合,这种情况不需要进一步处理。

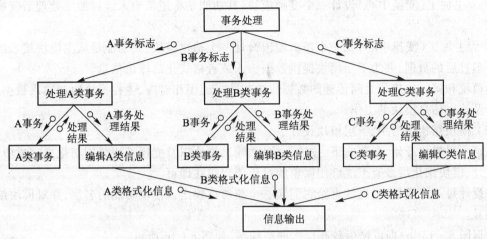

图8-15 典型的以事务为中心的模块结构图

一般来说,在一个系统中有多个事务中心,它们可能是输入子系统中的一部分,或可能是输出子系统的一部分,或可能是变换子系统的一部分。

事务中心的输出可能有各种不同的形式:

① 对输入的事务格式进行标准化转换,并不做实际处理,然后被传递到较高层的输入处理模块做进一步的事务调度。

② 对输入的事务进行有效性检验,产生一个是否合格的控制信息(或标志),这在输入子系统中也是经常要做的事情。

③ 对输入的事务进行简单的变换处理,根据计算结果,事务被选择传递到较高层的变换子系统模块做进一步处理,或是被传递到较低层的输出子系统模块进行处理,这是较为常用的一种方式。

2. 以变换为中心的设计

该方法的基本思想是以变换型数据流图为基础,找出变换中心、输入模块和输出模块。首先确定模块结构图的顶层模块,将模块按照"自顶向下"的分解原则逐步细化,最后得到一个满足数据流图所表达用户要求的模块结构。一般要经过以下三个步骤。

(1) 确定主加工(变换中心)

在数据流图中,找出多个数据流的汇合的数据处理过程或是一个数据流的分流的数据处理过程,往往可以定义为模块结构的主加工(或主控制模块),即模块结构图的变换中心。

(2) 模块结构图的顶层和第一层设计

变换中心就是结构图的顶层模块,即系统的主模块。顶层模块设计完成之后,可按输入、变换、输出等分支来分别细化处理各个子模块,从而设计出模块结构图的各层模块。

① 为主加工(变换中心)每一个逻辑输入设计一个输入模块,其功能是通过对输入系统的基础数据进行预处理后,向主模块提供符合要求的格式化数据。

② 为主加工(变换中心)设计一个变换模块,其功能是将逻辑输入经过加工处理后变换成逻辑输出。

③ 为主加工(变换中心)每一个逻辑输出设计一个输出模块,其功能是从主模块接收经过主加工处理过后的数据,并为下层模块提供数据输入或者格式化后输出信息。

主模块和第一层模块之间传递的数据应该与数据流图相对应,主控模块协调输入数据、变换加工以及输出信息模块的工作。

(3) 模块结构图的中、下层模块设计

从第一层模块开始,自顶向下,按输入模块、输出模块以及变换模块分别细化来完成中、下层模块设计,模块细化层数直至能够用简单的过程语句描述即可。

在设计每一个模块时,应注意给它们起一个能够反映出该模块功能的名字,并对模块结构图进行编号。

根据图 8 - 13(b)即可产生较高层次的结构图,如图 8 - 16 所示。

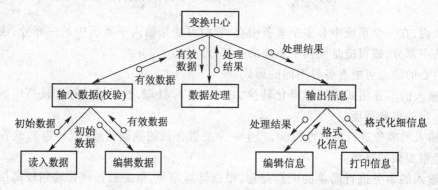

图 8 - 16   典型的以变换为中心模块结构图

在信息系统的实际开发过程中,数据流图的某些局部是事务型的,某些局部又是变换型的,事务型中包含变换型,变换型又包含事务型,因此,需要将两种方式结合使用,才能完成系统的模块设计任务。

3. 模块设计举例

(1) 事务型数据流图转换系统模块结构图设计

以数据流图 7 - 16 为例,该数据流图属于系统的第一层数据流图,"计划管理(P1)"、"合同管理(P2)"、"库存管理(P3)"和"系统查询模块(P4)"管理过程功能相对独立,不同的输入数据流其流经的数据处理过程是不同的,属于典型的事务型数据流图,按前述的转换理论,与其对应的模块结构图,如图 8 - 17 所示。

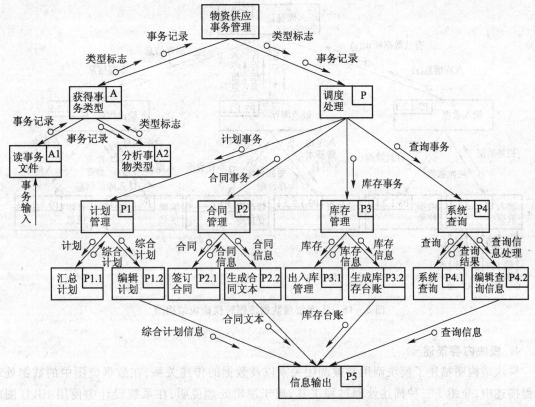

图 8 - 17 物资管理第一层数据流图转换模块结构图

其中的物资供应模块完成事务分析的功能,调度处理模块实现事务分配流程的功能,这两个模块属于系统的主控制模块;获取事务类型、计划管理、合同管理、库存管理、系统查询等模块及其下属的模块还应继续细化。

(2) 变换型数据流图转换系统模块结构图设计

以"入库管理 P3.1"展开的数据流图 7 - 18 为例,该数据流图属于系统的低层数据流图,不同的输入数据流其流经的数据处理过程是相同的,属于典型的事务型数据流图,从该图可以看出"入库登记(P3.1.3)"数据处理过程是整个数据流图的核心,"质量检查(P3.1.1)"、"核对计划(P3.1.2)"两个数据处理过程为"入库登记(P3.1.3)"提供输入数据,而"打印入库单(P3.1.4)"、"打印库存台账(P3.1.5)"两个数据处理过程为"入库登记(P3.1.3)"提供输出信息。按前述的转换理论,与其对应的模块结构图,如图 8 - 18 所示。

其中,入库登记模块完成变换中心的功能,数据校验模块实现初始录入数据的格式转换校验功能,即输入模块;输出信息完成了库存台账和入库单的打印功能,即输出模块;另外数据校验模块还应继续细化。

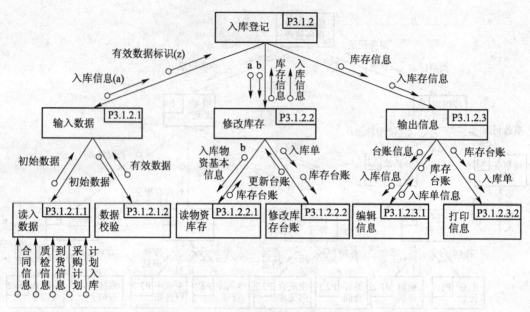

图 8 - 18   入库管理数据流图转换模块结构图

4. 模块内容描述

模块结构图描述了模块调用和被调用关系以及数据的传递关系,在数据流图中的数据处理过程描述中,介绍了三种描述处理过程工具,属于逻辑处理说明,在系统设计中使用 HIPO 图的方式,说明各个模块之间的相互关系,对系统的模块处理过程进行更为详细的描述。通过模块内容描述产生的图表(或其他描述结果),就可以进行具体的信息系统编程实现,即使任何一个没有经历系统设计工作的程序员,也能合理地编制出系统的相应程序模块。

模块设计常会用到三种重要的图:HIPO 图,流程图和 N-S 图。

(1) HIPO 图设计

HIPO(Hierarchy Plus Input Processing Output,HIPO)图即层次化 – 输入 – 处理 – 输出图。它是美国 IBM 公司在 20 世纪 70 年代中期建立的一种表示信息系统结构和模块内部处理功能的方法。

HIPO 图是由一组 HC 图加一系列 IPO 图组成。

HC(Hierarchy Chart)图即层次化结构图,描述系统的模块结构关系,如图 8 - 17、图 8 - 18 所示,层次图适合于在自顶向下设计过程中使用。

HC 图只是说明了系统由哪些模块组成及其控制层次结构,并未说明模块间的信息传递及模块内部的处理。因此对一些重要模块还必须根据数据流图、数据字典及 HC 图绘制具体的 IPO 图。HC 图中的每一个模块,均可用一张 IPO 图来描述。

IPO 图描述模块的输入、输出和模块的内部处理过程,如图 8 - 19 所示,这种图的优点是能够直观地显示输入－处理－输出三者之间的联系。

IPO图编号：P3.1.2.2		HIPO图编号：P3.1	
模块名称：修改库存	设计人：李新	使用部门：系统实施组	
数据库文件编号：D3.5	编码文件编号：C1.5	编程文件号：PR3.1.2	程序编写要求：VB
输入部分(I)	处理过程描述(P)	输出部分(O)	
①入库物资基本信息 包括物资的编号、规格 ②入库物资的信息，包括 入库单编号、物资编号、 数量、单价等信息	①通过入库物资编码，查询该物资的库 存余额(P3.1.2.2) ②根据入库单数量和当前库存余额，计 算该笔物资入库后的库存余额(P3.1.2.2) 　库存余额=库存余额+入库数量 ③更新库存台账(P3.1.2.2) ④返回入库单 ⑤返回库存台账	①入库物资的信息，包括 入库单编号、物资编号、 数量、单价、入库时间等 信息 ②库存物资台账信息包括 物资的编号、名称、规格、 库存余额等信息	

图 8－19　"修改库存"模块的 IPO 图

　　IPO 图中的输入来源于系统的外部输入、其他模块的运算结果或从数据库直接读入的数据；输出信息到外部实体、其他模块或数据库；IPO 图的主体是处理逻辑的描述，可以用自然语言、判定树、判定表等工具进行描述。

　　IPO 图的其他部分设计比较简单，但是其中的处理过程内容的描述相对来说比较困难。因为一些处理比较复杂的模块描述起来是比较困难的，而且容易引起不同的理解，这些将影响编程工作。

　　用来描述处理过程内容的方法很多，这里主要介绍：流程图和 N-S 图两种描述处理过程内容的方法。

　　(2) 流程图

　　流程图(Flow Chart，FC)也叫控制流程图或者框图。它是一种经常使用的对程序细节进行详细描述的工具。

　　流程图包括三种基本成分：处理、判断、控制流，如图 8－20所示。

处理　　　　判断　　　　控制流

图 8－20　流程图组成图例

　　流程图的优点是清晰易懂，便于初学者掌握。在结构化程序设计出现之前，框图一直可用箭头实现向程序任何位置的转移(即 GOTO 语句)，往往不能引导设计人员用结构化方法进行详细设计，箭头的使用不当，会使框图非常难懂，而且无法维护。

　　(3) N－S 图

　　N－S 图也叫做盒图，N－S 图是专门针对结构化程序设计产生的描述工具。它由五个基本部分组成，如图 8－21 所示。

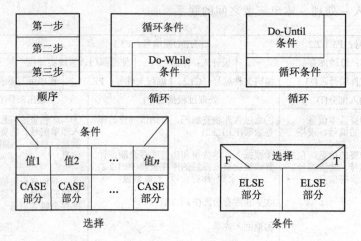

图 8-21　N-S 图例

N-S 图中,每个处理步骤用一个盒子来表示,盒子可以嵌套。从上面的例子,可以看出 N-S 图比较直观,也容易理解。和流程图相比,N-S 图的执行过程只能从盒子的上部进入,下部出去,从而保证了程序的任意跳转,使处理过程的描述更易理解,程序更易实现。

5．处理过程设计和模块设计比较

回忆一下我们之前讲到的模块结构设计,来比较一下模块结构设计和处理过程设计的异同。一个管理信息系统,从微观的角度来看具有过程性(处理动作的顺序),而从宏观角度来看具有层次性(系统的各组成部分的管辖范围及其组成结构)特征。模块结构图描述的是系统的层次性,而处理过程则是描述的系统的过程性。在系统设计阶段,关心的是系统的层次结构;只有到了具体编程时,才要考虑系统的过程性。

8.3　信息系统流程设计

数据流图描述了系统从输入数据到信息输出的逻辑过程,模块结构图从功能的角度描述了系统的应用结构,但在系统实施时,还需要了解各个功能模块之间的数据传递关系,因此需要对系统流程进行设计。事实上,信息系统中功能模块数据传递大多是以数据库的数据表的形式进行的,本节以数据流图和模块结构图为基础,应用信息系统流程图的方式来描述模块间的数据关系。

信息系统流程图的图例,如图 8-22 所示。

信息系统流程图的实质是表示系统的计算机的处理流程,画法如下。

① 根据数据流图和系统的模块结构图,确定模块的边界、人机接口和数据的处理方式。

② 从数据流图分析处理过程的数据关系,即数据输入和输出关系。

③ 将各个数据处理过程联接起来,形成信息系统流程图。

④ 同系统的实施人员和系统的用户进行交流,修改后,确定系统的最终信息系统流程图。

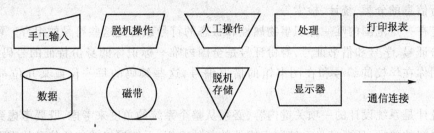

图 8 – 22　信息系统流程图图例

　　例如,以图 7 – 18 所示的"入库管理 P3.1"数据流程为例,画出其系统流程图,如图 8 – 23 所示。

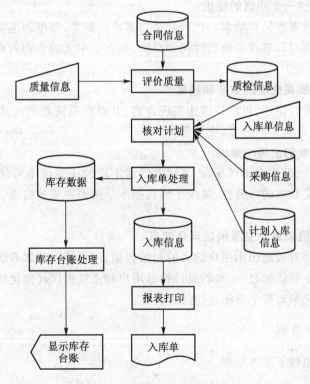

图 8 – 23　库存管理模块流程图

8.4　代码设计及应用

　　在管理信息系统中,为了便于计算机对系统涉及的各类实体及其属性识别,避免信息的二义性,人们经常采用数字、字母或它们组合的方式表示实体或属性,提高代表事物的确定性,方便地对系统进行信息的分类、统计、检索等。

代码是在一定范围内唯一标识事物属性和状态的符号或者是这些符号的组合。可以想一下自己的身份证号、学号和借书证号,身份证号是全国内唯一标识你的身份特征的号码,学号和借书证号表明你在学校的编号和在图书馆的借书编号,这些编码的每一位或某几位都有不同的含义。

代码设计是系统设计的一项关键内容,必须从整个系统的角度来考虑,既要考虑到组织的各个子系统之间的要求,还要满足系统同组织外的其他组织、系统接口或传递信息的需要。

8.4.1　代码的作用

代码是某一类事物或事物特征的简要标识,在信息系统中代码的作用有 4 个方面。

1. 代码为事物提供一个明确的标识

代码便于系统的数据存储和检索。代码是事物名称的抽象,是事物主要特征的提取,无论是记录、记忆还是存储,都可以节省系统的时间和空间,相对于中文的事物名称和属性名称而言,避免了二义性的发生。

2. 使用代码可以提高处理的效率和精度

按照代码对实体进行排序,可以较快速实现查询,并返回系统查询的结果,按照代码的结构和一定算法,可以实现对实体的分类、统计分析。

3. 代码保证了数据的全局一致性

对同一实体或属性,即使在不同场合、不同部门或不同的子系统中可能有不同的称谓,通过实体的代码保证了系统数据的一致性,减少了因数据不一致而造成的错误,代码为系统集成奠定了基础。

4. 代码是用户和信息系统交互的规范化信息

管理信息系统能否有效地识别用户输入的初始数据,用户能否理解系统生成的信息,是判断信息系统是否成功的主要依据之一,代码设计就是用户和系统提供规范化信息的主要途径之一,因此,建立新系统时,必须对整个系统进行代码设计。

8.4.2　代码设计的原则

代码设计必须遵循以下基本原则。

1. 唯一性

在系统的管辖范围内,代码要唯一地标识某一事物,实现代码的主要功能。在代码设计过程中,针对同一编码对象,为了满足不同需求可以从不同的角度进行编码,但都要保证编码的唯一性。如,在人力资源系统中,人的姓名不管在一个多么小的单位里都很难避免重名。为了避免二义性,唯一地标识每一个人,需要编制职工代码,身份证号码能唯一地标识一个员工,但在员工管理时,身份证号码又过于冗长,对此,系统可以在使用身份证编码的同时,可以设计符合本系统需要的人员编码体系。

2. 适用性

代码内容要尽可能反映事物的主要属性，要有意义，代码长度要适当，且便于记忆。

3. 规范性

代码设计前，首先调查是否有相应的代码标准，尽可能采用国际标准、国家标准或行业标准；代码的结构应该与事物的分类体系相对应，尽量使代码结构对事物的表示具有实际意义，以便于理解及交流。在实际工作中，一般企业所用大部分编码都有国家或行业标准。

现代化企业的编码系统已由简单的结构发展成为较为复杂的编码体系，为了有效地推动管理信息系统的进一步应用和加强信息化的标准化工作，国内外十分重视制定统一编码标准的工作，我国已公布了 GB/T 2260—2007 中华人民共和国行政区划代码、GB 1988—80 信息处理交换的七位编码字符集等一系列国家标准编码。在管理信息系统的代码设计时，系统设计人员要认真查阅国家和行业主管部门已经颁布的各类标准，详见国家标准化管理委员会网站（http://www.sac.gov.cn/）。

4. 简单性

代码结构尽可能简单，尽可能避免使用数字和字母交叉的代码结构，以减少各种差错和录入代码的麻烦。

5. 可扩充性

代码设计要充分的考虑组织未来发展需要，应具有可扩充性，尤其是在涉及与时间有关的代码设计时，应留有充分的余地，以备将来不断扩充的需要。

合理的代码体系结构是体现管理信息系统易用性的重要因素之一，在代码设计时，应注意以下问题：

① 代码设计在逻辑上必须能满足用户的需要，在结构上应当有效地反映事物的有关属性。例如，在代码设计时，为了提高处理速度，往往使之能够在不需分析有关数据文件的情况下，直接根据代码的结构就能统计数据的某些特征。

② 代码设计时，要预留足够的位置，以适应组织不断变化的需要。一般来说，代码越短，分类、应用、存储和传送的开销越低；代码越长，对数据检索、统计分析和满足多样化的处理要求就越好。但编码太长，空位太多，多年用不上，也是一种浪费；在短时间内，编码结构变更将给系统带来一系列的影响，涉及程序设计的变更，数据的更新，甚至有时是不可实现的，因此，代码结构的合理性是系统设计人员要着重研究的课题。

③ 注意避免引起误解，不要使用易于混淆的字符。如 O、L、S、V 与 0、1、5、U 容易混淆；不要把空格作代码；要使用 24 小时制表示时间等。

④ 注意尽量采用不易出错的代码结构，例如，"字母－字母－数字"的结构（如 WW2）比"字母－数字－字母"的结构（如 W2W）发生错误的机会要少一些。

⑤ 当代码长于 6 个字母或 8 个数字时，应分成小段，以便于读写。如 6228－3600－0167 比 622836000167 易于记忆，并能更精确地记录下来。

8.4.3　代码的种类

代码的种类很多,下面是一些常用代码的分类图,如图8-24所示。

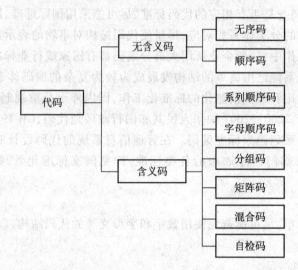

图8-24　代码的种类

代码分为无含义码和有含义码两大类。

1. 无含义码

无含义码指代码本身没有描述事物的某些特征,只是标识事物的编号,分为无序码和顺序码两类。

（1）无序码

无序码是采用无序符号的方式标识事物,代码本身并不描述事物的特征,这种方式通常是计算机随机生成代码,这种编码无规律可循,但便于计算机识别事物,缺点是人工记忆不方便。

（2）顺序码

顺序码是一种最常见的代码,常采用有序符号的方式来标识事物,它没有实际的含义。顺序码是由连续的数字或字母组成,优点是代码结构简单,缺点是没有逻辑含义,不易记忆,例如,流水号等。

2. 有含义码

有含义码可以描述事物的某些特征的分类码,一般地,这种代码分成若干个代码段,每一段可以标识事物的某些特征。

（1）系列顺序码

系列顺序码也称为数字码,用连续的数字标识事物的某些特征,如,学生王虎的学号01,李新的学号是02等。

（2）字母顺序码

以字母形式的编码，这种编码常以英文拼写或汉语拼音的字头组合作为编码的方案。该编码方案可以辅助记忆，缺点是不容易校对，难以反映分类结构。

（3）分组码

分组码是以分类对象的从属层次关系为排列顺序的一种代码，分组码适用于线性分类体系。代码分为若干的段，与对象的分类层次相对应，一般以左端为大类分组码，右端为小类分组码。分组码的每位或连续几位代表事物的某些属性，都有实际含义，代码分类基准明确，便于识别、校验、分类和统计，缺点是编码位数较多，例如，身份证号码、邮政编码等。

（4）矩阵码

矩阵码是一种逻辑码，即按照一定的逻辑规则或者程序算法编写的代码。矩阵码建立在二维空间坐标 x、y 的基础上，代码的值是由坐标 x、y 的数值构成的。

（5）混合码

以数字和字母混合形式的代码，如 GB/T 9385—2008 是"计算机软件需求规格说明规范"国标编码。

（6）自检码

自检码由两部分组成，一部分是代码本身，另一部分是校验码。校验码本身没有任何含义，只是对原代码本体的校验，以检查录入过程是否有错误。校检码是通过对原码进行某种逻辑运算得到的，具有唯一性，代码校验的一般算法将在后面的内容中予以介绍。

8.4.4 代码的设计步骤

代码设计的质量反映了设计者对相关实体或属性是否正确理解以及理解的程度，良好的系统编码体系，便于信息系统的组织实施、数据共享和系统集成。

下面是一个物资管理系统的物资代码设计示例，如图8－25所示。

信息系统的代码设计需要相关组织、企业的领导和相关部门管理人员的密切配合，需要对企业运作和管理都相当熟悉的基层业务人员参与。

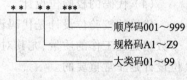

图 8－25 代码设计示例图

代码设计步骤如下。

（1）确定代码实体和属性

根据数据流图和数据字典的内容，明确哪些实体或属性需要设计代码，即确定编码对象。确定代码实体和属性主要考虑的因素有三个方面。

① 企业日常管理中经常使用的编号。代码作为企业各类信息管理的基础，在管理中已经使用。例如，实体类的编号：物资编号、仓库编号、人员编号等，属性类编号：物资的分类编号、仓库的库位编号、人员的部门编号等，这些编号将是代码设计的基础，系统设计人员可以根据信息系统开发的需要和组织发展的需要，确定系统的编码体系。

② 系统统计分类的要求。在系统分析中,获得了企业统计信息对各种实体、属性统计分类的需求,这是确定代码结构的重要依据。如,某企业的物资管理统计报表中需要按物资分类(计算机、计算机耗材)来统计库存及物资的使用情况,仓库要按类别统计(原材料库、成品库),人员要按部门分类统计(供应科、计划科、采购科),这些分类统计要求,尽可能在代码设计中予以体现。

③ 系统实施对代码设计的要求。代码设计还要考虑系统的实现难度,即代码在编程、数据库设计、系统测试、后期的使用等环节是否具有灵活性和可扩充性。

(2) 确定各类实体及属性代码的结构

根据代码设计的唯一性、简单性、规范性等原则,确定需要在代码系统中包括的信息,分析各类实体及属性的特征确定代码类型,如,物资编号可以设计成混合码,人员编号设计成系列顺序码等。

(3) 确定代码的长度或代码的标识范围

通过对数据字典的分析,确定系统的实体个数及属性的范围,对于不同的实体和属性,需要对代码的实例数进行分析与估计,为确定代码系统的容量提供信息。例如,设计一个企业的物资入库单的编号,就要估计企业每年入库单的大概总数,同时还要考虑系统年度初始化或者系统备份的方式的要求,入库单代码若为 10 位数字编码,且第 1～6 位表示入库发生的年份和月份,最后 4 位用入库先后次序表示同年同月的入库(取值为 0001～9999)流水号,则表明同年同月的入库次数不能超过 9 999 次,即平均每日入库次数不应超过 322 次。确定代码的长度不但需要分析现行实体代码的长度需要,还需要分析今后可能系统扩充的需要,如,对于入库单代码改为 11 位数字编码,第 1～8 位表示入库发生的年份、月份和日期,最后 3 位用每日入库先后次序(取值为 001～999)流水号,每日入库可高达 999 次,代码设计仅增加 1 位,每日入库单编码就增加 3 倍多,并且看到入库单号,就知道这笔物资是什么时间入库的。

(4) 代码的校验位设计

代码的校验位设计是代码设计中重要的一环,在数据录入时,代码输入的正确与否影响到整个数据处理工作的质量,尤其对于位数较长的代码,为了保证输入系统代码的正确性,代码校验位设计是非常重要的。

8.4.5　代码校验

为了验证代码输入的正确性,引入了校验码,即在原代码的基础上增加一位校验位,使校验位成为代码的一个组成部分。

当我们按照前述规则,将设计的初始代码(无校验位的代码)录入到系统后,由事先确定的校验位算法数学模型进行计算,产生校验位,并附加到初始代码中,自动生成系统代码。当使用具有校验位的代码时,系统按照校验位算法数学模型计算后,得出当前的校验位与用户录入的校验位是否相符,如果相符则认为代码输入正确,否则,提示代码输入错误信息。

下面介绍一种简单校检码的生成过程。

设有一个由 $n-1$ 位数字组成的代码为 $m_1 m_2 m_3 \cdots m_{n-1}$，确定该代码的校验位 m_n。

① 确定一组权因子：权因子通常是整数，如自然数 $1,2,3,\cdots$，质数 $1,3,5,\cdots$ 等。如果代码原来部分的长度是固定的，也可选取固定的对应长度的整数。如本例中我们可选择长度为 $n-1$ 的一组整数 $p_1 p_2 p_3 \cdots p_{n-1}$。

② 选取一个模数 M，通常为保证得到的校验位为一位，选取的 M 为 $2 \sim 11$ 的整数。

③ 对原代码部分的每一位加权求和，即代码的每一位乘以对应的权因子，然后相加。

$$S = \sum_{i=1}^{n-1} m_i p_i = m_1 p_1 + m_2 p_2 + \cdots + m_{n-1} p_{n-1}$$

④ 取余：$R = S \bmod (M)$

⑤ 计算校验位：$m_n = M - R$

原代码 $m_1 m_2 m_3 \cdots m_{n-1}$ 与校验位 m_n 组成最终代码 $m_1 m_2 m_3 \cdots m_n$。

再来看一个实例，原设计的一组代码为五位，如 32456，确定权因子为 $7,6,5,4,3$，取模数为 10。下面是求解和验证校验码的过程。

① 求校验码的过程为：

$S = 3*7+2*6+4*5+5*4+6*3$
　 $= 21+12+20+20+18$
　 $= 91$

$R = 91 \bmod (10) = 1$

校验位 $C_6 = 10 - 1 = 9$

最终代码为 324569

② 代码的验证过程：仍以上一代码为例，正确代码为：324569，如果按照以上算法重新算出的校验位不是 9，则出现与计算机经过上面方法的计算结果不一致的情况，系统会有错误提示信息。

但是这种方法并不能检验出所有的输入错误。例如，如果输入的是：322569，根据上面的算法 $S = 81$，$R = 1$，计算得校验位 $C_6 = 9$，即系统认为 322569 是正确的代码。一般出现这种情况的几率较低，实践证明这种检验方法算法简单，也比较实用，因而仍有较广的应用性。

8.4.6 代码维护

随着系统拥有的数据量增加及业务变化，系统的部分代码也将发生变化，如，对于物资供应系统，需要增加物资的种类将涉及物资类别编号的变化；学生成绩管理系统需要增加新学生，要求系统能根据学生的专业、入学年度、所在院系和所学专业，按照一定的规则生成学生的学号，这一系列的工作需要代码维护功能完成，并要求授权专门机构统一管理。

代码的维护有日常维护、调整维护、校验维护等。

（1）代码日常维护

代码日常维护主要是因业务变动需要代码的增加、变更、删除、查询等维护工作。在进行代码修改、删除等维护作业时,一定要注意与该代码相关联的数据库文件和程序文件,需要同步更新,以保证数据的一致性和完整性,如删除物资的类别,首先要分析哪些数据库表与该代码有直接的关系。对于信息系统而言,许多代码都是相应的数据库文件的主键或外键,因此,应尽可能减少代码的修改和删除维护工作。为了数据安全,在进行代码的修改、删除等维护作业时,应先将数据库备份。

（2）调整维护

随着系统应用的日益完善成熟,可能会出现系统设计期间所定义的代码不完善、编码规则有缺陷、编码长度预留不合理等情况,影响系统的正常使用,需要进行局部调整或批量修改,这属于调整维护。例如,我国的身份证号码,进入 21 世纪后,原来的编码方案,有可能出现不同的人具有相同的身份证号码,为解决该问题,在原来的 15 位代码的基础上,增加了世纪位,调整到 18 位,代码变更后,除了修改代码本身以及对所修改代码重新校验以外,还要同步调整与该代码有数据关联的数据库表文件。

（3）代码校验维护

主要指代码的校验方法的维护。

8.4.7　案例:公民身份证号码设计

本部分内容源自中华人民共和国国家标准 GB 11643—1999《公民身份号码》。

公民身份证号码是特征组合码,由 17 位数字本体码和一位数字校检码组成。排列顺序从左至右依次为:6 位数字地址码、8 位数字出生日期码、3 位数字顺序码和 1 位数字校检码。

1. 地址码

表示编码对象常住户口所在县(市、旗、区)的行政区划代码,按 GB/T 2260 的规定执行。

2. 出生日期码

表示编码对象出生的年、月、日,按 GB/T 7408 的规定执行。年、月、日代码之间不用分隔符。

例如,某人出生日期为 1966 年 10 月 26 日,其出生日期码为 19661026。

3. 顺序码

表示在同一地址码所标识的区域范围内,对同年、同月、同日出生的人编定的顺序号,顺序码的奇数分配给男性,偶数分配给女性。

4. 校检码

校检码采用 ISO 7064:1983,MOD11—2 校检码系统。

（1）校检公式

公民身份号码中各个位置上的号码字符值应满足下列公式的校检。

$$\sum_{i=1}^{18} (a_i \times w_i) \equiv 1 \,(\mathrm{mod}\ 11) \tag{a}$$

说明:i 表示号码字符从右至左包括校检码字符在内的位置序号;a_i 表示第 i 位置上的号码

字符值;w_i 表示第 i 位置上的加权因子,其数值依据公式 $w_i - 2^{(i-1)} \bmod (11)$ 计算得出。表 8-2 所示列出了公民身份号码中各个位置上的加权因子 w_i 数值。

表 8-2   公民身份号码中各个位置上的加权因子 w_i 数值

i	18	17	16	15	14	13	12	11	10	9	8	7	6	5	4	3	2	1
w_i	7	9	10	5	8	4	2	1	6	3	7	9	10	5	8	4	2	1

（2）校检码字符值的计算

当 $i = 1$ 时,$w_1 = 2^0 = 1$,公式（a）可表示成：

$$a_i + \sum_{i=2}^{18} (a_i \times w_i) \equiv 1 (\bmod\ 11) \tag{b}$$

公式（b）中,a_1 即为校检码字符值,其取值范围是 $0 \leqslant a_1 \leqslant 10$;当 a_1 值等于 10 时,用罗马数字符 X 表示。

满足公式（b）及取值范围要求的校检码字符值 a_1,可根据 a_1 与 $\sum_{i=1}^{18} (a_i \times w_i) (\bmod\ 11)$ 的换算关系算出,见表 8-3。

表 8-3   校检字符值 a_1 与 $\sum_{i=1}^{18} (a_i \times w_i) (\bmod\ 11)$ 的换算关系表

$\sum_{i=1}^{18} (a_i \times w_i) (\bmod\ 11)$	0	1	2	3	4	5	6	7	8	9	10
a_1 校检码字符值	1	0	X	9	8	7	6	5	4	3	2

5. 号码的表示形式

公民身份证号码的各特征码依次连接,不留空格,其表示形式如图 8-26 所示。

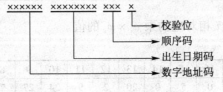

图 8-26   身份证号码示意图

6. 举例

（1）公民身份证号码具体含义举例一

北京市朝阳区 1949 年 12 月 31 日出生的一女性公民,其公民身份证号为 11010519491231002X,该号码的具体含义如下：

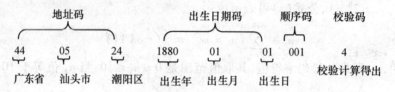

（2）公民身份证号码其具体含义举例二

广东省汕头市潮阳县 1880 年 1 月 1 日出生的一男性公民，其公民身份号码为 440524188001010014，该号码的具体含义如下：

地址码　　　　　　　出生日期码　　　顺序码　校验码

44　　05　　24　　1880　　01　　01　001　　　　4

广东省　汕头市　潮阳区　出生年　出生月　出生日　　　校验计算得出

（3）校检码字符值计算方法实例

某女性公民身份号码本体码为 11010519491231002，其校检码字符值可按下述步骤与方法计算：

① 列出本体码与字符位置序号 i 相对应的各个位置上的号码字符值 a_i。

字符位置序号 i	18	17	16	15	14	13	12	11	10	9	8	7	6	5	4	3	2
本体字符字码值 a_i	1	1	0	1	0	5	1	9	4	9	1	2	3	1	0	0	2

② 由①中表列出与字符位置序号 i 相对应的加权因子值 w_i。

字符位置序号 i	18	17	16	15	14	13	12	11	10	9	8	7	6	5	4	3	2
加权因子值 w_i	7	9	10	5	8	4	2	1	6	3	7	9	10	5	8	4	2

③ 计算与字符位置序号 i 相对应的乘 $a_i \times w_i$ 的值。

字符位置序号 i	18	17	16	15	14	13	12	11	10	9	8	7	6	5	4	3	2
$a_i \times w_i$	7	9	0	5	0	20	2	9	24	27	7	18	30	5	0	0	4

④ 计算级数之和。

$$\sum_{i=2}^{18} (a_i \times w_i) = 7+9+0+5+0+20+2+9+24+27+7+18+30+5+0+0+4 = 167$$

⑤ 计算 $\sum_{i=2}^{18} (a_i \times w_i)$ 以 11 为模的余数值 $\sum_{i=2}^{18} (a_i \times w_i) \pmod{11}$。级数之和 167 除以模 11

商 15 余 2,即 $\sum\limits_{i=2}^{18}(a_i \times w_i)(\bmod 11)$ 为 2。

⑥ 求出校检码字符值 a_1。查表 8 – 3 当 $\sum\limits_{i=2}^{18}(a_i \times w_i)(\bmod 11)$ 为 2 时,校检码字符值 a_1 为 X。

该女性公民的公民身份证号码为 11010519491231002X。

某男性公民身份号码本体码为 44052418800101001,其校检码字符值仍可按上述各步骤和方法计算如下:

字符位置序号 i	18	17	16	15	14	13	12	11	10	9	8	7	6	5	4	3	2	1
本体字符字码值 a_i	4	4	0	5	2	4	1	8	8	0	0	1	0	1	0	0	1	a_i
加权因子值 w_i	7	9	10	5	8	4	2	1	6	3	7	9	10	5	8	4	2	1
$a_i \times w_i$	28	36	0	25	16	16	2	8	48	0	0	9	0	5	0	0	2	a_1

$$\sum_{i=2}^{18}(a_i \times w_i) = 28 + 36 + 0 + 25 + 16 + 16 + 2 + 8 + 48 + 0 + 0 + 9 + 0 + 5 + 0 + 0 + 2 = 195$$

$195 \div 11 = 17\dfrac{8}{11}$,即 $\sum\limits_{i=2}^{18}(a_i \times w_i)\bmod(11)$ 为 8。

查表得出校检码字符表 a_1 为 4。

该男性公民的公民身份号码为 440524188001010014。

8.5　数据库设计

　　数据库设计是信息系统设计的核心工作之一,从 20 世纪 70 年代以来,由于计算机软硬件技术的进步,数据库技术得到迅速发展,管理信息系统中的数据很多是以数据库为组织形式来存储的。

　　数据库设计在用户需求分析基础上,进行数据库的概念结构、逻辑结构和物理结构三部分内容的设计工作。数据库设计是根据系统数据的加工处理过程、数据的分布和存储形式、安全保密要求等方面,来决定数据的整体组织形式、数据库表或文件的存放形式、数据库表的物理结构和相互关系等一系列的问题。

　　由于数据库理论已经发展成为一门完善的独立学科,在信息系统的数据库设计时,应主要应用数据库原理的相关理论内容,结合管理信息系统的需要和系统实施的要求进行设计。图8 – 27所示是数据库设计的各阶段和管理信息系统开发的各阶段的对应关系。

　　管理信息系统通过对数据的输入、加工和输出,产生对管理和决策有用的信息,有利于企事业单位利用信息进行计划、组织、领导、控制、创新等管理工作,实现管理信息系统的目的,因此,数据的分析和加工是贯穿信息系统生命周期的工作。系统分析期间数据流图和数据字典对数据进行了逻辑分析,即数据的逻辑形成过程,而数据库设计主要是通过 E-R 图分析构建数据的物理模型。

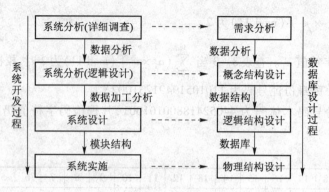

图 8 - 27　系统开发与数据库设计过程对应关系图

8.5.1　数据库设计的目标

数据库设计是系统设计的关键环节之一,其设计目标是在选定的数据库管理系统基础上建立数据库的过程,是数据存储的具体实现,为数据处理过程实现提供数据输入和输出的平台。良好的数据库设计应体现在对系统各类数据的管理上,满足组织管理工作的需要,操作简单,维护方便等。

数据库设计应满足下列要求。

(1)满足用户的应用需求

数据库设计首先应满足用户的各类信息要求和各种数据处理请求,其次要考虑所选用的数据库管理系统性能是否满足用户的需要,最后考虑数据库对系统经济效益的影响。

(2)良好的数据库管理性能

数据库设计除了满足用户的需求外,还应保证系统数据的完整性、一致性、可靠性、共享性、最小冗余以及数据安全,同时还要有良好的数据维护功能。

(3)数据库设计的人员要求

由于数据库设计涉及信息系统开发的各个环节,因此,数据库设计时要求有系统分析员、设计员、编程员、数据库理论的专家、系统数据库管理员等人员的共同参与。

8.5.2　数据库设计步骤

数据库设计主要包括概念结构设计、逻辑结构设计、物理结构设计三个阶段,各个阶段的具体工作见图 8 - 28 所示。

1. 现实世界、数据和数据项

信息系统收集现实世界中的人、部门和事件,并将这些数据输入到信息系统中,这是对现实世界的抽象。如图 8 - 29 所示,现实世界包括实体和属性,数据世界包括记录事件(Data Occurrence)和数据项事件(Data Item Occurrence),数据元素包括记录定义和数据项定义。

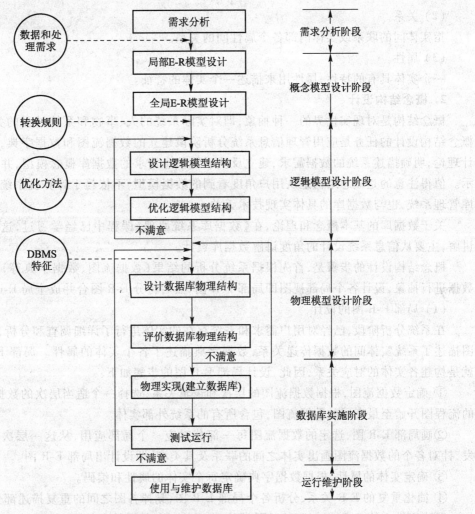

图 8-28 数据库设计步骤

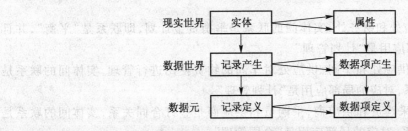

图 8-29 现实世界、数据世界和数据元

（1）实体

概念同第 7 章中的外部实体,指与系统有联系的事物或对象,可以是对人或事物的抽象。

（2）关系

指实体间的联系或实体内部各个属性间的关系。

（3）属性

一个实体具有的特性，属性用来描述一个实体的特征。

2. 概念结构设计

概念结构是对现实世界的一种抽象，即对实际系统的人、事物和系统过程的关系进行构思。概念结构设计的任务是应用管理信息系统分析阶段建立的数据流图和数据字典，结合数据库设计理论，明确描述系统的数据需求，建立反映系统信息需求的数据库概念模型，并以 E-R 图来表示。值得注意的是概念结构是从用户角度看到的数据模型，不依赖于计算机系统和具体的数据库管理系统，也与数据库的具体实现技术无关。

关于数据库的基本概念和理论，在《数据库系统原理》课程中已经学习过，这里就不再详细讲解，主要从信息系统设计的角度讲解数据库设计。

概念结构设计的步骤是，首先根据系统分析的结果（数据流图、数据字典等）对现实世界的数据进行抽象，设计各个局部视图即局部 E-R 图，然后将分 E-R 图合并成全局 E-R 图。

（1）局部 E-R 图的设计

在系统分析阶段，已经对用户需求和系统存在的实体进行了详细调查和分析，并通过数据流图描述了系统实体间的数据传递关系，数据字典描述了各个实体的属性。局部 E-R 图的设计，就是构建各实体的对应关系，因此，设计局部 E-R 图的步骤如下：

① 确定数据流图，根据数据流图的层次和逻辑关系，选择一个适当层次的数据流图，从这层的流程图开始至最底层的数据流图，包含所有的系统外部实体。

②画局部 E-R 图，选定的数据流图每一部分对应一个局部应用，从这一层次的数据流图出发，针对各个的数据流图画出实体之间的联系及其类型，即设计出局部 E-R 图。

③ 确定实体的属性，根据数据字典确定每个实体的属性和编码。

④ 简化重复的 E-R 关系，分析各个局部 E-R 图，删掉各图之间的重复描述部分。

以物资供应管理系统一级 DFD 图（图 7 – 16）为例，其局部 E-R 图，如图 8 – 30 所示，图中各分图具体意义如下。

图（a）的两个实体供应处和财务处，实体间的联系是平衡资金计划，即联系是"平衡"，并且是 1∶1 的关系，对应的局部应用是"计划管理"。

图（b）的两个实体是供应处和车间，供应处对车间的物资使用进行管理，实体间的联系是"管理"，并且是 1∶n 的关系，对应的局部应用是"计划管理"。

图（c）的两个实体是采购员和供应商，采购员和供应商是签订合同关系，实体间的联系是"签订"，并且是 m∶n 的关系，对应的局部应用是"合同管理"。

图（d）的两个实体是仓库管理员和领料员，仓库管理员和领料员联系是物资发放关系，实体间的联系是"领料"，并且是 m∶n 的关系，对应的局部应用是"库存管理"。

从图 8 – 30 可以看出，物资供应管理系统局部 E-R 图，包括的实体有七个，即供应处、财务

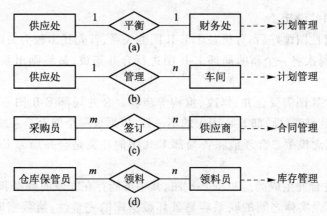

图 8 - 30 物资供应管理系统局部 E-R 图

处、车间、采购员、供应商、仓库管理员、领料员,但局部实体图分析可以得到,该 E-R 图还应包括物资、入库单等外部实体,根据数据字典,各实体的属性,见图 8 - 31 物资供应管理系统实体图。

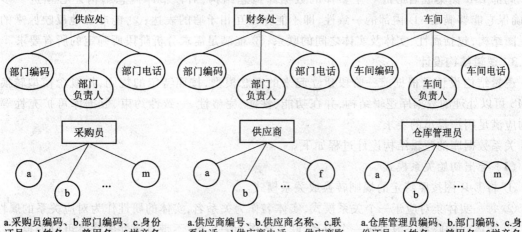

a.采购员编码、b.部门编码、c.身份证号、d.姓名、e.曾用名、f.拼音名、g.性别、h.出生日期、i.民族、j.籍贯、k.电话、l.E-mail、m.家庭住址

a.供应商编码、b.供应商名称、c.联系电话、d.供应商电话、e.供应商账号、f. E-mail

a.仓库管理员编码、b.部门编码、c.身份证号、d.姓名、e.曾用名、f.拼音名、g.性别、h.出生日期、i.民族、j.籍贯、k.电话、l.E-mail、m.家庭住址

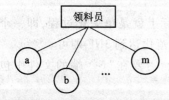
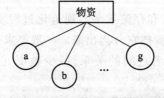
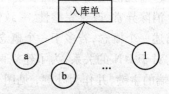

a.领料员编码、b.车间编码、c.身份证号、d.姓名、e.曾用名、f.拼音名、g.性别、h.出生日期、i.民族、j.籍贯、k.电话、l.E-mail、m.家庭住址

a.物资编号、b.物资名称、c.物资型号、d.物资类别、e.计量单位、f.库存上限、g.库存下限

a.入库单编号、b.物资编号、c.物资名称、d.物资型号、e.物资类别、f.计量单位、g.库存数量、h.采购单价、i.出库单价、j.入库时间、k.供应商编号、l.经办人

图 8 - 31 物资供应管理系统实体属性图

（2）全局 E-R 图的设计

局部 E-R 图和属性图画好后，分析各个 E-R 图的关系，首先找出较为关键的局部 E-R 图，采用逐步累积的方式，每次将一个新的局部 E-R 图进行合并集成，最终画出系统的整体的实体关系图，即全局 E-R 图。

一般集成局部 E-R 图需要合并、修改、重构等步骤。合并局部 E-R 图不是简单将所有局部 E-R 图画到一起，而是要消除局部 E-R 图中的不一致，以形成一个能为全系统中所有用户共同理解和接受的统一的概念模型。合理消除各局部 E-R 图的冲突是合并局部 E-R 图的主要工作与关键所在。

局部 E-R 图经过合并生成的是初步 E-R 图，其中可能存在冗余的数据和冗余的实体之间的联系。冗余数据和冗余实体之间的联系容易破坏数据库的完整性，给数据库维护增加困难，因此，得到初步 E-R 图后，应当进一步检查 E-R 图中是否存在冗余，如果存在则应设法予以消除。有时为了提高某些应用效率，不得不以冗余信息作为代价。在设计数据库概念结构时，需要根据用户的整体需求来确定哪些冗余的信息该消除。

局部 E-R 图集成后形成一个整体的数据库概念结构，对该整体概念结构还必须进一步验证，确保它能够满足：① 内部的一致性，即不能存在互相矛盾的表达；② 能准确地反映原来的每个视图结构，包括属性、实体及实体之间的联系；③ 能满足需求分析阶段所确定的所有要求。

3. 逻辑结构设计

逻辑结构设计是根据前一阶段建立起来的概念模型，按照特定的规则，把概念模型转换成 DBMS 可以处理的数据库逻辑结构，并在功能、性能、完整性、一致性约束、数据库可扩充性等方面均应满足用户提出的要求。

关系数据库的逻辑结构设计过程如下。

（1）导出初始关系模式

① 将 E-R 图按照特定的规则转换成关系模式。

② 每一实体集对应于一个关系模式，实体名作为关系名，实体的属性作为对应关系的属性。

③ 实体间的联系一般对应一个关系，联系名作为关系名，不带有属性的联系可以去掉。

④ 实体和联系中关键字对应的属性在关系模式中仍作为关键字。

（2）规范化处理

消除异常，改善完整性、一致性和存储效率。规范化过程实际上就是单一化过程，即一个关系描述一个概念，若多于一个概念就把它分离出来。一般要求规范化达到 3NF 即可。

对于 1:N 的关系，为了建立两者之间的关系，减少数据冗余，需要在"N"端的文件中包含"1"端的主键，并作为外键，见图 8－32。

对于 M:N 的关系，为了建立两者之间的关系，需要 3 个表，其中每个数据实体需要建立一个表，关系也要建立一个表，即关系表，在关系表中，每个数据实体的主键作为关系表的外键保存，关系表中可能只包含每个数据实体的主键，也可能包含一些其他数据。如生产车间实体和物资实体，属于 M:N 关系，即一个车间使用多种物资，一种物资被多个车间使用，对于这两个实体建

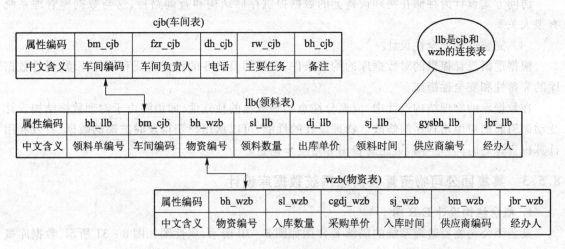

llyb(领料员表)

bh_llyb	bm_cjb	sfz_llyb	xm_llyb	cym_llyb	pym_llyb	xb_llyb	csny_llyb	mz_llyb	jg_llyb	dh_llyb	yx_llyb	zz_llyb
领料员编码	车间编码	身份证号	姓名	曾用名	拼音名	性别	出生日期	民族	籍贯	电话	E-mail	家庭住址

cjb(车间表)

属性编码	bm_cjb	fzr_cjb	dh_cjb	rw_cjb	bh_cjb
中文含义	车间编码	车间负责人	电话	主要任务	备注

图 8 - 32　1∶N 关系的转换图

立关系时,就需要通过增加第三表的方式进行,见图 8 - 33。

cjb(车间表)

属性编码	bm_cjb	fzr_cjb	dh_cjb	rw_cjb	bh_cjb
中文含义	车间编码	车间负责人	电话	主要任务	备注

llb是cjb和wzb的连接表

llb(领料表)

属性编码	bh_llb	bm_cjb	bh_wzb	sl_llb	dj_llb	sj_llb	gysbh_llb	jbr_llb
中文含义	领料单编号	车间编码	物资编号	领料数量	出库单价	领料时间	供应商编号	经办人

wzb(物资表)

属性编码	bh_wzb	sl_wzb	cgdj_wzb	sj_wzb	bm_wzb	jbr_wzb
中文含义	物资编号	入库数量	采购单价	入库时间	供应商编码	经办人

图 8 - 33　M∶N 关系的转换图

（3）模式评价

检查数据库模式是否满足用户的要求,包括功能评价和性能评价。

（4）优化模式

检查是否有疏漏的关系,并补充新关系或属性,性能不好的要采用合并、分解、选用另外结构等方法解决。对具有相同关键字的关系模式,如它们的处理主要是查询操作,且常在一起使用,可将这类关系模式合并。虽已达到规范化要求,但因某些属性过多时,可将它分解成两个或多个关系模式。

4. 物理结构设计

物理结构设计是在已经确定的逻辑结构的基础上,权衡各种软硬件环境和其他要求因素,确定一种高效的物理存储结构的过程。物理结构设计常常需考虑某些操作约束,如响应时间、存储要求等。

数据库物理结构设计的主要任务,是对数据库中数据在物理设备上的存放结构和存取方法进行设计。数据库物理结构依赖于给定的计算机系统,而且与具体选用的 DBMS 密切相关。

数据库的物理结构设计可分为以下步骤。

（1）存储记录的格式设计

分析数据项类型特征，对存储记录进行格式化。可使用"垂直分割方法"，对含有较多属性的关系，根据其中属性的使用频率不同进行分割；或使用"水平分割方法"，对含有较多记录的关系，按某些条件进行分割。并把分割后的关系定义在相同、不同类型的物理设备上，或在相同设备的不同区域上，从而使访问数据库的代价最小，提高数据库的性能。

（2）存储方式设计

物理设计中最重要的一个考虑，是把存储记录在系统范围内进行物理安排，存放的方式有顺序存放、杂凑存放、索引存放、聚簇存放等。

（3）访问方式设计

访问方式设计为存储在物理设备上的数据提供存储结构和查询路径，这与数据库管理系统有很大关系。

（4）完整性和安全性设计

根据逻辑设计提供的对数据库的约束条件、具体的 DBMS 的性能特征和硬件环境，设计数据库的完整性和安全性措施。

在数据库的物理结构设计中，应充分注意物理数据的独立性，即消除由于物理数据结构设计变动而引起的对应用程序的修改。物理设计的性能，可以从用户获得及时准确的数据、有效利用计算机资源的时间和空间、可能的费用等角度来衡量。

8.5.3　某集团公司物资管理信息系统数据库设计

1. 概念结构设计 E-R 图

某集团公司物资管理系统的局部 E-R 图如图 8 - 30 所示，属性图如图 8 - 31 所示，数据库概念设计的整体 E-R 图，如图 8 - 34 所示。

2. 逻辑结构设计

根据图 8 - 34 所示的系统 E-R 图进行逻辑结构设计，设计结果如下：

① 供应处（部门编码，部门负责人，部门电话，部门主要任务，备注）。

② 财务处（部门编码，部门负责人，部门电话，部门主要任务，备注）。

③ 车间（车间编码，车间负责人，车间电话，车间主要任务，备注）。

④ 采购员（采购员编码，部门编码，身份证号，姓名，曾用名，拼音名，性别，出生日期，民族，籍贯，电话，E-mail，家庭住址）。

⑤ 供应商（供应商编号，供应商名称，联系电话，供应商电话，供应商账号，E-mail）

⑥ 仓库管理员（仓库管理员编码，部门编码，身份证号，姓名，曾用名，拼音名，性别，出生日期，民族，籍贯，电话，E-mail，家庭住址）。

⑦ 领料员（领料员编码，车间编码，身份证号，姓名，曾用名，拼音名，性别，出生日期，民族，籍贯，电话，E-mail，家庭住址）。

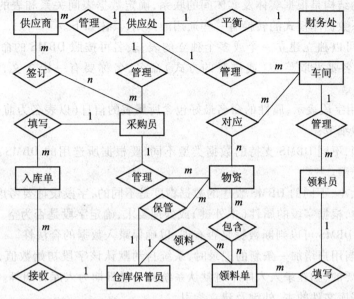

图 8-34 物资供应管理系统 E-R 图

⑧ 物资(物资编号,物资名称,物资型号,物资类别,计量单位,库存上限,库存下限)。

⑨ 入库单(入库单编号,物资编号,入库数量,采购单价,入库时间,供应商编号,经办人)。

⑩ 领料单(领料单编号,物资编号,领料数量,出库单价,领料时间,供应商编号,经办人)。

为了便于数据数据库物理结构设计,应对上述的逻辑结构进行优化设计,将供应处、财务处、车间等实体抽象为"部门"实体,将采购员、仓库管理员和领料员抽象为"员工"实体,优化后的逻辑结构如下:

① 部门(部门编码,部门负责人,部门电话,部门主要任务,备注)。

② 员工(员工编码,部门编码,身份证号,姓名,曾用名,拼音名,性别,出生日期,民族,籍贯,电话,E-mail,家庭住址)。

③ 供应商(供应商编号,供应商名称,联系电话,供应商电话,供应商账号,E-mail)。

④ 物资(物资编号,物资名称,物资型号,物资类别,计量单位,库存上限,库存下限)。

⑤ 入库单(入库单编号,物资编号,入库数量,采购单价,入库时间,供应商编号,经办人)。

⑥ 领料单(领料单编号,物资编号,领料数量,出库单价,领料时间,供应商编号,经办人)。

3. 物理结构设计

物理结构设计的目的是确定数据库的物理结构(存储结构)。主要任务包括三个方面。

(1) 确定数据库管理系统(DBMS)

数据库管理系统有很多种,可按结构化记录的方式进行分类,早期的数据库管理系统按照用索引和链接列表的层次或网状形式组织记录,如今大多数 DBMS 都是基于关系的。

(2) 确定数据库文件的结构

数据库文件的结构是根据实体及实体间的联系,确定数据表间关系和表的结构。从逻辑数据模型到物理关系数据库模式的转换有一些通用的规则,具体如下。

① 每个实体可以独立建立一个或多个独立的表,表名可按照 DBMS 的命名规则和大小限制进行格式化,命名要采取英文(或拼音的方式)命名,名称要有一定含义,便于记忆和编程使用。

② 表的属性用字段表示,属性的命名最好包含所属表的信息(以表名为前、后缀),每个属性要说明以下的技术细节:

(a)数据类型,不同 DBMS 支持的数据类型不同,要根据所选用的 DBMS、系统分析和设计的结果确定数据类型。

(b)字段的大小,不同的 DBMS 表达的数据精度是不同的,字段设计要考虑 DBMS 的要求。

(c)空或非空,根据字段的属性(主外键)或处理要求,确定字段是否为空。

(d)域,许多 DBMS 可以判断数据是否有误,以确保录入数据的合法性。

(e)默认值,当用户增加一条新的记录时,系统自动默认该字段初始数值,这对于提高录入效率来说,是很重要的,如在录入入库单时默认系统的登录日期为入库日期等。

(3)确定数据库文件的主、外键及建立索引

物资管理系统的数据库物理设计结果见表 8-4 和表 8-5。

表 8-4　物资供应管理系统数据表名称说明

序号	编码	表名	中文含义	备注
1	表 1	bumen_jbxx	部门基本信息	
2	表 2	yuangong_jbxx	员工基本信息	
3	表 3	gys_jbxx	供应商基本信息	
4	表 4	wz_jbxx	物资基本信息	
5	表 5	rkd_wz	物资入库单	
6	表 6	ckd_wz	物资出库单	
7	表 7	kc_wz	物资库存表	
8	表 8	ht_wz	物资采购合同	
9	表 9	th_wz	物资退货	
10	表 10	rk_tjb	入库统计表	
11	表 11	ck_tjb	出库统计表	
12	表 12	th_tjb	退货统计表	
13	表 13	…	…	

表 8-5   物资入库单数据表

序号	编码	字段类型	主键	非空	中文含义	实例	单位
1	bh_rkd	VARCHAR(11)	Yes	Yes	入库单编号	20080812097	
2	wzbh_rkd	VARCHAR(7)	No	Yes	物资编号	10102167	
3	sl_rkd	NUMBER(10,2)	No	Yes	入库数量	1000	台
4	cgdj_rkd	NUMBER(10,2)	No	Yes	采购单价	766	元
5	sj_rkd	Date	No	Yes	入库时间	2008-08-12	
6	bm_rkd	VARCHAR(7)	No	Yes	供应商编码	0108781	
7	jbr_rkd	VARCHAR(12)	No	Yes	经办人	李新	

8.6   输出设计

输出信息是系统对输入数据的加工整理后形成的结果,是管理者决策需要的信息。输入的是垃圾,输出的也是垃圾,说明了信息系统数据输入和输出设计对于系统成败的重要性。在实际开发过程中,先进行输出设计,后进行输入设计,这样做有助于发现输入设计中存在的纰漏,并予以补充。

8.6.1   输出设计的基本概念

系统的输出能否方便准确地提供管理决策所需的信息是用户评价系统质量时,主要考虑因素之一,因此,输出设计的任务是使管理信息系统能够输出满足用户需求的信息。从系统的角度来说输入和输出都是相对的,下一级子系统的输出有可能就是上级子系统的输入。

系统输出包括两方面内容:输出的形式和输出的方法,详见表 8-6。

1. 输出的形式

按照系统的边界划分,系统的输出可分为:内部输出、回转输出和外部输出三种形式。

(1)内部输出

内部输出面向内部系统所有使用者或管理决策人员,内部输出支持日常的业务操作、管理监视和决策制定。表 8-6 说明了内部输出包括 3 个基本子类,具体如下。

表 8 -6　信息系统输出的方法和形式

方法＼形式	内部输出（报告）	回转输出（先外部后内部）	外部输出（事物）
打印机	打印在磁盘上的供内部使用的详细信息、总结信息或例外信息。常见范例：管理报告	打印在业务表格上的业务事务，这些业务表格总结了业务事务。常见范例：电话账单和信用卡账单	打印在业条表格上的业务事务，这些业务表格总结了业务事务。常见范例：工资单和银行结算表
屏幕	显示在显示器上供内部使用的详细信息、总结或例外信息报告，可以是表格形式的，也可以是图形形式的。常见范例：联机管理报告和对查询的响应	显示在显示器上的表单和窗户中的业务事务，表单和窗口还将被用来输入数据，以激发另一个相关的事务。常见范例：可以点选购买选项的股票价格的 Web 显示	显示在业务表格上的业务事务，这些业务表格总结了业务事务。常见范例：基于 Web 的详细银行事务报告
零售终端	打印或显示在具体内部业务功能的专用终端上的信息。包括无线通信信息传输。常见范例：换班时的现金出纳机结算报告	打印或显示在专用终端上的信息，用于激发一个后续的事务。常见范例：商店里的显示器允许用户浏览通过借记卡进行自动付款的产品价格	打印或显示在面向客户的专用终端上的信息。常见范例：账户余额显示在 ATM 机上或者打印输出；另外，账号付款信息通过移动公司发送到用户手机上显示
多媒体（音频或视频）	被转换成语言供内部使用的信息，对于内部用户来说并不常用	被转换成语言供外部用户使用的信息，外部用户用语言或者按键输入数据。常见范例：用户到银行提款时，系统提示用户输入密码	被转换成语音供外部用户使用的信息。常见范例：医院收费窗口对患者应交医疗费的提示音频
电子邮件	关于内部业务信息的显示消息。常见范例：宣布新的联机业务报告，可用电子邮件发送消息	用来启动业务事务的显示消息。常见范例：要求回复以继续处理业务事务的电子邮件消息，如 OA 系统	关于业务事务的消息。常见范例：通过 Web 上的电子商务进行业务交易的电子邮件证实信息
超链接	内部信息的 Web 链接，采用 HTML 或 XML 格式。常见范例：所有信息系统报告集成为一个基于 Web 的信息发布系统，供联机访问	包含在 Web 输入页面中的 Web 链接，给用户提供到其他信息的访问。常见范例：在一个 Web 拍卖页面上，到销售商销售历史的链接，并邀请增加新评论	包含在 Web 事务中的 Web 链接范例：到保密策略的超链接，到解释或响应一个报告或事务的信息链接
微缩照片	内部管理报告归档到只要求很小物理存储空间的微缩胶片上。常见范例：计算机微缩胶片输出（COM）	不可应用，除非内部需要归档回转文档。常见范例：计算机微缩胶片输出（COM）	不可应用，除非内部需要复制外部报告。常见范例：计算机微缩胶片输出（COM）

1）详细报告

显示系统最为详尽的信息,用来反映在确定的时间范围内事务活动的详实情况,如库存管理信息系统中的库存台账、领用料清单等,这些都是业务层管理的信息。有些详细报告是历史性的,另一些详细报告则是规定的,也就是有关职能部门要求的。表 8 - 7 所示的《读者图书订单明细表》反映了 2008 年 9 月份书籍的订阅情况。明细表侧重反映读者所定图书的明细信息,必然会出现一些冗余信息。

表 8 - 7　读者图书订单明细表

打印日期:2008 年 9 月 30 日 17:30

人员编号	姓名	图书编号	书名	作者	出版社	订价	计划到货日期
200809027	于海川	9787111215899	管理信息系统	薛华成译	机械工业出版社	50	2008 - 10 - 18
200612239	刘易斯	9787563511167	管理研究方法论	李怀祖	西安交通大学出版社	29	2008 - 11 - 10
200711096	马三利	9787563511167	IT 项目管理	忻展红,舒华英	北京邮电大学出版社	49	2008 - 10 - 21
200702125	何晓雯	9787302157311	软件工程	李代平	清华大学出版社	46	2008 - 10 - 25
200809027	于海川	9787563511167	IT 项目管理	忻展红,舒华英	北京邮电大学出版社	49	2008 - 10 - 21
200612239	刘易斯	9787560517797	管理研究方法论	李怀祖	西安交通大学出版社	29	2008 - 11 - 10
200702125	刘文清	9787111215899	管理信息系统	薛华成译	机械工业出版社	50	2008 - 10 - 18
…	…	…	…	…	…	…	…
…	…	…	…	…	…	…	…
…	…	…	…	…	…	…	…

2）总结报告

总结报告反映业务活动的综合信息,组织中的不同人员对汇总信息有不同的要求,对于管理层或决策层而言,他们不会过多关心基层的详细信息,而是需要综合类的信息,以便指导管理工作。一般在信息系统开发阶段很难设计出用户需要的所有汇总表,实际上很多汇总表是在系统运行过程中根据用户的需要临时生成的,应该由用户自己设计汇总表格式,并设计汇总数据的功能。

例如,表 8 - 8 所示的《读者图书订单汇总表》反映了 2008 年 9 月份每一本书的订阅汇总情况。这个报表是在表 8 - 7 所示的《读者图书订单明细表》的基础上,对图书订阅信息汇总得到的。

表 8 - 8　读者图书订单汇总表

打印日期:2008 年 9 月 30 日 17:30

序号	图书编号	书名	作者	出版社	订价	订购数量	合计金额
1	9787111215899	管理信息系统	薛华成译	机械工业出版社	50	7	350
2	9787563511167	管理研究方法论	李怀祖	西安交通大学出版社	29	5	145
3	9787563511167	IT 项目管理	忻展红,舒华英	北京邮电大学出版社	49	8	392
4	9787302157311	软件工程	李代平	清华大学出版社	46	4	184
5	9787111108481	系统分析与设计	朱群雄译	机械工业出版社	49	6	294
6	9787040228892	信息系统技术概论	陈福集	高等教育出版社	40	6	240
7	9787040239669	管理信息系统	武林晓译	高等教育出版社	49	10	490
8	合计					46	2095

总结报告的数据一般被加以分类和总结,以支持分析趋势和潜在问题。总结报告中图表和图形的使用也越来越普及,因为它总结趋势,更为直观清楚。某出版社《管理信息系统》教材年度销售趋势图,如图 8 - 35 所示。

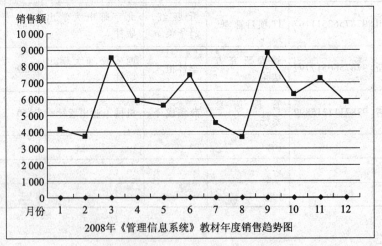

图 8 - 35　某出版社《管理信息系统》教材年度销售趋势图

分析表主要反映信息的对比和分析情况,一般以汇总分析表的形式反映。如表 8 - 9 所示的就是一张分析表,反映 2006 与 2007 年某公司债务和资本的增减分析情况。

表 8-9 某公司 2007 年资产债务分析表

单位:万元

项目	去年同期	2007 年	相差量	相差比(%)
资产:				
现金	128	154	26	20.3
应收账款	190	210	20	10.5
办公设备	18.6	19.8	1.2	6.5
小计	336.6	383.8	47.2	
债务:				
应付账款	101	112	11	10.9
长期借款	68	76	8	11.8
小计	169	188	19	11.2
资本:				
一般存货	187	223	36	19.3
雇佣收益	12	19	7	58.3
小计	199	242	43	21.6
债务和资本	368	430	62	16.8

3)例外报告

非定期的仅包含对某些情况或标准的例外信息报告,如低于库存下限或高于库存上限的报告报表。

(2)回转输出

有些输出既是系统外部的也是内部的,它们起初作为外部输出离开组织但最终将会(部分地或者全部地)返回作为系统的内部输入。回转输出是指那些最终进入系统作为输入的外部输出。例如我们到宾馆前台结账,前台服务员打印出住宿明细单给客户,客户审核通过过后,在明细单签字,并同支付的现金(或支票、银行卡)返给前台服务员,前台服务员录入相关信息,予以结算,并打印发票。

(3)外部输出

同内部输出相对的就是外部输出,外部输出离开组织,面向客户端、供应商、合作伙伴和政府部门,并且通常是总结或者报告业务。外部输出的例子有发票、工资单、购买订单、邮件标签等。

2. 输出的方法

我们有许多常用的输出设备,例如打印机、屏幕、零售终端等,优秀的系统分析员应考虑可以用来实现一个输出的所有可选方案。

（1）打印机输出

计算机输出最常用的介质是纸张——打印输出。尽管无纸办公已经被炒作了许多年,但在某种程度上,还需要纸质的信息保存,这也许是因为人们对纸张介质存储信息的真实性存在心理依赖。

过去我们使用针式打印机,现在更多地是使用激光打印机,无论打印质量,还是打印速度都有显著的提高。内部输出一般打印在空白纸张上,外部输出和回转文档则打印在预制的表格上。预制表格的布局(例如空白支票、发票等)是预先确定的,而且可以大批量生产。打印机最终在预制表格上打上各种业务数据,既规范了打印过程,又节省了打印成本。

打印输出最常用的格式是以文本和数字列的形式表现输出。一种特殊的输出是分区输出,分区输出把文本和数字放置在一个表格或屏幕的指定区域或方框中。分区输出经常与表输出一起使用,例如,订单输出除了包含表示订单产品的表(或者列和行)以外,还包含表示客户和订单基本信息的数据区域。

（2）屏幕输出

CRT 终端或 PC 显示器输出是最常见的输出方式,是在可视显示设备上联机显示信息。虽然屏幕输出为系统用户提供了对信息的便利访问,但是信息只是暂时的,当信息离开屏幕时,信息就消失了,除非重新显示,因此,打印输出通常会被加到屏幕输出设计中。

借助屏幕输出技术,表报告——特别是总结报告——可以用图形格式表现。

图形输出是使用图表来揭示信息,很多不同类型和风格的图表都可以用来表现信息,它演示了表输出中不容易看出的趋势和关系。对于系统用户,尤其在数据量较大的情况下,图形方式更能使人一目了然,报告编写技术和电子表格软件可以快速地将表数据转换成图表,这些图表有助于管理者提高决策效率。

表 8 – 10 所示总结了当前主要应用于输出的各种类型图表。

表 8 – 10　图表类型和选用准则

类型	例子	选用标准
线条图		线条图显示一段时间内一个或多个数据序列,它们用于总结和显示固定间隔数据,每条线代表了一个数据序列或者一类数据
面积图		面积图类似于线条图,但关心的焦点是线条下面的面积。图中的面积用来总结和显示数据随着时间的变化,每条线代表了一个数据序列或者一类数据
条形图		条形图用于比较数据序列和数据类,每个条形表示一个数据序列或者一类数据
直方图		直方图类似于条形图,但直方图是垂直的,而且一系列的直方图可以用来比较不同时间或不同时间间隔的同类数据,而每个条形代表了一个数据序列或者一类数据

类型	例子	选用标准
饼图		饼图显示部分与整体之间的关系,它们用来总结在一个数据序列中数据占总体的百分比,图中的每一块代表了数据序列的一个数据项
环形图		环形图类似于饼图,但它们可以显示多个数据序列或数据类,每个数据序列或数据类都是一个同心环。在每个环中,环中的每一块代表了那个数据序列的一个数据项
雷达图		雷达图用来比较多个数据序列或数据类的不同方面,每个数据序列都被表示成围绕中心点的一个几何图形,多个序列互相重叠以便进行比较
散点图		散点图用来显示在不均衡的时间间隔内测量的两个或多个数据序列、数据类之间的关系,每个序列用不同的颜色或记号的数据点表示

（3）销售点终端

许多零售商和客户的交易由销售点（POS）终端支持,POS 终端既包含输入设备,也包含输出设备。自动取款机（ATM）显示账号余额,并打印事务收据；当条形码被扫描时,POS 收银机显示价格和总数,并生成数据；彩票 POS 终端生成随机数并打印彩票。

（4）多媒体

多媒体技术以图像、声音、图片、动画等技术显示系统的输出,信息系统应用向因特网和内联网的转变促进了多媒体输出的普遍应用。前面已经讨论过了图形输出,但是其他多媒体格式也可以集成到传统的屏幕设计中。例如,许多信息系统提供电影和动画作为输出内容的一部分；产品描述以及安装和维护指南可以使用多媒体工具集成到联机产品目录中；声音也可以被集成,声音（以基于按键电话系统的形式）可以用来实现一种有趣的输出方式——许多银行允许其客户使用按键电话访问各种账号、贷款和交易数据。

（5）电子邮件

电子邮件改变了现代企业的通信方式,当事务性系统越来越多地支持 Web 购买产品时,你几乎总是会收到自动的电子邮件输出,用以确认你的订单,后续的电子邮件可能会通知你订单执行的进展,并要求客户反馈信息（回转输出的一种形式）。

内部输出也可以通过电子邮件得到增强,例如,系统可以把新报告和通知送给相关的用户,于是只有那些真正需要报告的人才打印纸质报告。尤其在大量分发信息时,这种方式可以明显地节省费用和时间。

（6）超链接

现在许多输出是通过 Web 实现的,许多客户订单系统也是支持 Web 的,Web 超链接使得用户可以按需浏览记录清单,或者查询特定记录并访问各种更为详细的信息。

有些技术可以将内部报告方便地转换成 HTML 或 XML 格式,并通过内部网发布,这减少了打印报告和屏幕报告对特定操作系统版本（例如 Windows）的依赖性。从根本上说,接收者所需要的只是一个可以运行在任何计算机平台(Windows、Mac、Linux 或者 UNIX)上的浏览器。

但是 Web 输出不只是表现为因特网和内部网的传统输出。许多企业对基于 Web 的内容报告系统感兴趣,这种系统将传统内部报告中的周、月和年报告,合并到一个有组织的数据库中,报告可以从中调出、显示或者打印。这种系统没有创造新的输出,仅仅是将以前的报告重新格式化后供浏览器访问,所以可以把它们看成一个按需的 Web 报告归档系统。

(7)微缩胶片

纸张体积大,故而需要相当大的存放空间。为克服纸张存放的问题,许多企业使用微缩胶片作为输出介质。一小块微缩胶片能够存储几十甚至上百页计算机输出。使用胶片存在的问题是:微缩胶片只能通过特殊的设备制作和阅读。

8.6.2　输出设计

对输出信息的基本要求:精确、及时而且适用。在设计过程中,系统设计人员必须深入了解用户的信息需求,与用户充分协商。信息能否满足用户需要,直接关系到系统的使用效果的好坏和系统的成功与否。

1. 输出设计工具

早期的输出设计主要是系统分析员通过绘制输出草图或画间隔线的方式,设计屏幕格式文件,让系统用户了解系统输出设计的具体成果,这种画图工作繁琐,修改困难,可视性差。随着面向对象的方法理论和实践应用的逐渐成熟,可视化的输出设计工具也得以推广应用,诸多系统开发工具(如 PowerBuilder、Visual Basic)都提供了适合本系统的报表功能,同时,产生了一些专门用于报表的软件工具,事实上最为廉价的是 Lotus 1-2-3、微软公司的 Excel。电子表格软件的表格格式特别适用于创建表格输出原型,而且大多数电子表格软件都具有快速地将表格数据转换成各种流行图表格式的功能,用户可以更加直观地看到系统输出原型,增强了用户的感性认识。

最常用的输出设计自动化工具是小型数据库应用开发环境,如,在开发大多数企业级应用时,Visual FoxPro 还不够强大,但其简单易用且具有一定的灵活性,使得开发者对于快速开发系统的原型能够得心应手。首先,Visual FoxPro 提供了快速构造一个单用户(或者少量用户)数据库和测试数据的快速开发工具,那些数据以后可以送到输出设计原型中以增加实现性。设计人员可以使用 Visual FoxPro 的报告工具来布局建议输出设计,并同用户一起测试它们。

2. 输出内容设计

(1)输出的格式要求

① 每个输出应该有一个标题。

② 每个输出应该标上日期和时间戳,这有助于用户掌握信息的时效性。

③ 报告和屏幕应该包括分段信息的节和标题。

④ 基于表格的输出中,所有的字段应该清晰地标上标签。

⑤ 在基于表的输出中,列应该清晰地标上标签。

⑥ 因为节标题、字段名称和列标题有时被缩写可以节省空间,报告应该包括或者提供这些标题的图例。

⑦ 只打印或显示需要的信息。在联机输出中,使用信息的隐藏技术,并提供方法来扩展信息的详细程度或综合信息的集成程度。

⑧ 输出的信息不需经过二次处理,可以直接使用。

⑨ 在报告或显示中,信息布局应该均匀分布——不要太拥挤,也不要太分散。而且,整个输出应该提供充分的边缘和空格,以提高可读性。

⑩ 用户能够方便地找到输出,方便地在报告中前移和后移,以及退出报告。

(2) 输出设计的内容

① 输出信息使用情况,包括:信息的使用者、使用目的、信息量、输出周期、有效期、保管方法和输出份数、机密与安全性要求等。

② 输出信息内容,包括:输出项目、精度、信息形式(文字、数字)、输出格式(表格、报告、图形)等。

③ 输出设备和介质,输出设备包括:显示终端、打印机、磁带机、磁盘机、绘图仪、多媒体设备;输出介质包括:纸张、磁带、磁盘、光盘、多媒体介质等。

(3) 输出的时效性很重要。输出信息必须在事务或决策需要时到达用户处,这也会对输出设计产生影响。

(4) 计算机输出的分布对所有相关系统用户必须是足够的输出的。实现方法的选择影响到输出的分布。

(5) 系统输出内容应该是系统用户可接受的,因此,系统分析员必须理解用户计划及如何使用输出。

3. 输出设计过程

输出设计过程并不复杂,有些设计步骤是基本的,而另一些则根据具体的开发情况而定,具体步骤如下。

(1) 确定系统输出并检查逻辑需求

输出需求应该在系统分析过程中定义,系统的业务流程分析和数据流程分析是输出设计的良好起点,系统数据流图和数据字典既确定了系统的输出内容,也确定了输出的实现方法。根据系统分析报告,每个输出数据流,可以用数据字典中的一个数据流条目描述,这个数据流的数据结构说明了被包括在输出中的属性。如果没有这种精确的需求可用,则可以使用需求分析阶段创建的需求原型,设计系统的输出。

(2) 说明物理输出需求

系统分析阶段应该建立了绝大部分的输出数据流,最终如何实现预期的输出结果,对于输出设计来说,要做的决策是确定实现输出的最佳介质和格式,主要内容包括以下几个方面。

① 输出的类型和目的。

② 系统输出的运行可行性、技术可行性和经济可行性。

③ 输出供内部使用还是供外部使用。

④ 是外部输出、回转输出还是内部输出，如果是内部输出，它是详细报告、总结报告还是例外报告。

在理解了输出的类型及如何实现之后，需要考虑以下几个设计问题。

① 什么实现方法最适用于输出？本章前面讨论了各种方法，这里需要理解输出的目的或使用方式，才能确定正确的实现方法：

（a）报告的最佳格式是什么，表格、图形或是这些格式的某种组合。

（b）如果想采用打印输出，就必须确定使用哪类表格或纸张，并确定要使用的打印机的能力和限制。

（c）对于屏幕输出，需要理解用户显示设备的限制。

（d）表格图像可以存储下来，然后用激光打印机打印。

② 需要知道系统输出频率？单位时间的输出量，系统用户什么时候需要报告。

③ 为了准确地计划纸张和表格消耗量，需要计算打印输出的页数。

④ 同一输出需要的份数。

这些输出设计应该被记录在数据字典中。

（3）设计预打印的表格

在这一步，外部文档和回转文档被独立出来进行特殊考虑，因为它们包含了大量的固定预打印信息，这些预打印信息必须在设计最终输出之前就设计好。在大多数情况下，预打印表格的设计被交给一个表格生产厂家，但是企业必须说明设计需求，并仔细检查设计原型。设计需求涉及以下问题。

① 表格中必须显示的预打印信息，预打印信息包括信息标题、标签和需要显示的其他信息。

② 报表的打印周期。

③ 表格的尺寸。

④ 需要在表格上（正面和反面）打印的图例、政策和指令。

⑤ 使用的颜色，用于拷贝的类型。

4. 设计、验证并测试输出

在系统输出设计中，要了解显示器所能显示的行、列字符数，然后将要显示的内容写在具有同样行、列数的纸张上进行初步设计，或者更好的生成一个例子报告或文档，向系统用户展示草图或原型，获得他们的反馈意见。另外，除要考虑系统能否为用户提供及时、准确、全面的信息服务、便于阅读和理解等这些问题外，还要考虑终端或服务器设备的使用环境、响应时间、对用户友好问答等问题，并要注意保密性。

在输出设计中需要使用布局工具（例如，手绘草图、打印机/显示布局图、CASE）、原型化工具（例如，电子表格软件）和代码生成工具（例如，报告编写器）。

注意，使用现实的或合理的数据，并演示所有的屏幕输出是十分重要的。屏幕输出还有一些特殊考虑因素，这些因素则总结在表 8-11 中。

表 8−11 输出设计要素

屏幕设计要素	设计要素
大小	不同的显示器支持不同的分辨率,设计人员应该考虑使用"最低的常用分辨率",默认窗口大小应该小于或者等于用户分辨率最低的显示器。例如,如果某些用户只有 640×480 像素的显示器,那么就不要设计打开后具有 800×600 像素的窗口
滚动	联机输出的优势是不受实际页面的限制。但是如果重要信息(例如列标题)滚出屏幕,这也会成为一个缺点,所以,应该尽可能把重要的标题冻结在屏幕顶部
导航	用户应该清楚自己是在一个联机屏幕的网络中,所以用户还需要具有在屏幕之间导航的能力。Windows 输出显示在被称为表单的窗口中,一个表单可以显示一个记录或者多个记录;滚动条应该指示你处于报告中的什么位置;通常还应该提供按钮,以便在报告的记录之间向前和向后移动,以及退出报告。Internet 输出显示在称为页面的窗口中,一个页面可以显示一个记录或者多个记录。可以使用按钮或超链接在记录之间导航,也可以使用定制查询引擎导航到报告中的特定位置分区
分区	每个表单都独立于其他表单,但可以相互关联,区域可以独立地滚动,Microsoft Outlook 就是一个例子。Internet 帧是页面中的页面,用户可以在页面内独立地滚动,帧可以用多种方式改进报告,可以用于表示报告约定,目录或总结信息
信息隐藏	联机应用(例如那些在 Windows 上运行或者在因特网浏览器中运行的应用)提供了隐藏信息直到信息变成需要的或者重要的时候再显示的能力。这种信息隐藏的例子有:"深入连接(drill−down)控制"显示最小的信息,然后向用户提供简单的方式来扩展或者减小显示信息的详细程度。在 Windows 输出中,使用数据记录左边小框中加号或减号将记录展示或者将记录合并。所有这些展开和合并都在输出窗口的内部。在互联网应用中,任何总结信息都可以突出显示成一个超链接,以便把那个信息扩展到更详细的程度。一般来说,展开的信息在一个独立窗口中打开,以便读者可以使用浏览器的向前按钮和向后按钮在不同的详细程度的信息之间切换。信息可以触发弹出式对话框
突出显示	报告中可以使用突出显示来唤起用户对出错信息、异常数据或特殊问题的注意,但如果使用不当,突出显示也会分散用户的注意力。有关人的因素的研究将继续指导我们对突出显示的使用。突出显示的例子包括:颜色(不要使用色盲的人不能分辨的颜色)、字体(变化字体可以提高注意力)、对齐(左对齐、右对齐或居中对齐)、连字符(不建议在报告中使用)、闪烁(可以引起注意,也可以会使人反感)、反显
打印	许多用户仍然喜欢打印的报告,所以应该向用户提供打印报告永久拷贝的功能。对于因特网用户来说,报告可能需要按照工业标准格式提供(例如 Adobe 公司的 Acrobat),这使得用户可以使用免费的广泛使用的软件打开和阅读那些报告

8.7 界面与输入设计

信息系统的成功或失败,往往取决于最终用户对系统的认可程度,系统输入界面是人机交互的主要方式,它给予用户的影响和感受最为明显,是系统易用性的主要标志之一。一般而言,输入设计对于系统开发人员并不重要,但对用户来说,却显得尤为重要,它是一个系统整体印象的直接体现。符合用户习惯,方便用户操作,目标系统就易于被用户接受。

一个优秀的输入设计是一个直观的,对用户透明的界面,用户首次接触系统就觉得一目了然,不需要多少培训就可以方便地上手使用,甚至在使用过程中会获得愉悦快乐的心情。输入设计与设计人员对系统的理解和个人偏好有关,这一节对于一些通用的要求加以讲解。

8.7.1　界面设计

界面设计是系统与用户之间的接口,也是控制和选择信息输入的主要途径。对于大多数用户来说,界面就是他们对系统全部的了解,一个内部设计良好但用户界面不友好的应用程序是很难让用户接受的。一个应用程序的用户界面框架是决定其商业价值的重要因素。所以,设计优秀的人性化的人机界面,是系统分析和设计过程中要综合考虑的问题。在人机界面设计中,首先应进行界面分析,分析用户特性和系统功能,记录用户有关系统的概念和术语,认真研究用户的文化氛围,然后,制定最终的界面设计方案。

1. 界面设计的原则

（1）用户原则

人机界面设计首先要确定用户类型。划分类型可以从不同的角度,视实际情况而定。确定用户类型后要针对其特点预测他们对不同界面的反应。这就要从多方面进行设计分析。

（2）界面一致性

布局和风格一致的人机界面易于用户快速熟悉和接受系统,减轻用户的负担,让用户始终用同一种方式思考与操作。每切换一个屏幕就换一种界面风格、一套操作命令或操作方法,用户要重新熟悉界面,这种做法是不可取的。对于系统中使用的图标,尽可能采用目前通用的表示方式,例如,以问号图标表示帮助,以磁盘图标表示存盘,以打印机图标表示打印等。

（3）具有较强的容错功能

对于用户的误操作,要有较强的提示信息或引导用户怎样进行正确的操作。对于一些异常错误,系统要具有恢复出错现场的能力,对系统内部的处理工作应该有所提示,尽量把主动权交给用户。例如,录入某物资的入库日期和保质期时,系统自动对其时间的前后约束关系进行判定,不符合要求时,系统应提示用户进行更改。

（4）帮助和提示原则

界面设计要充分考虑建立完善统一的系统帮助和提示信息,帮助用户处理系统使用过程中可能会遇到的各种问题。

（5）信息最小量原则

人机界面设计要尽量减少用户记忆负担,采用有助于记忆的设计方案。

（6）媒体最佳组合原则

针对系统功能的需求,将各种媒体有机结合,恰当选用,注意处理好各种媒体间的关系,使用户能够轻松地工作,达到事半功倍的目的。

2. 界面需求分析

对于界面,用户通常只能根据自己想象中的理想系统,向分析开发人员提出基本的要求,而且提出的要求也不一定科学。由于系统界面的评价因素与用户的心理状况、认识水平有很大关系,在开发人员将初始的界面设计完成时,用户将实际系统界面同自己想象中的理想系统对比,才能知道是否符合自己的操作习惯,颜色、字体等界面元素是否满足自己的要求,进而可能会提出新的需求,因此,如何引导用户在项目进行中尽早明确自己的需求,是任何一个需求分析人员都会面临的问题。

界面需求分析在于帮助设计人员快速明确系统的开发理念和用户的界面需求,并让用户充分参与到界面需求分析中,从而在最终界面需求说明中体现用户的思想,满足用户的要求。

(1) 系统功能分析

全面分析信息系统由哪些模块构成,完成哪些功能,各个功能间的制约关系,以及系统所处的行业背景。

(2) 系统用户特点分析

根据用户的年龄、性别、地区、民族、职业、受教育程度等因素,分析用户的操作习惯和认知习惯。

(3) 系统应用过程分析

系统应用过程分析是一项深入细致的工作,一些信息系统的人机问题不是靠常识可发现的,甚至短时间使用也体会不到,因此,必须对使用过程进行认真分析。

影响界面设计的因素是极为广泛的,但在具体的运用中却应有所侧重。要设计好的界面,理性的认识是首要的,其次是创造性,设计不是一成不变的,分析方法也不是一成不变的,设计的界面同样也因人而异。通过对人机交互的分析,可以建立起人机界面的交互模型,如图 8-36 所示,通过模型可以明确人机界面是否合理,人机分工是否恰当,人本主义思想是否体现于其中。

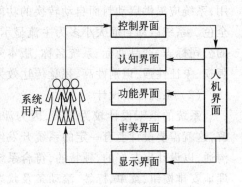

图 8-36 人机界面分析模型

3. 人机界面设计

(1) 人机界面的功能性设计

界面设计首先要实现信息系统最基本的使用功能,功能性设计主要是界面的显示设计和控制设计。系统界面的信息交流主要通过显示和控制来实现,显示信息要易于用户接受,并且应选择最适合的显示方式;控制设计要符合使用者的操作习惯,使用户能够很容易地进行系统功能的控制。

(2) 人机界面的认知性设计

信息系统操作界面中的按钮、图标以及其他功能键的设计要符合用户的认知习惯,这在输入设计中尤其重要。用户使用系统时,尽量不需要通过太多的学习,不需要依靠说明书,用户根据界面的引导或者图标的含义就可以自然地进行操作。

（3）人机界面的审美性设计

界面的美，不仅要符合艺术审美形式的美，满足人们感觉上的愉悦，更多地是要满足用户实现某种目的时带来的愉悦。通常人机界面的设计审美主要考虑：功能美、技术美、形态美。这些审美性的构成要素包括：结构、功能、形态、色彩、语义等。

（4）人机界面整体性设计

界面既是作为系统与用户接触的桥梁，又是系统的一部分，同时也是应用环境的一部分，必须对信息系统进行整体性设计，统一设计风格，保证系统界面的统一性。

4. 界面设计要素

通常一个系统界面的元素包括界面主色调、字体颜色大小、界面布局、界面交互方式等。其中，界面布局和界面交互方式对用户工作效率影响较大；颜色、字体大小和界面布局影响系统的友好性。系统界面作为一个整体，各个要素要协调设计，从而达到系统界面的整体效果最优化，提升用户对系统的满意度。

界面设计是为了满足系统专业化、标准化的需求，具体设计内容包括：系统启动封面设计，系统框架设计，按钮设计，面板设计，菜单设计，标签设计，图标设计，滚动条及状态栏设计，安装过程设计及包装。

在设计的过程中需注意的关键问题包括以下几个方面。

（1）系统启动封面设计

系统启动封面应为高清晰度的图像，由于系统启动封面可能在不同的平台、操作系统上使用，系统应提供启动封面自动转换的功能，并且对选用的色彩不宜超过 256 色，最好为 216 色安全色。系统启动封面大小多为主流显示器分辨率的 1/6 大，在上面应该醒目的标注制作或支持的公司标志、产品商标、系统名称、版本号、网址、版权声明、序列号等信息。插图宜使用具有独立版权、象征性强、识别性高、视觉传达效果好的图片，以形成该系统的个性化特征。

（2）系统框架设计

系统的框架设计较为复杂，因为涉及系统的使用功能，应该对该系统的程序和使用比较了解，这就需要设计者有一定的系统开发经验，能够快速学习，并且与系统分析员和用户进行共同沟通，以设计出友好的，独特的，符合系统开发原则的系统框架。系统框架设计应该简洁明快，合理地安排按钮、菜单、标签、滚动条及状态栏的布局，如整个系统的主菜单应放在左边或上边，滚动条放在右边，状态栏放在下边，以符合视觉流程和用户使用心理。设计中还应该将整体色彩组合进行合理搭配，对于重要的数据信息，要以醒目的颜色显示，如对医院窗口的医疗收费系统，通常的输入数据以黑色或蓝色显示，而系统计算的结果（对患者的收费数额）应以红色的醒目的大字显示，这样使收费人员一目了然，减少工作的出错率。

（3）系统按钮设计

根据系统的特点和屏幕的空间多少，按照不同的功能区设置按钮，使用户能够很自然地联想到按钮的控制区域或按钮的功能。系统按钮大体有 6 种状态：① 点击时状态；② 鼠标放在上面，但未点击的状态；③ 点击前鼠标未放在上面时的状态；④ 点击后鼠标未放在上面时的状态；⑤ 不能点击时状态;⑥独立自动变化的状态。具体设置时应根据应用的特点来确定按钮的状态。

（4）系统面板设计

系统面板设计应该具有缩放、最大化、最小化、关闭窗口等适当设置功能。对于信息量较大、控件较多的复杂屏幕设计,应该按功能的相关性进行分区放置,通过边框以示区别。

（5）菜单设计

菜单包括下拉菜单和弹出式菜单两种,应根据系统的功能来选用菜单的形式(或级联形式),如果有下级菜单应该有下级箭头符号,不同功能区间应该用线条分割,菜单一般布局在屏幕的顶端或右端,另外为了方便应用,有时也设计鼠标右键的弹出式菜单。菜单命名方式为"名称＋快捷键",菜单有选中状态和未选中状态。

（6）标签设计

标签设计主要是对控件的说明或提示,根据系统的特殊要求,区分字体的颜色,如区分选项是必填项还是可选项。

（7）图标设计

图标的风格应符合系统的风格,图标设计色彩应着重考虑视觉吸引力,并在很小的范围内,使用简单的颜色表现出系统的内涵。

（8）滚动条及状态栏设计

当显示内容超出一屏时,采用滚动条对区域性空间容量进行变换设计,系统的滚动条应该有上下箭头或左右箭头,滚动标等,有些还有上下翻页键。状态栏主要提示系统当前状态。

（9）安装过程设计

安装过程设计主要是将系统软件安装的过程进行美化,包括对系统功能进行图示化,使用户在安装过程中浏览系统的主要功能特点等。

总之,在进行界面设计时首先确定所涉及的界面元素,然后分析用户特征并定义用户角色,依据用户角色的界面需求设计界面原型并不断改进完善。

5. 界面原型

界面设计具有很大的主观性,设计人员采用快速原型法来设计用户界面,可以将界面需求调查的周期尽量缩短,并尽可能满足用户的要求。快速原型法能充分发挥用户的积极性,能及早发现系统开发中发生的问题,是迅速地根据软件界面需求产生出软件界面的一个原型的过程。利用界面原型,用户可以感性地体会到未来系统的界面风格以及操作方式,从而判断系统是否符合自己的感官期望,是否满足自己的操作习惯,是否能够满足自己工作的需要。而需求分析人员也可以利用界面原型,引导用户修正自己的理想系统,提出新的界面要求。

8.7.2 输入设计

管理人员和用户根据系统输出的信息做出重要决策,这些信息都是通过有效处理系统输入数据产生的。输入设计要考虑:数据最初应如何收集、输入和处理,收集和输入数据的方法和技术,数据的处理方式等,如表 8 - 12 所示。

表 8-12　输入分类法

过程 方法	数据收集	数据录入	数据处理
键盘	数据通常通过一个业务表格收集,业务表格成为输入的源文档,可以通过电话实时收集数据	数据通过键盘录入。这是最常用的输入方法,但也是最容易出错的输入方法	批处理:数据被收集到批文件(磁盘)中作为一批进行处理;实时处理:只要数据一被录入就立即进行处理
鼠标	同上	同键盘一起使用,简化数据录入,鼠标作为屏幕的点击设备,可以用在图形用户界面中通过点击选择减少错误	同上。但鼠标的使用通常与联机处理和实时处理有关
触摸屏	同上	数据在触摸屏或者手持设备上输入,数据录入人员要么触摸命令和数据选择,要么使用手写识别输入数据	在 PC 上,触摸屏的处理同上;在掌上电脑上,数据存储在掌上电脑中,供以后作为远程批处理进行处理
销　售　点 (POS)	数据收集尽可能离销售点近,不使用源文档	数据经常直接由客户输入(例如 ATM),或者由一个直接同客户交互的雇员输入(例如收银机),输入需要使用特殊的专用终端,并利用本表中其他一些技术	
声音	数据收集尽可能离数据源近,即使顾客是位于远程(例如,在家里或者在他们上班的地方)	数据使用按键音(一般来自电话)输入,通常需要相当严格的命令菜单和有限的输入选项	
语音	同声音	数据(和命令)是由语音录入,这项技术不像其他技术那样成熟和通用	
光标记	数据以标记或者精确格式化的字符、数字和穿孔形式记录在光扫描纸上,这是一种最古老的自动数据收集形式	消除了数据录入的需要(常用于教育界,例如测试评分、课程评价和考试)	数据几乎总是随着事务或查询一起处理
磁性墨水	数据通常事先记录在以后要由客户填写的表格上,客户在表格上记录其他数据	磁性墨水阅读器读取磁性化的数据,客户添加的数据必须使用其他方法录入,这项技术用在需要高度正确性和安全性的应用中,最常用的是银行支票(支票号、账号、银行 ID)	
电磁传送	数据直接记录在数据描述的对象上	数据通过无线电传输	
智能卡	数据直接记录在客户、雇员或其他人携带的智能卡设备上	数据通过智能卡阅读器读出	

1. 数据收集、数据录入和数据处理

（1）数据收集

数据收集是系统获取录入新数据的过程，数据收集在系统分析设计期间就应着手考虑，为了实际地将业务数据输入到计算机中，系统分析员可能要设计源文档、输入屏幕和用于使数据进入计算机的方法和程序。源文档是用来记录业务事务的表格，用以描述事务数据，并明确地描述收集数据的时间和数据的方法。源文档的设计要仔细，其布局和可读性将影响数据录入的速度。

（2）数据录入

数据录入是把源数据和文档通过系统界面录入到计算机的过程，是把数据翻译成计算机可读格式的过程。

（3）数据处理

数据处理包括批处理和实时处理，本书的前面章节已经介绍，在此不赘述。

（4）远程批处理

除了批处理和联机处理，还存在一个组合方案——远程批处理。在远程批处理中，数据使用联机编辑技术输入，但是，数据被收集成批次而不是被立即处理，留待以后再处理。一个简单的例子是使用基于 PC 的前端应用系统收集和存储数据，数据以后可以通过网络传输到远端进行批处理。

2. 输入方法

前面已经讨论了基本的数据收集、数据录入和数据处理技术，下面会更加详细地介绍表 8 – 12 所示的各种输入法。

随着计算机技术的发展，输入方式也在不断更新，常用的输入方式有：键盘输入、鼠标、触摸屏、销售点、语音和声音、光标记、磁性墨水、电磁传送、智能卡、生物识别等。信息系统的发展对输入速度及灵活性方面提出了越来越高的要求，尤其是不同子系统间的数据转换录入。

（1）键盘

键盘输入适合于少量数据的输入，直接人工输入或用于人 – 机对话，这种方式不适于大批中间处理性质的数据的输入。

（2）鼠标

鼠标是一种用在图形用户界面中的点击设备，它有助于界面导航、点击命令按钮、输入选项等。例如，一个属性的合法值可以在屏幕上显示成可点选的方框或按钮，从而减少了数据录入错误。

（3）触摸屏

触摸屏显示器是一种新型的输入技术，这类显示器在手持设备和掌上电脑中很常见，大多数这类设备也支持手写识别，触摸屏简化了系统的数据录入工作。

（4）销售点（POS）

销售点（POS）终端在销售点收集数据，并提供了节省时间的数据输入方式进行事务计算，还能产生一些输出，大多数销售点终端可以扫描和阅读条形码以消除输入错误。自动柜员机

（ATM）则直接由客户操作。

（5）声音和语音

语音输入方式是通过识别和理解把语音信号转变为相应的文本文件或命令的技术,并将数据直接输入到计算机系统中,是应用了一种语音识别技术的更复杂数据输入形式,由于人们的语音欠规范,目前这项技术还不太成熟,也不太可靠,所以最好用它来输入命令,而非数据。

（6）光笔输入

光笔输入方式是将荧光屏当作图形平板,屏上的像素矩阵能够发光。当光笔所触摸的像素被激活,像素发出的光就被转换为脉冲信号。这个脉冲信号与扫描程序进行比较后,便得出光笔所指位置的方位信号。光笔原理简单、操作直观,可将图形直接画在屏幕上进而输入到计算机系统中。

（7）磁性墨水

磁性墨水 ADC 技术使用由磁性微粒组成的墨水在输入的介质上做一条特殊的线,然后由一台机器读取并翻译该线中的编码,从而通过磁性墨水字符识别实现数据的输入。

ADC 通常包括了磁条卡技术、标记识别和磁性墨水字符识别（MICR）技术,如信用卡、构建安全访问控制、雇员签到跟踪。目前,MICR 已经广泛地应用于银行业。

（8）电磁传送

电磁传送 ADC 技术使用无线电频率识别物理对象,这项技术把一个包含了存储器的标签和天线附到被跟踪的物理对象上,用来识别被跟踪的对象。只要对象在阅读器产生的电磁场范围内,标签就可以被阅读器阅读。在涉及跟踪视线以外和移动物理对象的应用系统中,这种识别技术越来越常见。例如,电磁 ADC 被用于公共运输跟踪和控制,跟踪生产的产品、跟踪动物等。

（9）智能卡

智能卡技术有能力储存大量信息。智能卡类似于信用卡,但比它稍微薄一点,它们的不同在于智能卡包含了一个微处理器、存储电路和一个电池,是一种便携式存储介质,从中可以获得输入数据。

（10）生物识别

生物识别 ADC 技术的根据是唯一的人类特征或特质。例如,每个人都可以通过其唯一的指纹、语言模式或某种特征（视网膜）模式辨识。生物识别 ADC 系统由收集个人特征或特质的传感器构成,它首先数字化图像模式,然后对输入图像和存储模式进行比较辨识。生物识别 ADC 正在得到越来越多的应用,因为它提供了最准确、最可靠的辨识方法。这项技术在需要安全访问的系统中特别常用。

3. 输入内容设计

输入内容设计,包括确定输入清单、输入要求、选择数据输入设备、输入数据完整性控制、输入格式控制。这些内容大部分根据输出要求加以确定,而输入格式主要与数据的组织方式及具体的介质有关,同时要考虑方便用户的操作使用。

（1）确定输入清单

首先确定需要输入数据的种类，给出输入数据清单。表 8 − 13 所示是某公司职工数据输入记录单，记录单中列出了待输入的数据项的名称、含义，并留出了空格，准备填写数据项的具体值。

表 8 − 13　输入记录单格式

记录单编号：

序号	含义	项名	值	序号	含义	项名	值
1	员工编号	NO		8	联系方式	LX	
2	＊部门名称	UT		9	＊居住地	AD	
3	性别	SEX		10	＊毕业学校	SH	
4	＊民族	NT		11	＊所学专业	LZ	
5	＊籍贯	JG		12	＊学位	DR	
6	党派	DP		13	外语水平	FR	
7	文化程度	WH		14	备注	BZ	

（2）确定输入要求

根据表 8 − 13 所示的每一项输入需要，确定输入要求，记录中标有 ＊ 号的数据项，在相应的内容栏中应填写汉字，其他数据项应可通过下拉列表框选择或输入相应的拼音简码（备选项较多时采用）获取输入数据。

（3）选择数据的输入设备

输入设备的选择应根据采集数据所存的介质、数据量与频度、输入的数据类型等确定。输入的数据量较大、较频繁时，可以考虑自动化程度高的输入设备。表 8 − 12 列出了目前常用的输入设备。

（4）输入数据完整性控制

有了正确的输入数据，才可能有正确的输出，以免"垃圾进垃圾出"，而完整性控制正是保证数据形式完整性的重要手段。尽可能简化输入过程，并采用多种校验方法和验证技术以提高输入数据的完整性。例如，数据提交前或控件失去焦点前，系统应根据数据字典的有关条目，自动判断数据的类型、长度、取值范围控制等，检查输入数据形式的正确性。

4. 输入错误的种类

（1）提交数据本身错误

由于数据填写、转抄错误等原因引起的输入数据错误。

（2）数据的多余或不足

这是在数据收集过程中产生的差错，如数据载体的（单据、卡片等）丢失、遗漏、重复、数据不一致等原因引起的数据错误。

（3）数据的延误

数据延误也是数据收集过程中产生的差错,不过它的数据内容是正确的,只是由于时间上延误而产生数据失效,如数据传送等环节的延误导致输出信息毫无利用价值,因此,数据的收集与运行必须具有一定的时间性,应当事先确定产生数据延迟时的处理对策。

5. 数据出错的校验方法

数据的校验方法有:由人工直接检查、由计算机程序校验、人与计算机两者分别处理后再相互查对校验等多种方法。常用的方法包括以下几种,可单独使用,也可组合使用。

（1）重复校验

同一数据先后输入两次,然后由计算机程序自动予以校验,如两次输入内容不一致,计算机显示或打印出错信息,如各类密码校验系统等。

（2）视觉校验

输入数据时由人工目测核对输入数据的正确性,然后与原始单据进行比较,找出差错。视觉校验不可能查出所有的差错,其查错率约为 75% ~ 85% 。

（3）检验位校验

参见代码设计一节中的校验位设计。

（4）控制总数校验

采用控制总数校验时,工作人员先用手工求出数据的总和,然后和计算机计算的结果进行对比,查找数据的错误。

（5）数据类型校验

校验输入数据的类型是否和系统设计相匹配,这是数据类型校验。

（6）格式校验

校验数据记录中各数据项的位数和格式是否符合预先规定的格式。例如,身份证号规定为18 位或 15 位,如不符合则报错;录入到系统的时间和日期型数据都有相应的要求。这些都属于格式校验的范畴。

（7）逻辑校验

根据业务上各种数据的逻辑性,检查数据前后有无矛盾,如,物资的生产日期、入库日期、出库日期和报废日期,在逻辑上有着一定的制约关系。

（8）界限校验

检查某项输入数据的内容是否位于规定范围之内,例如,在库存管理系统中为了合理地控制库存,对于物资设定了库存上、下限,因此,在物资入库时,首先要核对该类物资的库存数量是否超出了库存上限,或者在出库时判断该类物资库存是否低于下限,这两种情况下的提示信息,对于企业管理库存都很有意义。

（9）顺序校验

检查记录的顺序,当输入数据记录是具有一定规律的连续编号时,通过顺序校验,可以发现被遗漏的记录或序号重复的情况,如某类物资的编号,应该连续且不能重复,物资的发票号亦是如此。

（10）记录计数校验

这种方法通过计算记录个数来检查记录是否遗漏和重复。不仅对输入数据,而且对处理数据、输出数据、出错数据的个数等均可进行计数校验,如,在物资管理系统中,统计物资种类的数量。

（11）平衡校验

平衡校验的目的在于检查横向和纵向计算结果是否平衡,例如,会计工作中检查借方会计科目与贷方科目是否一致。

（12）对照校验

对照校验就是将输入数据与系统基础数据文件的数据相核对,检查两者是否一致,例如,为了检查供应数据中的供应商代码是否正确,可以将输入的供应商代码与计算机中存放的供应商代码基本信息表相核对。

8.7.3 网站界面设计

1. 指导原则

网页设计原则源于标准窗体和浏览器窗体设计的指导原则。目前很多商用系统,包括 RMO 公司的客户支持系统在内,都是利用这两种技术实现的。而 RMO 公司系统的订单处理功能其实就是 RMO 网站的一个组成部分。网站还往往用于内部人员的交流、客户信息与查询、在线销售、派送和营销。网站可以实现与客户进行一周 7 天每天 24 小时的无缝交互。

2. 网页设计的十种好做法

（1）将机构名称和徽标放置在所有网页上,并建立徽标与主页的链接。

（2）如果网页数量超过 100,应该提供搜索功能。

（3）书写简洁的标题行和页面标题,这些内容有助于解释页面的功能,感觉上类似于搜索引擎列表内容。

（4）构造页面的原则是便于读者浏览并帮助读者找到关键内容。例如,利用分组方式和副标题将大的篇幅分割成小的单元的方式。

（5）不要将有关某一产品或某一主题的所有内容拥挤在一个页面,而应该使用超文本来构造空间,即由一个开始页面提供概述信息,其他页面的内容分别着重于某一个特定的主题。

（6）可以使用产品照片,但要避免在产品系统页面上混乱而繁杂地堆满照片,主要产品页面必须能迅速地加载和执行,所以其中的内容应该短小精悍。

（7）页面上准备放置小的照片和图像时要利用相关增强图像缩影功能,实现在原始图像缩影时不是简单地缩小成看不清的小东西,而是在缩小的同时仍能看见细节。

（8）利用链接标题为用户提供链接内容预览信息。

（9）要保证所有重要的页面都能被用户访问到。

（10）工作方式应与一般人一致,如果网站按照独特的方式工作,用户往往因为不习惯新的方式而将注意力转向其他的网站。

3. 网站设计原则

由于网站涉及许多方面的内容,所以网站设计者对网站设计原则有着更广泛的统一观点。本书认为设计者应着眼于网站的 3 个方面:① 计算机媒体设计;② 设计整个网站;③ 为用户设计。

（1）计算机媒体设计

网站要在计算机屏幕上展示,而不是在纸上展示。尽管设计可以选择宽视频来展示字体、颜色、布局,但网站从外观上看应该是从功能到组织目标都是流程化的。超媒体使用户可以通过网站以非线性的方式进行导航,因此设计者应充分利用新的方式来组织信息。可以考虑以下五个原则:

① 充分利用媒体介质,精心设计网页的外观。

② 由于要保证其在相当广的技术范围内的可访问性,因此设计应具有可移植性。

③ 要考虑网络带宽,因为用户没有耐心去等待网页加载。

④ 规划好网页的展示,使其尽可能易于访问,以便于用户能够在网站中轻松浏览。

⑤ 若在线展示的信息来自其他站点资源,需要对这些信息重新格式化。

（2）设计整个网站

整个网站必须有统一的主题和结构,主题应反映出公司想要传达的理念。例如,若网站的用户对象主要是从事商业的成年人,则网页应该使用柔和的颜色、熟悉的商业字体和结构化的线型专栏;若网站的用户对象是儿童,则网页应结合明亮的颜色和开放、友好的动态结构,以及简单有吸引力的画面。具体可以考虑以下四个原则:

① 精心设计网页的外观,方便用户使用。

② 创建网页之间平滑的过渡,以便用户能清楚地知道自己所处的位置。

③ 用网格线来设计网页以便为相关的信息组提供可视化的结构。

④ 网页上合理预留一定数量的空白。

（3）为用户设计

本章前面部分讨论了以用户为中心的设计理念,把网站设计的重心放在满足用户需求上是很重要的。如果有某方面特征让用户厌烦或分心,就将此特征去掉。有时我们很难判断网站的用户是谁,但如果我们仔细定义整个网站的目标和目的,设计者应该能做出更好的判断。可以考虑的原则有:

① 设计网站的交互性,因为网站用户期望网站是动态交互的。

② 网页上的信息能吸引用户的眼睛,这一点很重要。

③ 保持浅层次的分层结构,使用户不用链接太深就能找到所需的详细信息。

④ 利用超文本使用户能在网页中浏览。

⑤ 网页内容的多少可根据用户的特征决定,切忌凌乱。

⑥ 为不同群体的用户设计网页,包括残疾人。

8.8 系统物理配置方案设计

系统物理配置方案设计是指系统信息系统运行和维护平台的设计,一般而言,在系统开发中期,应建立系统的物理环境,并尽快从软件开发公司的开发平台转到用户的平台,边开发,边测试,以降低系统开发的风险。系统物理配置方案包括:确定系统的总体布局、系统的网络拓扑结构、硬件配置、操作系统、开发环境和应用支持软件、数据库管理系统和系统的分布形式等内容。

1. 系统的总体布局

系统的总体布局是指组成整个系统的各个子系统在物理上和逻辑上的相互关系,包括硬件和软件资源以及数据资源的分布特征,通常有以下几种方案可供选择。

从信息处理的方式来看主要有:批处理方式和实时处理方式,本书在第7章节中做了介绍,在此不赘述。

从信息资源管理的集中程度来看主要有:集中式系统和分布式系统。

(1)集中式系统

集中式系统,主要指一个主机带多个终端,终端没有过多的数据处理能力,数据处理全部在主机上进行。集中式系统主要流行于20世纪,如银行系统大部分都是这种集中式的系统,此外,大型企业、科研单位、军队、政府等机构仍在使用集中式系统。

集中式系统具有如下特点。

优点:① 便于维护,操作简单方便;② 数据信息集中管理,安全保密性能好;③ 各类资源集中使用,资源利用率高。

缺点:① 集中式系统是把所有的功能都集成到主服务器上,这样对服务器要求很高,应用范围与功能受限制;② 可变性、灵活性和扩展性差,主服务器出现故障,整个系统将瘫痪。

(2)分布式系统

分布式系统是把不同地理位置的计算机集中起来形成一个系统,将在逻辑上具有独立处理能力且资源共享的子系统,在统一的工作规范、技术要求和协议指导下进行通信、控制和工作。目前,分布式系统都是以网络方式进行相互通信,根据网络组成的规模和方式,又分为局域网(LAN)、广域网(WAN)和局域网+广域网(混合形式)。

分布式系统具有如下特点。

优点:① 资源的分散管理与共享使用,减轻服务器的负担,与应用环境匹配较好;② 各结点机具有一定的独立性,并行工作的特性使负荷分散,因而对主机要求降低;③ 可变性、灵活性高,易于调整,某个结点机的故障不会导致整个系统的瘫痪。

缺点:① 由于资源的分散管理,其安全性降低,并给数据的一致性维护带来一定困难;② 由于地理上的分散设置,使系统的维护工作难以进行,使管理工作负担加重。

系统布局方案的选择原则有:

①　在满足系统的所有功能的条件下,充分利用用户现有的软硬件资源,满足系统经济实用性的原则。

②　具有使用方便、高安全性和高可靠性的原则。

③　具有可维护性、可扩展性和可变更性强的原则。

系统总体布局一般应考虑的主要问题有:

①　系统分布方式:即是采用集中式还是分布式系统构架。

②　数据的处理方式:采用批处理、实时处理,还是混合使用。

③　数据存储分布:是分布存储还是集中存储,数据量有多少,要求何种存储方式。

④　硬件配置:服务器、终端机器类型、性价指标、工作方式。

⑤　软件配置:操作系统、开发平台、数据库和支持软件。

⑥　系统的开发方式:购买商品化软件、联合开发、委托开发或是自行开发。

2. 系统的体系结构

信息系统体系结构包括:C/S 结构、B/S 结构、C/S 和 B/S 混合模式三种模式。

C/S(Client/Server 或客户/服务器)结构,服务器通常采用高性能的 PC、工作站或小型机,数据库管理系统采用 Oracle、Sybase、Informix、SQL Server 等系统,所有的数据处理在服务器端进行,客户端需要安装客户端软件。

B/S(Brower/Server 或浏览器/服务器)结构,客户机上只要安装一个浏览器(Browser),如 Netscape Navigator 或 Internet Explorer,服务器安装 Oracle、Sybase、Informix、SQL Server 或小型数据库 Access、ASA 等数据库,浏览器通过 Web Server 同数据库进行数据交互。

C/S、B/S 混合模式是利用 C/S 和 B/S 模式不同的优点来构架企业应用系统。即利用 C/S 模式的高可靠性来构架企业内部应用(包括输入、计算和输出),利用 B/S 模式的广泛性来构架服务或延伸企业外部应用(主要是查询和数据交换),网站属于标准的 B/S 模式。

C/S 结构与 B/S 结构的区别有以下几个方面。

(1)网络环境不同

C/S 是建立在局域网的基础上的;B/S 是建立在广域网的基础上的。

(2)硬件环境不同

C/S 一般局限在企业的内部网络上,用户数较少,局域网之间再通过专门服务器提供连接和数据交换服务;B/S 建立在广域网之上,用户较多,不需要专门配置网络硬件环境,例如,用电话上网或租用设备,一般只要有操作系统和浏览器就可以运行,软件平台要求低,适应范围比 C/S 更强。

(3)对安全要求不同

C/S 适用于面向用户人群有限,对信息安全的控制能力很强,安全性要求较高的信息系统;B/S 建立在广域网之上,对安全的控制能力相对弱,面向的用户范围较广。

(4)对程序架构不同

C/S 程序可以更加注重流程,可以对权限多层次校验,对系统运行速度考虑较少;B/S 对安全以及访问速度有多重考虑,建立基础比 C/S 有更高的要求,由于 B/S 结构系统不需要在客户端安装软件,便于系统的维护和更新,B/S 结构的程序架构是信息系统应用发展的趋势。

3. 计算机硬件的选择

计算机硬件的选择首先要考虑系统的数据处理方式和系统平台的运行要求,以及当前市场上主流的硬件设备情况。一般而言,集中式实时交互的信息系统要求的硬件性能较高,分布式批处理的信息系统要求的硬件性能较低。其次,还要考虑计算机的内存、CPU 的处理频率、输入输出和通信的通道数目、显示或打印方式和外接存储设备的类型。对于大型的信息系统应用,尽可能选择主流的设备厂商的设备。

4. 开发平台和应用软件

开发平台包括开发系统所使用的操作系统、编程工具、数据库管理系统和应用支持软件。操作系统主要有 UNIX、Linux、Windows 等,UNIX 主要用于中、小型机系统,目前个人电脑的操作系统 Windows 占大部分;编程工具包括 Visual Basic、PowerBuilder、.NET、Java 等;数据库包括 SQL Server、Oracle、Sybase、DB2 等;应用支持软件是指一些实现系统辅助功能的商品化软件,如 Microsoft Office、Explorer 等。一些大型企业在选择开发平台和应用软件时,应着重考虑现有系统的开发和应用平台的情况,尽可能适用和现有的软件平台相同或相近的平台和软件,这样便于用户使用和维护新开发的系统,如某公司人力资源系统、财务系统和销售系统均采用 .NET 开发,后台数据库采用 Oracle,现在该公司准备开发物资供应管理信息系统,则其开发工具应该还是首选 .NET 平台和 Oracle 数据库,这样对于公司的信息系统管理部门维护信息系统最为有利。

5. 计算机网络结构

计算机和通信网络的要求有吞吐量、响应时间、传输速率、可靠性、机型、网络结构等。但随着计算机技术的发展和成本的降低,价格下降,这些要求都趋于一致,可选方案很有限。一般企业都选由多台微机和一台服务器构成的局域网,地域分布较广时,各地建局域网,再通过通信网络连成广域网。

客户端微机基本上以选用品牌商用机为主,档次选成熟技术中最高的;服务器选择根据网络速度的要求、企业规模、用户的数量、数据的处理量以及经济实力而定,一般尽可能选用性价比较高的方案。

8.9　系统设计说明书的编写

系统设计工作结束以后,要提交系统设计报告,由有关人员组织进行评审。因此,系统设计阶段的最后任务是将系统设计的各项结果编辑形成系统设计报告,它既是系统设计阶段的具体成果,也是系统实施阶段的重要依据。

系统设计报告应包括如下主要内容:

1. 引言

系统的名称、目标、任务、功能

系统设计环境

系统设计负责人和成员

设计中涉及专门术语的定义

参考和引用资料

2. 系统总体设计

总体结构设计(子系统划分及各个子系统的功能构架设计)

模块结构设计(子系统的功能模块结构图、模块结构设计、模块设计说明与评价)

信息系统流程设计

3. 代码设计

代码设计

代码校验

代码维护

4. 数据库设计方案

数据库的概念模型设计

数据库的逻辑模型设计

数据库的物理设计方案

数据库设计的说明与评价

5. 输出/输入设计方案

输出内容设计

输出方式与设备选择

输出格式设计

输出设计的说明与评价

界面设计

输入内容设计

输入方式与设备选择

输入格式设计

输入设计的说明与评价

6. 系统配置设计

系统处理方式与体系结构

计算机系统硬件和软件配置方案

系统设计报告提交用户审查批准后,系统设计阶段的工作即宣告结束,系统开发工作便进入下一阶段——系统实施阶段。

习　题

1. 简述结构化系统设计的目的和任务。
2. 简述系统总体设计的主要任务。
3. 简述系统模块结构设计的方法。
4. 叙述系统结构设计中模块的高内聚、低耦合原则。
5. 系统详细设计阶段包含的内容。
6. 请归纳系统详细设计阶段所涉及的图表工具和文档。
7. 简述系统设计阶段的工作成果和包含的内容。
8. 叙述输入数据的校验措施的种类。

第9章
面向对象系统分析

在本书的第 7 章和第 8 章中已经详细介绍了结构化的系统分析与设计方法,该方法在实际的管理信息系统开发中已被成功应用很多年,而且直到现在该方法仍占据着很重要的地位,一些大型信息系统的开发仍在采用这种方法。但该方法也存在很多缺陷,并未完全解决"软件危机"问题,因此,IT 界一直在研究和探索新的信息系统开发方法,面向对象的开发技术应运而生。例如,可视化的编程语言 VC ++ 、Java、.Net,改变了过去传统的面向过程的编程方式,建立了面向对象开发环境,大大地提高了系统的开发效率。根据面向对象程序设计的思想,人们提出面向对象的系统开发方法,包括面向对象的系统分析和面向对象的系统设计,加上面向对象的程序设计,称之为面向对象的开发方法,它与繁琐的结构化开发方法相比是一个很大的进步。

本章介绍面向对象的分析和建模方法,介绍如何使用统一模型语言(UML)工具对系统需求进行分析建模。

9.1 面向对象分析的基本概念

9.1.1 面向对象分析方法概述

前面介绍了开发系统的几种常用方法,而且重点讲述了结构化开发方法。其实,不管采用何种开发方法,系统开发都是对系统进行建模的过程,只不过所采用的方法和表现形式不同而已。在面向对象的开发方法中使用面向对象分析技术对系统建模,称之为对象建模,通过它可以定义出新系统的业务需求。面向对象开发方法的中心环节就是对象建模。

对象建模是指通过一些方法和图表符号,识别并表达出系统中的所有对象以及对象之间的关系。用于对象建模技术中的方法和符号,与其他开发方法中的建模方法大不相同。在 20 世

80 年代末至 90 年代初,IT 界研究出了很多种面向对象的方法进行对象建模,并开始应用于实践中。例如,Grady Booch 的 Booch 方法、James Rumbaugh 的对象建模技术(OMT)和 Ivar Jacobson 的面向对象软件工程(OOSE)在当时非常受青睐,本书在第 6 章中已经做了详细的介绍,这里不再赘述。除了这些比较著名的方法外,其他面向对象的建模方法还有很多种。然而,如此众多的方法和建模技术却成了面向对象开发方法发展的一大障碍。面对如此众多的方法和建模技术,开发人员不知所措,他们每开发一个系统不得不学习几种甚至十几种的对象建模技术。尤其对于初级开发人员来说,更不知如何选择,而且这也妨碍了开发人员和用户之间的交流,导致无法准确获得用户的真实需求。

面对方法混乱的局面,面向对象开发领域急需一种标准建模语言的出现。1994 年 Grady Booch 和 James Rumbaugh 二人合作共同致力于标准的面向对象建模研究。1995 年 Ivar Jacobson 加入了他们的团队,他们不再专注于标准对象模型的建造,而是致力于一种标准的面向对象开发方法的研究。整合了他们以及其他人在面向对象领域中的大量研究成果,1997 年他们提出了统一建模语言 UML 1.0 版本。

统一建模语言(Unified Modeling Language, UML)是由若干对象建模协议组成的,用对象的观点来描述一个应用系统。但 UML 仅提供了若干现在被广泛接受的用于对象建模的图例,但不能描述系统开发方法。在 1997 年 11 月,对象管理小组(OMG)认可了 UML。本章和第 10 章将介绍 UML 的基础知识和它的一些图例用法。

在下面的一节中,首先介绍有关对象模型的若干基本概念,然后介绍在系统分析阶段如何使用这些概念来构建对象模型。

9.1.2 面向对象分析方法的基本概念

不同于传统的系统开发方法,面向对象分析(OOA)是一种全新的系统分析方法,该方法提出了若干新的概念,必须以一种全新的思路去思考系统及其开发过程。这种开发方法和思路的转变对于习惯了传统的结构化开发方法的开发人员来说是一个巨大的挑战。下面从对象的概念入手,在第 6 章的基础上,详细地介绍面向对象分析的若干基本概念和开发方法。

1. 对象

对象是面向对象开发方法中的最基本概念,是组成一个系统的最基本元素,系统功能是由若干互相联系的对象来完成的。例如,在高校人力资源管理系统中,教职工是一个对象,他有自己的属性,包括姓名、性别、职称、出生日期等,他也有自己的行为,例如授课等。人事科也是一个对象,它也有自己的属性(办公地点、人员结构等)和行为(人事调动、档案录入等)。

需要注意的是,有些对象是看得见或摸得着的,但也有一些对象只能被感知得到。例如一次会议、一堂课,尽管看不到它,也摸不着它,但它仍然是一个对象。

在面向对象的系统开发方法中,找出应用系统中存在的所有对象是非常重要的。但是,在系统分析时所寻找的对象比"能够看得到、摸得到或感知得到的事物"要复杂得多。下面给出了对象的定义。

对象是人们要研究的，能够看得到、摸得到或感知得到的事物，对象既可以是一些简单的数据，也可以是一些复杂的事件。

对于这个定义需要解释几点。首先，这里面所谓的"事物"对象具有多种类别，包括：人、地点、事物和事件。例如，在"人力资源管理信息系统"中定义的对象教辅人员、教师和校领导的类别是教职工，教室、办公室和宿舍的对象类别是地点，工资、职称、职务的对象类别是事物，考核、考勤、工资发放和人员调动的对象类别是事件。

下面来考虑定义中的"数据"。在面向对象方法中，"数据"与面向对象中的属性概念息息相关。

属性是指用来描述事物特征的数据。例如，对于一个教师对象，可以通过下列属性来描述：教师编号，姓名，职称，工作年限，所属院系，家庭电话，办公电话，出生日期，担任职务等。这些属性可以描述很多教师，他们是一类对象，对于其中的单个教师，称之为一个对象实例。

对象实例是包含一定属性值的对象，这些属性描述的是特定的人、地点或事件。例如，每个教师都有特定的值。例如，编号：03061428，姓名：张三，职称：讲师，工作年限：5 年，所属院系：管理学院。

对象的行为是指对象的动作，对象所具有的功能，可以对其他对象做出响应。在面向对象的系统中，对象行为一般表现为对象的方法、操作或服务。

对于系统中事物或对象的理解和描述在结构化方法和面向对象方法中是不同的。例如，前面提到的"人事科"，在结构化方法中可能简单地认为它是静止的对象，不会考虑它会执行什么动作。但在面向对象的系统开发中，"人事科"除了具有自己的属性外，还具有很多行为，包括档案维护、人事调动、教职工考核等。

此外，还要特别提一下对象的一个特性——封装。封装又称为信息隐藏，是指对象的属性和行为被隐藏在一个黑箱子里，作为对象的使用者不能、也不必知道对象属性及行为的实现细节和步骤，只能通过设计者提供的对象接口来访问对象，使对象的使用者和设计者分开，从而达到了对象信息隐藏的目的。其特点如下。

① 限定了对象之间通信的方式，即只能通过对象接口通信。

② 隐藏和保护了对象的内部实现细节，包括对象的数据和操作方法。

对象由属性和行为组成，其属性和行为被封装和打包成一个完全独立的对象，修改或访问对象只能通过对象的行为，从而提高了对象的独立性和可重用性。

下面介绍用 UML 来描述对象模型中对象的建模符号，如图 9 - 1 所示，图中给出了一个教师对象的 UML 表示方法。

为了唯一地标识该教师对象，给该对象设置了一个属性值"编号"，它的值是"03061248"，唯一地标识该教师实例。因此，"03061248"相当于该对象的名字，教师是它所属的类。图 9 - 1 中还列出了该教师对象的其他所有属性及属性值。

2. 类

面向对象方法中另一个概念是类，可以把若干相似的对象抽象成类。

类又称为对象类，是对具有相同属性和行为的若干对象的抽象。例如，一个高校有很多教师,他们具有相同的属性,包括编号、姓名、性别、出生日期、职称等,也具有相同的行为包括授课、考勤、调动等。在 UML 中如何表示一个类呢? 图 9-2 所示给出了一个教师类的 UML 表示方法。在建立对象模型时,有时为了简化,类的行为和属性往往可以省略。

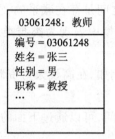

图 9-1　对象的表示

图 9-2　类的表示

接下来,介绍一个类的非常重要的概念——继承。继承是指在定义一个对象类时,其属性和方法可以重用于另一个对象类,也可以将其属性和方法传递给另一个对象类。例如,在前面所提到的高校人力资源管理系统中,教师和管理人员分别是一个类,但两个类之间又非常相似,既有相似的属性(如编号,姓名,出生日期等),也有类似的行为(考勤等)。其实,在高校中教师和管理人员都属于教职工,因此,可以定义一个教职工类,把他们共同的属性和行为抽象出来并赋予给教职工类,在定义教师和管理人员两个类时就可以直接重用教职工类的属性和行为,而不用再重复定义,在这个过程中充分体现了继承的概念及其优越性。

在继承中会用到一般与特殊的概念,一般与特殊是用于寻找类之间共性的方法,可以提取出多个对象类中的相同属性和行为,并形成一个新的对象类,称之为超类。

超类又称为抽象类或父类,它包含一个或多个子类的公共属性和行为,即超类的属性和行为被其子类继承,子类从超类继承了共同的属性,并添加了一些其他的特有属性。在例子当中,教职工这个对象类是超类,教师和管理人员类是其子类。

需要注意一点,超类与子类之间一般来说是一种“单继承”关系,即超类可以拥有一个或多个子类,而每个子类只能属于唯一的一个超类。当然,每个子类又可以作为其子类的超类。例如,生物是个超类,动物和植物是它的两个子类,动物又由哺乳类、鸟类、鱼类等子类构成。此外,还有一种“多继承”关系,这里不再介绍。

在 UML 中如何来描述超类和子类的关系呢? 一般用带有空心三角箭头的箭线连接超类和子类,并由子类指向超类。对于多层次继承,从最高层超类往下一层层展开。下面给出了教职工、教师和管理人员之间继承关系的表示示例,如图 9-3 所示。教职工类是超类,其所有属性和行为都被教

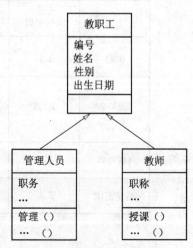

图 9-3　超类和子类的关系

师和管理人员两个子类继承,他们自动拥有这些公共属性和行为,不需要在子类符号中表示,而仅描述子类新增的属性和行为。

3. 类之间的关系

在面向对象的系统中,对象并不是孤立存在的,对象之间是存在联系的,它们相互联系,相互影响,共同完成系统功能。对象之间的联系在系统对象模型中表现为类与类之间的联系。下面介绍类关系的概念。

类关系是指在一个或多个类之间存在的业务联系。例如,在高校人力资源信息管理系统中,教职工与人事科、劳资科,还有其他的个体都有联系。

类之间的联系如何来判断呢? 例如,教职工和院系之间,可以通过下面的方法来判断两个类之间是如何关联的。

① 每个教职工只能属于一个院系。

② 一个院系拥有多个教职工。

在 UML 中使用一根连线来连接两个对象(类),表示对象(类)之间的关联,连线上用一个动词短语来描述二者的关联关系。在图 9-4(a)中描述了教职工和院系之间的"属于"关系。同时还要注意,所有对象(类)的关联都是双向的,说明对象(类)之间的关联可以在两个方向上理解,例如教职工和院系之间除了"属于"关系,还有"拥有"关系。

此外,图 9-4(a)还表示了每个关联的复杂性程度。例如,对于上面教职工和院系之间的关联,需要确定以下关联信息。

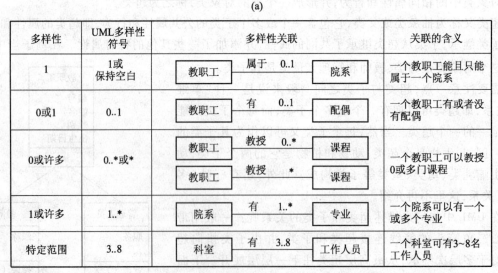

多样性	UML多样性符号	多样性关联		关联的含义
1	1或保持空白	教职工	属于 0..1 院系	一个教职工能且只能属于一个院系
0或1	0..1	教职工	有 0..1 配偶	一个教职工有或者没有配偶
0或许多	0..*或*	教职工	教授 0..* 课程	一个教职工可以教授0或多门课程
		教职工	教授 * 课程	
1或许多	1..*	院系	有 1..* 专业	一个院系可以有一个或多个专业
特定范围	3..8	科室	有 3..8 工作人员	一个科室可有3~8名工作人员

(b)

图 9-4 类关联和多样性表示

① 对于每个院系对象都必须拥有一个教职工对象吗？是！

② 对于每个教职工对象都必须属于一个院系对象吗？否！

③ 每个院系对象拥有多少教职工对象？很多！

④ 每个教职工对象属于多少个院系对象？0个或1个(也可以属于机关或其他部门)！

把上面这种概念称为多样性,多样性是指一个类中的一个对象实体能关联多少个另外一个类的对象。

类之间的关联是双向的,也是多样的,对于类关联在 UML 中具有多样性表示,参见图 9-4(b)。

对于类之间的关联,除了上面的普通关联关系外,下面介绍一种称为"整体-部分"的特殊关联关系。"整体-部分"关系表示某个对象(类)是由另外一个对象(类)组成的。"整体-部分"关系有两种类型:聚合和组合。

(1) 聚合(Aggregation)

聚合关系是"整体-部分"关联的一种,它表示了一种"has-a"关系,即一个表示较大事物的类是由若干较小的事物类组成的,而且部分可以被很多整体共享。在 UML 中使用带有一个白菱形的线条表示两个类之间聚合关系,白菱形在聚合端。例如,一个院系是由若干教师组成的,但教师又可以属于其他组织(如工会、党支部、各种协会等),那么院系和教师之间就是聚合关系,图 9-5(a)所示描述了用 UML 图形符号来表示两个类之间的聚合关系。

(2) 组合(Composition)

组合也是一种"整体-部分"关联,但组合关系中整体与部分之间的关联性更强,整体与部分具有一致的生命周期,而且整体负责管理部分,即如果整体消失了,部分也就不存在了。与聚合的表示方法非常类似,只不过组合的一端使用黑菱形,其他相同。例如,订单与顾客、订单明细之间的关系就是一种组合关联。一个订单是由顾客和订单明细组成的,如果订单取消了,顾客和订单明细也就不存在了。组合的 UML 图形符号表示如图 9-5(b)所示。

4. 消息

系统功能是通过对象之间的交互和协作完成的,但它们是怎样交互的呢？这里会提到面向对象中的一个重要概念,即消息。

消息是指一个对象在调用或访问其他对象的方法或行为时要传递的信息,并要求接收信息的对象返回信息或做出响应。对象之间的交互和协作就是通过传递消息来完成的。

前面提到了封装的概念,对象(类)的属性和行为被打成包并封装起来,访问对象只能通过它对外提供的接口,调用接口的过程就是发送消息的过程。而且,一个对象发送消息,不必知道接收消息的对象内部是如何组织的,也不必知道行为的实现细节,只需知道它用一个合适的方法响应了请求。

例如,在高校人力资源管理系统中,如果劳资科想知道某个教职工的基本情况,必须发送一个消息给教职工对象,同时该教职工对象会执行一个过程,即提取教职工基本信息,并将执行结果返回给劳资科,如图 9-6 所示。

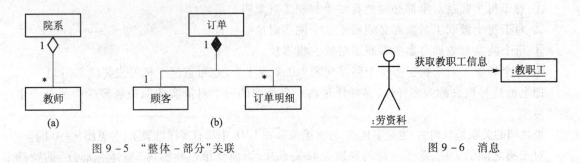

图9-5 "整体-部分"关联　　　　　　　　图9-6 消息

5. 多态

多态也是面向对象系统中一个非常重要的特性,意思是"多种形式"。它是指相同名称的对象类可能由不同的行为实现。

考虑在高校人力资源管理系统中的劳资科这个对象,它有这样一个行为,可以执行"工资计算"。但是,教职工又分为教师、管理人员及其他。计算教师的工资是根据技术职务进行的,计算管理人员的工资是根据行政职务进行的,而有些教师既是教师又是学校领导,具有管理职务,同样是计算工资但执行方式却不同。因此,工资计算的行为有多种不同的形式。

9.2　UML 分析工具介绍

UML 提供了各式各样的图表工具,在面向对象的分析和设计过程中将使用它们对系统进行建模。下面将简单介绍 UML 主要的图表以及它们的用途。

1. 用例图(Use case Diagram)

用例表明了一个参与者与计算机系统交互来完成业务活动,用例是一种高层的描述,它可能包含完成这个用例的所有步骤。用例图以图形的形式描述了系统或外部系统与用户之间的交互行为。它说明了谁将使用这个系统,用户在系统中可以做什么,以及用户将以什么样的方式与系统交互。可以说,用例图是软件开发者和用户进行交流和沟通的非常有效的工具,帮助系统分析员正确提炼出系统的具体需求。此外,它还附有用例描述,具体描述了每个用例中详细的交互细节。图9-7 所示是"高校人力资源管理信息系统"中用例图的示例,有关用例描述的示例可参见本章第3节中表9-3。

2. 类图(Class Diagram)

类图可以描述出系统中各个类的结构,包括系统中各个类的组成,以及这些类间存在的各种关联关系,如图9-8 所示。

3. 对象图(Object Diagram)

对象图实际上是类图在系统某时刻为开发者提供的一个包含系统各个具体对象的"快照",它可以帮助开发者更好地理解系统结构,但它并不很常用。对象图看上去非常类似类图,但图中描述的并不是类,而是系统运行中真实的对象实例。

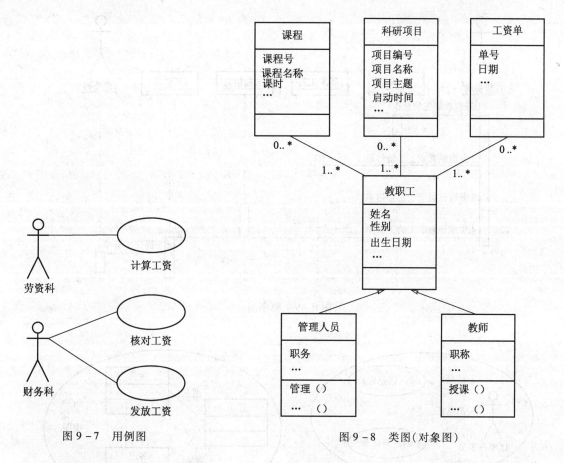

图9-7 用例图   图9-8 类图(对象图)

4. 顺序图(Sequence Diagram)

顺序图是 UML 中交互图的一种,它描述了一个用例中对象之间是如何进行消息通信或传递的。而且,它也描述了消息传递的顺序。如图9-9所示。

用例图、类图和顺序图的关系,如图9-10所示。

5. 协作图(Collaboration Diagram)

协作图是 UML 中交互图的另外一种,与顺序图功能类似,区别是它并不关注消息的执行顺序,而更强调对象之间的交互(或协作),如图9-11所示。

6. 状态图(State-chart Diagram)

状态图用来描述一个对象在其生命周期中可能出现的各种状态,以及引起该对象状态转换的各个事件。对系统中状态变化复杂的对象,可以使用状态图对其进行模拟和监控,如图9-12所示。

7. 活动图(Activity Diagram)

活动图用来描述用例事务处理的逻辑流程,常被用在系统分析中描述每个业务用例的活动,

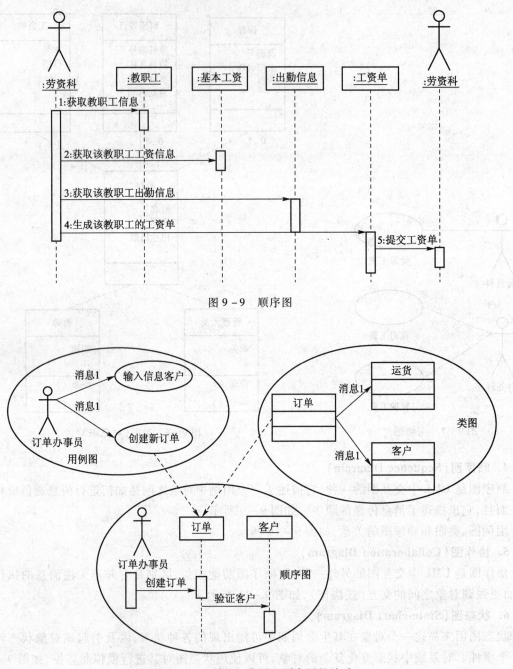

图9-9　顺序图

图9-10　用例图、类图和顺序图的关系

可以帮助系统分析员获取需求,理清思路,如图9-13所示。

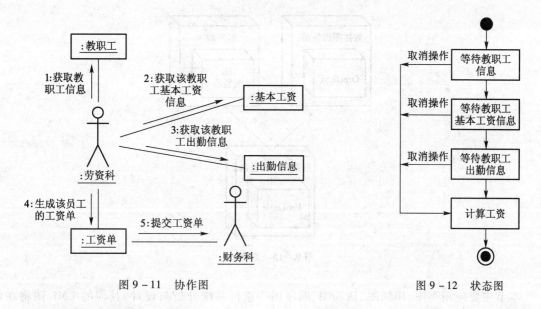

图 9 - 11　协作图

图 9 - 12　状态图

8. 组件图(Component Diagram)

为提高程序的独立性,程序代码往往被分解成若干不同的单元,称为组件。组件图是用来描述系统中各个组件物理结构,如图 9 - 14 所示。

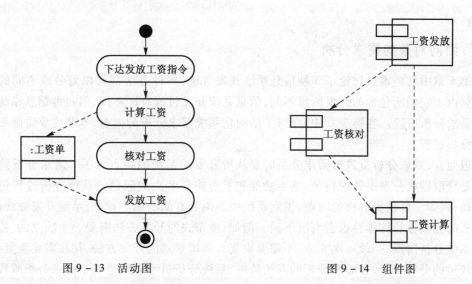

图 9 - 13　活动图

图 9 - 14　组件图

9. 部署图(Deployment Diagram)

部署图用来描述系统中硬件和软件的物理结构,包括系统结构的软件组件、处理和设备。如图 9 - 15 所示。

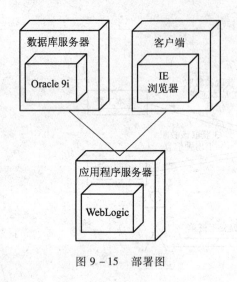

图 9 – 15   部署图

本节主要应用类图、用例图、活动图、顺序图等进行系统分析与设计,其他的 UML 图将在面向对象设计中具体讨论。

9.3   面向对象的需求分析

9.3.1   面向对象的需求分析

在第 6 章中已经重点讨论了 3 种信息系统开发方法,每种方法都可以划分成不同的开发阶段。尽管由于它们所包含的开发阶段不同,信息系统开发过程有所不同,但每种信息系统开发方法都有需求分析阶段。在第 7 章中,介绍了结构化系统需求分析的内容,本节主要讲解面向对象的需求分析过程。

一般而言,系统分析员进行需求分析时要从所开发的系统的特点入手。需求分析阶段的基本任务是获取即将开发系统的特征、基本功能和系统将要解决的问题。系统分析过程包括一系列的活动,例如了解需要解决的问题,识别系统中必须具有的功能。此外,系统开发方法的不同,需求分析的完整性和持续性也会有所不同。例如,瀑布式的开发方法需要一个独立的、持续时间较长的系统分析阶段,一般一次完成,不需要重复。而增量式的开发方法,往往需要重复多次、持续时间较短的分析阶段,在需求分析的开始阶段,系统分析员不必熟悉整个需求分析阶段的所有细节。面向对象的开发方法中也采用了递增式的开发方法,因而,在面向对象方法中系统分析员一般要经过几个短期的分析阶段,这个过程要反复多次。

虽然前面提到的几种开发方法存在很大的区别,也导致需求分析的结果有所差别,但它们需求分析的基本目标是一致的,即评价确定最终软件系统的基本功能。

9.3.2　面向对象需求分析的重要性

信息系统项目的开发往往存在很多不确定因素,即风险性,有时就得不到一个期望的有用的产品。Barry W. Boehm 认为正确且彻底的需求分析是得到成功的、有益的软件产品的关键。事实上,Boehm 主张在核实并确定软件需求说明书之前要进行更多的绩效评估,就能减少软件项目开发者整合和测试的开销,并且能提高软件的可靠性和可维护性。事实上,为了获得软件项目的成功,项目开发者必须明白用户所期望的是最终的系统能做什么。

1999 年的图灵奖获得者 Frederick Brooks 教授也对软件项目进行了广泛的研究,并记录总结了软件项目大量成功和失败的例子,他认为系统开发工作中最难的部分是确定系统详细的技术需求,它包括所有的人机接口,设备接口以及和其他系统的接口。需求出现任何错误,都将影响整个系统,也会使系统后期的调整和维护变得很困难。

好的需求分析包含什么?通过调查大量成功案例分析得知,很多信息系统项目的开发之所以成功,是因为其项目组中包含了行业专家和系统用户。系统用户参与整个系统分析过程,他们和信息系统开发团队相关的各个层次的人员一起工作,为系统创建出一系列的功能需求,描述出系统在各种条件下的行为。

南加利福尼亚大学的软件工程中心(USC)已经开发了基于谈判的软件系统需求分析技术,该方法在需求分析过程中也包含了最终用户。USC 已经在为学校的综合图书馆开发多媒体应用上获得了巨大的成功。

系统用户和开发团队之间的成功交流对项目的最终成功至关重要,因此也出现了一个新的专业化的行业。该行业处于行业专家和开发团队之间,能帮助系统用户和开发团队之间的交流。例如,PeopleSoft 公司提供了一种被称为"翻译"的咨询业务,咨询顾问先与行业专家进行交流,收集用户需求和软件需求的信息,再向开发人员解释这些需求。

由以上的分析可知,软件项目成功的最关键因素就是需求分析,即通过系统最终用户和技术开发人员之间的对话交流引发出用户的真实需求。

需求分析最好先从行业专家中获取需求开始,而且在每个阶段所收集的需求信息都必须被清楚、简洁、明确地记录下来。这个过程称之为需求建模。但在实际的系统开发过程中经常会出现一些事与愿违的情况,例如在系统用户还无法准确描述具体的用户需求时,开发人员想通过和系统用户的交流获得用户需求,经常是所得到的结果并不是用户最终想要的结果,甚至完全偏离了用户的需求。

需求建模的成果最终反映到需求说明书文档中。如果需求说明书不能正确地反映用户的需求,在以后的系统运行和维护中软件系统就会出现很多问题,最终将导致系统失败。

对于面向对象的需求分析,一般需要建立两种模型:一个是业务需求模型,主要从实际业务角度反映用户要求;另一个是系统需求模型,主要从系统开发角度反映用户要求。在下面的两小节内容中分别介绍这两种模型建立的过程。

9.3.3　业务需求建模

业务需求模型描述了用户究竟需要什么功能,而不涉及系统将如何构造和实现这些功能的特定细节。面向对象的需求分析阶段的第一个任务就是要提取和分析足够的用户需求信息,构造系统的业务需求模型。同时也要注意把握进度,此阶段不需要了解企业业务的所有事实。

众所周知,信息系统是为现行企业组织服务的,现行组织提供了信息系统赖以生存的环境,是信息系统的基础。只有对现行组织做到全面的解剖和分析,才能够开发出符合组织要求的信息系统,对成功开发信息系统具有十分重要的意义。因此,业务需求分析首先要从分析和认识现行组织系统入手,必须对现行组织的业务进行全面系统的分析。

建立业务需求用例模型是需求建模的重要内容,其创建步骤如下。

1. 确定业务参与者

业务参与者又可以称为业务角色,它是指在企业业务中扮演某种角色的各种事物,包括人、部门或独立的软件系统。为了提炼和确定系统的范围和边界,在业务需求建模阶段要把重点首先放在如何使用系统上,而不是放在如何构造系统上,这也是先识别业务参与者的目的。

下面介绍一些如何确定业务参与者的常用的方法:

① 从表示系统边界和范围的上下文图中获取。
② 从现有的需求文档、项目章程或工作陈述中寻找。
③ 翻阅企业现有系统的技术文档和用户手册。
④ 阅读项目会议和研讨会的记录。

在确定了业务参与者以后,需要对这些业务参与者进行描述,当然这种文字描述主要还是从用户的角度出发并且使用用户的语言,这样方便与用户进行交流和沟通。例如,在前面章节中提到的"人力资源管理系统"中,通过分析可以得到一张业务参与者列表,如表 9 – 1 所示。

表 9 – 1　"人力资源管理系统"业务参与者列表

参与者名称	参与者编号	说明
教职工	BA1	高校的员工,负责学校的教学,管理和科研等工作的人
人事科	BA2	学校的一个人事管理部门,负责人才招聘和考核等业务的组织
劳资科	BA3	负责工资计算、工资调整、工作量计算和审核、考勤等有关工资方面的所有职责
师资科	BA4	师资队伍,人才招聘,学术交流,奖惩工作等实施工作以及资料统计等
财务科	BA5	根据劳资科传来的工资发放表核对并发放工资
…	…	…

需要注意,该表中得到的业务参与者,还不是最终系统的参与者,只是从业务分析角度得出

的使用该系统的主要外部参与者,非常类似于结构化系统分析中的外部项。

2. 确定业务需求用例

前面提到,用例描述了系统和外部系统及用户之间的交互行为。当确定了业务参与者之后,下一个任务就是要确定每个参与者的业务需求用例。当然,每个参与者的业务需求用例很多,出于时间和经费的考虑,在业务需求建模阶段,只关心那些系统中最关键、最复杂和最重要的用例,把它们称为基本用例。业务需求用例反映了用户与系统在实际业务中是如何交互的,但并不包括技术细节和实现细节。那么,该如何去寻找业务需求用例呢? 一个简单有效的方法是检查业务参与者是如何使用系统的。可以通过下列问题来寻找业务用例:

① 参与者在工作中的主要任务有哪些?

② 参与者需要系统为其提供什么信息?

③ 参与者能为系统提供哪些信息?

④ 参与者需要系统提供哪些反馈信息?

以上这些问题可以反映参与者与系统交互的主要活动,也就是需要找的那些业务需求用例。

另外,还有一种非常特殊的用例,这种用例通常是系统输出的重要数据,如月度考核报表等,它们是由时间触发的,也要用一个用例来描述该事件,可以将其命名为每月生成月度考核报表,把这种用例称为时序事件用例。

用例的命名通常是在一个输入信息前面或后面加一个恰当的动词,如“录入教职工信息”是一个用例。

目前还没有普遍认可的规律和方法来将业务分解成用例,在系统分析过程中,可以参考一些相关技术文档,例如,员工和管理层培训手册、任务陈述、专用需求分析文档、销售册子、其他文档等。在实际工作中,分析员的常识、逻辑理解和经验可以起到很好的作用。此外,系统分析员和用户一起工作,亲自去体验和了解实际的业务逻辑也是一种非常好的方法。与业务参与者一样,把这一阶段获得的业务用例放在一张表中,如表9-2列出了“人力资源管理系统”主要业务用例。

表9-2 “人力资源管理系统”业务用例列表

用例名称	用例编号	主要参与者	描述
录入教职工档案	B1	人事科	该用例描述人事科录入一个教职工信息的处理。先是教职工将人事档案提交给人事科,人事科审核无误后,将档案录入管理系统
维护教职工档案	B2	人事科	维护教职工档案信息,包括:人员基本信息管理、学历/学位管理、技术职务/岗位管理、行政职务管理、社会兼职管理、家庭信息管理等部分
教职工档案查询	B3	人事科	查询教职工档案信息,包括:人员基本信息管理、学历/学位管理、技术职务/岗位管理、行政职务管理、社会兼职管理、家庭信息管理等部分

续表

用例名称	用例编号	主要参与者	描述
教职工档案统计	B4	人事科	统计教职工档案信息,包括:人员基本信息管理、学历/学位管理、技术职务/岗位管理、行政职务管理、社会兼职管理、家庭信息管理等部分
职称评审	B5	人事科	该用例描述职称评审工作的处理。首先教职工报送申报材料,人事科审核出符合标准的申报员工,确定初步评选名单;再由专家组评审,确定职称评定结果;然后,将评审结果报送省人事厅复审;最后人事科根据评审结果维护相应人事档案
工资设定	B6	劳资科	该用例是对新参加工作或调入学校的新职工及在职的所有教职工进行基本工资的设定;工资设定包括:工资组成的设定和基本工资项的设定;管理人员可以根据管理需要添加工资项,并设定工资项的数值或其计算方法
工资计算	B7	劳资科	该用例计算所有教职工的每月应发工资和实发工资,并报送财务科发放工资
工资调整	B8	劳资科	该用例修改工资标准,包括统一调整、个别调整、部分调整等
工资统计	B9	劳资科	该用例是劳资科对全院员工的工资信息进行信息统计,并将统计信息汇报有关部门领导
工资核对	B10	财务科	该用例是财务科根据劳资科传来的工资发放表核对各单位所有员工工资
工资发放	B11	财务科	该用例是财务科根据劳资科传来的工资发放表,在每月 10 号左右将工资发放到所有员工的银行工资账户里
…	…	…	…

3. 创建用例模型

确定了参与者和业务需求用例后,下一个任务是使用用例模型来描述系统范围和边界。图 9-16 给出了人力资源管理系统的部分用例模型,表示了参与者和用例之间的关系。

在构造用例模型图时,通常略去接受参与者,而只画出触发该用例的参与者,即发起参与者。因为用例模型图中不支持双向箭头,而有的发起参与者也是接受参与者,这样会使用例模型图看起来更加复杂,而略去接受参与者也不影响对用例模型图的理解。

4. 描述业务需求用例

仅仅给出上面的用例模型还不够,需要对用例模型中的每个用例进一步展开,给出比较详细的描述。通常采用表格的形式描述业务需求用例,表 9-3 所示给出了"职称评审"业务需求用例的描述。

一般来说,一张需求用例描述表通常包含下面的项目。

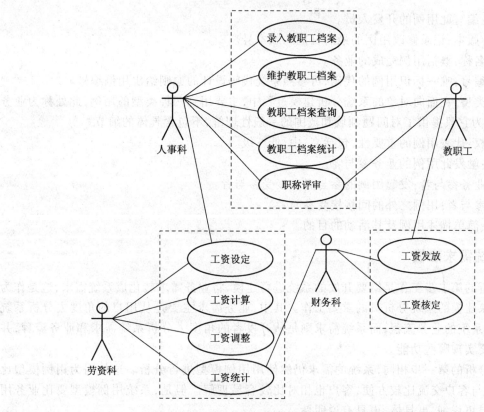

图 9-16 "人力资源管理系统"的部分用例模型图

表 9-3 "职称评审"业务用例描述

人力资源管理信息系统

作者：　　①　　　　　　　　　　　　　　　　　　　　　日期/版本：　　②

用例名称　③	职称评审	用例类型:⑤
用例 ID　④	B5	业务需求:√
优先级　⑥	高	系统分析:
来源　⑦	教职工	
主要业务参与者⑧	人事科、省人事厅	
其他参与者　⑨	教职工、专家组	
描述　⑩	该用例描述职称评定工作的处理。首先教职工报送申报材料,人事科审核出符合标准的申报员工,确定初步评选名单;再由专家组评审,确定职称评定结果;然后,将评审结果报送省人事厅复审;最后人事科根据评审结果修改相应人事档案	

① 作者:编写此用例的开发人员。

② 日期/版本:记录修改用例的最后日期和版本号。

③ 用例名称:概括用例完成的业务。

④ 用例编号:唯一标识用例的代码,可参照系统代码设计的原则给出用例编号。

⑤ 用例类型:在面向对象的系统分析建模过程中,主要用到两种类型的用例,此处称为业务需求用例,因为它只提供了对问题领域和范围的一般性理解,不包含具体的细节。

⑥ 优先权:代表用例的重要性,包括高、中、低三级。

⑦ 来源:触发此用例的业务参与者。

⑧ 主要业务参与者:发起用例的参与者和接受参与者。

⑨ 其他参与者:用例之外的间接接受参与者。

⑩ 描述:简单描述用例及其活动的目的。

9.3.4 系统需求建模

需求分析的第二步工作是给要开发的系统进行建模,将业务需求转化成系统需求,这是作为使用面向对象建模的系统分析员的重要工作。其中,业务需求主要是从用户的角度去分析系统的需求,分析系统的业务流程,而系统需求则是从开发者的角度去分析系统需求和业务流程,并得出新系统要实现哪些功能。

与需求分析的第一步相同,系统的需求仍然使用用例模型进行分析。这是因为用例模型比较容易构造,与客户交流比较方便,客户也相对比较容易理解。但是,系统用例模型要比业务用例模型描述得更详细、更具体、更具有说明性。

1. 系统参与者与系统用例

(1) 系统参与者

系统参与者,又可以被称为角色,它是指与开发系统进行交互的人或物。与业务需求建模中的参与者不同的是,这里的角色主要是指那些和系统直接交互的参与者,而前者是从业务层分析与系统相关的事物。因此,系统参与者是从业务需求分析阶段识别出的参与者中进一步提取出来的。在识别和提取系统参与者时,需要在用户的帮助下进行标识和描述。

表9-4所示是在"人力资源管理系统"中,标识出的系统参与者。

表9-4 "人力资源管理系统"系统参与者列表

参与者名称	参与者编号	重要相关用例
教职工	SA1	查询档案、职称评审、查询工作量、查询工资等
人事科	SA2	录入教职工档案、维护教职工档案、查询教职工档案、统计教职工档案管理、职称评审等
劳资科	SA3	计算教职工工资、工资调整、工作量计算和审核、考勤等
...	...	...

（2）系统用例

业务需求用例是面向业务的，它反映了系统期望行为的高层视图。但其中并没有什么技术细节，而且它既可以包括手工活动，也可以包括将被自动化的活动。业务需求用例仅仅提供了对问题领域和范围的一般性的理解，它关注各种关联人员的关系和目标，不包括系统应如何操作所需的细节。因此，为了能够反映用户界面约束之类的实现细节，需要从业务需求用例中导出应用性的用例，把它称之为系统用例。一般来说，可以从一个业务需求用例中导出一个甚至多个系统用例。开发人员可以使用这种用例描述系统的详细需求，辅助与客户交流系统需求。

2. 确定用例间的关系

基本用例通常称为业务用例或抽象用例，而在以后开发各阶段所构造的用例，都是为了满足系统的要求演变而来的，这些用例和基本用例之间往往存在一定的关系。

（1）包含关系

包含关系是指基本用例的行为包含了另一个用例的行为。基本用例中包含多个用例的公共行为。它是一种比较特殊的依赖关系，比一般的依赖关系多了一些语义。一般使用虚线箭头表示"包含"关系，箭头从基本用例指向公共用例。如图 9－17 所示，教职工档案查询用例是公共用例，维护职工档案用例和教职工档案统计用例都包含了教职工档案查询用例。

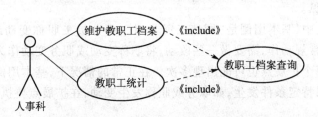

图 9－17 用例间的包含关系

（2）泛化关系

泛化关系是指一般与特殊的关系。与面向对象程序设计中的继承概念基本相同，子用例继承了父用例的行为和含义，子用例也可以增加新的行为和含义或者覆盖父用例中的行为和含义。二者唯一不同的是继承使用在实施阶段，而泛化使用在分析、设计阶段。其表示方法如图 9－18 所示，箭头指向基本用例。

（3）扩展关系

与泛化关系一样，扩展关系也是一种依赖关系，二者的基本含义大致相同。不同的是在扩展关系中，扩展用例有更多的规则限制，例如基本用例首先必须声明扩展点，扩展用例才能在扩展点上增加新的行为和含义。在扩展关系中，箭头的方向是从扩展用例指向基本用例，这与包含关系是不同的。用例的扩展关系，如图 9－19 所示。

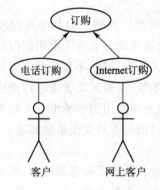

图 9 – 18　用例间的泛化关系

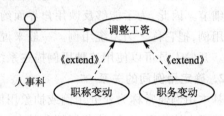

图 9 – 19　用例的扩展关系

扩展关系一般采用《extend》的依赖关系来表示,将基本用例中一段相对独立并且可选的动作,用扩展用例加以封装,再将它从基本用例中声明的扩展点(Extension Point)上进行扩展,从而使基本用例行为更简练、目标更集中。扩展用例为基本用例添加新的行为。扩展用例可以访问基本用例的属性,因此,它能根据基本用例中扩展点的当前状态来判断是否执行自己。但是扩展用例对基本用例不可见。

例如,在图 9 – 19 中,基本用例是"调整工资",对于部分员工职称变动或职务变动,就无法执行给定用例提供的常规动作,需要做一些改动,将职称变动或职务变动作为扩展点。一个用例可能有多个扩展点,每个扩展点也可能出现多次。在正常的情况下,基本用例一般不会执行扩展用例中的行为,但如果特定条件发生,如职务或职称发生变动,在扩展点要执行扩展用例的行为,然后继续其他流程。

由于许多特殊的判断和逻辑混在一起的用例,使正常的流程变得晦涩难懂,扩展关系就是把这种用例变得更加清晰,易于理解。

虽然包含、泛化和扩展三种关系存在很多相似点,例如它们都是从一些用例中提取那些公共的行为放入一个独立的用例中,供其他用例共享使用,但也要注意它们之间的不同点。表现在这些关系的目的是不同的,它们在与参加者的连接中有着不同的意义。例如,在泛化或扩展的情况下,参与者与特例或扩展用例之间有联系。而对于包含关系,通常参与者不会和公共用例相关联。

3. 构造系统用例模型

在接下来的面向对象分析中,需要将业务需求用例模型转换成系统用例模型,主要包括以下几个步骤。

(1) 识别新的参与者

在需求用例模型最终被系统用户认可和批准之前,系统分析员和开发团队的其他成员有必要继续了解系统功能还需要什么,可以通过与用户交谈,也可以通过研究项目的前期成果。在这个过程中,有可能会发现需要被定义和记录的新的参与者。例如在对"人力资源管理系统"的系统分析过程中,又发现了新的参与者"省人事厅",因此,还要更新参与者列表,记录下新确定的参与者,如表9-5所示。

表9-5 "人力资源管理系统"更新系统参与者列表

参与者名称	参与者编号	重要相关用例
教职工	SA1	查询档案、职称评审、查询工作量、查询工资等
人事科	SA2	录入教职工档案、维护教职工档案、查询教职工档案、统计教职工档案管理、职称评审等
劳资科	SA3	计算教职工工资、工资调整、工作量计算和审核、考勤等
省人事厅	SA4	下发调整工资文件、制定职称评审标准等
...	...	...

（2）识别新的用例

新的参与者"省人事厅"必然导致其与系统的一个新的交互,即产生了新的用例。一般来说,用于处理业务事件的每种类型的用户接口都必然要有自己的用例。例如,对于银行中存款业务来说,在 ATM 机上存款的用例与在柜台存款的用例就存在不同。虽然它们处理的内容相同,大部分步骤也类似,但实际的系统用户可能不同,用户采用的特定技术可能不同,如何与系统交互也可能不同。对于这样的用例肯定要将其独立出来并作为一个独立的用例。下面将新确定的用例和下一步的新用例一同添加到更新的用例表当中,例如为"省人事厅"新确定的"职称评审"、"下达工资调整文件"用例,见表9-6。

表9-6 "人力资源管理系统"更新系统用例列表

用例名称	用例编号	主要参与者	描述
录入教职工档案	U1	人事科	系统的主要用户,先审核教职工提交的人事档案,审核无误后,将档案录入管理系统
维护教职工档案	U2	人事科	维护教职工档案信息,包括:人员基本信息管理、学历/学位管理、技术职务/岗位管理、行政职务管理、社会兼职管理、家庭信息管理等部分
查询教职工档案	U3	人事科	查询教职工档案信息,包括:人员基本信息管理、学历/学位管理、技术职务/岗位管理、行政职务管理、社会兼职管理、家庭信息管理等部分

续表

用例名称	用例编号	主要参与者	描述
统计教职工档案	U4	人事科	统计教职工档案信息,包括:人员基本信息管理、学历/学位管理、技术职务/岗位管理、行政职务管理、社会兼职管理、家庭信息管理等部分
职称评审	U5	省人事厅、人事科	该用例描述职称评审工作的处理。首先教职工报送申报材料,人事科审核出符合标准的申报员工,确定初步评选名单;再由专家组评审,确定职称评审结果;然后,将评审结果报送省人事厅复审;最后人事科根据评审结果维护相应人事档案
职称调整	U6	人事科	该用例描述每年职称评审结果公布后,人事科需要调整相关人员在人事档案中的职称变动信息
工龄调整	U7	人事科	该用例描述人事科每两年调整所有教职工人事档案中的工龄变动信息,工龄调整会触发工资部分调整用例
工资设定	U8	劳资科	该用例是对新参加工作(分配、军转、招收)、调入等进入学院的新职工及在职的所有教职工,进行基本工资的设定;工资设定包括:工资组成的设定和基本工资项的设定;管理人员可以根据管理需要添加工资项,并设定工资项的数值或其计算方法
工资计算	U9	劳资科	该用例计算所有教职工的每月应发工资和实发工资,并报送财务科发放工资
工资统一调整	U10	劳资科	该用例是劳资科根据省人事厅下发调整工资文件(调整工资标准)统一调整工资,修改工资标准
工资部分调整	U11	劳资科	该用例是劳资科根据教职工的职称变化或者工龄变化进行部分调整工资,修改部分教职工的工资标准
工资统计	U12	劳资科	该用例是劳资科对全院员工的工资信息进行信息统计,并将统计信息汇报有关部门领导
下达工资调整文件	U13	省人事厅、劳资科	如果省高校需要统一提高工资,省人事厅下发调整工资文件(调整工资标准),劳资科根据文件的规定统一调整工资
…	…	…	…

（3）精简用例步骤

正如上面（2）所说的,如果两个用例使用相同的业务目标而接口和实际的系统用户存在不同时,这两个用例肯定会共享很多公共的步骤。可以利用前面所说的泛化用例来消除这些冗余的步骤,把这些公共步骤提取成独立的用例。同样,如果在用例分析中发现某个用例包含的功能非常复杂时,可以将这些复杂的功能提取出来作为一个专门的用例,对应于前面的扩展用例。与此同时,要及时更新系统用例列表,记录(2)和(3)中确定的新用例,如图 9 – 20 所示。

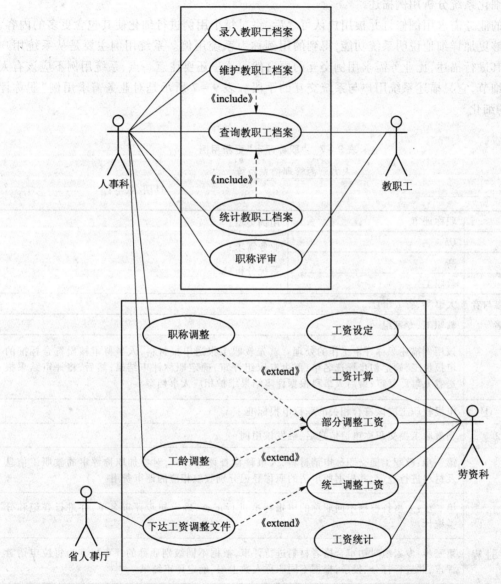

图 9 – 20   修改后的"人力资源管理系统"的部分用例模型图

(4)细化用例模型图

由于在前面几步的分析过程中发现了许多新的参与者和用例,这样就需要修改前面构造的用例模型图,把新确定的这些内容包括进来。图 9 – 20 所示是修订后的人力资源管理系统的用例模型图,它包含了新确定的参与者"省人事厅"、新确定的用例"下达工资调整文件",还包括对其他用例的调整。

（5）细化系统分析用例描述

所有的业务需求用例修订并被用户认可之后,将对每个用例进行细化使其包含更多的内容,以便其能够更加详细地说明系统功能,得到的用例称为系统用例。系统用例主要是从系统用户的角度对其进行描述,比业务需求用例交互的更自然。这里还要注意一点,系统用例不应该有太多的实现细节,它只描述系统用户与系统交互的手段。表9-7所示是对业务需求用例"职称评审"描述的细化。

表9-7　"职称评审"更新用例

人力资源管理信息系统

作者：＿＿＿＿＿＿＿＿＿＿　　　　　　　　　　　　　　　　日期/版本：＿＿＿＿＿＿＿＿＿＿

用例名称	职称评审	用例类型：
用例 ID	U5	业务需求：
优先级	高	系统分析：√
来源	教职工	
主要业务参与者	人事科、省人事厅	
其他参与者	教职工、专家组	
描述	该用例描述职称评审工作的处理。首先教职工报送申报材料,人事科审核出符合标准的申报员工,确定初步评选名单;再由专家组评审,确定职称评审结果;然后,将评审结果报送省人事厅复审;最后人事科根据评审结果维护相应人事档案	
前置条件　①	申报教职工应该符合相关的职称申报标准	
触发器　②	当教职工提交职称申请信息后,触发该用例	
典型事件过程③	第一步：教职工提交职称申请材料,人事科检查评审材料,对参加职称评审的教职工信息及材料进行登记,并根据所申请的职称登记分别收取相应的评审费用	
	第二步：人事科根据不同职称的申报标准进行审查,确定初步评审名单,并进行登记和分类统计	
	第三步：专家组对初审合格者材料进行评审,根据不同级别职称的评审标准为每位申请者评审,并进行打分、投票,根据不同职称人数上限,确定评审结果	
	第四步：人事科公布评审结果,进行公示	
	第五步：人事科对职称评审结果备案,并上报省人事厅	
	第六步：省人事厅对上报评审结果及评审材料,最终确定职称评审结果,并传送文件给学校	
	第七步：人事科公布最终评审结果	

续表

替代事件过程 ④	替代第二步:进行初步评审时,对不符合相关参评标准的不能进行下一步专家评审,并通知不能参评原因
	替代第三步:进行专家组评审时,对没有评选上的教职工通知没能通过专家审评原因
	替代第四步:对公示有异议的情况,由人事科和专家组商讨,给出最终结果
	替代第六步:省人事厅若发现不符合职称评审规定的名单,则取消其评审申请并登记
	替代第七步:对省人事厅落选的名单记录,并通知其原因
结论　⑤	当评审结果最终公布后,该用例结束
后置条件　⑥	存储最终评审结果,修改相关人事档案,并报劳资科修改其工资标准

可以看出上表比业务需求阶段的用例图描述得更详细,主要多出了下面的一些内容。

① 前置条件:用例执行之前,有关系统状态的约束条件。一般是需要先前执行一个用例或预先设置的业务规则。

② 触发器:促使用例执行的事件。

③ 典型事件过程:参与者和系统为了满足用例功能目标而执行的常规活动步骤。

④ 替代事件过程:如果典型事件过程出现异常或变化时,需要执行的用例行为。当用例中出现决策点或异常时,一般需要替代过程。

⑤ 结论:说明用例什么时候结束。

⑥ 后置条件:用例执行完成后,关于系统状态的约束条件。

系统用例在面向对象的设计阶段将被进一步细化,并说明如何实现。

4. 用例的组织

一般来说,一个系统包含的功能很多,所以就会有许多用例,为了更好地组织它们,提出了划分子系统的问题。把那些存在一定逻辑关系的用例组合成一个子系统,在 UML 中使用包(Package)符号来表示。不同子系统描述了业务过程的不同逻辑功能区,把那些关系紧密的用例放到一个包里,并为其命名一个主题。把系统划分为若干不同的子系统对于理解整个系统的结构很有帮助。

根据前期的调研和业务调查,画出了"人力资源管理系统"用例包的总体结构,主要包括档案管理、考核管理、考勤管理、职称管理、调动管理、奖惩管理、工资管理等子系统,如图 9 - 21 所示。

下面以"工资管理"分析包为例,对其进行进一步的分解,如图 9 - 22 所示。

其中,工资计算是一项很复杂的工作,不同的部门有不同的计算方法,即使同一部门在不同时间计算方法也不断变动。仅以业务调查阶段的计算方法来分析"工资计算"包。该高校在计算工资时分为基本工资、津贴和其他补贴,因而可以将该分析包进一步分解为图 9 - 23 所示的模式。

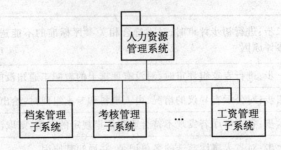

图 9 – 21　"人力资源管理系统"用例包的总体结构图

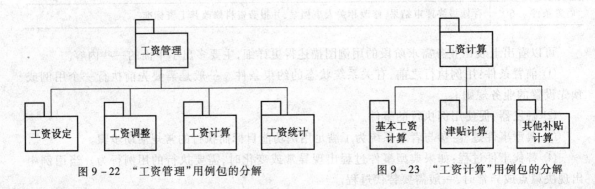

图 9 – 22　"工资管理"用例包的分解　　　　　图 9 – 23　"工资计算"用例包的分解

按照同样的方法可以对其他用例包进行分解,直到各用例包不能再分为止。

用例的逻辑组织完成后,每个用例包都会对应着在需求分析中的一个或多个用例。例如,图 9 – 24 列出了工资计算用例包和工资计算用例分解包之间的对应关系。

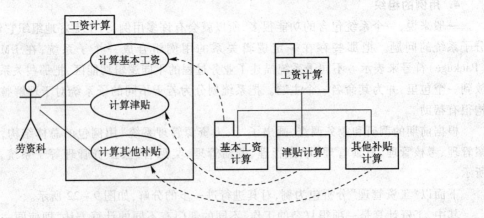

图 9 – 24　用例包与用例分解包的对应关系

对于用例的组织需要注意两个问题。

　　① 对于用例的分层问题,要把握一个原则:对于下层用例中所表达的功能,应是对上层用例图的细化和展开,而不是对其扩展。

　　② 为了不影响对系统功能和结构的总体把握,对用例图的分解和细化过程中要注意一点,不要对其作过细的分解,特别是在系统分析建模的开始阶段,有的时候甚至可以先不进行分解和细化。

5. 用活动图描述系统用例

　　在结构化的系统分析方法中,使用业务流程图来描述系统的过程步骤。同样,UML 也提供了一种能够描述用例逻辑流程的工具,称之为活动图,可用于对系统的活动过程进行建模。活动图非常类似于业务流程图,它也是用图形的方式来描述业务过程、用例的工作步骤、流程的图形。但它也有不同于业务流程图的地方,它支持对于并行活动的描述。

　　UML 中活动图的用途比较多,在业务分析阶段使用活动图建模,主要是为了从宏观的角度去描述系统的行为。图 9 - 25 所示是用活动图描述"工资计算"用例的例子。

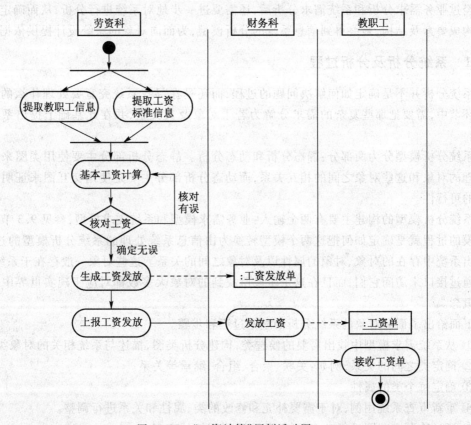

图 9 - 25　"工资计算"用例活动图

对活动图的符号表示作如下几点解释:

① 实心点表示过程开始。

② 圆角矩形代表需要执行的任务或活动。

③ 箭头描述引发活动的触发器。

④ 实线黑条是同步条，可以描述并行的活动。

⑤ 菱形符号表示决策活动。

⑥ 空心圆中的实心点表示过程的结束。

活动图可以帮助系统分析员更好地理解用例步骤的流程和顺序，有利于用户和系统分析员之间的沟通。在面向对象的方法中，活动图既可以用于分析阶段，也可以用于设计阶段。对于每个用例，至少要构造一个或者多个活动图。

9.4　系统分析建模

经过业务需求分析和系统需求分析后，还需要进一步地对系统进行分析，从而确定出信息系统的构成要素及结构，最终得到信息系统的分析模型，为面向对象的系统设计提供依据。

9.4.1　系统分析及分析过程

系统分析并不是确定如何解决问题的过程，而还是在寻找系统究竟要处理什么的过程。在这一环节中，需要把那些复杂的需求分解为若干对象及其关系，并在此基础上提出系统的解决方案。

系统分析模型分为两部分：静态分析和动态分析。静态分析部分主要使用类图来描述系统要处理的对象和这些对象之间的相互关系，而动态分析部分主要是使用交互图来证明静态分析模型的可行性。

系统分析模型的构建主要有两个输入：业务需求模型和系统需求模型，参见 9.3 节。系统分析建模的过程就是确定如何把这两个模型转换为由信息系统处理的系统分析模型的过程，同时确定出系统中存在的对象、对象的属性以及对象之间的关系。这些对象一般存在于系统边界上，可以通过接口来访问它们，而且在这个阶段所找到的对象大多数都对应于现实世界中的物理对象或概念。

下面给出了面向对象的系统分析的基本过程和步骤。

① 从系统需求模型中找出需要的候选类，构建分析类图，描述与系统相关的对象类。

② 确定类之间的关系，例如：关联、聚合、组合、继承等关系。

③ 确定每个类的属性。

④ 重新审查系统用例，对于需要补充和修改的类、属性和关系进行调整。

⑤ 通过绘制交互图进行动态分析，验证系统用例的实现。

下面两节将分别讨论静态分析（构建分析类图）和动态分析（用例的实现）。

9.4.2　静态分析

静态分析的主要任务是建立反映对象静态结构的分析类图,即确定分析类、属性及关系。

1. 分析类

对象是面向对象方法中的最基本的概念,它是数据和操作的封装体,系统功能是通过对象之间相互通信、不断变化来实现的。因此,为了更清晰地了解系统的运行过程,有必要建立对象的分析类图,可以很容易的观察到某一时刻活动的对象以及它们之间的关系。

分析类是从现实世界业务映射出来的,是对问题域的抽象。因此,分析模型中的所有分析类都应该只描述对象的高层次的属性和操作。

在分析阶段,对于分析类不会在软件中实现它,通常只用自然语言去描述它的属性和操作。分析类是为定义设计类做准备的,一个分析类可以创建一个或多个设计类。

2. 确定分析类

静态分析的第一步就是确定那些备选的、执行用例行为的分析类。这些分析类的实例可以满足用例的所有需求。一般来说,有三种不同的分析类,它们分别是实体类、控制类和边界类。在确定分析类时,可以使用三种不同的模式去识别和提取这些类。

三种分析类在 UML 中的定义如下。

(1) 实体类

它是系统表示客观事物的抽象要素。如"人力资源管理系统"中的"教职工"、"档案"等都属于实体类。实体类一般来源于业务分析中所确定的实体,一般都对应着在业务领域中的某个客观事物,或是具有较稳定信息内容的系统元素。通常可以从业务领域模型中找到这些实体类。

(2) 边界类

它是描述系统与参与者之间交互的抽象要素。应该注意一点,边界类只对系统与参与者之间的交互进行建模,并不描述交互的具体内容及交互界面的具体形式。每一个参与者应该至少拥有一个边界类,以表示他与系统的交互处理。但如果某一个参与者与系统交互内容比较频繁,而且各交互内容之间也不存在较密切的关系时,便需要为这个参与者设置一个新的边界类。一般来说,可以从两个方面查找边界类。一是根据每个用例主要参与者都至少有一个边界类的原则来获取用户界面边界类;二是考虑外部设备或系统与新系统通信之间的接口,根据这些接口可以获得一些边界类。

(3) 控制类

它是描述系统对其他对象协调控制、处理逻辑运算的抽象要素。一般来说,一个较复杂的用例一般都需要一个或多个控制类来协调系统中各个对象的行为。控制类有一个非常大的好处,它可以有效地把边界对象与实体对象区分开,使得系统对其边界内发生的变更具有更强的适应性。同时,这些控制类还可以把用例所特有的行为与实体对象区分开,从而提高了实体对象在用例和系统中的复用性。图 9 - 26 给出了 UML 对这三种概念类的表示方法。"工资计算"用例的实体类、边界类和控制类如图 9 - 27 所示。

图 9 - 26   三种分析类的表示方法

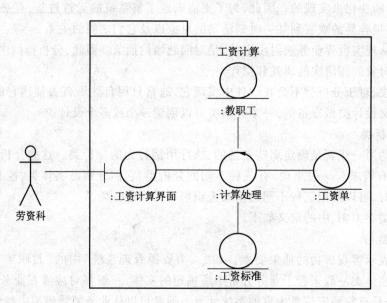

图 9 - 27   "工资计算"用例的实体类、边界类和控制类图

　　以上内容从三种不同的系统角度介绍了识别备选类的方法,包括从系统与其参与者之间的边界角度、从系统所用信息的角度以及从系统控制逻辑的角度。利用这些方法,最终确定了"人力资源管理系统"的分析类图。其中,实体类的分析类图,如图 9 - 28 所示。

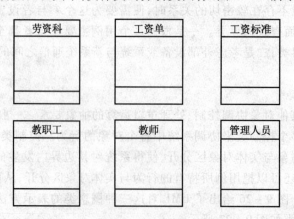

图 9 - 28   "工资管理子系统"的实体类分析类图

3．分析类的属性

在识别出分析类后，下一步任务是识别出类的属性，继续细化和补充分析模型。

分析类属性的来源很多，下面主要介绍三个比较常用的获得属性的方法。

（1）从用例文档中获取类的属性

查看用例文档，寻找用例事件过程中的每个名词。这些名词有些是对象或类，有些是参与者，有些是属性。参与者比较容易识别，而对于对象和属性，需要根据用例要实现的功能而定。例如，系统可能要跟踪客户信息进行赊账结算，这样客户信息就应该作为一个对象；如果只将商品卖给客户，则应作为商品信息的属性。

（2）从需求文档中获取类的属性

需求文档中存储了系统要收集的信息，这些信息就是类的属性。例如收集的教职工的姓名、性别、职称、电话、E-mail 等。

（3）如果已经定义了数据库结构，则查找数据库表中的字段就可以获取类的属性。

值得说明的是，类的属性不要太多，也不要太少。如果发现某个类的属性太多，要对其进行分解，这样便于类的复用和实现。同样，属性也不要太少，如果太少可以进行类的合并。但对于是否需要分解或合并要根据具体的情况来判断。控制类就是一个特例，它只有少量属性，甚至没有属性，对其进行类的合并是不合适的。图 9 - 29 所示为分析类的属性。

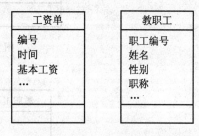

图 9 - 29　工资单和教职工类的属性

类的属性需要用属性名称、属性说明及属性类型来描述。其中，属性名称是一个名词，要能清楚地表达属性的信息。属性说明要描述出属性中要存储的信息，但如果属性名称可以很明显地表达出所存储的信息，则可以略去属性说明。属性类型是指属性的简单数据类型，包括数值型、字符串、整型等。对于分析类属性的具体内容将在设计阶段完成。

4．分析类的关系

完成前面的工作后，对于分析类图还要确定图中类之间的各种关系，如关联关系、包含关系等。这就需要用到动态分析模型中的协作图，协作图中的链接表达了两个类的对象之间的互相协作、通信关系，因此，可以分析协作图中的链接来确定分析类之间的关系。

这里需要为每一个类绘制一个它和其余类关联关系的类图，如图 9 - 30 所示。当然，在这里确定的类之间关系还是比较初步的，在设计阶段还要对其进行修改和调整。

在识别关联关系时，只需考虑那些实现用例所必需的关联关系，主要根据协作图要求来添加关联关系，对于不确定的关联关系不需要添加。

对于各分析类的关系图绘制完成之后，接下来的工作是对其进行整合，最终可以得到系统的分析类图。图 9 - 31 所示是"工资管理子系统"的分析类图。

对分析类图中的各要素说明如下。

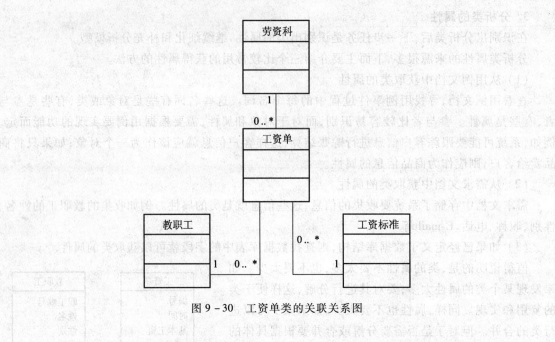

图9-30　工资单类的关联关系图

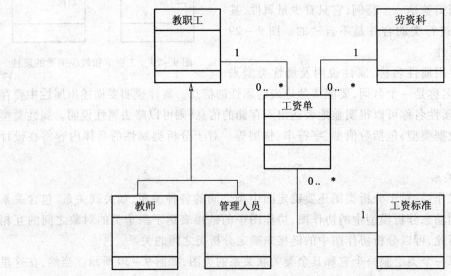

图9-31　"工资管理子系统"分析类图

① 关联关系的两端为角色,角色描述了类在关联关系中的作用。每个角色都有名称,用一个名词表示,描述了被关联的对象在关联关系中承担的角色。而且,对应一个类的所有角色名称都必须是唯一的。有些时候角色名和类名可以相同,就在类名的后面加以解释,也可以略去。

② 在分析类图中,除包含关系外,其他关系都在两端表示了允许参与关系的对象的数量,即关系中的多重性。表示多重性的各种符号有以下几种。

n..m:表示参与个数可以是 n 到 m 之间的任意数值。

0.1:表示可选关系。

0..*:表示可以取 0 到任意数值。

③ 分析类之间的包含(继承)关系,用带空心箭头的连线表示,如图 9-31 所示的教师和教职工之间的关系。分析类之间的其他关系用连接线直接相连。

④ 分析类之间的聚合和组合关系,参见 9.1.2 节。

9.4.3 动态分析

静态分析完成后,下一步的重要工作是检查系统用例的实现问题。用例可以转变为对象之间的协作,可以跟踪对象之间的消息传递,从而模拟并检验用例的实现。

顺序图和协作图是专门为用例的实现而设计的,它们可以记录下对象之间传递的消息。而且,顺序图和协作图都可以记录下相同的信息,但相比而言协作图更适合于用例的实现,因为协作图更多关注的是对象及其连接,而不是传递消息的顺序。而且,协作图比较容易生成。下面将分别介绍顺序图和协作图是如何实现用例的。

1. 顺序图

顺序图和协作图都表示在执行用例时,对象之间是如何进行发送和接收消息的。但顺序图不仅描述了对象之间的消息通信问题,而且还要关注消息传递的顺序,如图 9-32 所示。

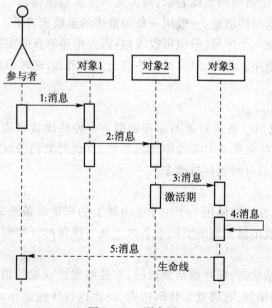

图 9-32 顺序图

顺序图一般由对象、消息、生命线、激活等图形元素组成,其中的生命线和激活是顺序图特有的图形元素。顺序图的纵轴是时间,时间沿竖线一直向下延伸。它的横轴代表用例中参加交互的对象,放在图的上方依次排列。一个对象到另一个对象的消息用跨越对象生命线的消息线表示。消息前的编号用于表示交互和消息传递的顺序。自顶向下按时间递增顺序列出各个对象所发出和接收的消息。

（1）对象

对象在顺序图中使用矩形框来表示,它们代表参与交互的对象。对象的命名规则与类图中类的命名规则基本相同,一般只给出其名称,在矩形框中写上对象的名称,当然它可以后跟冒号":"和类名。

表示对象的矩形框一般放在顺序图的最上面,而且最好把那些交互频繁的对象靠拢在一起。负责整个交互活动初始化的对象应放在最左边,而对于那些交互过程中产生的对象应放在产生对象的时间点处。

（2）消息

消息描述了对象之间的消息传递。在面向对象的程序设计中,对象之间的相互操作一般是通过对象之间互相发送消息来完成的。在顺序图和协作图中,消息是作为对象之间的一种通信方式来表示的。

顺序图要考虑消息传递的时间顺序。一条消息代表对象之间的一次通信,传递的消息表明了某个对象希望执行的某个操作或动作。一般而言,接收到一条消息就认为触发了一个事件,意味着活动开始。

在顺序图中,消息用带箭头的实线表示,箭头从一个源对象指向一个目标对象,线上注明要传递的消息内容。对于返回的消息,一般用一条带箭头的虚线来表示。

消息内容前可以添加一个序号,但也可以省略,因为传递消息的实线在顺序图中的位置本身已经代表了时间的相对顺序。此外,对象可以给自己发送消息,这时消息箭头将从该对象指向其自身。

（3）生命线

在顺序图中,生命线用一条从对象图标开始向下延伸的虚线来表示,它代表对象存在的时间,即对象的生命周期。生命线从对象被创建时开始,直到对象销毁时结束,代表对象的生命线的虚线有多长,对象存在的时间就将持续多长。

（4）激活

在顺序图中,激活图标一般使用一个位于生命线上的窄矩形条来表示。它代表对象执行一个操作所花费的时间。表示激活期的窄矩形条的上端与操作的开始时间对齐,下端与操作的结束时间齐平。

当一个对象处于激活状态,即在激活期内时,它能够发送或接收消息,执行操作或活动。反之,当一个对象不在激活期时,它将处于休眠状态,不能执行任何操作,但它并没有被销毁,仍然可以被新的消息激活。

　　在动态分析建模阶段,最好为每个较复杂的用例画出顺序图或协作图,描述用例的实现细节。例如,下面给出了"人力资源管理系统"中"工资计算"用例的顺序图,如图9-33所示。

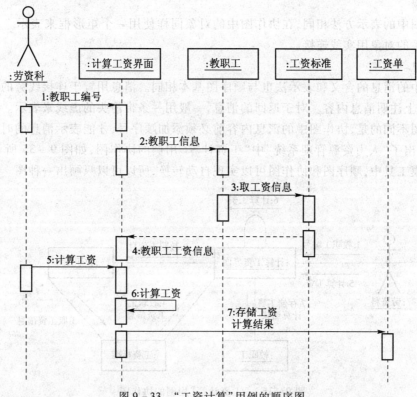

图9-33　"工资计算"用例的顺序图

2. 协作图

　　协作图和顺序图比较类似,但它并不考虑消息的通信时间,而更关心对象之间的交互(或协作)。因此,协作图主要是用于描述系统的行为是如何由系统的对象协作完成的,如图9-34所示。

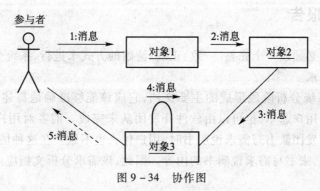

图9-34　协作图

　　事实上,图 9 - 32 所示的顺序图与图 9 - 34 所示的协作图是等价的,它们表达的系统交互活动是相同的,只不过各自的侧重点有所不同。下面简单介绍协作图的基本画法。

　　(1) 对象

　　与顺序图中的表示方法相同,在协作图中的对象同样使用一个矩形框来表示。不同的地方是有交互关系的对象用实线连接。

　　(2) 消息

　　协作图中的消息的含义和表示法也与顺序图基本相同。消息用置于连接线旁的一条带箭头实线表示,线上注明消息内容。对于返回的消息,一般用一条带箭头的虚线来表示。

　　与顺序图不同的是,协作图中的消息内容前必须添加顺序号,才能表示消息的时间顺序。

　　同样,给出了"人力资源管理系统"中"工资计算"用例的协作图,如图 9 - 35 所示。在 UML 中的各种建模工具中,顺序图和协作图可以实现自动转换,所以可以只画出一种图。

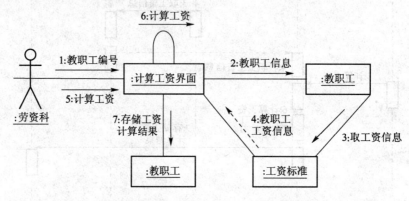

图 9 - 35　"工资计算"用例的协作图

　　动态分析结束后,面向对象的系统分析阶段将告一段落,所得到的分析类图和动态交互模型图组成了本阶段的最终成果,即系统分析模型。下一章我们将进入系统设计阶段,将分析模型转化为设计模型。

9.5　系统分析报告

　　系统分析的过程必须以一个完整、一致、正确、清晰的方式来进行,系统分析的成果也必须满足系统最终用户的需求。

　　需求说明书是系统分析阶段形成的主要文档,它应该能够准确地描述出最终用户的需求。这个文档可以由最终用户起草,也可以由软件开发团队来完成。前者对用户来说,难度比较大。后者可能造成软件开发团队书写需求说明书时,用户什么也不做。在这种情况下,技术人员必须与用户经常沟通交流,来书写需求说明书的内容。因此,该需求分析文档应由用户和软件开发团队共同来完成。

系统分析报告应包含下面的内容：

1．引言

（1）编写目的

（2）背景

（3）参考资料

2．业务需求分析

（1）业务参与者和业务用例列表

（2）用活动图描述业务流程

3．系统需求分析

（1）系统参与者和系统用例列表

（2）系统用例建模

4．系统分析

（1）建立分析类模型

（2）动态分析模型（交互图）

习　题

1. 什么是面向对象分析？
2. 分别说明活动图、顺序图和协作图在系统分析过程中所起的作用。
3. 简述面向对象分析的主要步骤。
4. 说明业务用例与系统用例的区别。
5. 静态分析和动态分析主要包括哪几方面的工作？
6. 分析类的种类有哪些？如何获得分析类？
7. 在面向对象的分析中如何识别类之间的关系？

第 *10* 章

面向对象的系统设计

在第 9 章中,已完成了面向对象的系统分析工作,提取、整理出了用户的所有需求,并构建了系统分析模型。接下来的系统设计工作的主要任务是将系统分析阶段所得到的用户需求转变成符合成本和质量要求的、抽象的系统设计方案,即将系统分析模型转换成系统设计模型,而且在系统设计过程中不断加深和补充对系统需求的理解,不断完善系统分析的成果,因此,与结构化方法的不同是,从面向对象的系统分析到系统设计,是一个反复迭代的过程,也是一个不断扩充和完善的过程,系统分析到系统设计的过渡是平滑的。

10.1 面向对象系统设计概述

10.1.1 面向对象的设计任务

面向对象系统是由若干对象协作完成的,其中每个对象都封装了其自身的数据和处理逻辑。系统分析员通过类来定义对象包含的数据和程序逻辑的结构,一个类描述了一个可执行对象的结构。只有当系统开始运行时,对象才能被创建。称这个创建过程为类的实例化。

面向对象设计的目标是识别并确定所有对象,并生成每个用例,例如用户界面对象、问题域对象及数据库访问对象。除了识别类以外,另一个设计目标是用足够的细节来说明每一个类,使得程序员能理解这些对象是如何协同工作以生成用例的,并可以为每一个类编写面向对象的代码。

与结构化分析和设计方法不同的是,面向对象方法从系统分析到设计是一个逐渐扩充、不断完善的过程,面向对象的分析和设计之间没有明显的分界限。在结构化方法中,虽然系统设计也需要系统分析的结果作为输入,但两个阶段所使用的术语、描述工具等存在很大的区别,这必然增加了系统分析和设计之间实现转换和衔接的难度。

在面向对象的开发方法中,系统分析的结果多数都可以直接映射成设计结果,并在设计过程中不断扩充和改进,从而进一步加深了对需求的理解。所以,面向对象的分析和设计是一个反复迭代的过程。同时,因为面向对象方法在概念和表示方法上的一致性,可以很容易实现各个开发阶段之间平滑过渡。

面向对象的系统设计一般可以分为两个阶段,即总体设计和详细设计。下面作简单介绍。

(1)总体设计

总体设计阶段的主要任务是设计一个简单、清晰的系统体系结构,包括系统架构设计、子系统设计、包的设计等内容。

(2)详细设计

系统详细设计的主要任务是,识别出系统运行过程中所使用的类以及类之间的关系,并为所有的类给出尽可能详细的定义和规范的说明,包括设计类图的建立、界面设计、数据库设计等。

本章下面几节主要讨论系统架构设计、子系统划分、设计类图的建立、数据库设计等内容。

10.1.2 面向对象的基本设计准则

明确了面向对象设计的基本任务之后,下面还要介绍一些有关面向对象设计的基本准则,包括封装、对象重用、导航可见性、低耦合原则、高内聚原则、对象职责等。介绍这些基本准则有助于加强对面向对象设计方法的理解和认识,而且在后面的内容中,将陆续用到这些基本准则。

1. 封装和信息隐藏

对于封装在面向对象方法的基本概念中已介绍过,但这里主要是从设计的角度来讲。在面向对象的设计中,每个对象被封装成包含数据和程序逻辑的独立单元,即每个对象都拥有自己的内部数据,并对外提供访问内部数据的方法以及实现特定功能的服务。因此,在面向对象设计时,设计人员就可以像搭积木一样来设计系统,被封装的每个对象相当于系统的每一个标准积木块,用它们的组合完成最终的系统设计。

信息隐藏是由对象封装而引出的概念,同时也是面向对象设计的一条重要准则。它是指一个对象内部的有关数据和方法实现细节,对外都是不可见的,即一方面对象的属性是私有的,只能通过对象对外提供的方法来访问和修改数据;另一方面,也不必关心对象方法的内部是如何实现的,只知道如何使用其方法即可。这条准则有利于面向对象的程序设计和测试,而且它也是一些重要准则的基础,例如,它可以降低系统中对象之间的耦合度。

2. 对象重用

对象重用是面向对象方法中与继承相关的一条重要准则,可以从父类(标准对象)继承出各种子类,从而实现了对象在系统中的多次重用,大大简化了系统开发和维护工作。目前,各种面向对象的程序设计语言都提供了一些在系统中可以重复使用的标准对象,例如系统窗体类以及窗体上的按钮、菜单、图标等标准控件类,它们都可以供开发人员重复使用。而且,作为开发人员也可以开发出类似于这些标准控件的类供自己或他人重用。当然,系统分析和设计模型中业务实体类也可以多次被重用。

3. 导航可见性

面向对象系统是通过若干对象互相协作完成的,因此,在系统分析和设计阶段都开发了交互图来描述对象之间的协作过程,而且在交互图中对象之间的联系是通过互相发送消息来完成的,所以在对象发送消息前必须保证对象之间是可见的,这就是所说的导航可见性,即一个对象能够"看见"另一个对象并与其进行交互。

对象之间的交互必须通过导航性来实现,所以作为设计者必须注意导航可见性的设计,即决定一个对象对哪个对象是可见性。导航可见性既可以是单向的,也可以是双向的。例如,一个"客户"对象可以"看见"一个"订单"对象,这意味着"客户"对象可以知道"客户"发出了哪些"订单"。在程序里,"客户"类用一个变量或是变量数组指向这个"客户"的一个或多个"订单"对象。如果二者的导航可见性是双向的,那就同时需要在"订单"对象中添加一个指向"客户"对象的变量。在设计类图里,通常使用箭头来表示类之间的导航可见性,而且箭头指向可见的类。

4. 低耦合原则

耦合是对系统中类之间关联关系紧密程度的一种定性度量,因此,它与导航可见性关系很密切,例如在上面的例子中"客户"对"订单"具有导航可见性,可以说"客户"和"订单"具有耦合关系。一般来说,可以通过观察设计类图中的导航箭头的个数来判断整个系统中的各个类之间耦合的程度。对系统来说,较少的导航可见性箭头或者说较少的类联系会使系统更容易理解和维护,因此,系统耦合性越低越好。

但是,耦合仅仅是一个定性的度量,因为不能用一个准确的数字来定量地说明耦合程度。尽管如此,作为设计者必须要分析和评估所设计的类图中的耦合程度。当发现某些类之间的耦合太强时,设计者必须做出某些调整来降低它们之间的耦合,减少它们之间不必要的联系,得到一个比较合适的耦合程度。因为强耦合会导致一个类的变化而波及整个系统,从而增加了系统的复杂性,使系统难以维护。

因此,系统分析员在设计分析类图以及系统设计员在绘制设计类图时,都要尽量通过降低系统的耦合性,来降低系统的复杂程度。一般来说,如果能够保证每一个用例都有一个比较合适的耦合程度,那么整个系统的耦合性也会比较合适。

5. 高内聚原则

与耦合不同的是,内聚是对一个类中各种功能的相关性和紧密程度的度量。而且与耦合相反的是,类的内聚性越高越好,应该尽量避免低内聚类的出现。

低内聚的类往往难以维护、难于理解,因为它们内部往往具有很多不同的功能,而且功能交叉,逻辑复杂,对系统内的变化比较敏感,容易产生连锁反应。此外,也是由于它们内部具有不同的功能,而这些功能又是不相关的,导致这些类很难被重用。例如,一个具有按键功能的按钮类,由于内聚性高可以很容易被重用;而一个有按键功能和用户登录功能的按钮类,由于内聚性差而很少被重用。

同样,内聚性也无法用一个数值来度量,也是一种定性的度量。类的内聚性一般包括三种:低、中和高内聚,需要的是高内聚类。一个低内聚的类往往是为了满足具有多种功能或活动的任务而出现的,把不同的目的、不同功能的类放在一起必然会导致类的低内聚性。针对低内聚类的特点,可以采取任务分解的方法来解决其低内聚性,即把它分成几个高内聚的类。在系统分析和设计过程中,把不同的任务分配到不同的类中是一种比较好的选择,这也是开发高内聚类的一种方法。

6. 对象职责

对象职责是面向对象方法中的另一个基本准则,它是指一个对象在系统运行过程中应该具有的职责或任务。这些职责或任务主要有两类:认识和行动,即一个对象应该知道什么,一个对象应该做什么。

一个对象首先应该能够认识或知道自己的数据,自己具有的属性以及怎样获取和维护这些属性信息。此外,它还要能够认识或知道与其一起协作执行用例的其他类,也就是说,一个对象应该对向其提供信息的对象具有导航可见性。除了认识外,一个对象还要具有一定的职责和行动,即在其他类向其发送消息时执行必要的操作或做出响应的功能。

在面向对象设计中,分配对象职责的概念由来已久。比较流行的分配职责的方法是使用CRC卡,即类-任务-协作卡。使用CRC卡技术可以很容易地分析出系统中的类、类之间相互协作的方法以及每个用例中所有类的职责。

在下面的章节中,将使用交互图来识别和分配对象的职责。而且,职责的分配同时意味着对象行为的识别。因此,可以利用对象职责的分配识别出每个设计类所具有的操作和方法,将在10.3.3节中具体讲解。

10.2 系统构架设计

10.2.1 系统构架设计

1. 信息系统构架的概述

系统构架设计是总体设计阶段重要任务之一,它在信息系统开发中占有很重要的地位,信息系统构架设计的好坏、合理性以及实用性将直接影响系统的应用情况。

下面介绍几个有关信息系统构架的概念。

(1)组件

组件实质上就是对象,它是对数据和方法的封装。在不同的面向对象开发环境中,组件有不同的叫法,例如在Delphi中叫部件,而在Visual BASIC中叫控件。

(2)模块

模块是指一组能够完成一定系统功能的程序语句,包括输入与输出、逻辑功能、内部数据、运行程序4个部分,其中输入与输出、逻辑功能属于外部属性,而内部数据、运行程序属于内部属性。

（3）模式

把解决某一类问题的方法归纳、总结到一定的理论高度，这就是所谓的模式。因此，模式实际上就是一种解决某一问题的方法理论。在 UML 中，模式是用参数化的协作来表示，但 UML 不能直接对模式的其他方面进行建模。此外，构架也是具有模式的，所以，引入了一种称为构架模式的模式形式，构架模式提供了软件系统基本的结构组织方案，不仅包括一些预定义的子系统及其任务，还包括用于组织之间关系的规则。

（4）构架

构架是用来指导大型软件系统设计的，是由一系列的相关抽象模式组成的。软件构架可以描述出整个系统的组成，即由一些抽象组件组成的。因此，可以说软件构架是一个系统的草图。

系统构架是指组成应用系统的技术结构，而一个良好的系统构架可以简化系统的开发。下面介绍一些系统在架构设计时要考虑的主要因素。

（1）需求的准确性

需求的准确性是指要按照用户的需求进行设计，系统是否满足用户的需求是评价一个系统好坏的重要指标，也是系统设计的重要目标之一。但实际上系统开发人员往往对用户的需求考虑的不周到，因为一提到系统构架设计，开发人员一般考虑更多的是系统开发时需要用哪种语言进行开发，需要使用哪种数据库、系统运行平台等。

系统架构设计时要注意，除了满足用户所有明确的需求外，还要尽量满足其隐含的需求。其中，明确的需求给出了系统需要做什么，即系统业务构架。需要根据用户业务上的需求来设计其业务构架，从而保证所开发出来的软件能够满足用户的需要。而隐含的需求是指系统的接口设计、系统安全性、可移植性、可扩展性等与系统性能、系统工作效率相关的需求，因此，隐含的需求主要给出了系统的技术架构，系统架构也要包含这些要求。

（2）系统的总体性能

信息系统的总体性能设计，也是评价信息系统设计方案的一个重要指标。为了提高系统的总体性能，在设计时要考虑提高系统的响应时间，要知道用户同时访问系统的人数，还要清楚任务并行性、操作多样性、负载均衡性、网络、硬件和其他系统的接口对系统性能的影响，特别注意一些关键算法的设计，对于一些占用内存较多的变量要及时清理。

（3）系统的可靠性

目前，虽然信息技术在各个行业和部门有了长足发展，但数据的安全性一直是人们所关心的重要问题，也是制约信息技术发展的重要因素。因此，在进行系统设计时，一定要注意系统安全的设计，包括信息系统的数据安全、网络传输安全等。同时还要保证系统出现故障时，能够尽快恢复正常，保证数据不受破坏。

（4）系统的可修改性

在系统构架设计时，要考虑到用户的业务流程有可能会发生变化。因此，在设计时最好把流程中的各项业务结点处的工作作为独立的对象，设计成独立的模块，业务模块之间通过接口相互调用来完成系统业务功能。这样,如果系统的业务流程发生一定的变化,可以通过修改系统程序模块间的调用关系来应对新的需求。而且,最好把这种调用关系设计到系统的数据字典中,这样就可以通过修改数据字典里的模块或组件间的调用关系完成业务流程的调整,而不需要修改程序代码,非常方便。此外,在系统构架设计时还要注意尽可能减少因业务信息的调整对代码模块的影响范围。

(5) 系统的可管理性

在划分模块时,要尽量使得模块间的关系简单,并记录下模块间的关系以便维护。还要设计好系统日志,日志管理可以帮助了解系统运行状态,及时处理各种系统错误。此外,还要考虑系统与其他系统的接口兼容性、与网络、硬件接口的兼容性、性能等。

(6) 系统的可操作性

系统构架设计要保证信息系统的可操作性,简单易学、界面友好、使用方便,尽量使用最少的操作步骤完成尽可能多的任务。同时,要使设计具有个性化和人性化。

(7) 系统的可维护性

在系统出现故障时,应该能够保证准确、及时地找出故障原因及位置,并能迅速地修正完善。

(8) 系统的可扩充性

系统进入漫长的运行期后,随着企业业务的不断发展和扩充,应用层次的不断提升,会导致现行系统无法满足新的业务需要,必须要对系统业务功能进行扩充、升级。因此,在系统构架设计时,要充分考虑系统可扩充性。

(9) 系统的可移植性

由于不同用户所使用的系统运行环境不同,例如使用不同的操作系统、不同的浏览器等,因此,在设计系统时要充分考虑系统运行环境,要保证所开发的系统在各种运行环境下能正常工作,即设计系统时要考虑系统的开放性、跨平台性,这就是系统的可移植性。

信息系统的需求分析即将结束时,就可以开始系统的构架设计,并不需要等到需求分析完全结束后开始。

下面再主要介绍三层体系结构设计。

2. 信息系统软件结构框架的设计

对于系统软件结构一般采用多层次结构模式,例如两层结构、三层和 N 层结构。本书简单介绍比较流行的基于 B/S 的三层体系结构。

基于 B/S 的三层体系结构中的第一层为表示层,它提供信息交互界面,是用户直接操作的界面层;第二层为业务逻辑层,是主要进行业务处理的商业逻辑层,也有人称为中间层、应用服务器层;第三层为数据存储层,负责数据的存储和检索等管理工作,如图 10-1 所示。

与基于 C/S 的两层结构不同的是,三层结构体系在客户机和数据库服务器之间增加了一个中间层,即应用服务器。应用服务器对客户端的请求做出响应,从数据库服务器获取数据或者更新数据,并负责具体的业务逻辑处理工作。而且,由于应用服务器具有较强的负载均衡和容错能力,从而增强了系统可扩展性。

下面从多个方面分析了基于 B/S 的三层体系结构的优势:

（1）客户端无需安装系统软件

因为所有的业务处理程序被放在了中间层上,所以客户端不需要与数据库服务器直接连接,也不需要安装系统程序,一般只要有 Internet 浏览器即可运行。

（2）增强了系统可扩展性

如果由于用户业务量增大而影响系统运行速度,可以采取增加一台或多台中间层服务器的方法而使得系统性能大大提高。

（3）提高了系统的安全性

由于客户端无法直接访问数据库服务器,而只能通过中间服务器层访问数据。因此,只要对处理敏感商业秘密数据的应用服务器加强控制和管理,就可以大大提高系统和数据的安全性。

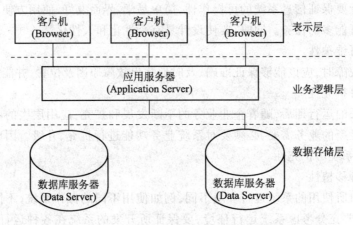

图 10-1   基于 B/S 的三层体系结构

（4）增强了系统的可维护性

由于客户端仅提供展示和编辑数据的界面,而不处理具体的业务逻辑,所以,一旦业务发生变化只需修改或更新处于应用服务器上的程序即可,客户端不需做任何工作。

（5）增强了企业信息系统的集成性

在基于 B/S 的三层结构中,客户端只需将对数据库的请求提交给中间服务器层即可。所有逻辑处理以及与数据库系统的交互是一对一地进行的,采用三层体系结构,通过中间层实现对各数据库系统的交互,可以很容易地完成应用系统集成。

（6）降低了费用

由于 Internet 具有很强的跨平台性,所以在系统工作平台上有一个浏览器,就能够访问中间应用服务器层。基于 B/S 三层结构的系统可以很容易地与企业原有数据库系统进行集成,只要做好中间服务器层的开发,而在客户端安装一个浏览器即可。一般来说,对于企业用户数量比较少的系统选择基于 C/S 的二层结构比较好,开发和维护费用相对比较低。但如果用户数量很多或者用户数量扩充量大,采用三层结构进行开发比较合适,虽然采用三层结构体系初始投资比较高,但不会随着用户数量的急剧增加而导致费用急剧增长。

（7）提高了系统的整体性能

有关测试表明,在负载比较重的情况下三层系统的运行速度要比两层系统快很多,应用系统处理越复杂,三层体系结构的系统整体性能就越高。下面给出了三层体系结构提高系统整体性能的几方面。

① 使用连接缓冲技术,减少并发访问数据库的用户数量。

② 减少网络开销,使容错与负载均衡。

③ 合理分摊系统负载,通过数据缓冲和系统体系结构的改变消除访问数据库的瓶颈。

④ 保证业务处理过程中数据的完整性和一致性。

前面所讨论的"高校人力资源管理系统",在数据库端采用 Oracle9i 数据库作为数据库服务器软件,Oracle 数据库的性能在业界是公认的。在应用服务器端,采用 BEA 公司的 Weblogic,Weblogic 确切地说是一个基于 J2EE 架构的中间件,凭借其出色的群集技术,BEA WebLogic Server 拥有最高水平的可扩展性和可用性,通过使用这个中间件能最大限度地适应企业级应用的多变性和复杂性。在客户端使用浏览器,表示层使用 Struts 框架,在技术上比不上 JSF,但它是经过实践检验的框架,目前业界很多基于 J2EE 的系统都采用 Struts 框架,其稳定性是值得信赖的。

10.2.2 子系统设计

对于一个业务比较多而且繁杂的系统来说,不可能把所有的业务实体和业务过程放在一个软件系统中,否则会导致系统过于复杂,难以使用。因此,可以考虑把软件分解为若干子系统。

在 UML 中,将使用包的机制来说明子系统。因此,这个阶段的研究任务是考虑如何把一个系统划分成若干包（子系统）,如何描述包与包之间的依赖关系,以及如何定义子系统之间的接口。

1. 子系统的划分

子系统的划分方式比较多。可以按照系统的部门来划分,将在同一部门应用的软件划为一个子系统,也可以按照功能来划分,将具有相似功能的模块放在一个子系统中。此外,子系统的划分也可以利用系统分析阶段对用例分类的结果。

子系统划分完成后,还要确定子系统之间的关系,而且在确定子系统间关系时,要注意尽量使子系统之间的关系保持低耦合。

高耦合必然导致子系统之间的关系过于密切,一个子系统的变化必然会影响其他子系统,这增加了子系统维护和理解的难度。为了降低子系统之间高耦合性,必须考虑重新划分子系统,将子系统的粒度减少,或者重新规划子系统的范围,尽量把相互依赖的元素划到一个子系统中。

2. 子系统接口设计

一般而言,一个系统的各个子系统之间往往存在一定的依赖关系,它们在业务操作中相互关联,对于这种子系统间的关联,在设计时需要对其定义接口。

为了降低各子系统之间的耦合性,对于子系统之间的通信只允许通过接口来实现。定义的接口中包含了子系统间通信的形式和通过子系统边界的消息。外部子系统只能通过接口间接地使用它提供的服务,不能直接地操作子系统的内容。

因此,只要子系统对外接口不改变,不管子系统内部发生怎样的变化,也不会对依赖于该子系统的其他子系统产生影响。

例如,把"人力资源管理系统"分解成若干子系统,包括"档案管理子系统"、"考核管理子系统"、"工资管理子系统"等,各个子系统相互独立,不直接依赖,而依赖于彼此的接口。在 UML 中子系统及其关系,使用组件图来表示,如图 10 – 2 所示。

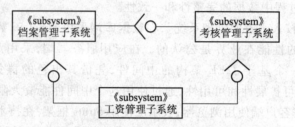

图 10 – 2   "人力资源管理系统"子系统和接口

对于子系统接口的内容描述主要包括以下几个方面:

① 操作的名称。

② 操作的返回值及其类型。

③ 操作时要使用的参数名及其参数类型。

④ 操作主要做什么(给出处理的文字描述,包括关键的算法)?

10.2.3　包的设计

在系统分析阶段使用分析包对系统的逻辑结构进行了分解,进入设计阶段后还要继续使用包的概念对子系统进行组织设计。包图是 UML 中的一个高层次的图,它使得设计人员可以将具有一定关联性的类联系起来。例如前面所讲述的三层设计,包括表示层、业务逻辑层和数据存储层,可以分别放在三个不同的包中。此外,设计人员可以根据分布的处理环境不同进行分组(包),也可以根据功能相关性把类组织在不同的包里,这样就为系统建立了若干不同的包。

将系统中的类进行分组或分包,可以使得模型元素在逻辑上更有秩序,也体现了系统结构高内聚、低耦合的原则。

设计阶段和分析阶段的包的表示方法基本相同,同样是使用一个制表方框来表示,包名一般放在制表方框的标签上。当然有时包名也可以放在方框的内部,特别是对于处于高层次的包图,它们往往没有太多细节和内容。

每个设计类要根据它们所属的具体层次放在不同的包里。在这个过程中,需要分析每个用例的设计类图和交互图,最终绘制出系统的包图。

　　在包与包之间,或者包中的类与类之间一般存在一定的依赖关系。它表示如果系统中的一个包(或类)发生了变化,那么另一个包(或类)也一定会发生变化。在 UML 中,依赖关系在包图中一般使用的虚箭头来表示。其中箭头指向被依赖的包,箭尾链接着有依赖性的包。下面给出了"人力资源管理系统"中"工资子系统"的包图,如图 10-3 所示。

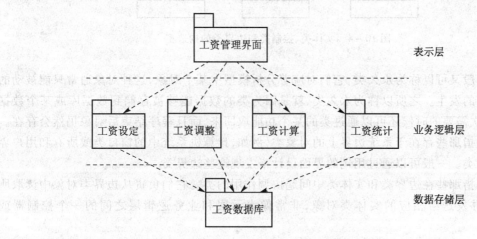

图 10-3　"工资管理子系统"包图

　　综上所述,包图可以用来描述系统中相关的部分和依赖关系,可以使用包图来反映类或者其他的系统组成部分的联系。

10.3　设计类的建立

10.3.1　初步设计类图的建立

1. 设计类图的符号

　　系统分析阶段所构造的分析模型称为分析类图,进入设计阶段后需要将其转变为设计类图。虽然在 UML 中对于设计类和分析类符号表示并没有什么区别,但二者在本质上是有区别的。例如,设计模型和分析模型的目标不同,分析模型描述的是用户工作环境下的业务"系统",而设计模型更多的是从系统、软件角度出发。

　　需要说明的是上面所提到的设计类并不是软件类,但是一旦开始构造设计类图,就应该为其定义软件类。设计类有很多的不同类型,UML 为其提供了一种特殊符号,称为构造型,可以为不同的类型指定不同的构造型。它们按照模型元素的不同特征进行归类,在 UML 中用"《》"符号表示。构造型根据模型元素特定的类型进行分类,并将类型的名称放到"《》"符号中。

　　在系统分析阶段,提到分析类有实体类、控制类和边界类三种类型,设计类同样也包括实体类、控制类和边界类三种类型。与分析类的表示符号不同,采用如图 10 - 4 所示的表示形式,这种表示方法更接近于软件类。

图 10 - 4　实体类、控制类和边界类的构造型

　　实体类一般又可以称为永久类,它们对应着分析模型中某个对象,这种对象通常只能被动的等待某件事情的发生。之所以称为永久类,就是因为类的数据能够被存储到数据库或某个数据文件中,当下次需要的时候还可以通过类的某个功能取回来,而且程序结束后对象仍然会存在。

　　边界类是指那些存在于系统边界上的对象类,例如,计算机系统中的窗口类或所有和用户界面相关的其他类。一般可以通过用例的界面设计来发现这些边界类。

　　控制类是指那些在边界类和实体类中间起协调作用的类。它们负责从边界类对象中读取所需要的信息,并发送给相应的实体类对象,非常像表示层和业务逻辑层之间的一个控制器或开关。

　　图 10 - 5 所示的描述了“人力资源管理系统”中“工资计算”用例中实体类、控制类和边界类之间的协作。

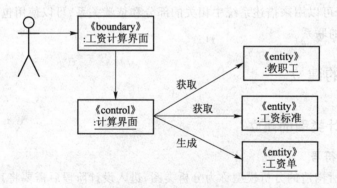

图 10 - 5　实体类、控制类和边界类之间的协作

　　对于边界类而言,在进行设计类的建立时,不管是用例图中的基本用例、包含用例,还是扩展用例,只要用例中存在和参与者的交互,就应该为其建立一个用例界面类。例如,为“工资计算”用例设计了一个用户界面类“工资计算界面”,如图 10 - 5 所示。接下来还要根据前面的系统架构设计来决定是否须要添加控制类。如果前面设计了控制层,一般可以为每个基本用例建立一个控制类,如图 10 - 5 中“计算处理”控制类。但也并不是每个基本用例都需要建立一个控制类,例如,对于几个简单的用例可以使用一个控制类,相反一个具有过多职责的复杂控制类,也可

以对其进行分解。最后,对于实体类要根据用例业务处理的需要来分析建立,例如在"工资计算"用例中先从"教职工"、"工资标准"实体类获取信息,然后生成了"工资单"实体类。

2. 设计初步设计类图

面向对象的系统分析确定了分析类、类的属性以及类之间的关系。进入系统设计阶段后,将使用扩展分析类图的方法来构造设计类图,称为初步设计类图。下面给出了从分析类图到初步设计类图的转化步骤,介绍如下。

(1)把分析类图中的类和类之间的关系直接转到初步设计类图中

把系统分析中确定的各个分析类、类之间的关系以及类的一些属性和方法直接转到设计类图当中,从而构建出初步的设计类图,在这些类中既包括了实体类,也包括了边界类和控制类。

(2)补充设计类中的属性及属性类型

分析类图中所表示的属性都是分析类的最主要和最基本的属性,并不全面,需要在设计过程中进一步补充。与此同时,还要确定这些属性所属的类型。在面向对象的编程语言中既可以使用那些通用的属性类型,包括日期型、布尔型、整数型等,也可以使用一些用户定义的属性类型。

除此之外,还要定义每个属性的可见性,属性的可见性主要包括 3 种类型,即公有的、私有的和保护的。

① 公有的(Public):在 UML 中表示为"+",表示该属性在系统所有的地方都可见。

② 私有的(Private):在 UML 中表示为"-",表示该属性仅在定义的类中可见。

③ 保护的(Protected):在 UML 中表示为"#",表示该属性仅在定义的类以及其所有的派生类中可见。

系统设计员在构建设计类图的过程中,属性的类型往往是根据他的经验来确定的。一般而言,大多数对象的属性都是私有的,在设计类图中需要在属性前面加上"-"来表示,如图 10-6 所示。

图 10-6 工资单和教职工类的属性

(3)关联关系设计

在设计类图中需要为关联类之间添加导航箭头,表示源类和目的类之间所发送的带有方向的消息。当然,现在所设计的还是初步设计类图,不能给出完整而准确的关联关系,在下面的设计过程中,还将进一步完善和修正。

（4）添加边界类与控制类之间的依赖关系

对于初步设计类图中出现的边界类，为了说明边界类与控制类之间的依赖关系，还需要画出它们与控制类之间的依赖关系线。

根据以上设计步骤，下面给出了"工资管理子系统"业务逻辑层的设计类图，如图 10 - 7 所示。

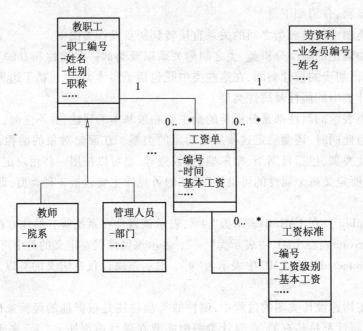

图 10 - 7　"工资管理子系统"业务逻辑层的设计类图

10.3.2　交互图设计

在上一节所设计的初步分析类图还仅仅是一个系统的初步设计模型，需要改进的内容还很多，例如，导航可见性的设计、设计类的属性与职责、设计类之间的关系等。在这一节中将使用交互图（顺序图和协作图）设计来解决这些问题，进一步完善初步设计模型。

对于顺序图和协作图这两种交互图并不陌生，在系统分析模型的建立过程中使用它们描述了系统用例中对象之间的交互过程，但仅仅给出了对象行为的基本轮廓。进入设计阶段后将对这些交互图模型进一步展开，扩充更多的设计细节。

用例的实现，必须借助于交互图的设计来完成。因此，交互图设计是面向对象设计过程中非常重要的一个环节。用例的实现过程就是要确定哪些类通过发送消息与其他类进行协作的过程，通过交互图设计能记录下这些对象所有的协作过程和细节。在交互图设计中同样需要开发顺序图和协作图，正如分析阶段所说的，用任何一种图都可以完成设计，而且二者可以实现转换，所以可以根据设计者的喜好来选择。下面先介绍如何用顺序图进行设计,然后再讨论协作图的设计过程。

1. 用顺序图分析设计类的职责

顺序图用来描述用例实现过程中的协作以及对象之间的相互关系,而且它强调对象交互的顺序。系统分析阶段,已经讨论了顺序图和协作图的基本组成,在这里主要对顺序图和协作图的结构和语法做几点补充,然后遵循其中的一些规则和步骤来设计系统。

(1)消息的表达语法

系统是需要输入和输出的,顺序图则为每一个用例或者系统的功能描述了信息的输入和输出,它记录了系统与参与者之间交互的过程和数据传递关系。参与者传递给系统的消息即是系统的输入,系统的返回消息即是系统的输出,每个消息都有源头与目的地。下面简单介绍一下消息的语法格式。

消息的语法如下。

[true/false condition] return-value:= message-name(parameter-list)

其中主要包括消息传送的条件、返回值、消息名称、参数列表等信息。

(2)消息的序号

一般而言,交互图中传递的消息是存在一定依赖关系的,为了区分这种关系,将使用分级或分层的编号方法对顺序图和协作图中的消息进行编号。例如,消息分级编号为1、1.1、1.1.1,使用消息分级编号方法会使顺序图和协作图显得更加调理清楚。但是要注意这种使用"点"来表示层次性的方法只有在消息之间存在依赖关系时才可以使用。例如,上例中只有第二个消息是第一个消息的结果,它才被编号为1.1,以表示它与第一个消息是一种从属关系。究竟消息之间什么时候存在从属关系,什么时候可以将它们编成同级关系,这都需要系统设计人员的一些经验。当然,在顺序图中消息序列号可以被省略,例如上面格式中就将消息序列号省去了,因为消息箭线在顺序图中的物理位置已经表明了消息传递的相对时间顺序。

(3)人力资源管理系统的设计顺序图

根据前面的讨论可知,边界类、控制类和实体类在一个系统中各自都有其不同的职责,而且通过交互图的设计采用消息的形式将特定职责分配给具体的类。根据前面的分析和设计,"人力资源管理系统"中"工资计算"用例的设计顺序图如图 10-8 所示。

2. 用协作图分析设计类的职责

在系统设计阶段协作图与顺序图的作用是相同的,它们都是具有迭代性质的交互图,而且它们的设计过程也都是一样的。究竟使用顺序图还是协作图来设计主要依赖于开发团队的设计习惯和设计人员的个人爱好。由于顺序图可以按照顺序步骤来描述用例以及进行对话设计,导致很多设计人员都喜欢用顺序图来设计。当然,协作图也有其自身的优势,因为使用协作图更容易分析出用例中各个对象间的耦合性。

协作图在 UML 中的表示方法与顺序图大致相同,例如,所使用的参与者、对象和消息的符号均相同,不同的是协作图中增加了一种新的链接符号,去掉了生命线和激活线。

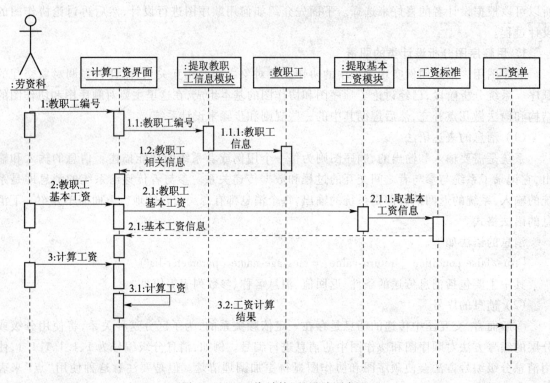

图 10-8　"工资计算"的设计顺序图

（1）消息的表达语法

因为协作图中不再有生命线来表示用例中对象交互的时间顺序，所以协作图中描述消息的格式与顺序图稍有不同，每个消息前面必须添加一个顺序编号来说明它们之间的次序关系。协作图中描述消息的语法格式如下：

［true/false condition］serial-number；return-value：= message-name（parameter-list）

其中包括消息传送的条件、消息序列号、返回值、消息名称、参数列表等信息。

在协作图中，对象之间、参与者与对象之间增加了一条连线表示它们之间的链接，链接表示它们之间共享消息，其中一个对象负责发送消息，一个对象负责接收消息。当然，这种连线的目的仅仅是为了对象之间的消息传递，因此连线仅仅是传输消息的通道。

（2）"人力资源管理系统"的设计协作图

同顺序图类似，下面给出了"人力资源管理系统"中"工资计算"用例的设计协作图，如图10-9所示。

与顺序图相比，协作图更关注用例中对象之间的协作，更容易地观察用例中所有对象的运行全貌。当然，也会发现获取协作图中的消息顺序就变的困难了。

一般情况下，可以先用协作图来草拟出用例的解决方案。对于相对比较简单、对象交互比较少

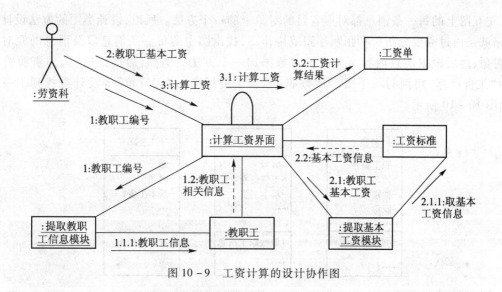

图 10 - 9   工资计算的设计协作图

的用例来说,一般给出用例的协作图就足够了。而对于业务流程比较复杂的用例,最好给出其对应的顺序图,因为顺序图更能明确地描绘出消息的流向及顺序。通常在一个系统设计文档中既会有协作图,也会有顺序图,两种交互图可以混合使用,可以根据具体的情况来选择使用不同的图。

10.3.3 设计类图的完善过程

顺序图和协作图设计完成之后,接下来的任务就是要进一步完善初步设计类图。在初步设计类图中并没有给各个设计类赋予任何的方法,对于这些类的方法信息可以通过交互图的设计来获得。同时,在设计交互图的过程中,还可以进一步完善关联关系的导航箭头。此外,在设计类图的完善过程中,在表示层、业务逻辑层和数据存储层中,根据用例的需要会添加和扩充进一些新的类,包括边界类、实体类和控制类。

1. 方法设计

一般情况下,对于每个设计类主要有三种方法:构造器方法、数据读写方法和具体用例方法。

① 构造器方法:该方法主要用于创建新的对象实例,类似于构造函数。

② 读写方法:该方法主要用于读取或更新属性值,也常称为访问属性的方法,在面向对象的语言中采取 Get 或 Set 的形式来访问属性。

③ 具体用例方法:这些方法来源于用例,并提供一些具体的业务功能,都能追溯到用户的需求。

在面向对象的语言中通常每个类都有一个构造器,并且大多数类都有针对每个属性的 Get 或 Set 方法,所以,对于这两类方法可以不在设计类图中体现出来。而需要做的是设计出第三类方法。

在交互图中,如果一条消息从源对象发给了某个目的对象,那么这个目的对象必须对这条消息做出响应并执行一定的操作。从本质上讲,这个过程就是源对象调用目的对象上的某个方法。

因此,交互图上的每一条消息都对应着目的对象上的一个方法。所以,设计类图的方法设计的基本思路就是通过需要分析每一张顺序图或协作图,找出图中的每一条消息以及消息的源对象和目的对象,然后根据消息内容为该目的对象添加一个方法。例如,通过分析"人力资源管理系统"中"工资计算"用例的顺序图,为"教职工"、"工资标准"、"工资单"等设计类找到了一些方法,如图 10 – 10 所示。

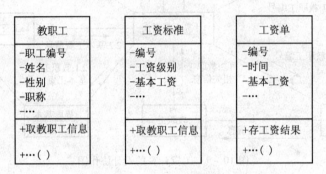

图 10 – 10　为设计类添加方法

在为设计类添加方法时,应该尽量使用继承机制来减少方法的冗余,如果发现多个类存在很多相似的公共方法,可以为这些类抽象出一个父类,并为处在不同层次的类定义各种方法。

在方法设计的过程中,还要注意平衡每个类中方法的数量,保证方法不要太多,也不能太少。如果发现某个类的方法太多、过于复杂,这时要注意分析一下该类的内聚性如何,考虑将其拆分成多个简单的类。反之,如果发现方法太少,有的甚至没有方法,全部都是属性,这时应该考虑把这个类合并到其他的类中。

通过以上的分析和设计,更新了"工资管理子系统"中业务逻辑层的设计类图,如图 10 – 11所示。

2. 关联设计

不管是从系统分析模型中继承下来的类之间的关联,还是在设计阶段中专门为类添加的新关联,它们最后都要映射到对象上的某个字段。而且,由于字段只能在一个方向上导航,所以无论这些关联映射为什么字段,都需要决定这个导航是双向的,还是单项的。这样,关联的实现将取决于关联每一端的多重性,具体有三种形式:一对一、一对多或多对多。

(1) 一对一关联

对于一对一的关联可以通过单项导航和双向导航来实现。

对于一对一关联的单项导航而言,可以在导航的源类中添加目的类的主关键字段来实现关联。图 10 – 12(a)中的"学院"和"院长"两个类是一对一的关联关系,单项导航的源端是"学院",目的端是"院长"。通过在"学院"中添加"院长"类的主关键字段"院长编号"就实现了两个类之间的单项导航,如图 10 – 12(b)所示。对于双向导航,要在关联的两个类中分别添加对方的主关键字段。

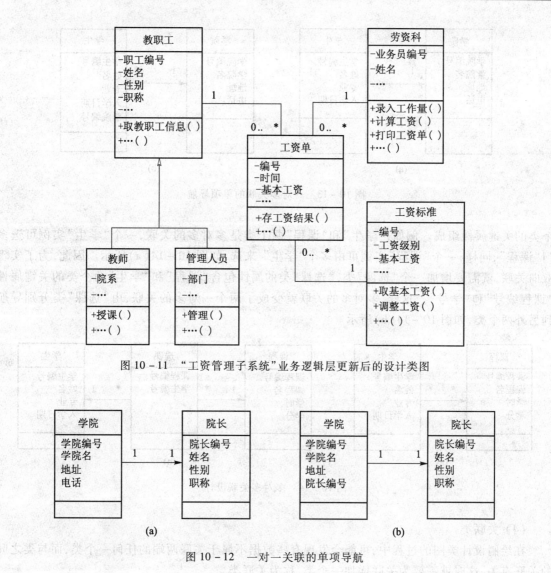

图 10 – 11 "工资管理子系统"业务逻辑层更新后的设计类图

图 10 – 12 一对一关联的单项导航

（2）一对多关联

对于存在一对多关联关系的两个类来说，其导航的实现相对比较容易，因为其导航方向必然是由多重性为"多"的类导航到多重性为"一"的类，反之则不可能。实现一对多单项导航的方法是在多重性为"多"的类中添加多重性为"一"的类的主关键字段。例如，图 10 – 13（a）"学院"与"学生"是一对多的关联关系，图 10 – 13（b）是对一对多单项导航的实现。

（3）多对多关联

对于多重性为多对多的关联，其实现需要考虑增加一个新的类，并且这个新类的属性要有两

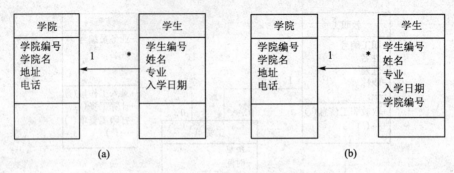

图 10 – 13　一对多关联的单项导航

个类的关键属性组成。例如,"学生"和"课程"两个类是多对多的关联,一个"学生"实例可选多门"课程",同样,一个"课程"实例可由多个"学生"来选,如图 10 – 14(a)所示。因此,为了实现双向关联,就需要增加一个"选课"类,"选课"类的属性包含"课程"和"学生"两个类的关键属性"课程编号"和"学号"。这样,多对多的关联就变成了两个一对多的关联,由"选课"类分别导航到另外两个类,如图 10 – 14(b)所示。

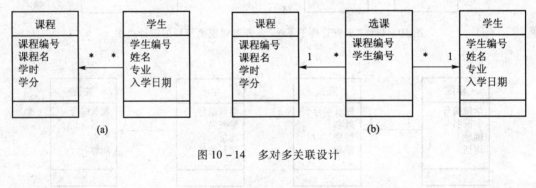

图 10 – 14　多对多关联设计

（4）关联类

在绘制设计类图的过程中,可能会发现有些数据不属于关联两端的任何一个类,而与类之间的关联有关,这时就需要为关联增加一个类,称为关联类。

例如,在图 10 – 15(a)中可以看出,一个"学生"对象可以对多个"教师"进行评教,反过来,一个"教师"对象也可以由多个"学生"来评教,但对于每个"评教"链接,都需要记录学期、课程名、成绩等信息,这些数据既不属于"学生",也不属于"教师",它属于关联本身,因此,应把"评教"作为一个关联类,并为其添加适当的属性。此外,还必须另外设置两个字段"学号"和"教师编号"（关联双方的主关键字段）分别指向"教师"和"学生",如图 10 – 15(b)所示。

3.　其他关系设计

设计类的关联设计完成后,还要考虑类之间其他关系的设计,例如整体与部分关系、泛化关系等。当然,可以借助于分析类图的已有成果,并在其基础上进行适当的调整和完善。

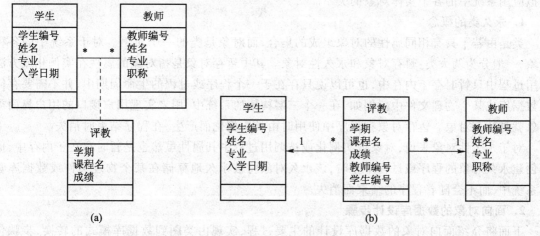

图 10 – 15 关联类设计

（1）整体与部分关系设计

前面已经介绍过整体与部分关系，它是一种比较特殊的关联关系，包括聚合和组合。对于聚合和组合的实现相对比较简单，因为目前绝大多数面向对象的编程语言都支持这两种关系。在定义整体类时，通过把其部分对象作为整体类的一个成员就实现了聚合和组合。

（2）泛化关系设计

泛化关系实质上就是面向对象的程序设计语言中的继承关系。因为面向对象程序设计语言都支持继承关系，也必然支持泛化关系。但不同的编程语言可能有所不同，因为有些编程语言不支持多继承，只支持单继承。对于使用不支持多继承的编程环境时，必须要对设计类中的多继承进行一些处理，将多继承转化为单继承，或者使用接口的方法来实现多继承。

10.4 面向对象的数据库设计

数据库设计是系统设计中非常重要的任务之一，它会直接影响后面的系统实现工作。在这一节中，将介绍如何进行面向对象的数据库设计。

面向对象的方法不仅支持系统分析和系统设计，也支持数据库的设计。而且，目前大多数DBMS 数据库都支持面向对象的设计方法。判断 DBMS 数据库是否支持面向对象的数据库系统，主要是考察其数据库设计模式是否能够支持具体应用系统的对象模型。

一般而言，先进行应用系统设计，再去设计数据库，所以面向对象的数据库设计的主要任务就是将应用系统的对象模型映射为数据库模式，面向对象的数据库设计要从应用系统的对象模型入手。

相比结构化的数据库设计而言，面向对象的数据库设计方法更具优势，因为它可以实现应用系统对象到数据库对象的直接映射，转换得很自然、方便。同时，数据库的逻辑模型又可以直接模拟应用系统中的各个实体对象的关系。

1. 永久类的概念

类是由若干具有相同属性的对象组成的集合,而对象是类的一个实例。对于系统中的各种对象,一般分为两大类:暂存对象和永久性对象。其中暂存对象是指对象的属性在实例化或方法调用过程中只暂时存于内存中,也可以说只存在于一个程序或过程的生命周期中,并不需要存储在数据库或某个物理文件中。例如,在一个三层构架的系统中,用来实现用户接口的用户界面类对象就是暂存对象。暂存对象在程序中使用时由类实例化而产生,在程序结束时消失。

对于永久性对象来说,对象被实例化或被调用过程中其属性虽然也是暂时存在于内存中,但当创建永久对象的程序或过程中止时,该永久对象将被永久地存储在某个物理文件或数据库管理系统中,而不会随着程序的结束而消失。

2. 面向对象的数据库设计步骤

下面将介绍面向对象的数据库设计的主要过程,实现由类图到数据库模式的转换,步骤包括:识别永久类及其永久属性;实现类到数据表的映射;关联关系的映射;继承关系的映射;设置每个字段的数据类型和取值范围。在下面的内容中将对每一步进行具体的介绍。

(1)识别永久类及其永久属性

根据前面的系统分层架构设计,可知只有处在业务逻辑层中的实体类对象才需要永久的存储起来,即只有实体类才可能成为永久类,所以在设计类图中识别永久对象或暂存对象比较容易。例如,"人力资源管理系统"中的"教职工"、"教师"、"工资单"、"工资标准"等实体类就是永久类。实体类中的"实体"与结构化方法中 E-R 图中的"实体"概念非常类似,但实体类中的实体(对象)不仅包含数据,还包含行为或操作,而 E-R 图中的实体中只有数据,没有操作。

接下来的任务是确定永久类中需要永久化的属性。需要说明的是,识别出来的永久类中的属性并非都需要永久化,即只有一部分数据需要存储到数据库或物理文件中,这些需要永久化的属性其实就是以后数据库中的字段。例如,实体类中那些出于特殊目的而添加的临时属性、可从其他属性导出的属性等是不需要永久化的。

(2)实现类到数据表的映射

永久类及其永久属性的确定为接下来的数据库设计工作奠定了基础。

实现类到数据表的映射,既可以从分析类图入手,也可以从设计类图开始。因为分析类图与关系模型更接近,而且没有显示关联的方向,因此最好先从分析类图入手将分析类映射到数据表。然后,结合设计类图进行适当地调整和修改,并根据设计类的属性类型确定数据表中字段的类型。

由前面分析可知,只有实体类才是永久类,才能映射成数据库中的关系表。映射后的关系表可以与实体类同名,关系表的每个字段名直接取自实体类中的每一个永久属性,而关系表中的每一条记录都对应着业务领域中的一个具体的对象实例。此外,还要给数据表定义一个属性(如职工编号)作为主键,这样可以唯一标志每一个实体对象,更方便于面向对象的程序设计。

例如,把"人力资源管理系统"中的永久类"教职工"映射为数据库中"教职工"数据表,表名"教职工",字段名与对象属性同名,主键为"职工编号"如图 10-16 所示。

职工编号	姓名	性别	职称	...

(a)   (b)

图 10 - 16　类到表的映射

（3）关联关系的映射

1）一对一或一对多关联的映射

在面向对象的系统中,可以使用对象指针来实现对象之间的关联。例如,对于一对一的关联,可以从关联的两个对象中选择一个对象,并在该对象中添加一个指针类型的属性,使其指向另一个对象,从而实现了对象之间的关联。

对于一对多的关联,只能选择多重性为"多"的对象,并在该对象中添加一个指针类型的属性,使其指向另一个对象。

一对一或一对多的关系到关系数据库的映射,将使用关系数据库中的外键来实现。例如,对于一对多的关系,将在"多"方的数据表中添加一个外键指向"一"方数据表的主键,如图 10 - 17 所示的学生表外键"学院编号"。因此,数据表的外键相当于设计类中的对象指针。

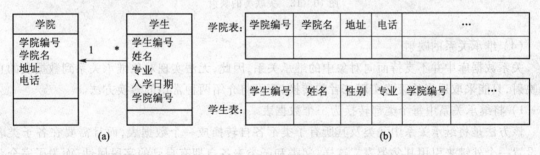

图 10 - 17　关联关系的映射

2）多对多关系的映射

对于多对多的关联关系,可以采取在关联对象中间增加新对象的方法来解决,并且要为表示关联的新对象中增加两个指针类型的属性,分别指向关联的两个对象,从而使多对多的关系变成了两个一对多的关系。经过这样的处理,就可以按照上面的一对多的处理方式来完成多对多关系到数据库的映射。例如,前面讲过的学生和老师的关系。

3）关联类的映射

关联类非常类似上面为多对多的关联而生成的新的对象类,但二者也有很大的区别,因为关联类本身就是一个实体类,它拥有自己的属性,而且不管关联两端的多重性如何,都必然要映射为数据表。关联类映射后的数据表字段与关联类的属性对应,有时还要为该数据表设置主键 OID 列。

例如,图 10 – 18(a)所示的关联类"评教",可以生成一个数据表"评教"。"评教"也可以设置一个主键 OID,两个外键(学号和教师编号)分别引用关联两端的对象(学生和教师),还包括它自身的属性列(学期、课程名、成绩等),如图 10 – 18(b)所示。

此外,在前面所提到的整体与部分的关系,包括聚合和组合关系,它们实际上是一种特殊的关联关系,所以,完全可以按照上面的关联关系映射方法将聚合和组合关系转换成数据表。

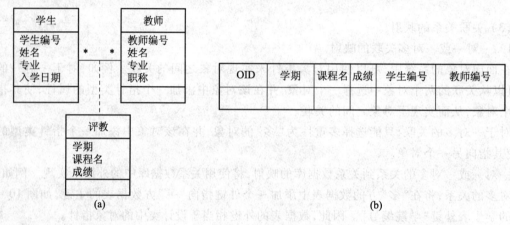

图 10 – 18　关联类的映射

(4)继承关系的映射

关系数据库中并不支持面向对象中的继承关系,因此,无法实现对象继承关系到数据表的直接映射,只能采取适当的策略实现二者的转换,下面将介绍两种常用的转换方法。

1)将继承关系中每个类都转换为一个数据表

该方法是将继承关系中父类及其所有子类都各自转换成一个数据表,而且需要在各子类表中设置一个外键来引用其父类表。这样,父类和子类表各自拥有自己的字段属性,而为了完全获取一个子类所有数据,必须将父类与子类表通过主外键连接起来。该方法充分体现了面向对象中的继承概念,但由于需要额外的连接操作而会影响系统性能。

2)只将继承关系中的每个子类转换成数据表

该方法是只将继承关系中的每个子类转换成数据表,而对父类不独立创建数据表,将父类的所有属性都复制到子类表中。因为该策略使子类表包含了从父类到子类的所有信息,从而省去了上面的连接操作,系统运行效率高,但不能体现面向对象中的继承概念。

以上两种继承关系的转换方法都各有其优缺点,在具体设计时需要根据系统的具体需求来使用。例如,在"人力资源管理系统"中的"教职工"类是教师和管理人员类的父类,继承关系如

图 10 – 19(a)所示。按照上面的第一种方法对此继承关系进行了转换,转换成教职工表、教师表、管理人员表等三个表,并且在教师表、管理人员表中要添加父类的主键"职工编号",以便于父类进行链接,如图 10 – 19(b)所示。

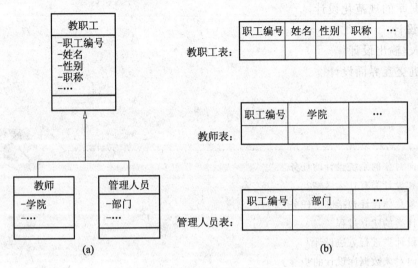

图 10 – 19 继承关系的映射

10.5 系统设计报告

系统设计报告是在系统分析报告基础上,经过总体设计和各种详细设计后形成的所有设计成果的体现和最终描述,也是程序设计以及以后运行和维护的重要依据。

系统设计报告主要包括以下内容:

1. 引言

(1) 编写目的

(2) 背景

(3) 参考资料

2. 系统架构设计

(1) 系统体系结构

(2) 子系统结构

(3) 接口设计

3. 详细设计

(1) 设计类图的属性和操作描述

(2) 设计类的关系设计

（3）交互图设计

4．数据库设计

（1）类到关系数据表的映射

（2）数据库的规范化设计

5．界面设计

（1）输入/输出设计

（2）人机交互界面设计

习　题

1. 简述面向对象的系统设计的任务。
2. 分析类和设计类有什么区别？
3. 面向对象总体设计包括哪些任务？
4. 简述设计类的建立过程。
5. 怎样对设计类进行方法设计？
6. 简述面向对象数据库设计的步骤。

第**11**章

信息系统实施

在经历了信息系统规划、系统分析、系统设计之后,进入了信息系统实施环节,在系统实施过程中主要工作包括系统数据库的建立、系统程序设计、系统测试等主要工作。许多教材将系统切换工作也列入了系统实施的工作之一,并做了简单的描述,本书结合作者的多年信息系统开发经验,将系统切换环节放到了系统运行管理(本书第12章)进行详细的表述。

数据库建立主要是根据系统设计中的数据库设计部分,在企业选择 DBMS 基础上,建立和部署数据库,实现物理数据库的建立过程,为程序设计奠定基础。不同的 DBMS,数据库的建立过程有所不同,开发人员可参考选用的 DBMS 有关的技术文档,进行数据库的建立工作。

程序设计是根据系统设计中的总体设计、模块结构设计、流程设计、代码设计、界面输入/输出设计等内容,选用相应的程序开发工具,进行系统软件的开发工作。不同的开发工具,集成的IDE 环境和编程规则也有所不同,开发人员可参考选用的程序开发工具有关的技术文档,进行软件开发。信息系统如同企业的产品一样,上线运行前必须要保证其质量,其中软件产品最基本的标准就是要满足用户的要求。那么,如何才能保证信息系统的质量呢? 目前主要依靠以下3方面工作对软件质量实施管理。

① 加强信息系统开发项目管理(PM)工作。PM 通过实施时间管理、成本管理、质量管理、人力资源管理、风险管理、采购管理、沟通管理、集成管理和范围管理9大知识体系的实施,提高系统的质量。

② 加强信息系统开发的过程管理和控制。信息系统开发的过程管理方法很多,例如,ISO 9001 质量体系(设计、开发、生产、安装和服务的质量保证模式)、能力成熟度模型 CMM/CMMI、ISO12207(软件生存期模型)、ISO 15504 软件过程评估 SPICE(即软件过程改进和能力确定)等,都是较为流行的过程管理和控制模型。

③ 对系统最终产品的测试和评价来检验其质量。系统测试工作是保证信息系统开发质量的主要环节,往往被看作系统开发生存周期的一个主要环节,可以通过一些方法来测试系统的内部属性,也可以测试系统的外部属性,其目标是让信息系统在功能和性能等各方面都能满足用户的需求。

由于在学习本课程前,读者已经学习了数据库和程序开发方面的课程,因此,本章重点讲解系统测试的理论和方法。

11.1　信息系统软件开发概述

11.1.1　数据库的建立

数据库是管理信息系统的基础,它管理着信息系统最重要的资源——信息,选择一种合适的数据库管理系统对一个管理信息系统开发的成败有着举足轻重的影响。下面对数据库管理系统进行详细的介绍。

1. 数据库管理系统

数据库管理系统(Database Management System,DBMS)是操纵和管理数据库的软件系统,主要用于建立、使用和维护信息系统的数据库。用户可通过 DBMS 访问数据库中的数据,数据库管理员也通过 DBMS 对数据库进行维护。DBMS 可使多个应用程序和用户使用不同的方法同时建立、修改和访问数据库。DBMS 对数据库进行统一的管理控制以保证数据库的安全性和完整性。

2. 数据库管理系统功能

(1) 数据定义

包括定义构成数据库结构的模式、存储模式和外模式,定义各个外模式与模式之间的映射,定义模式与存储模式之间的映射,定义有关的约束条件。

(2) 数据操纵

包括对数据库数据的检索、插入、修改、删除等基本操作。

(3) 数据库运行管理

包括对数据库进行并发控制、安全性检查、完整性约束条件的检查和执行、数据库的内部维护(如索引、数据字典的自动维护)等,以保证数据的安全性、完整性、一致性以及多用户对数据库的并发使用。

(4) 数据组织、存储和管理

对数据字典、用户数据、存取路径等数据进行分门别类地组织、存储和管理,确定以何种文件结构和存取方式物理地组织这些数据,如何实现数据之间的联系,以便提高存储空间利用率以及提高随机查找、顺序查找、增、删、改等操作的时间效率。

(5) 数据库的建立和维护

建立数据库包括数据库初始数据的输入、数据转换等。维护数据库包括数据库的存储与恢复、数据库的重组织与重构造、性能的监视与分析等。

（6）数据通信接口

DBMS 应提供与其他软件系统进行通信的功能。例如，提供与其他 DBMS 或文件系统的接口，从而能够将数据转换为另一个 DBMS 或文件系统能够接受的格式，或者接收其他 DBMS 或文件系统的数据。

3. DBMS 的组成

（1）数据定义语言及其翻译处理程序

数据定义语言（Data Definition Language，DDL）供用户定义数据库的模式、存储模式、外模式、各级模式间的映射、有关的约束条件等。

用 DDL 定义的外模式、模式和存储模式分别称为源外模式、源模式和源存储模式，各种模式翻译程序负责将它们翻译成相应的内部表示，即生成目标外模式、目标模式和目标存储模式。这些目标模式描述的是数据库的框架，而不是数据本身。这些描述存放在数据字典（亦称系统目录）中，作为 DBMS 存取和管理数据的基本依据。

（2）数据操纵语言及其翻译解释程序

数据操纵语言（Data Manipulation Language，DML）用来实现对数据库的检索、插入、修改、删除等基本操作。

（3）数据运行控制程序

系统运行控制程序负责数据库运行过程中的控制与管理，包括系统启动程序、文件读写与维护程序、存取路径管理程序、缓冲区管理程序、安全性控制程序、完整性检查程序、并发控制程序、事务管理程序、运行日志管理程序等。

（4）实用程序

实用程序包括数据初始装入程序、数据转储程序、数据库恢复程序、性能监测程序、数据库再组织程序、数据转换程序、通信程序等。

4. 常用的数据库管理系统

目前较为流行的数据库产品包括 Oracle、Sybase、Microsoft SQL Server、Informix、DB2、MySQL、Microsoft Access，下面简单介绍其中较为常用的数据库。

（1）Oracle

1984 年 Oracle 率先将关系数据库转到了桌面计算机上，Oracle 5 提出了客户机/服务器结构、分布式数据库等概念。Oracle 8 增加了对象技术，成为关系 – 对象数据库系统。Oracle 数据库是世界上使用最广泛的关系数据系统之一，其产品覆盖了大、中、小型机等几十种机型。

Oracle 数据库服务器的特点如下。

① 可用性：Oracle 数据库通过对更多联机操作的支持来减少对脱机维护的要求。系统不仅提供了简洁的数据修复工具，还提供了自助错误更正功能，可使用户识别并更正自己的错误。

② 异构性：Oracle 数据库服务器，是支持硬件平台种类最多的数据库，用户拥有选择技术环境和体系结构的充分自由度。它在软、硬平台方面为用户提供了较大的灵活性。

③ 真正的群集技术：Oracle 数据库允许用户将普通硬件系统组成群集，为提高系统的可用性和伸缩性，可根据需求情况在群集系统中增加新硬件。在用户增加新的服务器时，不需要改变原有的应用模式，即使是在多个服务器停机的情况下，应用程序仍然可以正常运行。群集中的多个服务器运行管理就像单一服务器一样简单。

④ 智能管理功能：Oracle 的智能性体现在自我管理、自我调整和自我纠正功能等方面。通过向导可实现复杂的数据管理，自动日常备份和恢复，资源配置功能可以自动规划和处理高峰时期的任务，自我动态地调整数据大小，自我纠正对初始设置提供有效的保护。

⑤ 完善的 3 层安全体系：Oracle 数据库提供的安全体系结构，包括 3 层安全体系、托管环境的安全体系、支持基于标准的公共密钥体系结构、数据加密和标签安全、改进的用户和安全管理策略等。

⑥ 强大的联机分析处理和数据挖掘、分析服务：Oracle 数据库提供的数据挖掘模型和算法使用户很容易开发个性化的解决方案，对包括历史信息和当前 WEB 网站交互信息在内的所有数据进行分析，然后就可产生良好的决策建议，并允许最终用户通过 WEB 浏览器访问实时的个性化信息。

（2）DB2

DB2 是 IBM 开发的一种大型关系型数据库平台，它支持多用户或应用程序在同一条 SQL 语句中查询不同 Database 甚至不同 DBMS 中的数据，所以，DB2 是 IBM 一种分布式数据库解决方案。

DB2 通用数据库主要组件包括数据库引擎（Database Engine）、应用程序接口和一组工具。数据库引擎提供了关系数据库管理系统的基本功能，如管理数据、保证数据完整性及数据安全、控制数据的访问（包括并发控制）。

目前 DB2 可分为 DB2 工作组版（DB2 Workgroup Edition）、DB2 企业版（DB2 Enterprise Edition）、DB2 企业扩展版（DB2 Enterprise-Extended Edition）、DB2 个人版（DB2 Personal Edition）等多种版本，这些版本具有相同的基本数据管理功能，区别在于支持分布式处理能力和远程客户能力。

（3）Microsoft SQL Server

SQL Server 是微软公司开发的一个关系数据库管理系统，以 Transact - SQL 作为它的数据库查询和编程语言。T - SQL 支持 ANSI SQL - 92 标准，是结构化查询语言 SQL 的一种。SQL Server 支持多种不同类型的网络协议如 TCP/IP、Apple Talk、IPX/SPX 等。SQL Server 主要运行在 Windows 平台上，SQL Server 是一个优秀的客户机/服务器系统。

SQL Server 采用二级安全验证、登录验证及数据库用户账号和角色的许可验证。SQL Server 支持两种身份验证模式：Windows 身份验证和 SQL Server 身份验证。

（4）Sybase 数据库

1984 年，Mark B. Hiffman 和 Robert Epstern 创建了 Sybase 公司，1987 年推出了 Sybase 数据库产品。Sybase 主要有三种版本，一是 Windows Server 环境下运行的版本，二是 UNIX 操作系统

下运行的版本,三是 Novell Netware 环境下运行的版本。

（5）MySQL

MySQL 是由瑞典 MySQL AB 公司开发的一个开放源码的小型关系型数据库管理系统。由于其具有速度快、占用空间小、成本低和源码开放等特点,目前 MySQL 被广泛地应用在 Internet 上的中小型网站中。

（6）Access

Access 是微软公司于 1994 年推出的微机数据库管理系统,它具有界面友好、易学易用、开发简单、接口灵活等特点,是典型的新一代桌面数据库管理系统。它主要适用于中小型应用系统,或作为客户机/服务器系统中的客户端数据库。

5. 各种数据库管理系统的比较

下面对以上较为常用的各种数据库管理系统进行比较,见表 11 – 1。

表 11 – 1　各种数据库管理系统的比较

项目　　　数据库	Oracle	DB2	SQL Server	Sybase	MySQL	Access
开发商	Oracle	IBM	Microsoft	Sybase	MySQL AB	Microsoft
规模	大型	大型	中型	中型	小型	小型
关系数据库	是	是	是	是	是	是
支持存储过程	是	是	是	是	是	否
应用范围	大型、中型和微型计算机	分布式数据库解决方案	客户机/服务器体系结构	客户机/服务器体系结构	Internet 上的中小型网站	中小型应用系统

11.1.2　系统程序设计

信息系统程序设计是系统实施的重要阶段,主要是指程序员根据系统设计进行软件的编程工作,如何能快速地设计出良好的程序,是每个系统开发人员都十分关心的问题。

程序设计思想在程序设计中有着重要作用,掌握好的设计思想,才能写出有效的程序。从计算机诞生到现在,程序设计语言的发展从最初的机器语言、汇编语言到过程式语言、结构化高级语言,最后到支持面向对象技术的面向对象程序设计语言,使程序员可以在更抽象的层次上表达程序设计的意图。由于在开设本门课程的前导课程中,已经讲述了程序设计的有关理论和方法,本书在此不赘述。

11.1.3　系统程序开发平台

1. 常用开发平台介绍

（1）Microsoft Visual Studio

Visual Studio 是微软公司推出的 Windows 平台应用程序开发环境。Visual Studio 可以用来创建 Windows 应用程序和网络应用程序,也可以用来创建智能设备应用程序、网络服务和 Office 插件。

Visual Studio 97 是最早的 Visual Studio 版本,包含有面向 Windows 开发使用的 Visual Basic 5.0、Visual C++ 5.0,面向 Java 开发的 Visual J++ 和面向数据库开发的 Visual FoxPro,还包含有创建 DHTML(Dynamic HTML)所需要的 Visual InterDev。1998 年,微软公司发布了 Visual Studio 6.0;2002 年发布了 Visual Studio.NET(内部版本号为 7.0)。在这个版本的 Visual Studio 中,微软剥离了 Visual FoxPro 作为一个单独的开发环境以 Visual FoxPro 7.0 单独销售,同时取消了 Visual InterDev。与此同时,微软引入了建立在.NET 框架上(版本 1.0)的托管代码机制以及一门新建立在 C++ 和 Java 基础上的现代语言——C#,C# 是编写.NET 框架的语言。

.NET 的通用语言框架机制(Common Language Runtime,CLR)的目的是在同一个项目中支持不同的语言所开发的组件。所有 CLR 支持的代码都会被解释成为 CLR 可执行的机器代码,然后运行。

(2) JBuilder

美国 Borland 软件公司推出的 JBuilder 系列被认为是最好的 Java 开发工具。JBuilder 2007 是目前最新的版本,采用的是 Eclipse 内核,比 JBuilder 2006 有了较大的改进。JBuilder 是为加快企业级 Java 应用的开发而设计的,主要用于开发 B/S 应用程序。JBuilder 可使软件团队更有效地进行协作实时、跨地域的系统开发工作。Borland 推出的 Optimizeit 应用效能管理组件能在 J2EE 应用开发过程中找出影响系统开发效率的问题,并提供解决方案。

JBuilder 及 Optimizeit 都是 Borland 应用软件生命周期管理(Application Lifecycle Management,ALM)的重要组成部分,能与其他 Borland 的 ALM 产品紧密结合,为开发人员提供环环紧扣的工具,提升程序员自身以及团队的开发效率。

JBuilder 是根据离岸外包、远程或分布式团队的独特需要进行设计的,处在不同地点的开发人员可同时方便地修改源代码、进行可视化设计。JBuilder 有利于大型分散的开发团队进行实时的对等协作,使两个甚至更多的编程人员一同工作,就同一个设计、算法、源代码及测试进行协作,发挥他们的编程技巧,共同解决系统开发难题。

(3) Eclipse

Eclipse 由 IBM 和 OTI 两家公司的 IDE 产品开发组于 1999 年 4 月创建,IBM 提供了最初的 Eclipse 代码基础,包括 Platform、PDE 和 JDT。目前,已经发展成为了一个由 IBM 牵头的较大的 Eclipse 联盟,有 150 多家软件公司参与到 Eclipse 项目中,其中包括 Borland、Red Hat、Sybase、Rational Software 等。

Eclipse 是一个开放源代码的、基于 Java 的可扩展开发平台,主要用于开发 B/S 应用程序。它本身只是一组服务和一个框架,附带了一个包括 Java 开发工具的标准插件集,通过插件组件可创建开发环境。

Eclipse 允许开发人员创建与 Eclipse 环境充分集成的工具。因为 Eclipse 是由插件构成的,给用户提供一致和统一的集成开发环境。对于 Eclipse 提供插件,所有开发人员都具有相同的发挥空间。

虽然 Eclipse 是使用 Java 语言开发的,但其用途并非局限于 Java 语言。例如,它提供了支持 COBOL、Eiffel、C/C++ 等编程语言的插件。Eclipse 框架还可用来开发与信息系统开发关系不密切的其他应用程序,如内容管理系统等。

由于 Eclipse 具有开放源码的特性,任何人都可以在此基础上开发各自的插件,所以它受到开发人员的欢迎。近期 Oracle 等许多大公司也纷纷加入了该项目。

（4）Visual Basic

Visual Basic(VB)是目前世界上应用最广泛的编程语言之一,主要用于开发 C/S 应用程序。无论是开发大型的信息系统软件,还是编写解决实际问题的小程序,VB 都是比较快捷的方法之一。

（5）PowerBuilder

PowerBuilder(PB)是原 PowerSoft 公司于 1991 年推出的一个基于客户机/服务器(C/S)体系结构的数据库开发工具。PB 被公认为是最优秀的数据库应用开发工具之一,PB 在国内外拥有无数的成功应用,广泛地应用在世界各地的银行、电信、交通、保险等行业中。PB 从 1.0 开始至今已发展到了 11 版本,其中 PB 7.0 是一个发展的关键点。目前已经发展成为功能完整的、适用于 3 层结构体系的、分布式快速应用开发工具。

（6）Delphi

Delphi 是由 Borland 公司是在 Pascal 语言的基础上发展起来的可视化软件开发工具,主要用于开发 C/S 应用程序。Delphi 被称为第 4 代编程语言,其特性有：基于窗体和面向对象的方法,高效的编译环境,对数据库的强力支持,强大而成熟的组件技术,与 Windows 编程紧密结合,简单易学。

Delphi 在数据库应用开发方面有着先进的数据库引擎,适应于从客户机/服务器模式到多层数据结构模式。

2. 各种开发平台的比较

表 11-2 和表 11-3 所示分别给出了基于 B/S 和 C/S 的开发平台的对比情况。

表 11-2　B/S 应用开发平台对比

工具 项目	JBuilder	Visual Studio
应用范围	分布式 Java 开发	Windows 应用程序和网络 Web 应用程序开发
程序的跨平台性	具有	不具有
适用对象	关键部门、大型企业	中小企业
开发周期	长	短
集成性	高	低
支持多种编程语言	否	是
缺点	较难学习	技术单一

表 11－3　C/S 应用开发平台对比

项目＼工具	Visual Basic	PowerBuilder	Delphi
优势	开发效率高	开发数据库系统	开发面广
面向对象	是	是	是
提供可视化组件库	是	是	是
数据统计分析功能	弱	弱	强
控件打印	一般	简便	复杂

11.1.4　构件、框架和设计模式

有了良好的快速程序开发语言和程序设计思想，如何高效地构建管理信息系统？下面叙述应用广泛的构件与框架思想。

1. 构件的思想

信息系统的应用日益广泛，系统规模越来越大，过去的手工作坊式的开发方式已经不能满足快速开发大型信息系统的需要。构件技术的出现大大地提高了系统的开发效率。

基于构件的软件开发，不仅使软件产品在软件质量、客户需求吻合度和上线时间领先于同类产品，而且使软件的开发和维护变得十分简单。从最终用户的角度讲，采用构件技术的系统，在遇到业务流程改变、系统升级等问题时，只须采取对构件进行重新组合，使之重新组合或者通过增加新的构件、改造原来的构件来实现，而不必在代码层进行一个个修改和测试，便可快速地实现新的系统。

那么，什么是软件构件呢？构件是软件的组成元素，符合一定的标准，具有一定的功能和结构，可以完成一个或多个特定的服务，通过接口对外提供服务的程序模块。一般地，构件在软件系统中具有相对独立功能，是可以明确辨识、接口由契约指定、和语境有明显依赖关系、可独立部署、可组装的软件实体，并且可以重复使用的组件。

软件构件库是将多个构件按照一定的格式进行组织和存储的集合，是一种支持软件复用的基础设施和软件资产的管理系统，它提供了对软件构件的说明、分类、构造、存储、查找等功能，提高了构件的开发和应用效率。

2. 框架的思想

系统框架是在系统开发过程中提取特定领域软件的共性部分而形成的体系结构，不同领域的软件项目有着不同的框架类型。框架的作用在于：由于提取了特定领域软件的共性部分，因此，在这个领域内新项目的开发过程中，有关构架的代码不需要重新编写，只需要在框架的基础上进行一些开发和调整便可满足要求；对于开发过程而言，这样做会提高软件的质量，降低成本，缩短开发时间，使系统开发人员从繁琐的框架开发中解脱出来以能够专注研究系统分析设计等

工作。

　　框架方法在很大程度上借鉴了硬件技术方面的成就,它是构件技术、软件体系结构研究和应用软件开发三者相结合的成果。一般情况下,构件库只是框架的一个重要部分,框架以构件库的形式表现。框架的定制性比构件强,框架为构件提供重用的环境,为构件处理错误、交换数据及激活操作提供标准的方法。

　　应用框架是实现了某应用领域通用功能(除去特殊应用的部分)的底层服务。使用这种框架的编程人员可以在一个通用功能已经实现的基础上进行具体的系统开发。框架提供了所有应用期望的默认行为的类集合,应用框架强调的是软件的设计重用性和系统的可扩充性,提高开发的效率和质量。

　　框架必须是健壮的、可扩展的、灵活的,且支持动态内容,它要求基于开放或共享标准。要力求框架的设计具有完备性、灵活性、可扩展性、可理解性;要使用户能轻松地添加、修改以及定制框架;使用户和框架的交互清晰,文档齐全。

　　框架的优点就是重用,面向对象系统获得的最大的复用方式就是框架,一个大的应用系统往往由多层互相联系的框架组成。框架的重用设计能提供可重用的抽象算法及高层设计,并能将大系统分解成更小的构件,而且能描述构件间的内部接口。在已有的构件基础上这些标准接口使通过组装方式建立各种各样的系统成为可能。由于框架能重用代码,因此从已有构件库中建立应用变得非常容易。

　　框架还能重用分析。所有的人员若按照框架的思想来分析事务,那么就能将它划分为同样的构件,采用类似的解决方法,可使采用同一框架的分析人员之间能进行沟通。

3. 设计模式

　　设计模式是对在某种环境中反复出现的问题以及解决该问题的方案的描述,设计模式研究的是一个设计问题的解决方法,一个模式可应用于不同的框架和被不同的语言所实现;而框架则是一个应用的体系结构,是一种或多种设计模式和代码的混合体,框架总是针对某一特定应用领域。虽然它们有所不同,但同一模式却可适用于各种应用,共同致力于使人们的设计可以被重用,在思想上存在着统一性的特点,因而设计模式的思想可以在框架设计中进行应用。

　　在软件开发中有三种级别的重用:

　　① 内部重用,即在同一应用中能公共使用的抽象模块。

　　② 代码重用,即将通用模块组合成库或工具集,以便在多个应用领域都能使用。

　　③ 应用框架重用,即为专用领域提供通用的或现成的基础结构,以取得最高级别的重用性。

　　采用框架技术进行软件开发的主要特征有:

　　① 实现面向产品化、实用性的构件库系统,并具有开放性、可扩展性。

　　② 支持异构环境中的框架、构件的互联和通信,使领域内的软件结构一致性好。

　　③ 软件设计人员要专注于对领域的了解,使需求分析更加深刻。

　　④ 允许采用快速原型技术。

　　⑤ 遵循重要构件标准,重用代码大大增加,提高了软件开发的效率和质量。

⑥ 构件具有透明本地化、平台无关性特点,易于建立更加开放的系统。

⑦ 支持个性化信息服务定制和重构,可以让那些经验丰富的人员去设计框架和领域构件,而不必限于底层编程。

⑧ 系统的配置、数据交换基于 XML 和 Java 的标准化格式,有利于在一个项目内多人协同工作。

11.1.5　计算机网络实施

计算机网络就是计算机之间通过通信介质互联起来,按照网络协议进行数据通信,实现资源共享的一种组织形式,它是目前企业信息系统建设必不可少的一部分。利用计算机网络技术,可以实现企业、供应商、客户、合作伙伴、员工之间的信息沟通。

计算机线路的布局一般要遵守一定的标准和规则,要结合企业办公地点等实际情况进行合理设计。1997 年 9 月邮电部发布《中华人民共和国通信行业标准大楼通信综合布线系统》,其中对综合布线系统的定义为:"通信电缆、光缆、各种软电缆及有关连接硬件构成的通用布线系统,它能支持多种应用系统。即使用户尚未确定具体的应用系统,也可进行布线系统的设计和安装。综合布线系统中不包括应用的各种设备。"

综合布线系统时要注意以下几方面。

① 兼容性:现在有些布线方式需要使用不同的通信电缆,在这种情况下应注意不同介质的转接和兼容性问题。为了网络的兼容性,布线所用到的网络产品品牌尽可能选用同一厂家生产的系列产品。

② 合理地确定网络的拓扑结构,便于网络扩建和维护,考虑采用星型拓扑结构。

③ 布线前合理设计,布线后严格测试,布线前的合理规划能大大提高网络的效率,反之会严重影响网络效率。

④ 正确选择各部分通信电缆线材:在实际的布线工程中,用户往往重视的只是计算机网络的应用,而对一些重要但又不很明显的需求或未来应用缺乏足够的重视。

⑤ 经济实用:在布线时,除了技术上要可行,还要保证经济上的合理性。

计算机网络实施根据系统设计的方案,实现物理上的实施工作,包括下面三个阶段。

① 部件准备阶段,包括机房装修、设备订货、设备到货验收、电源的准备和检查、网络布线和测试、远程网络线路租借等工作。

② 安装调试阶段,包括计算机安装和调试、网络设备安装和调试、网络系统调试、软件安装和调试、系统联调等工作。

③ 网络测试验收阶段,包括通信线路测试、网络系统测试、网络系统初步验收、网络系统最终验收等工作。

11.1.6　用户培训

用户是企业管理信息系统的使用者,从某种角度来说,系统的用户是一个广义的概念,它可以是指与计算机接触、直接使用信息系统的不同级别的管理人员,也可以包括那些不直接与计算机接触、但依赖系统所提供数据或信息的人员。管理信息系统能否在本企业获得成功的应用,除了与系统本身的质量和水平有关以外,用户的素质是一个非常重要的因素,也是系统成败的一个主要风险因素。

1. 用户培训的重要性

（1）用户培训是保证信息系统正常应用的重要措施

用户培训是系统开发贯彻"用户至上"的思想的具体表现。即使是一个企业成功地开发了信息系统,也不一定能保证系统正常运行和收到预期的效果。企业的用户对信息系统的态度和行为将直接影响到信息系统的成败。系统开发人员应本着对用户负责的态度,通过培训使系统的使用人员认识到系统应用的重要性、学会使用系统的各项功能,在一定程度上消除用户对信息系统的抵触情绪,避免各种不利因素的产生,从而为系统的推广应用奠定基础。

（2）用户培训是培养企业系统应用和维护人才的有效途径

既懂计算机信息技术又懂企业管理业务的复合型人才依然严重短缺。信息系统的开发和应用是一项涉及面广、技术复杂的系统工程,人才问题始终是我国企业建立信息系统的突出问题。而造就信息系统方面的专门人才,非一朝一夕之功,因此,认真组织用户培训工作,让用户掌握信息系统的基本知识,有助于推动企业信息系统的开发和应用。

（3）用户培训是系统开发人员摆脱纷繁复杂的软件维护工作的唯一途径

在信息系统建设中,软件维护的工作量越来越大,很多信息系统的开发人员,整天疲于应对系统的维护工作。其实,让系统开发人员承担所有的软件维护工作既不现实,也不合理。通过培训,用户可以承担一部分简单的软件维护工作,也有助于企业提高用户参与管理信息系统开发的积极性。

2. 用户培训的目标

（1）用户全面掌握系统的应用和维护

通过培训应使用户对目标系统有较全面的了解,缓解或消除对系统的误解,学会使用和维护系统,学会利用系统提供的信息。

（2）强化用户的信息管理意识

信息系统的作用不应仅限于提高信息处理的速度和准确性,更不只限于实现报表自动化。在市场经济下,信息已成为企业的重要资源,信息管理日益成为企业管理的核心。采用先进的计算机工具,应用先进的通信技术,利用管理科学的最新成果,综合处理企业内外部的管理信息,即建立企业信息系统,从而辅助企业各级管理人员科学决策,这已成为企业信息管理的发展趋势。

（3）为新系统的运行奠定基础

通过培训,应使用户了解新系统的要求,为新系统的运行作必要的准备工作。计算机在管理中的应用,对管理工作提出了内容更广泛的要求。原来常规的管理基础工作已不能满足企业的需要,系统的应用有助于建立合理的管理体制、完善的规章制度和完整的信息管理。

3. 用户培训的内容

培训内容可分为以下几个方面:

（1）系统有关的计算机基础知识

包括计算机基础、数据库、网络与通信、程序设计方法等基础知识的培训。

（2）系统有关的管理知识

包括企业管理基础、经济数学方法、现代化管理常识等。

（3）信息系统的应用培训

为了使用户尽早地熟练应用信息系统，在系统上线运行前，应对用户进行系统操作使用、安全管理等方面的培训。

实际培训的内容可根据企业的具体情况适当增减，因人施教，以取得更好的培训效果。

4. 用户培训的方法

在信息系统的建立和使用过程中，用户培训工作应密切结合各业务部门的要求和系统建设各阶段的具体需要进行。大多数信息系统在系统调试时集中进行各种水平的培训。培训内容应随系统开发阶段的不同而不同，并根据不同对象，进行不同形式、不同内容、不同层次的培训。培训可按照专业教育、技术培训、普及教育三个层次，采取多种形式，灵活多样地进行。用户培训的方法有如下几种。

① 让需要培训的人员参加部分或整个系统的开发工作，在实践中学习有关知识，这种方法几乎适用于所有的用户。国内外的经验表明，结合系统开发任务及日常管理工作，对人员进行培训，有助于提高在职人员的信息技术应用水平和业务能力，是保证系统推广应用的有效方式。

② 把需要培训的人员送到大专院校，进行定向代培。这种方式比较适合于企业信息中心，培养专职计算机维护人员。

③ 举办多种形式的短训班，请有关人员以讲课的方式讲解计算机知识和经济管理知识。这种方式适合于普及教育。由于用户具有不同的知识结构，他们在目标系统中的作用也不同，因此，用户培训的内容和深度也应有所区别。

④ 在系统投入使用之前对人员进行操作培训，通过现场演示系统和用户实际操作相结合的方式，使用户掌握使用系统的方法和具体的操作步骤。

11.2　信息系统测试概述

通过前面章节的学习，可以发现信息系统开发是一个复杂而漫长的过程，在这个过程中，尽管在每个环节中都有严格的审核，但经验表明，仍然有很多环节可能会出现意想不到的问题和错误，可能是由于开发人员对需求的理解存在偏差，也可能是开发人员之间、开发人员和用户之间的交流、配合存在问题，或者是程序设计人员编码错误，因此信息系统测试必不可少，它是保证应用系统软件可靠性的重要手段。

11.2.1　系统测试相关概念

测试过程中出现的问题分为三类：错误、过失和失败。它们看上去非常类似，通常可以互相替换,但它们之间在概念上有时也存在一些区别。

① 错误。在信息系统测试过程中一般存在两种不同的错误:一种情况是指实际的测量值和理论的期待值之间存在差异;另一种情况是指由于一些人为的活动导致的一些系统错误,例如,用户操作信息系统时输入信息错误引起的异常。当然,可以通过系统容错处理来尽可能地避免这类错误的发生。除此之外,可以借助一些智能设备,如条形码扫描器、读卡器等,从而使输入错误尽可能地降至最低。

② 过失。过失也是引起软件失败的一个重要原因。信息系统出现故障的基本原因是过失。但实际上一般并不区分错误和过失。

③ 失败。失败通常是指信息系统的某部分没有按照说明书完成其功能。如果系统某部分的真实行为和说明书中期望的行为存在差异,这就是系统失败。一般情况下,这种失败的发生,并不会导致系统软件的崩溃,主要是指不能完成期望的任务。失败可以由过失引起,但并不是所有的过失都会引起失败。因此,寻找可能发生的失败和未发现的失败,是测试的重要工作。

错误、过失和失败之间存在一定的相关性。如果系统中存在错误,失败肯定会发生;反之,如果发生了失败,说明系统中肯定存在错误。但是,如果系统中存在过失,系统并非一定发生失败。失败的充分必要条件是错误,这是测试工作的一大难题。通常情况下,只能证明程序有错误,而不能证明程序没有错误。也就是说,如果一个系统在测试过程中没有出现失败,并不能说系统不存在过失。测试只能寻找存在的过失,无法寻找到隐含的过失。很多带有过失的信息系统,运行了若干年后,当激发条件出现时,才出现失败,因此,何时停止测试是难以确定的。

在分析失败原因并找出过失之后,接下来的工作是调试。调试工作往往费时费力,而且比较困难。特别是对于一个混乱的系统程序设计,导致失败的过失往往存在多个,要发现这些过失并从系统中解决掉,需要花费很多时间。因此,好的分析和设计会大大减少系统测试和调试的费用和时间,必须加强和重视系统的分析和设计工作。

11.2.2　系统测试目的

通过系统测试发现系统的错误,并通过调试改正错误,这是保证信息系统可靠性的重要环节。

测试是指在系统正式投入运行之前,尽可能多地发现和排除系统中存在的错误,它是对系统分析、设计和编码的最后审查。在系统程序设计过程中,每个模块的编写人员在交付模块之前,对模块进行了简单测试,然后在系统编码完成后,由专门的系统测试人员按照系统分析和设计的有关要求,对信息系统进行的各种综合测试。图 11 – 1 所示是系统测试在整个系统开发生命周期中的位置以及与其他开发阶段的关系。

据有关资料统计,系统测试的工作能占到信息系统开发总工作量的 40% 左右,特别是对那些关系到人类生命安全的系统,其测试所花费的费用可能相当于信息系统总开发成本的三到五倍。因此,必须要高度重视系统测试工作,而不要认为编码结束之后系统开发工作就接近尾声了,其实,还有大量的测试工作需要完成。仅就系统测试而言,测试的目标是尽可能多地找出系

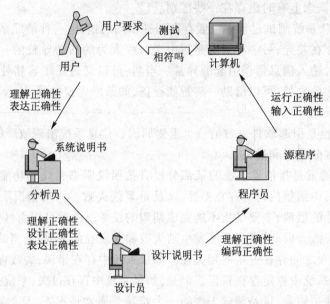

图 11 – 1　系统测试与系统开发生命周期的关系

统中存在的错误,从而确保提交高质量的、满足用户需要的系统。

需要说明的是,测试是指为了发现程序中的错误而执行程序的过程。对于"测试是为了证明程序是正确的"、"成功的测试是没有发现错误的测试"等理解是不正确的。正确认识测试的定义和目标非常重要,它直接影响到测试方案的设计。例如,如果为了证明程序是正确的而进行的测试,测试人员就会潜意识地设计一些不易暴露错误的测试方案;相反,如果测试是为了发现程序中的错误,就能设计出一些最能暴露错误的测试方案。

测试的主要目的是暴露出系统中存在的错误,但是,由于编程人员的思维定式,如果期望由程序员自己测试并找出系统的所有错误往往是不现实的。因此,许多大型系统进入系统综合测试阶段通常由专门的测试人员来完成测试工作。

此外,也应该认识到测试不可能证明系统是正确的,即使经过了最严格的测试,系统中仍然可能存在许多未被发现的潜在错误。测试只能找出系统中存在的错误,而不能证明系统中没有错误。系统测试的目标是以尽可能少的用例、尽可能少的时间和人力找出系统中隐藏的各种错误,从而保证信息系统的质量。

系统测试的目的包括:

① 确认信息系统的质量,包括信息系统是否完成了预期的目标、是否满足用户的需求,也包括系统是否以正确的方式正确地完成了工作任务。

② 为信息系统开发人员或项目经理提供系统开发质量反馈信息。

③ 了解开发过程的可信性。

系统测试除了测试系统产品本身外,还包括系统开发过程的测试。系统开发过程的好坏直接影响系统产品的质量,系统开发过程存在缺陷或者不可信,系统产品也会存在很多问题。因此,系统测试的目的也是保证整个系统开发过程的质量。

系统质量的衡量标准包括以下几个方面:

① 系统是否符合客户的需要。系统测试要从客户的需求出发,从客户的角度去看待系统。只有在正确的时间用正确的方法,正确地完成用户的工作,才能说系统是高质量的。

② 系统是否符合一些现有的应用标准的要求,如系统所在行业的标准等。

③ 系统是否达到了系统开发的目标和要求。

系统测试工作最终要由专门的测试人员去完成,因而,测试人员素质直接影响测试工作的质量。测试人员应具备以下基本素质。

① 创造性。系统测试并不是仅仅测试那些显而易见的错误,更多地是需要系统测试人员想出富有创意,甚至超常的手段来寻找系统缺陷。系统测试人员要富有探索精神。

② 敬业和追求完美的精神。系统测试是枯燥乏味的工作,要求系统测试人员具有较强的敬业精神,尽可能地发现错误,力求系统完美,最终实现测试目标。

③ 判断准确。系统测试人员具有准确的判断能力,能准确地判断和决定测试内容、测试时间,以及准确地判断系统出现的问题和缺陷。

④ 故障排除能力。系统测试人员要善于发现问题,喜欢猜测、探索问题的根源,协助程序设计人员排除系统故障。

⑤ 合作精神。系统测试人员要向开发人员提供错误和反馈消息,所以,他们必须要与开发人员合作来共同解决问题,特别要注意与程序员的合作和沟通技巧。

系统测试人员的一个最基本的素质是具备一定的探索精神,善于找出那些隐藏在系统中的冲突,勇于处理复杂的测试问题,热衷于追求尽善尽美,为提高系统质量而不断努力。

11.2.3 系统测试过程

完整的测试体系包括:测试过程、测试方法、测试工具、测试管理工具、测试用例库和缺陷库,它们之间的关系,如图 11－2 所示。

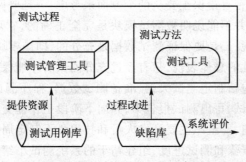

图 11－2 系统测试过程示意图

接下来从低层测试和高层测试两个方面来介绍系统测试。

（1）低层次测试

低层次系统测试过程可以被看作是一个不断运行的程序段、输入数据、观察和记录程序的运行行为和输出结果，并判断其行为和输出结果的正确性，直到能够由这些结果有效地分析该程序段的特性的过程。

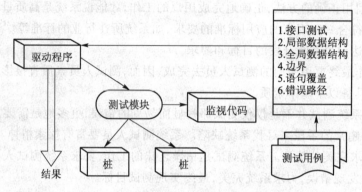

图 11 – 3　系统测试的辅助程序及其关系

为了完成这一测试过程，往往需要编写一些辅助的程序。一是能够调用被测试模块的程序段，称之为测试的驱动程序，它负责向被测试模块输入测试数据，显示、记录该模块运行的行为。二是测试的桩基模块（stub），它负责为被测试的模块提供数据，这些数据可能是由其他模块被调用后运行的结果，也可能是直接从数据库读取的数据。三是软件测试监视代码，是为了能有效地记录测试的动态行为而在模块中插入的一些反馈信息的程序代码。因为对模块动态行为的观察和记录不能只限于该模块测试的输出结果，有时需要对模块的执行路径以及在路径上的一些关键点的中间结果进行记录和分析，找出程序缺陷的位置，它们之间的关系如图 11 – 3 所示。

（2）高层次测试

从更高的层次上来分析，系统测试过程可以被看成不断测试、排错、修改程序和文档，然后再进行测试，直到系统达到用户质量要求的一个循环往复的过程。

通过测试，评价模块是否有错误主要从两个方面来考虑：一是要保证被测试的模块在足够多的测试数据上是正确的，但并不能说明被测试模块是完全正确的，它可能存在一些隐含的错误，只是在测试数据上并未发现；二是要保证测试数据是充分的，即该模块在测试数据上的动态行为能够充分反映模块质量特性的总体表现，只有经过充分测试后才能保证模块的正确性。

系统测试的主要工作包括制定测试大纲、准备测试数据、程序测试、功能测试、子系统测试、系统接口测试、系统集成测试、写出测试报告书，并向下阶段工作提交系统运行和维护手册。

系统测试工作开始之前，要组织主要开发人员和技术骨干制定周密的系统测试计划，并确定测试目标、测试方法、测试步骤和测试进度，组建精干的系统测试小组，这个小组往往需要用户的参与。

在系统测试过程中,要指定专人做好每个项目的测试记录,包括原始记录和总结整理后的测试报告,同时做好每天的工作日记,特别是要对原系统设计进行变更时,一定要多方论证,慎重考虑,认真记录事件的每一个细节,并存入系统测试工作文档库。

系统测试工作完成后,还要做一个全面的总结报告,对于系统的技术性能做出结论并提出进一步完善和修改的建议。

11.2.4　系统测试的注意事项

对于系统测试,往往可以从两个方面来考虑。一方面是从用户的角度出发,用户的期望是通过系统测试尽可能把系统中存在的问题和缺陷充分暴露出来,从而决定是否可以验收、接受该系统;另一方面是从开发者的角度来考虑,开发者的期望是通过系统测试表明系统产品不存在任何错误和缺陷,已经完全满足了用户的需求,让用户和软件公司对系统质量充满信心。二者角度虽然不同,但对于系统测试的基本目标是一致的。

为了实现系统测试目标,满足用户和开发者的要求,测试过程中要注意下面几点:

(1) 用户需求是最基本的测试内容

系统的质量与系统是否完全满足用户的需求直接相关,用户是系统产品的最终使用者和质量验收者。因此,测试工作要根据用户的需求来进行。

(2) 编制测试计划并严格按照测试计划执行测试

测试计划包括:所测试软件的功能、输入和输出、测试内容、各项测试的进度安排、资源要求、测试资料、测试工具、测试用例的选择、测试的控制方式和过程、系统组装方式、跟踪规程、排错规程、回归测试的规定、评价标准等。

测试计划的好坏直接影响系统测试的效果,甚至会影响信息系统的开发进度,导致无法按期交付。因此,系统需求一旦确定后,应尽早制定出一个有效的、合理的测试计划,同时要给出明确的规定,并确保严格按照测试计划执行下去。

(3) 系统测试与系统开发过程监控相结合

由于系统软件业务需求的多变性,信息系统开发的复杂性和抽象性,系统开发环节的多样性,以及各级开发人员自身素质等因素,导致系统开发的每个环节都可能会出现问题。因此,不能把所有的系统测试任务放在系统开发的最后阶段,而应该把系统测试与系统开发过程监控结合起来,把测试工作渗透到系统开发的各个阶段中,做到尽早测试、反复测试。尽早测试是指尽早地发现系统中存在的错误,避免因前期工作的失误导致后期工作的返工;反复测试是指对关键功能或程序代码多角度、迭代式的测试,尽可能测试到可能发生错误的各种情况,因此,系统测试计划也要尽早地制定,要加强系统开发的各个阶段和环节的审核工作,只有这样才能真正提高系统质量,并降低系统测试的成本和减少测试时间。

(4) 测试用例的设计要合理

测试用例是指用来检验程序员所编写的程序是否正确的数据,因此,在测试之前,测试人员要根据测试的要求设计出测试过程中要使用的测试用例,有时要收集用户工作中的实际数据作为用例的基础数据。

对于测试用例的设计和选择需要注意三点。

① 测试用例既要包括测试输入数据,也要包括与之对应的预期输出结果。如果只有测试的输入数据,而没有或不知道输入数据的预期输出结果,就失去了判断输出结果是否正确的标准,可能会把一个模糊的错误结果当成正确结果。

② 在选择和设计测试用例时,也要注意测试用例的输入数据既要包括合理的输入数据,也要包括不合理的输入数据。因为合理的输入数据只能验证程序的正确性,而对于异常的、临界的及可能引起问题异变的情况只能依赖于不合理的输入数据来检验。换句话说,在测试过程时,人们常常倾向于检查程序是否做了它应该做的事情,而往往忽视检查程序是否做了不合法的、不该做的事情。

③ 系统应用初期,由于用户对系统不熟悉,用户经常会输入了一些非法的数据,例如,用户在键盘上按错了键或输入了非法的命令。如果系统软件对于这种情况不能做出适当的反应和提醒,那么就会导致系统故障,降低用户的满意度。因此,信息系统的测试一定要包括系统是否具备处理这些非法命令的能力。而且,用不合理的输入数据测试系统,往往能比用合理的输入数据进行测试发现更多的错误。

(5) 测试工作应由专门的测试人员来进行

程序设计人员和系统集成人员往往受习惯的思维定式的影响,很难测试出自己开发系统的错误,因此,需要安排专职的测试人员来实施测试工作,不能由开发人员和系统集成人员来检查自己的成果。这样才可能会更客观、更有效地保证系统质量。但这里需要说明一点,程序错误的处理和调试由程序员自己来做可能更有效。

对于缺少专职测试人员的系统开发团队,可以由程序设计人员之间互换开发模块进行测试。

(6) 加强错误群集的测试

错误群集是指模块经过测试后,软件缺陷的实际数目与该程序中已发现的缺陷数目或检错率成正比。这就意味着如果在所测程序段中发现缺陷数目越多,则残存缺陷数目也就越多。因此,测试时不要找到了几个错误就停止测试,以为问题解决了。实践证明,如果对错误群集的程序段进行重点测试,可以很大程度上提高测试效果。例如,美国 IBM 公司的 OS/370 操作系统,47% 的错误仅与该系统 4% 的程序模块有关。因此,如果在测试时发现某一程序模块似乎比其他程序模块有更多的错误倾向时,则应当花费较多的时间和成本来测试这个程序模块。

(7) 测试文档要妥善保管

对于测试计划、测试用例、缺陷统计、最终分析报告等测试文档资料要注意保管好,因为测试工作的结束并不意味着以后不再进行任何测试,其实进入系统维护阶段,由于业务变动或扩展而修改或添加了系统功能,还需要重新进行测试,这些测试资料在重新进行测试时就显得特别重要。

11.3　系统测试前的准备

11.3.1　编制测试计划

　　测试的目的是证明所开发的信息系统满足了系统说明书中的各项要求,而且不存在错误。为了保证测试工作的顺利进行,提高测试的效率和质量,必须编制一个高效的测试计划来指导整个测试过程。

　　测试计划是测试工作的文档之一,是测试执行的依据,是测试工作的基础,是测试执行的方向和指导。在测试计划中,系统测试过程被划分成若干处理细节问题的独立测试过程。测试计划应该包括每个测试的相关计划安排,例如每个模块测试的时间安排、测试人员安排等。

　　对于每个测试而言,都要编制出测试计划说明书。测试计划说明书中描述了要测试的各个问题,称之为测试需求列表,这个列表是对测试目标的一种描述。测试计划说明书包含了对测试进行指导的相关描述,包括:① 测试用例以及这些用例是否可以自动生成;② 测试指令,这些命令将使测试人员知道如何开始测试,如何终止测试,如何跳过不必要的测试,以及取消测试;③ 软件错误与硬件错误的区分;④ 测试过程,用来解释如何执行测试等。

　　系统测试往往是由若干模块的测试组成,测试计划说明书需要描述模块测试和集成测试之间的关系。测试计划说明书还要区分各种测试情况、模块测试的执行顺序以及其他约束测试条件的时间限制。除此之外,测试计划说明书还要包括表明测试完成的条件,以及评价测试结果方法的相关描述。

　　下面给出测试计划的主要内容:

　　(1) 测试计划基本信息

　　本测试计划的背景、目的、名称、时间、系统(模块)编号、测试人员。

　　(2) 引言

　　描述要进行测试的系统(或模块),内容涉及硬件、软件、网络等特性,包括系统目标、背景、范围、引用材料(项目计划、质量保证计划、有关政策和有关标准)等。

　　(3) 测试项

　　描述被测试的对象,包括其版本、修订级别,并指出在测试开始之前对逻辑或物理变换的各种要求。

　　(4) 被测试的特性

　　描述所有被测试对象的特性及其组合,并给出与每个测试特性或特性组合有关的测试设计说明。

　　(5) 不被测试的特性

　　指明不需要测试的所有特性及其组合。

（6）测试方法

指明进行系统测试的主要方法、主要活动、技术和工具，并对其方法进行详细地描述；列出主要的测试任务，并估计执行各项任务所需的时间；指出对测试的主要限制，如测试项可用性、测试资源的可用性等。

（7）测试项通过标准

规定各测试项通过测试的标准。

（8）测试暂停标准

指明用于暂停全部或部分与本计划有关的测试项的测试活动标准，并指明当测试再启动时必须重复的测试活动。

（9）应递交的测试文件

指明测试结束后需要递交的文件。

（10）测试任务

列出需要执行测试的任务集合，并指出这些任务间的依赖关系和所需的技术、方法和工具。

（11）测试环境要求

指出测试时所必须的和期望的环境要求，包括硬件、通信和系统软件的物理特性、使用方式及任何其他支撑测试所需的软件或设备、所需的特殊测试工具及其他测试要求。

（12）建立测试小组

小组成员包括开发人员、测试人员、操作员、用户代表、数据库管理员和质量保证人员，要明确各小组的任务和职责。

（13）人员素质和培训要求

规定测试人员应具备的素质和水平，以及为测试本项目参加相关的业务培训。

（14）进度安排

估算每项测试任务所需的时间，规定系统测试中的各个里程碑，并为每项测试任务和测试里程碑规定进度，对每项测试资源规定使用期限。

（15）风险管理

充分考虑测试计划中的各种风险，并给出应对各种风险的措施，如对于出现延期的测试任务给出解决方案。

（16）批准

指出本计划的审批者。

11.3.2　系统测试设计

测试设计的依据是前述的测试计划文档。测试设计结束后也要编制出测试设计说明文档。在测试设计说明中，要给出测试方法的详细描述，指明该设计及其有关测试所包括的特性，还要指明完成测试所需的测试用例和测试规程，并指出测试的通过标准。

测试设计说明文档内容如下。

（1）测试设计说明名称

为每个测试设计命名。

（2）被测试的特性

描述需要测试的测试项特性和特性的组合。

（3）测试方法描述

对系统测试中所需要的方法进行细化，包括具体测试技术，规定分析结果的方法，例如，比较程序计算结果和手工计算结果是否相符合。

（4）测试用例

列出与本测试设计有关的每一个测试用例的名称及其简要说明。同时，对于可能在多个测试设计说明中出现的测试用例，列出其与本测试设计说明有关的规程及其简要说明。

（5）测试通过标准

指出用于判断测试项的特性和特性组合是否通过测试的标准。

11.3.3 选取测试用例

测试用例是指一些系统实际业务输入或一些仅为测试程序代码而提供的输入。测试用例选择的好坏，直接影响测试的质量和效率。换句话说，创建一系列好的测试用例是成功测试的关键。在很多情况下，虽然系统有错误，但对给定的一些输入系统仍能发生预期的行为。因此，如果选择用例不合适，就无法发现系统中的错误。

编写测试用例包括两个方面：一是编写测试用例输入数据，二是编写测试用例实体（即包含测试目标、测试步骤、测试期望结果）。

为此，有必要把编写测试用例的工作分解成两个阶段：第一阶段称为测试用例设计，第二阶段称为测试用例实现。第一阶段的任务是如何确定测试用例的组织结构（模块化、阶段化），模块化即把被测软件分解成各个模块，每个模块组织成测试用例组。阶段化即按照系统开发的不同阶段分别编写系统测试用例，例如单元测试用例、集成测试用例、系统测试用例等。编写系统测试用例的过程如图 11-4 所示。

人们总是希望所选择的一些测试用例，可以检测到系统中存在的任何一个错误。也就是说，这个测试用例集已经包含了系统所有可能的输入，这种用例测试方法我们称之为穷举测试。但这种方法对一般系统来说是不现实的，因为系统的可能输入太多，往往无法穷举到，即使是个小系统也很难做到。因此，只能选择具有代表性的测试用例集。

下面给出测试用例说明文档主要内容。

（1）测试用例名称

测试用例命名、编号。

（2）测试项描述

简要描述本测试用例所涉及的测试项和特性。

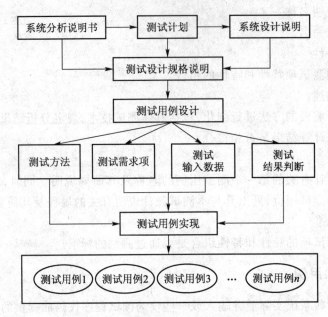

图 11-4　系统测试用例的编写过程

（3）输入数据

描述执行测试用例所需要的各项输入数据。

（4）预期输出信息

描述每个测试项的所有预期输出和特性，要求提供各个输出或特性的正确值。

（5）环境要求

指出执行本测试用例所需的环境要求，包括硬件配置、软件环境等，其中硬件方面要指出执行本测试用例所需的硬件特征和配置，软件方面要指出执行本测试用例所需的系统软件和应用软件。系统软件可包括操作系统、编译程序、模拟程序、测试工具等。

（6）特殊的规程要求

描述对执行本测试用例的测试规程的一些特殊限制，包括特殊测试设施要求、经过专门训练的测试人员、确定特殊的输出和调试过程。

（7）测试用例间的依赖

列出与本测试用例相关的测试用例以及用例间的依赖关系。

11.3.4　创建测试预期

测试预期是指与测试用例相对应的预测结果，它们是用来检验测试结果是否正确的数据。所做的测试工作，其主要思路就是将测试用例产生的程序结果与测试预期进行比较，如果二者相同，说明被测试的系统是正确的。

测试预期的创建往往是比较困难的,创建方法一般包括三种:自动创建、手工创建和现场采集数据。

（1）自动创建测试预期

自动创建是指用自动的方法来创建预期,自动创建要以系统说明书为依据,因此,首先要保证系统说明书是正确无误的,才能保证测试预期是正确的。

（2）手工创建测试预期

一般来说,大多数的测试预期都是靠手工创建的,而且这种创建方法产生的测试预期常会出错。如果测试预期和实际结果之间存在差异,测试预期将是首先被检查的对象。如果预期输出确实是正确的,就说明是程序出现了错误。

（3）现场采集测试预期

现场采集测试预期是根据用户的实际管理过程中形成的基础数据和输出的处理信息,这些数据是将企业的真实数据作为测试预期,因此是十分有效的。

11.4 系统测试类型与方法

11.4.1 系统测试类型

测试可以分为三个级别:单元测试,集成测试和系统测试。

1. 单元测试

单元测试是对软件基本组成单元(独立模块)进行的测试。单元具有一些基本的属性,如,明确的功能,规格定义,与其他部分明确的接口定义等,可清晰地与同一程序的其他单元划分开来。单元测试主要测试各个模块代码中的算法、数据和语法,然后,使用前面准备的测试用例集来测试该模块,验证该模块是否正确。单元测试一般采用白盒测试方法,而且系统内多个模块之间彼此独立,可以并行测试。

信息系统的程序代码是程序员对系统功能的实现,但对单元测试阶段的代码评价,最好由系统分析人员来进行,他们能发现代码中与系统说明书出现偏差或不一致的地方。

用测试用例集来测试信息系统的各个模块,但并不能保证测试后的每个模块都是正确的。因为测试用例集总是不全面的,仅能提供在某些特定情况下对系统行为的测试。也就是说,在某些没有被测试到的情况下,模块可能还存在错误行为。当然,在选择测试用例时总期望测试用例尽可能覆盖各种情况。

单元测试的任务很多,主要包括模块接口测试、模块局部数据结构测试、模块中所有独立执行路径测试、模块边界条件测试、出错处理测试、模块整体测试等,如图 11-5 所示。

（1）模块接口测试

模块接口测试是测试模块的流入、流出的正确性,是单元测试的基础,因为只有在数据能正确输入/输出模块的前提下,其他测试才有意义。

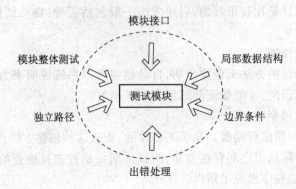

图 11 – 5　单元测试的任务

模块接口测试时要考虑以下因素：

① 输入的实参与形参的个数与类型是否匹配。

② 调用其他模块时所给实参的个数和属性是否与被调用模块的形参和属性匹配。

③ 调用预定义函数时所用参数的个数、类型和次序是否正确。

④ 是否存在与当前入口点无关的参数引用。

⑤ 是否修改了只读参数。

⑥ 对全程变量的定义在各模块中是否一致。

（2）模块局部数据结构测试

模块中的局部数据结构往往是系统出错的根源，为了保证临时存储在模块内的数据在程序执行过程中完整、正确，单元测试需要检查局部数据结构。下面列出了几类常见的局部数据结构错误：

① 不合适或不相容的类型。

② 变量未赋初始值。

③ 变量初始值或缺省值存在错误。

④ 变量名拼写错误。

⑤ 出现上溢、下溢和地址异常。

除了局部数据结构检查外，还要特别注意检查全局数据对模块的影响。

（3）模块独立执行路径测试

模块中独立执行路径测试是指在模块中对每一条独立执行路径进行测试，并确保模块中的每条语句都至少被执行一次，目的是为了发现因错误计算、不正确的比较和不适当的控制信息造成的错误。

（4）错误处理

一般来说，程序员在编写程序时都会考虑各种可能的出错情况，并预设了各种出错条件和出错处理路径，单元测试时也要对这些出错处理进行认真的测试。测试时要重点考虑以下几方面：

① 测试提供的错误信息的可理解性。

② 错误处理的内容或位置是否正确。

③ 在程序出错处理程序未运行之前,系统是否已有中断指令。

(5) 模块边界测试

众所周知,模块边界是最容易出错的地方,可以采用边界值分析法,为模块的左、右边界设计相应的测试用例,可以帮助工作人员发现很多的边界错误。例如,在系统的数组容量、循环次数以及输入与输出数据的边界值附近,程序出错的概率比较大。

(6) 模块整体测试

将模块整体联调,考察模块的整体输入和输出信息是否正确。

单元测试一般在程序编码结束之后进行,即当程序编完并通过了复审和编译,即可开始单元测试。而测试用例的设计工作最好与复审结合起来,这样将使得测试数据的选取变得更容易,而且更容易发现模块中的各种错误。同时,也要给出测试用例对应的期望结果,即测试预期。

此外,系统分析和设计过程中对模块划分的好坏,将直接影响单元测试工作,即高内聚、独立性强的模块将大大简化单元测试工作,因为如果一个模块只完成一个独立功能,所需的测试用例数目将明显减少,模块中的错误也就更容易被发现。

2. 集成测试

集成测试是在单元测试的基础上,将所有模块按照集成策略组装成为子系统或系统,对子系统或系统进行的测试。集成测试的目的是保证各个独立模块在一起工作时,它们的行为与系统说明书中描述的一致,而且模块之间的通信不存在错误。

有些系统开发人员可能认为,如果每个独立模块的行为是正确无误的,那么模块集成时就不可能产生错误。事实上各个模块都通过了测试,将各个模块整合到一起就有可能产生错误,这就是本书第 2 章中有关系统工程理论知识中系统的部分最优,整体不一定最优的原理的体现。当集成和整合独立的系统模块时,系统的复杂性就会随着模块增多而成几何级数增长,因此,当多个模块集成子系统或系统时,就可能会产生意想不到的错误。

集成测试时主要选择黑盒测试方法,如果有必要清楚地跟踪程序内部结构时,可以考虑使用白盒测试。

集成测试一般需要选择非常规的数据,选择异常的测试用例,有时需要对系统进行破坏性测试。因此,集成测试在对每个任务的测试时,除了包括正常业务操作顺序外,也要包括一些非正常顺序,这些非正常顺序的测试更能发现系统的错误。

集成测试主要包括四种类型:结构化测试、功能测试、压力测试和绩效测试。

(1) 结构化测试

结构化测试,有时也称为白盒单元测试,它与白盒测试的策略基本相同,使用的主要是模块代码的知识。在结构化测试时,设计的测试用例,要确保所有模块都至少被调用一次,并且用到每个模块的所有输入/输出参数。这种方法的主要作用是可以验证和检查模块间相互通信的正确性,以及系统集成后行为的正确性。

（2）功能测试

功能测试,有时也称为黑盒单元测试,因为在单元测试中功能测试和黑盒测试非常类似。与结构化测试不同的是,功能测试不必知道模块代码的内部结构。功能测试以系统说明书的内容为依据来设计测试用例,并进行测试,验证系统是否能完成系统分析要求的行为。

（3）压力测试

压力测试是指在子系统超出它的范围和限度时的测试,目的是在超负荷的工作状态下,使系统充分暴露正常情况下无法测试到的情况。可以使用增加系统负荷的方法来进行压力测试,使它远超于正常的限度。例如,对文件和其他数据结构的压力测试,主要是测试执行能力,以确保系统在极限条件下不会崩溃。

（4）绩效测试

绩效测试主要是用来测试某个系统功能执行时所用的时间,特别是要测试在非正常访问量时所花费的时间。例如,所设计的人力资源管理系统,在高峰期可能会有 1 000 个教师用户并发访问系统,所以,需要采用绩效测试的方法来评估和测试系统是否具备这样的能力。当然,这种测试需要很多计算机用户同时访问资源的中心数据库才能进行测试。

绩效测试的主要目的是验证系统是否具备在合理的时间内处理并发事件的能力,确保系统所有用户的需求都能得到及时应答,否则需要继续测试影响系统效率的模块,决定该模块是否需要修改。

根据集成测试时模块的组装方式不同,可以将集成测试分成两大类:一次性集成测试方式和增殖式集成测试方式。

一次性集成测试又称为非增式测试,主要用于对一次性组装方式组合的系统进行测试。它采用一步到位的方法来构造测试,其方法是先分散测试,再集中起来一次完成集成测试。也就是说,先对所有模块进行单元测试后,再按程序结构图将各模块联接起来,把连接后的程序当作一个整体进行测试。需要注意的是,该方法对于模块接口处的错误,只有在最后的集成测试结束时才一下子暴露出来。因此,对于大型软件系统的开发一般不采用这种测试方法,而采用增殖式集成测试方式。

增殖式集成测试方式,简称为增式测试,其思路是把单元测试与集成测试结合起来进行,将模块逐步集成起来,逐步完成集成测试。与一次性集成测试不同的是,这种方法把可能出现的错误逐渐暴露出来,便于发现问题和解决问题。而且,一些模块在逐步集成、逐步测试的过程中,得到了更频繁、更充分的检验,因而会取得较好的测试效果。

增式测试一般采用包括自顶向下和自底向上的两种实施方式。其中,采用自顶向下增加测试模块的方式,可以保证系统的主要控制和判断点能够尽早地得到验证。而自底向上增加测试模块的方式与系统模块的组装顺序一致,可以实现系统模块的组装和测试从程序模块结构的最底层开始同步进行。如果在模块的测试过程中需要调用子模块信息,则可以直接运行子模块,而对子模块不需再单独测试。下面对两种实施方式的优缺点进行了比较,参见

表11 - 4。

表 11 - 4   自顶向下和自底向上测试的比较

类型	优点	缺点
自顶向下测试	可以自然地做到逐步求精,一开始便能让测试者看到系统的框架	需要提供桩模块
		在输入/输出模块接入系统以前,在桩模块中表示测试数据有一定困难
		由于桩模块不能模拟数据,如果模块间的数据流不能构成有向的非环状图,一些模块的测试数据难于生成
		观察和解释测试输出往往也是困难的
自底向上测试	由于驱动模块模拟了所有调用参数,即使数据流并未构成有向的非环状图,生成测试数据也没有困难	直到最后一个模块被加进去之后才能看到整个程序(系统)的框架
	特别适合于关键模块在结构图的底部的情况	只有到测试过程的后期才能发现时序问题和资源竞争问题

3. 系统测试

前面讲的单元测试和集成测试,一般由开发人员和专门的测试人员来完成,其主要目的是检验系统的正确性,确保所开发的系统功能能够正确地运行。

与之不同的是,系统测试往往是由用户来执行的,主要是为了检验系统是否能够按照用户的要求来运行,是否真正满足了用户的需求。用户对系统需求的理解有时和开发人员对系统需求的理解存在差异,所以让用户亲自来测试可以验证被测试的系统是不是他们所需要的。在这个阶段,希望用户和开发人员之间对于需求的理解偏差,能够在系统测试过程中被发现并最终被消除。因此,系统测试也可以被称为验收测试。经过了系统测试,一般来说系统就可以交付使用了。

一般而言,系统测试可以在真正的运行环境中进行,也可以用一些专门的测试工具来完成。在系统测试过程中,用户应该有目的地输入一些错误的数据,以检验系统是否能够做出必要的响应并反馈给用户。但需要说明的是,系统最终用户的这些测试,比最终系统要完成的真实工作可能会少一些。

如图 11 - 6 所示,其给出了单元测试、集成测试和系统测试之间的关系,下面对三种测试的差别进行了比较,见表 11 - 5。

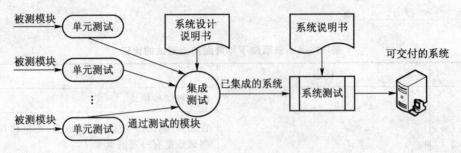

图 11 - 6　单元测试、集成测试和系统测试的关系

表 11 - 5　单元测试、集成测试和系统测试的比较

测试类型	对象	目的	测试依据	测试方法
单元测试	模块内部的程序	消除局部模块的逻辑和功能上的错误或缺陷	模块逻辑设计、模块外部说明等	白盒测试为主
集成测试	模块间的集成和调用关系	找出和系统设计相关的程序结构、模块调用关系、模块间接口方面的问题	程序结构等	结合使用白盒测试和黑盒测试,较多采用黑盒测试构造用例
系统测试	整个系统,包括硬件、人员等	对整个系统进行一系列的整体、有效性测试	系统结构设计、目标说明书、系统说明书等	黑盒测试

由前面内容知道,信息系统开发过程是一个自顶向下、逐步细化的过程,经过了系统分析、系统设计、系统编程等阶段,而测试过程则是依相反顺序安排的,是一个自底向上、逐步集成的过程,二者的关系,如图 11 - 7 所示。

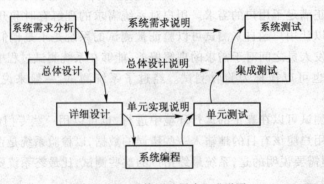

图 11 - 7　系统测试层次"V"形图

11.4.2 系统测试方法

在系统测试中,可以测模块代码的内部结构,也可以仅测试代码的输出或行为。这样,测试类型可以分为白盒测试和黑盒测试,其中按测试模块的内部结构来选择用例,称之为白盒测试;按测试模块的行为来选择用例,称之为黑盒测试。

1. 白盒测试

白盒测试,也称为开盒测试或结构化测试,是指一个测试员对系统的模块代码进行测试,深入到系统模块的具体内部逻辑结构中。其实,一个富有经验的测试员非常清楚应该测试模块中哪些条件,以及测试哪种循环结构。白盒测试包括逻辑覆盖测试和路径测试两种测试方法。

(1) 逻辑覆盖测试法

逻辑覆盖测试法是通过流程图的判定结构来设计测试用例,逻辑覆盖测试按发现错误能力由弱到强分为下列 5 种覆盖标准:

① 语句覆盖,每条语句至少执行一次。

② 判定覆盖,每一判定结构的每一个分支至少执行一次(如许多程序设计中的 case)。

③ 条件覆盖,每一个判定中的每个条件,分别按"真"、"假"至少执行一次。

④ 判定/条件覆盖,同时满足判定覆盖和条件覆盖的要求。

⑤ 条件组合覆盖,求出判定中所有条件的各种可能组合值,每一可能的条件组合至少执行一次。

(2) 路径测试法

逻辑覆盖测试法的重心是测试程序的判定结构,抓住了测试的重点。路径测试法是对程序所有执行的路径至少测试一次,如程序含有循环,则每个循环至少执行一次。

白盒测试主要是对程序模块进行如下检查:

① 对程序模块的所有独立的执行路径至少测试一遍。

② 对所有的逻辑判定,取"真"与取"假"的两种情况都能至少测一遍。

③ 在循环的边界和运行的界限内执行循环体。

④ 测试内部数据结构的有效性等。

在白盒测试中,最理想情况是测试员设计的用例集能确保模块的每一行代码都能被执行到,这样的测试将会确保系统中不存在任何错误。但事实上,这种情况是不太可能的,因为能穷举到所有的用例是很困难的。但并不能说白盒测试是没有价值的,因为测试员可以选择有限数量的关键逻辑路径,并设计用例来执行这些路径,能找出系统中存在的绝大多数错误。

例如,下面的白盒测试的测试用例,给出了一个选择基于代码内部结构测试用例的例子。类WhiteBox 的构造函数的参数 height 应该用边界值进行测试,使得 for 循环执行有限次、仅执行一次、循环最大数、以及循环很多次。另外,循环还应该进行中等数量次数的测试。例如,如果MAX 等于 15,可以让循环重复 8 次。如果构造函数在前面已经表明 height 和 width 的值不能等于或超过常数值 MAX,构造函数就不必处理这种情况,尽管是处理的错误情况越多越好。处理的边界条件都是要求它们被执行 0 次,1 次,以及循环进行最大数量。在这个例子中循环的最大次数由常量 MAX 决定,因为循环的目的是为二维数组 value 分配元素,元素数量是 MAX 的平方。构造函数的另一个参数是 width,因为它和变量 height 的功能相似,它有类似的边界测试条件。下面的 if 语句的参数 flag 被赋予 true 或 false 值,以适应测试。

```
Class WhiteBox
{
    Public WhiteBox( Int height, Int width, boolean flag)
    {   value = new Table_element[ MAX][ MAX];
        for( int i = 0;i < height;i++ )
        for( int j = 0;j < width;j++ )
        {
            value[ i][ j] = new Table_element( i,j,this);
                If ( flag == true)
                    value[ i][ j]. setFlag( );
        }

    } //end constructor
} //end Class WhiteBox
```

由于白盒测试执行系统中所有的可能路径是非常困难的,所以往往将白盒测试和黑盒测试结合使用。

2. 黑盒测试

黑盒测试也称功能测试或数据驱动测试,它是在已知系统所应具有的功能,通过测试来检测每个功能是否都能正常使用。在测试时,把程序看作一个不能打开的黑盒子,在完全不考虑程序内部结构和内部特性的情况下,测试者在程序接口进行测试,它只检查程序功能是否按照系统说明书的需求正常使用,程序是否能适当地接收输入数据而产生正确的输出信息,并且保持外部信息(如数据库或文件)的完整性。黑盒测试包括等价分类法和边界值分析法。

(1)等价分类法

等价分类法就是把输入数据的可能值划分成若干等价类,使每类中的任何一个测试用例都能代表同一等价类中的其他测试用例。实现用几个有限的测试用例代替大量的内容相似的测试,以减少测试时间。

(2)边界值分析法

边界值分析法是选择在边界值及其附近运行的测试用例,使得被测程序更有效地暴露程序中潜在的错误。

黑盒测试主要是为了发现以下几类错误:

① 是否有不正确或遗漏的功能。

② 在接口上,输入是否能正确地接收? 能否输出正确的结果。

③ 是否有数据结构错误或外部信息(例如数据文件)访问错误。

④ 性能上是否能够满足要求。

⑤ 是否有初始化或终止性错误。

测试员设计的测试用例集应该尽可能地处理到各种可能的情况。但是,与白盒测试类似,用黑盒技术来设计包含所有情况的参数用例集是不可能的。因此,黑盒测试也需要和白盒测试结合起来使用。

例如,下面的黑盒测试的测试用例,给出了一个黑盒测试的例子,它描述了一个功能模块的解释信息。在不知道代码的任何结构的情况下,来选择测试用例。选择用例时,关注的是代码实现的功能。例如,给参数 i、j 和 k,都赋值为 −1,在第 −1 行, −1 列的赋值是无效的,因此应该看到一个错误信息。还可以给 i、j 赋正确的值,给 k 赋一个非法值,来查看代码的响应。当然,也可以设置 i、j 的上界,测试模块对错误输入的处理。可见,虽然不知道这种方法的执行过程,但知道它要完成的功能就可以了。基于此,可以选择测试用例集。

Public void setDot(Int i, Int j, Int k)
//设置矩阵信息,其中 i 表示矩阵的行号,j 表
//示矩阵的列号,k 表示第 i 行 j 列元素的值。

11.5 系统测试分析

11.5.1 系统测试步骤

前面已经提到,测试包括单元测试、集成测试和系统测试三种类型,其实它们也是信息系统测试的三个主要环节,而且它们的测试步骤基本是相同的。下面给出了测试的基本步骤以及工作流程图,如图 11 −8 所示。

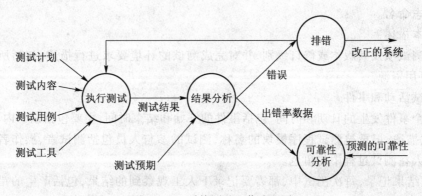

图 11 −8 系统测试工作流程图

1．测试的基本步骤

（1）编制测试计划

在测试人员确定了测试内容之后，需要编写测试计划，包括确定如何进行质量测试、选择什么样的测试方法、使用哪种测试指标等。

（2）确定测试的内容

在编制测试计划之前，测试人员首先要弄清楚测试的原因和内容。测试要以系统说明书为基础，测试的内容包括系统中模块的内聚性，以及模块代码的可靠性。

（3）选取测试用例

建立了测试计划之后，测试之前必须选取合适的测试用例集。

（4）创建测试预期

在测试之前还要知道测试模块的正确结果，防止测试人员将错误结果当成正确结果。

（5）执行测试

实施测试时测试人员需要编写一些辅助程序或借助一些辅助的测试工具来执行系统测试。

（6）测试结果的比较

测试完成后，需要将测试结果和测试预期中的结果进行比较。如果二者存在差异，说明被测试系统可能存在错误，需要仔细分析，是被测试系统出错了，还是测试过程本身或测试预期有错误引起的。

测试工作开始后，必须要严格按照测试计划和测试用例来组织测试，及时记录测试日志。此外，如果有意外事件发生，还应编写测试事件报告。

2．测试日志的基本内容

测试日志是测试人员在测试执行过程中对发生的各种情况的记录。下面给出了测试日志文档的基本内容。

（1）测试日志名称

测试日志命名。

（2）基本描述

说明被测试项及其版本或修订级别，并对完成测试的环境要求进行描述，包括所用设备、硬件、软件等可用资源。

（3）测试活动和事件

记录每个事件发生的日期和时间，包括事件的开始和结束时间，主要包括以下内容：

① 测试描述，记录被测试程序模块的名称，测试的参与人员包括测试者、操作者和观察员，并说明每个人在测试过程中的角色。

② 测试结果记录，每次测试中，都需要记录下人工观察到的结果，包括产生的错误信息、错误输出的位置、异常中止和对操作员动作的请求、测试执行是否成功等信息。

③ 环境信息记录，记录本测试项使用的所有特殊环境要求和条件。

④ 意外事件报告，如果有意外事件发生（例如测试某模块的显示总计功能时，屏幕显示正

常,但响应时间非常长),需要对其进行记录,记录其发生前后的情况,并产生一个测试事件报告。

11.5.2 系统测试结果分析

系统测试完成后,接下来的任务是对测试结果加以分析以确定系统是否正确,是否完成了系统说明书的所有要求,并编写测试分析报告来记录和分析测试的结果,为开发人员的纠错提供依据。

如果测试不能满足系统说明书的要求,在测试分析报告中应该给出错误的严重性和对系统的影响。对于发现的错误,测试分析报告中必须给出一个问题说明,列出测试中引发问题的数据、出现问题的位置、问题发生的时间、测试时观察到的问题的特征、问题的结果、引起问题的原因等。

需要说明一点,测试本身并不能真正改善系统质量,它仅仅是考察信息系统质量水平的一种手段,真正提高系统质量的途径是纠错,这项任务往往是由开发人员来完成的,但它必须以测试为前提。因此,测试完成并不代表测试工作的最终完成,必须将测试与纠正错误结合起来,它是保证信息系统质量的手段。

测试结束后,要认真分析和总结测试过程和测试结果,并提出测试结论和建议,撰写测试总结报告。下面给出了测试总结报告文档主要内容。

(1)测试总结报告名称

为测试总结报告命名。

(2)基本描述

归纳和总结对测试项的评价,根据测试计划、测试设计说明、测试规程说明、测试日志、测试事件报告等文件,对测试工作进行总体评价。

(3)差异分析

说明测试项与它们在测试计划、测试设计说明书和测试规程说明书中的描述之间存在的差别,并分析说明出现差异的原因。

(4)测试充分性评价

对照测试计划规定的充分性准则,对测试过程进行充分性评价,找出未被充分测试的系统特性及其特性组合,并说明其原因。

(5)测试结果总结

总结测试结果,指出已解决的所有问题,并说明其解决方法。还要指出尚未解决的问题,并说明其原因。

(6)测试项评价

以测试结果和测试项通过标准为依据,对每个测试项给出一个总的评价。

(7)活动和事件总结

总结主要的测试活动和事件、测试进度和成本,测试过程的其他事件。

（8）批准

规定本报告的审批人。

11.6　案例分析

自动化测试

某公司有一个软件项目，开发小组内所有的人都认为应该在项目中采用自动化测试。软件项目的经理是 Anita Delegate。她评估了所有可能采用的自动化测试工具，最后选择了一种，并且购买了几份拷贝。她委派一位员工 Jerry Overworked 负责自动化测试工作。Jerry 除了负责自动化测试工作，还有其他任务。他尝试使用刚刚购买的自动化测试工具。当把测试工具应用到软件产品测试中的时候，遇到了问题。这个测试工具太复杂，难于配置。他不得不给测试工具的客户支持热线打了几个电话。最后，Jerry 认识到，他需要测试工具的技术支持人员到现场帮助安装测试工具，并找出其中的问题。在打过几个电话后，测试工具厂商派过来一位技术专家。技术专家到达后，找出问题所在，测试工具可以正常工作了，这还算是顺利了。但是，几个月后，他们还是没有真正实现测试自动化，Jerry 拒绝继续从事这个项目的工作，他害怕自动化测试会一事无成，只是浪费时间而已。

项目经理 Anita 把项目重新指派给 Kevin Shorttimer，一位刚刚被雇佣来做软件测试的人员。Kevin 刚刚获得计算机科学的学位，希望通过这份工作迈向更有挑战性的、值得去做的工作。Anita 送 Kevin 参加工具培训，避免 Kevin 步 Jerry 的后尘（由于使用测试工具遇到困难而变得沮丧，导致放弃负责的项目），Kevin 非常兴奋。这个项目的测试需要重复测试，有点令人讨厌，因此，他非常愿意采用自动化测试。一个主要的版本发布后，Kevin 准备开始全天的自动化测试，他非常渴望得到一个机会证明自己可以写非常复杂的、有难度的代码。他建立了一个测试库，使用了一些技巧的方法，可以支持大部分的测试，这比原计划多花费了更多时间，不过，Kevin 使整个测试工作开展的很顺利。他用已有的测试套测试新的产品版本，并且确实发现了 BUG。接下来，Kevin 得到一个从事软件开发职位的机会，离开了自动化的岗位。

Ahmed Hardluck 接手 Kevin 的工作，从事自动化测试执行工作。他发现 Kevin 留下的文档不仅少，并且没有太多的价值。Ahmed 花费不少时间去弄清楚已有的测试设计和研究如何开展测试执行工作。这个过程中，Ahmed 经历了很多失败，并且不能确信测试执行的方法是正确的。测试执行中，执行失败后的错误的提示信息也没有太多的参考价值，他不得不进行更深的钻研。一些测试执行看起来仿佛永远没有结果，另外一些测试执行需要一些特定的测试环境搭建要求，他更新测试环境搭建文档，坚持不懈地工作。

后来，在自动化测试执行中，他发现几个执行失败的结果，经过分析，是回归测试的软件版本中有 BUG，导致测试执行失败，发现产品的 BUG 后，每个人都很高兴。接下来，他仔细分析测试套中的内容，希望通过优化测试套使测试变得更可靠，但是，这个工作一直没有完成，预期的优化结果也没有得到。按照计划,产品的下一个发布版本有几个主要的改动,Ahmed 立刻意识到产品的改动会破坏已有的自动化测试设计。接下来,在测试产品的新版本中,绝大多数测试用例执行失败了,Ahmed 对执行失败的测试研究了很长时间,然后,从其他人那里寻求帮助。经过商讨,自动化测试应该根据产品的新接口做修改才能运转起来。最后,大家根据新接口修改自动化测试,测试都通过了,产品发布到了市场上。后来,用户打来投诉电话,投诉软件无法工作。大家才发现自己改写了一些自动化测试脚本,导致一些错误提示信息被忽略了,这个产品最终失败了。

（本案例源自:希赛网站 http://testing.csai.cn/testtech/200612081030281934.htm,自动化测试实施步骤和最佳实践,作者不详）

案例思考题

分析这个故事中导致自动化测试项目陷入困境的主要原因。

习　　题

1. 简述信息系统测试的目的。
2. 简述信息系统测试的原则。
3. 简要介绍几种常用的测试类型。
4. 什么是测试用例？如何设计测试用例？
5. 在测试过程中,应该注意哪些问题?

第 *12* 章

信息系统的运行管理

12.1　信息系统的试运行

上一章主要介绍了信息系统程序开发和测试工作,并指出测试不可能找出系统的所有错误,其中一方面原因就是在测试中所选取的系统测试用例与企业实际业务中的数据还是存在很多差别。所以,在系统真正投入运行之前,必须先让系统试运行一段时间,从而进一步检测系统是否满足用户的需要,这也是对系统最后的检验和测试。一般而言,试运行工作放在系统移交给用户之前,测试之后。

系统试运行期间,系统肯定会暴露很多以前没有出现的问题和错误,在此期间需要做好对这些问题和故障的处理工作。下面分别介绍对硬件故障、软件故障、网络故障等问题的处理。

12.1.1　硬件问题

信息系统的运行离不开硬件平台,总是需要和计算机等硬件设备打交道,也就不可避免地会遇到一些硬件故障问题。下面从几个方面介绍排除硬件故障的方法。

① 确认电源是否已经打开、所有的连线是否已连接到位。

② 检查即插即用设备,以防接触不良导致设备不能正常工作。

③ 检查主机跳线设置是否正确,CPU 是否超频过度,过度的超频可能会引起硬件故障,也可能会造成其他部件的损坏。

④ 使用替换法检查硬件故障是一种非常简单而且常用的方法,其方法是把怀疑出现故障的部件取下来,换到其他的机器上进行测试。如果仍然出现故障,则说明出现故障的就是该部件。

否则,需要用同样的方法测试其他部件,逐个排除。

⑤ 有时计算机开机时会听到 PC 喇叭发出不同的警示音,据此可以比较容易地发现出现故障的部件。但需要注意一点,有些时候故障可能是由其他相关部件引起的,所以也要对相关部件进行检查。

⑥ 如果发现企业的计算机经常莫明其妙地重启或无法启动,而企业所在地区的电压经常不稳,则可以考虑配备 UPS 电源。

随着硬件技术的进一步成熟,系统硬件出现故障已经有了完善的解决方案,尤其是系统安装初期硬件故障是很少的。

12.1.2　软件问题

软件发生故障的原因很多,可能是由所开发的信息系统错误引起的,有时也可能是系统所使用的数据库管理系统引起的,或者是由计算机中的操作系统和其他系统软件引起的。这里所介绍的软件故障主要是指操作系统出现的故障。对于其他故障,在信息系统日常维护中再讲。

操作系统出现故障的原因也很多,包括丢失文件、文件版本不匹配、内存冲突、内存耗尽、系统无法正常启动等。不同的操作系统故障,其处理方法也不同,下面主要从 4 个方面来介绍操作系统出现的故障。

1. 丢失文件

计算机在启动时候,需要若干物理文件,包括一些硬件的虚拟驱动程序(Virtual Device Drivers,VDD)以及一些应用程序的动态链接库(Dynamic Link Library,DLL)。VDD 是保证硬件正常工作的基本程序,它可以使多个应用程序同时访问同一个硬件而不会引起冲突,DLL 则是一些独立于应用程序并以文件形式存在的可执行子程序,它们只有在应用程序需要的时候才被调入内存。如果这些文件被删除或者损坏了,就会引起硬件设备故障和应用程序无法正常工作。

如果系统因为丢失文件而无法启动,则在启动计算机或应用程序时,屏幕一般会给出"无法找到某个(设备)文件"的提示信息以及该文件的文件名、位置。因此,对丢失文件的软件故障检测是比较容易的。

那么,文件往往是怎么丢失的呢?原因可能很多,例如用户对某个文件夹或文件进行了重新命名,而系统安装时在系统注册表中已经注册了原来的名称,而系统运行时以注册表信息为准,这样肯定会出现丢失文件的错误提示。如果出现了这种故障,只需把文件名改回去即可。

再如,用户使用了"控制面板"的"添加/卸载"选项直接删除了某个文件夹或文件,下次启动时肯定会出现上面的错误提示。或者在卸载某个应用程序时,将一些应用程序共享的 DLL 或其他共享程序删除了,这样必然会引起其他程序无法正常工作。对于这种软件故障,可以找到原来的软件光盘,重新安装被损坏的程序使其恢复正常。

2. 文件版本不匹配

在使用计算机的过程中,经常会向操作系统中安装各种不同的应用软件以及操作系统的各种补丁,在这个过程中必然会涉及向操作系统中拷贝新文件或者更换现存文件的操作。这就可能会引起新软件不能与现存软件兼容的问题。

因为在安装新软件和操作系统补丁升级的时候,拷贝到系统中的大多是 DLL 文件,而 DLL 不能与现存软件兼容是产生大多数软件故障的主要原因。因此,必须保证 DLL 的安全。特别是在每次安装新软件之前,先做好 DLL 文件的备份(在 Windows 操作系统中主要涉及 Windows\System 文件夹),这样就可以将 DLL 错误出现的机率降至最低。当然,绝大多数新软件在安装时,如果发现与现存的 DLL 版本不一致的情况,一般都会给出提示,询问用户是否需要置换新的版本,这时用户要慎重选择,以免出现版本冲突问题。

3. 非法操作

非法操作往往是软件故障中比较常见的问题,一方面可能是因为用户操作错误本身引起的,这种问题很容易解决。另一方面,大部分的非法操作往往是由软件自身引起的,例如,某两个软件同时使用了内存的同一个区域而引起冲突。

每当有非法操作信息出现时,用户可以通过错误信息列表来分析引起错误的原因。此时,相关的程序和文件都会和错误类型显示在一起,但很多时候错误信息并不能直接指出出错的实际原因,这就给分析问题增加了难度。如果给出的是"未知"信息,可能是由于数据文件已被损坏,需要查找备份或者开发商的相应修补工具来解决问题。如果是委托开发的信息系统,就需要将错误信息反馈给系统开发商,寻求解决方法。

4. 资源耗尽

计算机的操作系统及各种应用程序要运行起来,就离不开内存。虽然计算机内存技术发展越来越快,内存容量也越来越大,但软件的规模也越来越大,对内存的消耗和需求依然很紧张。

在系统软件中,占用和消耗内存资源的系统文件很多。例如,Windows 操作系统中的图形用户界面 GDI,为了使用菜单按钮、面板对象、调色板等需要消耗大量的内存资源;再如,目前操作系统和应用程序都支持多用户并发访问,每个用户都占用着大量的资源。对于这类问题,通常通过增大内存,或给操作系统所在的硬盘逻辑分区更大的空间来解决。

12.1.3　网络问题

网络出现问题对一般企业用户来说,往往是一件比较头痛和难以解决的事情。这一方面说明网络问题的复杂性,另一方面也说明用户对网络知识的匮乏。要想正确、顺利地解决各种网络问题,必须掌握大量的网络知识,包括整个局域网、网络布线、TCP/IP 如何在网络上和单个主机上以及在协议栈的各层之间为数据选择路由等。此外,国际标准化组织(ISO)提出的开放系统互连(OSI)模型是协助网络检修人员识别网络问题的一种理想的框架,见表 12 - 1。

表 12 − 1　识别网络问题的 OSI 模型

OSI 层次	潜在问题	故障检修工具
应用层、表示层、会话层	DNS/NetBIOS 解析问题、网络/系统应用问题、高层协议失效(HTTP、SMTP、FTP 等)、SMB 签名问题、中间人攻击等	网络模拟器、流量发生器、协议分离器等
传输层	重传问题、分组分裂问题、端口问题、TCP 窗口问题等	网络模拟器、流量发生器、协议分析器、网络探测器、流量分析器等
网络层	IP 寻址问题、IP 地址复制问题、路由问题和协议错误、ICMP 错误、ICMP 过滤外部攻击问题等	流量分析器、网络探测器等
数据链路层	不适当配置的网络接口、ARP 表和 ARP 高速缓存问题、速率模式不匹配、无线电干扰、其他一些硬件错误等	流量分析器、网络探测器、网络连接工具等
物理层	电源问题、电缆问题、连接器问题、硬件故障等	电源测试器、网络链接工具等

下面给出一些网络故障检修方面的注意事项。

① 不要忽略小问题,例如,网络电缆松动是最常见的网络问题,应经常检查插头、连接器、电缆、集线器、开关等。

② 加强对企业用户网络知识、网络配置等方面的培训,因为很多网络问题是由人为因素或操作失误造成的,这样可以避免很多网络故障。

③ 要注意总结出现问题的原因以及解决问题的方法,利用每次测试时收集到的信息去指导下一次测试,可以做到事半功倍。

④ 对出现的问题和故障要广开思路,不要因为产生问题的原因太多而无从下手,有时用户表面看到的是应用软件出现了故障,其实有可能是网络出现了故障,应测试能够产生故障的每一种可能情况,并根据测试结果决定其解决方案。

⑤ 掌握几种简单的故障检修工具和方法。对于大多数的 TCP/IP 网络问题,用几种简单的工具就足以解决问题,所以,必须要掌握这些基本检修工具的使用方法。

下面列举了几种常用的检修命令。

(1) Ping 命令

使用 Ping 可以测试计算机名和计算机的 IP 地址,验证与远程计算机的连接,通过将 ICMP 回显数据包发送到计算机,并侦听回显回复数据包来验证与一台或多台远程计算机的连接,该命令只有在安装了 TCP/IP 协议后才可以使用。利用它可以检查网络是否连通,分析判定网络故障。其命令格式如下:

Ping[− t][− a][− n count][− l length][− f][− i ttl][− v tos][− r count][− s count][[− j computer − list]|[− k computer − list]][− w timeout]destination − list

（2）Netsta 命令

显示活动的 TCP 连接、计算机侦听的端口、以太网统计信息、IP 路由表、IPv4 统计信息（对于 IP、ICMP、TCP 和 UDP 协议）以及 IPv6 统计信息（对于 IPv6、ICMPv6、通过 IPv6 的 TCP 以及通过 IPv6 的 UDP 协议），可以让用户知道目前都有哪些网络连接正在运作。其命令格式如下：

Netstat［－a］［－e］［－n］［－o］［－p Protocol］［－r］［－s］［Interval］

（3）ARP 命令

ARP 是一个重要的 TCP/IP 协议，并且用于确定对应 IP 地址的网卡物理地址。使用 ARP 命令，能够查看本地计算机或另一台计算机的 ARP 高速缓存中的当前内容。此外，使用 ARP 命令也可以用人工方式输入静态的网卡物理地址（或 IP 地址），使用这种方式为默认网关和本地服务器等常用主机进行设置，有助于减少网络上的信息量。其命令格式如下：

Arp［－a［InetAddr］［－N IfaceAddr］］［－g［InetAddr］［－N IfaceAddr］］［－d InetAddr［IfaceAddr］］［－s InetAddr EtherAddr［IfaceAddr］］

除此之外，还有一些其他网络相关的命令，不再赘述，读者可以详细查阅网络方面的文献资料。

12.1.4　系统试运行

为了保证系统顺利验收，在系统验收前，需要对信息系统进行试运行，一般来讲，系统的试运行时间为一个数据形成周期（半月、月、季度等），通过对一个数据周期的系统运行产生的数据和原系统数据对比，准确无误后，系统的试运行工作就可以结束了。系统试运行期间主要工作如下。

① 准备初始数据，输入各类原始数据，如系统的二级单位组织机构信息、库存物资的基本信息等。

② 详细记录系统的运行数据，一般每天下班前核对新旧系统的数据是否一致，如不一致就须要分析原因。

③ 分析系统的易用性、强壮性、响应速度等是否满足企业的需要。

系统试运行结束后，并达到了用户满意的情况下，就可以进行系统的验收和鉴定工作了。

12.2　信息系统的验收与鉴定

系统测试并经过试运行后，信息系统开发的下一个环节就是系统验收与鉴定。本节将介绍验收和鉴定的具体工作内容。

12.2.1　信息系统的验收

信息系统验收是系统开发单位和用户对信息系统联合评审，并向用户移交系统的一系列开发和使用报告的工作，标志着系统开发工作的结束和用户对系统的接收认可。一般来说，验收和鉴定工作往往同时进行,但验收和鉴定还是有区别的,下面分别来介绍。

验收工作主要是由用户来检查新系统功能是否达到系统说明书要求的设计水平,新系统是否能够正常运转等。

1. 系统验收的目标

信息系统验收的主要目标是使所开发的系统能按系统说明书中的要求正常的运行和工作。系统验收要以系统在试运行阶段的评价为依据,通过试运行用户发现系统中存在的错误,开发人员对这些问题修改后,认定系统完全满足用户需求的前提下进行验收工作。

2. 系统验收的主要任务

系统验收小组的主要任务是依据系统设计说明书、系统使用说明书和系统维护手册对新系统进行演示和现场检测,主要考查以下几方面的内容:

① 系统是否达到系统设计的要求,功能是否完备,系统工作是否正常。

② 系统的可靠性和可维护性。

③ 系统对业务处理的能力。

④ 系统对用户操作的容错能力。

⑤ 系统对发生故障的恢复能力。

⑥ 开发单位向用户提供的技术资料是否齐全。

⑦ 系统维护及培训情况是否满足要求等。

12.2.2 信息系统的鉴定

系统鉴定是指鉴定小组对系统开发工作的评价。鉴定小组一般由用户方的管理人员、开发方的项目组成员、监理方的负责人员以及根据需要聘请的专家组成,可以根据用户对系统使用情况的反馈进行评价和鉴定,包括系统的技术性能、经济效益等多方面,最终编写出系统鉴定书。

鉴定工作由系统开发单位和用户单位共同组织完成。下面简要介绍鉴定工作的程序:

① 成立系统鉴定小组。

② 要求开发单位写出研究报告,供鉴定会宣读。

③ 要求开发单位写出技术报告,供鉴定会宣读。

④ 要求开发单位准备好鉴定要用到的所有技术文档资料。

⑤ 要求用户单位写出验收报告(或用户使用报告),供鉴定会宣读。

⑥ 组织鉴定小组进入现场观测。

⑦ 要求鉴定小组写出鉴定测试报告,供鉴定会宣读。

⑧ 要求鉴定小组拟出鉴定书草案。

⑨ 确定鉴定会的地址、时间,并发出邀请函。

下面简单列出了鉴定工作中需要的各项报告的基本内容。

1. 系统报告

（1）系统概况

① 系统名称、用户单位、系统开发单位。

② 系统开发背景、作用和意义。

③ 技术要求。

④ 开发时间。

（2）系统开发过程

（3）系统开发过程中的经验和教训

（4）对系统未来的设想

2. 系统开发技术报告

（1）信息系统概述

① 系统的总体结构。

② 系统功能和性能。

③ 系统业务流程。

④ 系统工作方式。

（2）系统的运行环境

① 硬件环境。

② 软件环境。

③网络环境。

（3）系统采用的主要技术

① 原有的开发技术。

② 采用的新技术。

③ 新技术的优缺点。

（4）试运行分析

① 新系统达到的技术指标。

② 存在的主要问题。

③ 自我评价。

3. 审查和鉴定工作的准备材料

（1）系统立项报告

（2）系统可行性分析报告

（3）系统分析说明书

（4）系统设计说明书

（5）程序设计说明书

（6）系统测试报告

（7）系统使用说明书

（8）系统维护说明书

（9）系统验收报告

4. 系统鉴定测试报告

（1）鉴定小组成员

① 鉴定小组成员的姓名、职务、职称、专业、工作单位等信息。

② 鉴定小组职责和工作分工。

（2）系统测试大纲

① 系统设计的科学性和完善性。

② 系统功能完整性与可扩充性。

③ 系统的实用性。

④ 系统的技术复杂性和先进性。

⑤ 系统安全性与可靠性。

⑥ 用户界面友好性和可操作性。

（3）系统技术资料规范化、完整性审查

5. 系统测试总结报告

（1）系统测试依据

（2）系统测试环境、设备、内容

（3）系统测试结果

（4）系统测试结论

6. 系统鉴定报告

（1）系统的技术先进性

（2）系统的经济效益和社会效益

（3）系统的内在质量

（4）系统是否具有推广价值

（5）有关建议

12.3 信息系统的切换

经过前面的验收和鉴定工作，信息系统正式移交给了用户，新的系统就可以开始投入运行了，但还有一个重要的工作要做，即新旧系统的切换。

系统切换是指企业从旧信息系统向新信息系统的转换过程。在新系统开发之前，很多企业可能没有信息系统，其企业管理模式是纯手工作业的，也有一些企业正在使用一些原有的信息系统。现在，要实现从原来的手工管理模式或者原系统向新系统的转换，但这个转换过程并不能直接进行，直接转换会存在很大的风险，很容易造成工作混乱，影响企业的正常工作。因此，必须处理好新旧系统切换工作，选择正确的系统切换方法，降低系统切换的风险，实现新旧系统的平稳过渡。

12.3.1　信息系统切换前的准备工作

1. 完善系统文档

信息系统开发结束并交付用户之前,必须为其提供系统开发过程中产生的各类文档,这些文档详细地记录了系统中的每个模块如何工作、如何使用,它们是系统切换前必备的文档,也是系统正式移交的必要条件之一。

这些文档一般分为两类:① 指导企业用户使用系统的系统使用维护说明书;② 系统开发过程中产生的各种系统开发报告。一般来说,这些文档资料在系统开发的过程都已经建立了,在向用户移交系统前要整理好这些文档,作为系统切换的依据,它们也是日后系统运行和维护的重要资料。

系统使用维护文档主要有操作人员使用手册、维护手册等。系统开发报告主要由系统说明书、系统设计说明书、系统实施报告、系统鉴定报告等文档组成。其中,系统实施报告包括对系统安装调试过程中的重要问题的说明以及培训工作的安排和系统切换的计划;系统鉴定报告主要包括评估系统的费用,新系统的应用对企业组织结构、管理工作和人员带来的变化和影响,以及给企业带来的一系列经济效益和社会效益分析。

2. 做好数据迁移工作

企业在过去的业务处理系统中积累了大量的数据,有些数据是企业进行分析决策的重要依据,有些数据是企业或客户的重要信息,这些数据对企业来说是一笔宝贵财富,企业在开始应用新系统之前必须将这些数据转移到新的系统中,这就是数据迁移,即将那些旧系统中的数据经过清理、加工,并转换到新的系统中。系统数据迁移一般有两种类型:① 数据由一套旧系统迁移到一套新系统中;② 由多套系统迁移到一套新系统中。

数据迁移是信息系统切换的重要工作之一,它对系统切换乃至新系统的正常运行有着十分重要的意义,一方面它是系统切换成功的重要前提,另一方面,它又是确保新系统正常运行的保障。数据迁移的成功与否,将直接影响新系统的信息质量。如果数据迁移存在错误,会给新系统留下很多隐患。

（1）数据迁移的常用方法

企业的信息系统都有一些共同的特点,数据迁移的原始数据量大、系统用户多、数据迁移的时间紧迫,而且存在着大量第三方系统的接入,一旦失败将给企业带来很大的损失。对于数据迁移可以采用多种方法,常用的包括:工具迁移、手工录入、系统切换后通过新系统生成等。

① 工具迁移方法是指在系统切换前,可以利用一些迁移工具把旧系统中的数据通过整理、加工和分析,把有用的数据转移到新的系统中去。目前,针对数据迁移的特点和要求,市场上也开发了若干成熟的数据迁移工具,例如 Oracle 的 Oracle Warehouse Builder、Informix 的 InfoMover 和 Microsoft SQL Server 的 DTS 等。但是,每个企业中旧系统的数据都有其自身的特点,使用那些通用的迁移工具往往无法实现转换,这时就需要通过自主开发程序来实现数据迁移,这也是数据

迁移最主要、最快捷的方法,但其实施的前提是要保证旧系统中的原始数据可用,其结构能够映射到新的系统中。

② 手工录入方法是指在系统切换前,组织企业的相关业务人员把旧系统中需要的数据手工录入到新系统中。这种方法费时费力,而且,往往会出现大量的数据输入错误,无法保证系统数据的正确性。一般情况下,不提倡使用手工录入的方法,除非迫不得已,例如,企业旧系统中的数据无法转换到新的系统中,或者企业在新系统开发之前没有旧系统,直接使用新系统。当然,这种方法可作为第一种方法的补充。

③ 系统切换后通过新系统生成数据,使用新系统的相关功能或为此专门开发的程序生成新系统需要的数据,其实施的前提是新系统所需的数据能由其他数据来生成。

(2) 数据迁移的策略

数据迁移的策略是指采用什么方式进行数据迁移,常用的策略包括一次迁移、分次迁移、先录后迁、先迁后补等。

① 一次迁移是指通过数据迁移工具或自主开发的程序,将所需要的旧系统数据一次性地全部迁移到新系统中。这种迁移方式的特点是实施过程时间短,迁移时涉及的问题比较少,风险比较低。其缺点是工作强度大,要求实施迁移的工作人员一直监视迁移过程。如果迁移的时间较长,容易造成实施人员疲劳。其实施的前提是新旧系统的数据库结构差异不大。

② 分次迁移是指通过数据迁移工具或程序,将所需要的旧系统数据分几次迁移到新系统中。分次迁移可以有效地解决迁移数据量大和宕机时间短之间的矛盾,但分次数据迁移会导致数据多次合并,会增加数据出错的机率。为了确保数据的正确性和一致性,分次迁移需要对数据进行同步,这就增加了迁移的难度。因此,分次迁移一般先从企业的静态数据迁移入手。

③ 先录后迁是指在系统切换前,先通过手工方式将需要的一些数据录入到新系统中,系统切换时再迁移企业的其他初始化数据。这种方式主要用在新旧系统数据库表结构差异较大时,新系统启动需要的数据无法从旧系统中获得,只有先通过手工录入初始数据方式,才能保证新系统的正常切换。

④ 先迁后补是指在系统切换前通过数据迁移工具或迁移程序,将原始数据迁移到新系统中,然后通过新系统的相关功能,或为此专门编写的配套程序,根据已经迁移到新系统中的原始数据,生成所需要的结果数据。先迁后补可以减少迁移的数据量。

12.3.2 信息系统切换的方法

信息系统切换是指新旧系统的交替过程,即停止使用旧系统,开始运行新系统。系统切换的方法一般主要有三种:直接切换、并行切换和逐步切换。

1. 直接切换

直接切换是指新系统开发结束后,停止旧系统,直接启用新系统,在这个交接过程中间没有任何过渡。直接切换方式实施往往比较简单,而且费用比较低。但其不足之处是切换的风险比较大,尽管新系统在正式投入工作之前已做过严格的测试,但从前面已经知道,测试不可能发现所有的错误。如果新系统直接投入运行,这其中可能会发生一些意想不到的错误和问题。因此,这种切换方法仅限于一些规模较小、相对简单、不太重要的系统。而且,新系统一旦出现问题,旧系统能够迅速地代替其工作。直接切换的过程如图 12－1 所示。

2. 并行切换

并行切换是指新旧系统在切换初期,两套系统同时运行,并对新旧系统的结果进行比较,如果二者之间在一个数据形成周期内都没有差异,就可以实现新旧系统的切换。与直接切换相比,这种切换方法风险较低,相对比较安全,一般适合于企业非常重要的信息系统或对新系统把握不太大系统的切换工作。而且,即使新系统出现问题,旧系统也可以保证企业工作的正常运行。切换过程如图 12－2 所示。

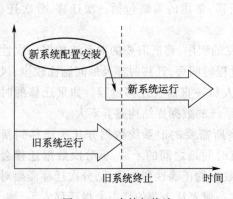

图 12－1　直接切换法

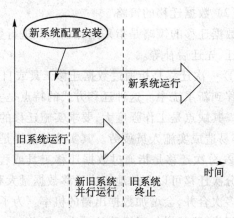

图 12－2　并行切换法

对于一些规模较大、重要的信息系统,并行切换往往是一种比较好的选择。但是,这种切换方法需要企业提供双重的场地、设备和人员,需要双倍的工作量,切换开销大、费用高。因此,并行切换的时间不宜过长,一般不超过一个季度。如果时间太长,会增加企业系统实施成本,也会增加用户对旧系统的依赖,影响新旧系统的切换工作。

3. 逐步切换

逐步切换,又称为分步切换,将系统切换工作划分为几个阶段,每个阶段切换一个子系统,新旧子系统采取逐步替换的方法,直到最终整个旧系统全部被切换。与前两种方法相比,它一方面降低了整个大系统直接切换带来的风险,另一方面在很大程度上降低了整个新旧系统并行运行对人力和物力的大量需求。

逐步切换方法中用于划分阶段的策略有以下几种。

① 按系统功能分段,从一个子系统开始切换,当这个子系统正常运行时,再逐步增加其他子系统。

② 按机器设备分段,从一个简单的设备开始切换,当这个设备正常运行时,再切换其他设备。

③ 按企业部门分段,从一个业务比较少的部门开始切换,再逐步切换其他部门。

逐步切换过程,如图 12 - 3 所示。

逐步切换方法比较适合包含若干个子系统的大型管理信息系统,它能确保新旧系统实现平稳过渡,可以大大降低系统切换的风险。需要注意一点,在这个切换过程中,一定要确保前一个新旧系统的切换效果。前一个子系统切换效果的好坏,将直接影响以后其他子系统的切换工作。

据国外统计资料表明,信息系统切换阶段是系统故障多发阶段,并且成正态分布,如图 12 - 4 所示。系统切换的工作量大、情况复杂,这就要求系统开发人员要做好准备工作,拟定周密的切换计划,使系统切换不至于影响企业的正常工作。

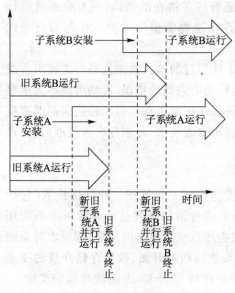

图 12 - 3 逐步切换法

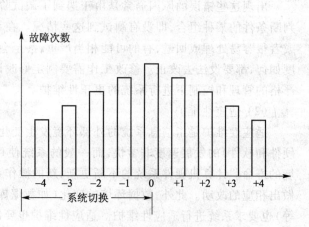

图 12 - 4 系统切换故障发生情况

12.4 信息系统的运行维护与管理

依照前面对信息系统的生命周期的讲解,知道了系统交付并不意味着信息系统生命周期的结束,而是进入了信息系统应用阶段,称之为系统运行期。一般来说,一个大中型的信息系统的使用寿命是 5 ~ 10 年,在这个运行期内,必须要做好新系统的日常运行和维护工作,包括修正系统中残留的错误、系统版本升级等。如果系统日常运行和维护管理工作做不好,将直接影响信息系统的使用效果和寿命。

系统运行管理的目标是对信息系统的运行进行实时控制,对系统运行中出现的问题进行必要的修改和扩充,使信息系统真正满足用户的需要。其中,系统维护是信息系统运行管理的重要内容,也是信息系统正常运行的保障。

12.4.1　信息系统维护

信息系统交付给用户后,信息系统就进入应用维护阶段。一般而言,信息系统的费用主要花在系统维护上,有的大型信息系统的维护费用甚至是其开发费用的50倍以上。因此,良好的系统维护可以节约企业在信息系统上的成本,并使信息系统为企业产生更大的经济效益提供了保证。

1. 系统维护类型

（1）更正性维护

众所周知,系统测试不可能发现系统中的所有错误,还有许多潜在的错误,只有在系统运行过程中具备一定的激发条件才可能出现,人们把诊断和改正这类错误的维护工作称为更正性维护。

出现这些错误的原因通常是由于遇到了调试阶段从未使用过的输入数据的某种逻辑组合或判断条件的某种组合,即没有测试到这些情况。在系统运行期中遇到的错误,有些可能不太重要或者很容易处理或回避,有的可能相当严重,甚至会使系统无法正常工作。但无论错误的严重程度如何,都要设法去改正。修改工作需要制定修改计划,提出修改要求,经领导审查批准后,并在严格的管理和控制下进行系统的更正性维护。

（2）适应性维护

适应性维护是指信息系统的外部环境发生变化时需要进行的系统维护。计算机技术（包括硬件和软件）的发展速度非常快,而一般的系统使用寿命都超过最初开发这个系统时的系统环境的寿命。计算机硬件系统的不断更新,新的操作系统或操作系统新版本的出现,都要求对系统做出相应的改动。此外,数据环境的变化（如数据库管理系统的版本升级、数据存储介质的变动等）也要求系统进行适应性维护。适应性维护也要制定维护计划,有步骤、分阶段地组织实施。

（3）完善性维护

当信息系统投入使用并成功运行以后,由于企业业务需求变化和扩展,用户可能会提出修改某些功能、增加新的功能等要求,这种系统维护被称为完善性维护。其目的是为了改善和加强信息系统的功能,满足用户对系统日益增长的需求。

此外,还有一些其他的完善性维护工作,例如,系统经过一段时间的运行,发现系统某些地方运行效率太低而需要提高,或者某些功能界面的可操作性有待提高,或者需要增加一些新的安全措施等,这类维护也属于完善性维护。

（4）预防性维护

预防性维护是一种主动性的预防措施,对一些使用时间较长,目前尚能正常运行,但可能要发生变化的部分模块进行维护,以适应将来的修改或调整。与前三种维护类型相比,预防性维护工作相对较少。

在信息系统的维护中四种维护类型出现的比例见表12-2。

表 12 -2 系统维护的类型

维护类型	描述	在维护中占的百分比
更正性维护	修复系统设计和规划错误	70
适应性维护	因环境改变而修改系统	10
完善性维护	维护系统解决新的问题或者为新问题解决提供有利条件	15
预防性维护	维护系统将来的问题	5

2. 系统的可维护性

系统的可维护性是指衡量系统维护难易程度的一种属性,它通常取决于系统的多个因素,例如故障的次数、故障发生的时间、故障的类型等。

系统维护的花费远远大于系统开发的费用,因此,系统的可维护性评价就显得尤为重要。系统单位时间内出现故障的次数和故障发生的时间是进行系统可维护性评价的两个重要指标,其中,系统平均故障时间(MTBF)是最主要的考查对象,它是指系统出现两次故障之间的时间间隔。一般而言,平均故障时间的值应该随着系统运行时间的增加而不断增大,否则,说明系统在可维护性上存在一些未解决的问题。

目前,评价信息系统故障的方法越来越多,技术也越来越先进。在系统运行过程中,要将系统中出现的各种故障记录到文档中,并详细说明故障产生的原因。如果用户在使用系统时先后多次遇到了同样的故障,称之为重复故障。要在文档中详细记录出现重复故障的信息,这些信息对于系统维护人员具有很高的参考价值。

通常,从以下几方面考虑重复故障的原因:

① 用户是否经过严格的培训。

② 用户是否有越权行为。

③ 是否是异常安装引起的故障。

④ 系统故障时具体的特征是什么。

⑤ 系统潜在的缺陷是什么。

故障跟踪可以为以后的许多工作提供帮助信息,例如故障的基本信息、故障的行为、在将来的开发环境中遇到这类故障的处理措施等。

提高系统可维护性的最根本方法是在系统开发过程中努力提高系统的质量,使每一个开发人员都意识到系统可维护性的重要性。事实证明,在系统开发过程中建立详细完整的系统文档和采用合理的信息系统开发方法是提高系统可维护性的主要手段。

一方面,详细的系统文档可以帮助维护人员读懂程序。如果系统程序仅有源代码而没有注释,那么维护人员就很难理解代码中的数据结构和数据类型,甚至引起误解,导致系统难以维护。

另一方面,系统文档为系统维护的测试工作提供了便利。在信息系统交付之前,已通过测试用例对系统进行了各项严格测试,并将测试用例和测试结果记录在系统文档中。当系统在维护过程中出现修改后,需要将文档中以前的测试用例重新执行一遍,以检查系统修改的正确性,有些时候可能需要增加一些新测试用例。

　　除了在系统开发初期提高系统的可维护性外,还要在系统维护期内保持系统的可维护性。这就需要在系统维护过程中,采用正确的维护方法,编写完善的系统维护文档,使信息系统不受破坏和损害。

3. 系统维护的步骤

　　图 12-5 所示简要说明了维护工作的全过程步骤,从图可以看出,在某个维护目标确定以后维护人员必须先理解要维护的系统,然后建立一个维护方案。由于程序的修改涉及面较广,某个模块的修改很可能会影响其他模块,所以建立维护方案后要加以考虑的重要问题是修改的影响范围和波及面的大小,然后按预定维护方案修改程序,还要对程序和系统的有关部分进行重新测试。若测试发现较大问题,则要重复上述步骤。若通过,则可修改相应文档并交付使用,结束本次维护工作。

　　必须强调的是,维护是对整个系统而言的,因此,除了修改程序、数据、代码等部分以外,必须同时修改涉及的所有相应文档。

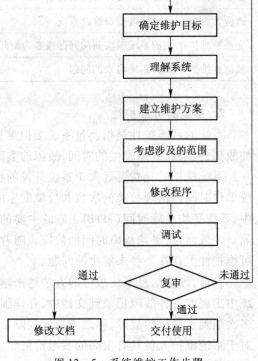

图 12-5　系统维护工作步骤

12.4.2　信息系统维护的管理

　　信息系统开发完成并经过严密的测试和系统切换后,就进入了系统日常运行阶段。信息系统是一个面向管理领域的人机交互系统,在其运行过程中要完成管理、维护、评价分析等工作。如果系统的运行管理不善,新系统的优越性就无法充分发挥出来,不能达到系统开发的目标。

1. 完善的组织机构

　　信息系统的组织管理机构是信息系统开发、维护和管理的综合性部门,在许多大型企业中都设有信息中心(或计算中心),专门负责企业的信息化建设。信息系统的维护部门一般由软硬件维护部门、数据和信息维护部门、行政管理部门等组成。由于负责信息系统运行的组织在企业中的地位不高,往往不被重视,造成我国信息系统组织机构不完善,影响了信息系统的开发和应用。随着我国企业信息化建设的加快,企业对信息化认识的不断提高,信息系统的组织在企业中的地位也在不断提高。

　　下面给出了我国信息系统组织在企业中地位的演变过程,包括三个阶段:

（1）作为企业某个部门的下属部门

把信息部门作为企业内部其他部门的一个下属单位，它只为其所附属部门提供服务，造成企业各个子公司之间无法共享信息，不能达到信息系统的建设的目标。

（2）作为企业中的一个独立部门

把信息部门作为企业中的一个独立部门，它和企业中的其他部门是平等关系，拥有同等的权利，负责协调企业的信息化建设，实现企业信息共享，但缺乏信息处理能力和信息化建设的决策能力。

（3）作为企业的决策部门

把信息部门作为企业的决策机构之一，这种组织形式有利于企业的决策和信息共享。但由于现在我国大多数企业使用分散集中系统，即有全公司的信息中心，又有各个部门的信息处理机构，实际上是前两种形式的综合，这样使得信息决策部门远离企业的系统用户，不能深入地了解用户的需求。

2. 管理制度的建立

完善的管理制度是保证系统正常运行的必要条件之一。只有建立了完善的管理制度，企业信息系统在日常运行中才能做到有章可循，为企业的生产、经营和管理奠定基础。

下面列出了一些信息系统日常运行过程中的管理制度，从系统安全、操作等多个方面规定了系统日常运行的工作以及对意外情况的处理。

① 系统运行操作规程。

② 系统信息的安全保密制度。

③ 系统运行日志及填写规定。

④ 系统定期维护制度。

⑤ 系统安全管理制度。

⑥ 用户操作规程。

⑦ 系统修改规程。

3. 维护人员的配备

作为系统维护人员，不仅要了解系统的开发过程，而且要善于建立良好的维护人员和操作员之间的关系。系统维护人员应能够预测那些可能要出错的地方，还要根据业务需求的改变，考虑必要功能的改变，根据系统需求的改变考虑修改硬件、软件及其接口。因此，维护工作涉及的范围较广，是一项长期复杂的工作。

系统维护人员究竟该由谁来担当？属于自主开发或联合开发的信息系统，可以由程序开发人员或参与系统开发的用户人员作为系统的维护人员，他们清楚系统的构架和程序的体系内容，可以较为轻松地完成系统的维护任务；对于委托开发方式或是购买商品化软件，企业应该培养系统维护人员或者是委托软件公司负责系统的维护工作。

4. 维护任务的安排

信息系统在运行过程中会遇到各种类型的维护任务，必须对其进行统一有效的管理，才能保证系统维护工作有条不紊地进行。换句话说,有的维护任务很紧急,有的维护任务可以推迟一段时间,要采取一定方法对其进行甄别排序,决定哪一维护任务先被执行哪一个后被执行或忽略,如图 12 - 6 所示。

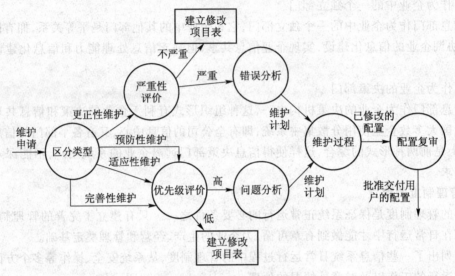

图 12 - 6　系统维护任务的安排

一般来说,首先要确定维护任务的类型。例如,对于更正性维护,要判断引起错误故障的重要性,如果非常重要,就需要给它赋予较高的优先权,把它放在任务队列的前面,等待维护处理。再如,有些维护任务不是由错误引起的,而是为了系统适应新技术,或者是为了业务改变而增加新的业务功能。同样,也需要对这些任务进行评估、分类以及排序,然后放到任务队列上。需要注意的是,必须有一个共同的标准,来评价和判断每一个系统维护任务,并作为其分类和排序的依据。

5. 自动化维护工具的使用

在信息系统的开发过程中,占用时间最多的是系统编码和测试工作。而且,在系统维护中,如果系统修改被批准后,仍然要进行代码修改和测试工作。与此同时,还必须将已修改的信息更新到系统文档和说明书中,目的是为了保证所有的系统文档的一致性。但是,这些工作往往很枯燥、费时,因而往往系统中许多维护工作被维护人员所忽略,这必然会给以后的维护工作带来困难。

为了解决上面的问题并提高维护工作效率,很多公司开发出了支持系统维护的 CASE 自动化工具,它们能够实现对代码修改和文档更新同步化,为系统的维护工作提供了支持。特别是在使用一些综合的 CASE 开发环境时,系统能自动生成系统分析、设计以及维护的所有文档,例如数据流图、代码设计、输出设计等。而且,如果对系统设计文档进行了修改,系统会自动地修改代码并生成新的版本。同时,大多数文档的维护工作也会自动完成。因此,自动化工具的使用可以大大简化系统维护工作。

除此之外,还要介绍两个比较特殊的工具:逆向工程和重建工程。这两个工具具有设计恢复功能,能够自动分析系统的源代码并产生高水平的设计文档。如果一个信息系统的原始文档已丢失,它们可以帮助维护人员看懂程序代码和数据结构,为其生成系统文档,从而可以节省大量的维护时间。

12.5　信息系统的评价

12.5.1　信息系统评价概述

信息系统项目的成功与项目决策和开发过程的管理关系较为密切,本书根据信息系统生命周期理论将信息系统评价划分为:信息系统项目招投标评价、信息系统项目绩效评价、信息系统应用评价这三个阶段,如图 12 - 7 所示。

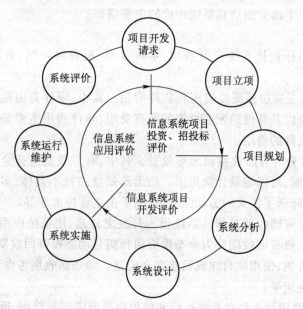

图 12 - 7　信息系统评价范围图

信息系统项目招投标评价主要是根据用户需求情况,对于项目承接方的能力水平、投资规模和预期的收益进行综合测评。

信息系统项目开发评价是指开发过程中项目规划、系统分析、系统设计、系统实施等阶段作为研究的具体范围,确保招投标评价确立的项目开发目标实现,同时为信息化绩效评价奠定基础。

　　信息系统应用评价(下简称"信息系统评价")是对信息系统的运行过程和绩效进行监控和审查,来验证信息系统是否达到了预期目标;系统的各种资源是否被充分地利用,包括硬件资源、软件资源、数据资源等;系统的管理工作是否完善、高效;并指出系统以后要改进和发展的方向等。

　　信息系统交付使用后,用户企业要做好系统日常的运行管理工作,要定期对系统运行状况进行追踪和监督,详细记录系统的日常运行数据,为信息系统评价提供依据。而且,评价的结果也要记录在评价报告中,可以作为系统维护、更新以及进一步开发的依据。一般来说,信息系统的首次评价与系统的验收同时进行,以后每隔半年或一年进行一次。参加第一次系统评价的工作人员可以由系统开发人员、系统管理人员、用户、企业领导、系统外聘专家等组成,以后的评价工作主要由系统管理人员和用户来完成。

1. 信息系统评价的主要指标

　　信息系统评价属于多目标评价问题,评价难度较大。目前,仍然只有少部分评价内容具有定量指标,多数评价内容还只能采用定性方法进行描述性的评价。换句话说,大部分的系统评价仍处于非结构化的阶段。下面介绍信息系统评价的主要指标。

　　(1) 经济指标

　　常用的经济评价指标包括系统开发费用、系统效益、投资回收期、系统运行维护发生的费用等。

　　① 系统开发费用,主要包括硬件费用和软件费用。其中,硬件费用是指企业所购买的计算机、网络设备、打印设备以及其他的配套设施的所有费用;软件费用主要是指信息系统的开发费用以及购买其他应用软件的费用。

　　② 系统效益,一般分为有形效益和无形效益。其中,有形效益是指企业因使用信息系统而节约的人力、物力等资源,可以定量计算出来。而无形效益往往不具体,多数无法定量,例如,提高了企业劳动生产率、降低了工人的劳动强度、提高了企业管理水平等。

　　③ 投资回收期,投资回收期是指从系统投入开发之日起,用系统应用所得的净收益偿还原始投资所需要的年限。投资回收期分为静态投资回收期与动态投资回收期两种。静态投资回收期不考虑资金的时间价值,使用项目建成后年现金流量。动态回收期考虑资金的时间价值,使用项目建成后年贴现现金流量。

　　④ 系统运行维护费用是指信息系统运行和维护阶段所需要的费用,通常实际费用比预算费用还要高。

　　(2) 性能指标

　　常用的性能指标包括系统的平均无故障时间(Mean Time Between Failures,MTBF)、系统处理速度、信息处理响应时间、系统利用率、对输入数据的检查和纠错功能、输出信息的正确性和精确度、操作方便性、安全保密性、可靠性、可扩充性、可移植性等。

　　其中,MTBF 主要用来衡量系统的运行是否稳定。系统处理速度主要是用来衡量用户执行查询、计算等具体操作时系统的处理速度。联机作业响应时间往往用在分布式系统中,通过统计分析用户需要等待的时间来评价系统的工作效率。

2. 信息系统评价方法

信息系统的评价方法主要包括定性方法和定量方法。

（1）定性方法

定性方法主要包括：

① 观察法，用户对系统的功能和效率进行分析、评价，而且仅仅依靠用户对系统的观察来完成。

② 模拟法，利用一些模拟软件，由专门人员采用人工或计算机对系统进行定性的模拟计算，估算其实际的效果。

③ 对比法，与基本相同或类似的信息系统进行比较，估计系统运行的效果。

④ 专家打分法，聘请同行专家对系统进行评审，并对他们的打分加权平均。

（2）定量方法

常用的定量评价方法，见表 12 - 3。

表 12 - 3   信息系统评价的主要定量方法

专家评价法	Delphi 法
	类比法
	相关系数法
经济模型法	生产函数法
	指标公式法
	费用/效益分析法
	投入/产出分析法
运筹学方法	多目标决策
	数据包络分析法
	层次分析法
其他数学方法	模糊评判法
	多元统计分析方法
组合方法	上述各种方法的组合

不同评价模型对信息系统评价的结果不尽相同，这是因为不同评估模型的侧重点不同，如果仅使用一种方法评估，必将造成结果的准确性不够，无法给决策者提供科学的建议，不同方法的优缺点见表 12 - 4。

表 12 − 4　常用的信息系统评价方法对比表

评价方法	主要优点	主要缺点
专家评价法	操作简单、直观性强的特点,可以用于 IT 项目定性或者定量经济效益指标的评价	对专家偏好的依赖度高,人为因素强,导致主观因素强及准确度不高,一般采用多名专家来评判用以消除该方法的缺点
经济模型法	这是一类定量的评价方法,具有客观性强、实用程度高的特点,适合于 IT 项目的直接经济效益的评价	对于 IT 项目产生的间接经济效益缺乏考虑,所以仅使用此方法带有很大的片面性,未能反映 IT 项目的全面绩效
运筹学方法	主要包括层次分析法(AHP)、数据包络分析算法(DEA)等	将风险因素也考虑其中,但是运筹学方法主要是定量分析,缺少定性分析内容
其他数学评价法	表 12 − 3 中列出的方法主要适合对多因素变化进行定量动态分析和评论,尤其是对那些含不确定性的、模糊因素的评价能够获得较好的评价结果	缺点是由于因素多而产生的工作量大、处理困难等
组合模型法	能较好地将复杂的定量和定性指标有机结合在一起,获得较为客观的数量化评价结果,综合各种方法的优点,去除各种方法的不足,使得整个评价模型较为理想,能很好的适应 IT 项目的绩效评价	计算量大,计算复杂

12.5.2　信息系统的性能评价

　　从技术性能方面对信息系统进行评价,其主要目的是通过对现有系统的硬件和软件的技术性能检验和分析,评价其是否能够满足信息系统的要求。例如,系统的数据传输率是否满足数据处理的要求;辅助存储器是否有足够的空间来保存必要的数据文件;CPU 能否对所有的客户端请求做出及时、快速的响应等。性能评价内容主要包括以下三方面。

　　1. 信息系统的功能评价

　　在信息系统的规划和需求分析阶段,已经确定了信息系统要实现的功能和目标。这些就是对系统进行功能评价的主要依据,看其是否实现了系统说明书中提到的所有预期功能和目标,是否真正能够满足用户的要求,系统的服务质量如何,系统的人员组织、安全以及保密措施是否完善等。

　　2. 信息系统的操作评价

　　信息系统操作方面的评价主要涉及输入的出错率、输出的及时性、利用情况等多个方面的评价,验证信息系统是否能够正确地识别输入数据,输出结果是否及时、可用性和适用性等。

　　3. 信息系统的软硬件评价

　　信息系统软硬件评价主要是为了检查信息系统中的软硬件资源是否都被充分利用,是否存在某些资源不足而影响了系统的功能和效率的提高。

目前,市场上有许多软硬件方面的测试工具,可以进行软硬件评价,例如硬件监控器、软件监控程序、系统运行记录、现场实际观测记录等。

（1）硬件监控器和软件监控程序

硬件监控器可以收集 CPU 和外部设备工作情况的相关数据,而软件监控程序可以记录特定程序或程序模块运行时的相关数据。利用硬件监控器和软件监控程序可以很容易地监控和检测到系统中的闲置资源、瓶颈设备以及负荷不均匀情况,从而为分析和识别系统的工作状况提供了重要数据。

（2）系统运行记录和现场观测记录

信息系统日常运行记录和有关计算机运行情况的现场观测记录是进行系统评价的最主要资料。通过对这些记录数据的分析,可以检查系统中各个模块的设计是否合理、工作情况如何、系统的故障率高低、各种系统资源的安排是否合理等。

12.5.3　信息系统的经济评价

信息系统作为一项企业的投资项目,对其进行经济评价应从成本和效益两方面入手,对比其实际费用和实际效益,并计算其投资回收期。

信息系统的经济效益可以分为宏观经济效益与微观经济效益、目前经济效益与长远经济效益、直接经济效益与间接经济效益等。其中,宏观经济效益是指信息系统给社会带来的全部效益,而微观经济效益是指信息系统给企业自身所带来的经济效益;目前经济效益是指近期的系统经济效益,而长远经济效益只有在未来很长一段时间后才能显现出来;直接经济效益是指可以用货币或数量计算和表示的经济效益,而信息系统的多数效益无法定量表示,对这部分经济效益,称之为间接经济效益。这里只介绍直接经济效益和间接经济效益的评价。

1. 直接经济效益的评价

对信息系统的直接经济效益进行定量计算时,主要考虑以下几个方面。

① 系统投入使用后,使企业的各项生产资源更合理地被利用,从而使产品产量增加了多少。

② 减少工时损失和生产设备停工损失多少;劳动生产率因而提高多少;产品生产周期缩短了多少。

③ 减少了物资储备,库存成本降低多少。

④ 产品质量（合格率）提高了多少。

⑤ 各项生产和非生产费用降低了多少。

针对上面的若干评价要素,很多学者和专家设计了一些综合性的评价指标,包括年利润增长额、年节约额、年经济效益、系统的投资效益系数、投资回收期等。

2. 间接经济效益的评价

间接经济效果主要表现在企业管理水平和管理效率提高程度上。这是综合性效果,可以通过许多方面体现,很难用某一指标来反映,只能做定性分析。间接经济效果主要体现在以下几个方面。

（1）提高了管理效率

用信息系统代替人工处理信息，减轻了管理人员的劳动强度，使他们有更多的时间从事调查研究和决策工作。而且由于采用计算机网络、数据库等技术手段，实现了企业信息共享，加强了各部门之间的联系，提高了管理效率。

（2）提高了管理水平

由于信息处理的效率提高，从而使事后管理变为实时管理，使管理工作逐步走向定量化。

（3）提高了企业对市场的应变反应能力

由于用信息系统可以提供捕助决策方案，因此，当市场情况变化时，企业可及时进行相应决策以便适应和快速响应市场。

（4）提高了管理的科学化和合理化

信息系统的应用，常使组织的管理体制、管理方法及管理流程随之发生改变，向着管理科学化、合理化的方向发展，劳动人员的素质也得到相应的提高。

信息系统的间接经济效益评价，可以采用专家评估或直接调查的方式来进行，常用方法包括个人判断法、专家会议法、头脑风暴法、德尔菲法等。

其中，个人判断法是指依靠个别专家对信息系统未来发展趋势及状况做出专家个人的判断；专家会议法是依靠一些专家进行集体研讨的形式，对信息系统的未来发展趋势及状况做出判断；头脑风暴法是指通过专家间的相互交流，引起"思维共振"，产生组合效应，进行创造性思维的评价方法。

12.5.4　信息系统评价报告

信息系统评价结束后，需要根据评价结果编写出信息系统的评价报告。下面给出评价报告的主要内容和基本格式。

1. 信息系统运行的一般情况

主要从信息系统的目标、功能及用户操作方面来评价系统，包括以下几方面。

① 信息系统功能是否达到了设计要求。

② 用户所付出的人力、物力、时间等各项资源是否控制在预定范围内，资源的利用情况如何。

③ 用户对系统工作情况的满意程度如何，包括系统响应时间、操作方便性、灵活性等。

2. 信息系统的使用效果

主要从信息系统提供的信息有效性方面来评价系统，包括以下几方面。

① 用户对所提供的信息的满意程度包括哪些有用、哪些无用、信息使用效率等。

② 为用户提供信息的及时性。

③ 提供信息的准确性和完整性。

3. 信息系统的性能评价

① 计算机资源的利用情况,包括主机运行时间有效部分的比例、数据传输与处理速度的匹配、外存是否够用、各类外设的利用率等。

② 系统可靠性,包括平均无故障时间、抵御错误操作的能力、故障恢复时间等。

③ 系统可扩充性。

④ 系统的适应性,包括系统运行是否稳定可靠,系统使用与维护是否方便,运行效率是否能够满足管理人员的管理需求等。

⑤ 系统安全性评价。

4. 信息系统的经济效益评价

① 系统成本,包括信息系统的开发费用和各种运行维护费用。

② 经济效益,包括直接效益和间接效益。

③ 投资效益分析。

5. 存在的问题及改进建议

描述信息系统评价过程中发现的各种问题,并提出合理的改进建议。

12.6 案例分析

[案例 1] Oxford 公司中的系统切换

Oxford Health Plans 公司位于康涅格州的 Norwalk,是一家拥有 30 亿美元的公司,管理细致。1996 年,CareData 在纽约对 3 000 名保健消费者进行了调查,在所有消费者满意程度方面 Oxford 排在第一位。但在 Oxford 的纽约病人中,对公司系统的处理能力持高度满意态度的仅占 34%。34% 数字似乎较低,但仍比 26% 的满意率要好,这是相同市场的消费者给予其他处理者的评定等级。继那次调查之后,Oxford 将它所需要的处理系统升级了。不幸的是,系统转换项目主管采用了直接方式,新系统的转换方式没有做好,所有在满意程度方面并没有得到改善,由于系统转换问题,Oxford 现在还欠纽约医生和医院几百万美元的债。

一些技术问题被积压下来。公司只转换了 150 万美元部分的 80%,供应商的账已经结清,而文件中的 20% 较复杂,比系统设计人员预料的更具挑战性。Oxford 运行新系统模拟 3 000 个并发用户同时访问系统的多个应用时,失败了。系统丧失了 60% ~ 70% 的处理能力。结果,从客户服务响应到处理所需的平均时间从 4 分钟增至 8 分钟。Oxford 公司的系统转换宣告失败。

(本案例源自天空教室精品课程网站 http://218. 64. 216. 247/ec2006/jpkc/yxk/ apache/xampp/htdocs/moodledata/2/class/chpt7/r4. htm,Oxford 公司中的系统切换,作者不详)

案例思考题

1. 在本案例中,如果你是系统转换项目的主管,你将建议 Oxford 采用哪种转换方式。

2. 为了避免出现 Oxford 公司所遇到的问题,你将在系统转换中进行哪些工作。

［案例 2］某化工厂开发管理信息系统的评价

某化工厂是一个生产硼化物的企业。该厂占地面积 10 万平方米,在册职工 500 人。改革开放以来,建立了厂长负责制,改变了经营方式,搞活了企业,经济效益明显增长,1985 年荣获省、部级"六好企业"称号。当时,作为全国知名企业家的厂长,为了进一步提高企业管理水平,决定与某大学合作,以委托开发方式为主研究管理信息系统。接受委托单位进行了可行性分析,认为根据当时企业条件,还不适于立即开始管理信息系统的全面开发,最好先研制一些子系统。原因是该厂技术力量薄弱,当时只能从车间中抽调出三名文化程度较低的工人和一名中专程度的技术人员组成计算机室,管理人员对于应用微型计算机也缺乏认识,思想上的阻力较大。但是,厂长决定马上开始中等规模的 MIS 开发。他认为,做个试验,即使失败也没有关系,于是开发工作在 1986 年 1 月就全面上马了,学校抽调了教师和研究生全力投入。

整个项目的研制工作开展得较有条理。首先是系统调研,人员培训,规划了信息系统的总体方案,并购置了以太局域网软件和五台 IBM – PC 机。在系统分析和系统设计阶段绘制数据流图和信息系统流程图的过程中,课题组和主要科室人员在厂长的支持下多次进行了关于改革管理制度和方法的讨论。他们重新设计了全厂管理数据采集系统的输入表格,得出了改进的成本核算方法,试图将月盘点改为旬盘点,将月成本核算改为旬成本核算,将产量、质量、中控指标由月末统计改为日统计核算。整个系统由生产管理、供销及仓库管理、成本管理、综合统计和网络公用数据库五个子系统组成。各子系统在完成各自业务处理及局部优化任务的基础上,将共享数据和企业高层领导所需数据通过局域网传送到服务器,在系统内形成一个全面的统计数据流,提供有关全厂产量、质量、消耗、成本、利润、效率等 600 多项技术经济指标,为领导做决策提供可靠的依据。在仓库管理方面,通过计算机掌握库存物资动态,控制最低、最高储备,并采用 ABC 分类法,试图加强库存管理。

原计划从 1986 年 1 月份开始用一年时间完成系统开发,但实际上,虽然课题组日以继夜地工作,软件设计还是一直延续到 1987 年 9 月,才开始进入系统转换阶段。可以说,系统转换阶段是系统开发过程最为艰难的阶段。许多问题在这个阶段开始暴露出来,下面列举一些具体的表现:

① 手工系统和计算机应用系统同时运行,对于管理人员来说,是加重了负担,在这个阶段,管理人员要参与大量原始数据的输入和计算机结果的校核。特别是仓库管理系统,需要把全厂几千种原材料的月初库存一一输入,工作量极大,而当程序出错、修改时间较长时,往往需要重新输入。这就引起了管理人员的极大不满。

② 仓库保管员不愿意在库存账上为每一材料写上代码,他们认为这太麻烦,而且理解不了为什么非要这样做。

③ 计算机打印出来的材料订购计划比原来由计划员凭想象编写的订购计划能产生明显的经济效益,计划员面子上过不去,到处说计算机系统不好使,而且拒绝使用新的系统。

④ 厂长说："我现在要了解本厂欠人家多少钱,人家欠我厂多少钱,系统怎么显示不出来?"

以上这些问题,经过努力,逐一得到解决,系统开始正确运行并获得上级领导和兄弟企业的好评。但同时企业环境却发生了很大的变化。一是厂长奉命调离;二是厂外开发人员移交后撤离,技术上问题时有发生;三是原来由该厂独家经营的硼化物产品,由于原材料产地崛起不少小厂引起市场变化,不仅原材料来源发生问题,产品销路也有了问题,工厂效益急剧下降,人心惶惶,无暇顾及信息系统发展中产生的各种问题。与此同时,新上任的厂长认为计算机没有太大用,不再予以关心。这时,原来支持计算机应用的计划科长也一反常态,甚至在工资调整中不给计算机室人员提工资,结果是已掌握软件开发和维护技术的主要人员调离工厂,整个系统进入瘫痪状态,最后以失败而告终。

（本案例源自黄梯云主编,李一军副主编的《管理信息系统》(第三版),高等教育出版社,2007 年第 10 次印刷）

案例思考题

1. 该厂关于开发项目规模的决策是否符合诺兰阶段模型？为什么？
2. 系统开发比原计划拖延较长时间,说明了什么问题？
3. 只开发成本管理子系统而不进行整个财务系统的开发,对不对？
4. 企业管理人员的素质对系统开发有何影响？
5. 通过这个案例,你认为企业一把手在开发 MIS 中的作用是什么。
6. 试用本实例说明,MIS 系统不仅是一个技术系统,而且还是一个社会技术系统。

习　题

1. 如何完成信息系统的验收工作？
2. 什么是数据迁移？通常如何实现数据迁移？
3. 简述系统切换的三种常用方法。
4. 简述信息系统的四种常见维护类型。
5. 应该从哪些方面对信息系统进行评价。常见的信息系统的评价方法有哪些。

第 *13* 章

信息系统的安全管理

　　互联网带来的信息革命,一方面强有力地推动着社会与经济的发展,另一方面也使整个社会对信息系统的依赖性日益增强。这种依赖性不仅给社会带来了巨大的财富与成功,同时也使社会变得十分脆弱。计算机信息系统的任何一个组成部分一旦受到致命攻击,整个系统将完全瘫痪,无法正常工作,全社会也将陷入混乱和危机之中。因此,信息系统的安全问题已成为一个涉及国家生存、发展与安全的重大问题。

　　信息系统安全是一门涉及计算机科学、网络技术、通信技术、密码技术、信息安全技术、应用数学、数论、信息论等多种学科的综合性、交叉性很强的学科,涉及的知识面比较广。本书由于篇幅限制,简要介绍有关信息系统安全管理的基础知识,更深入的知识,读者可以查阅相关的专业书籍。

13.1　信息系统安全概述

13.1.1　信息系统安全的概念

　　信息系统开发需要花费企业大量的人力、物力和财力,但在开发系统时,企业最关心的问题是信息系统能否真正发挥出它的作用,能否给企业带来巨大的利润,而对信息系统的安全性考虑不多,甚至往往忽略。一旦系统在运行过程中出现故障而造成系统瘫痪,这将导致系统无法正常使用,甚至给企业带来很大的损失。因此,从系统开发开始就应该考虑信息系统的安全问题,将安全问题作为用户的重要需求之一。

　　过去,人们将大部分数据信息用笔记录在纸张上,因此,只要保证记录信息的纸张不丢失、保存完好、不被泄露篡改,数据就是安全的。但随着计算机的普及和信息系统在企业中的应用,企业中的大部分业务都由计算机和信息系统来完成,数据信息都记录在了计算机存储设备或移动存储设备中。这种存储方式的改变一方面给企业带来很大的方便,另一方面也给企业带来了很多的安全隐患和威胁。

要保证信息系统的正常运行,必须保证它的运行环境是安全的,只有这样才能发挥它的巨大作用。但是,计算机网络中的一些非法入侵、病毒感染等非安全因素,导致企业的一些重要信息被泄露或篡改,信息系统甚至遭到破坏,这将直接影响企业的切身利益。

本书对信息系统安全的定义如下:保护信息系统所涉及的软件、硬件、数据、数据处理业务等不受到恶意更改、破坏及泄露,保证信息系统顺利、持续地正常运行。

13.1.2 影响信息系统安全的主要因素

提高企业信息系统的安全性,一要加强企业对信息系统的安全意识,二要加强企业对信息系统的安全管理。而做好信息系统安全管理,必须要了解影响信息系统安全的各种因素,才能做到有的放矢,有针对性地采取对策。

影响信息系统安全的因素主要包括三方面:计算机安全、网络安全、信息(或数据)安全。

1. 计算机安全

计算机能够正常工作是保证信息系统安全的最基本、最首要的因素,有关计算机方面的安全问题主要包括以下两个方面。

(1)防止计算机被非法用户入侵和攻击

非法用户利用计算机的自身漏洞进行入侵,从而盗取企业的信息,所以首先要加强计算机的漏洞管理,安装防火墙,阻止非法用户的入侵。定期下载安装计算机操作系统的升级程序。与此同时,系统维护人员要具备一定的安全知识,要对计算机进行合理配置,确保用户信息得到保护。

(2)创造一个良好的计算机工作环境

良好的工作环境,无疑是有利于计算机系统正常运行的最基本条件。这里的工作环境包括以下几个方面。

① 确保计算机供电系统稳定,计算机工作时不出现断电,确保工作电压稳定,不能过高或过低。此外,还要注意安全用电,要有安全可靠的接地线,用电量不要超负荷。

② 确保计算机工作环境中的温度和湿度适度、符合标准,计算机对工作环境中的温度和湿度要求都比较高。一般来说,计算机周围的相对湿度要保持在 30% ~ 80% 之间,计算机的最佳工作温度在 15 ~ 30℃ 之间。如果温度过高、过低或者湿度过高、过低,都会影响计算机的正常工作。

③ 做好计算机工作环境的清洁工作。由于计算机的机箱、显示器等部件都不是完全密封的,过多的灰尘附着在电路板上,会影响集成电路板的散热,引起线路短路,甚至影响计算机一些组件的使用寿命,所以要定期清理。

④ 防火设施要齐全,定期更换设备,能够应付突发事件的发生。

2．网络安全

网络安全是指网络系统的硬件安全，保证信息系统正常运行。具体而言，网络安全要保护个人隐私；要控制对网络资源的访问；要保证商业秘密在网络传输中的保密性、完整性、真实性、不可抵赖性等。随着 Internet 的广泛应用，网络已经深入到人们生活和企业工作的各个方面。

计算机网络是一个开放的环境，虽然方便了人们的访问和信息交流，但由于网络通信线路存在一些缺陷，很容易被别人窃听，给一些网络犯罪分子可乘之机，使得一些保密信息很容易被泄漏，对个人、企业，甚至国家都带来很大的威胁。只有网络安全得到保障，企业信息系统才能安全地运行。

计算机网络中存在很多不安全因素，其中很多是由其自身原因造成的。例如，网络运行所使用的 TCP/IP（Transmission Control Protocol/Internet Protocol，传输控制协议/网际协议）协议，它虽然能够确保信息在数据包级别的完整性，即做到了传输过程中不丢信息包，不重复接收信息包，但在此协议上存在很多安全漏洞，无法制止未授权第三方对信息包内部的修改。

提高企业信息系统的网络安全主要考虑以下两个因素：一是局域网的安全，即企业内部网络系统的安全；二是广域网的安全，即企业外部网络的安全。

（1）企业内部局域网安全

企业内部局域网安全是确保企业信息系统安全的最基本的保障，提高局域网安全的措施包括以下几个方面。

① 配备安全性较高的交换机。由于局域网采用的是广播技术，增加了数据在传输过程中被截获或窃听的机会，所以企业一定要配备安全性较高的交换机。

② 设置防火墙，防止非法用户入侵。网络防火墙是一种用来加强网络之间访问控制，防止外部网络用户以非法手段通过外部网络进入内部网络，保护内部网络操作环境的特殊网络互联设备。它对两个或多个网络之间传输的数据包按照一定的安全策略来实施检查，以决定网络之间的通信是否被允许，并监视网络运行状态。

虽然防火墙是目前保护网络免遭黑客袭击的有效手段，但也有明显的不足，它无法防范通过防火墙以外的其他途径的攻击，不能防止来自企业内部用户的威胁，也不能完全防止感染病毒的软件或文件的攻击。

③ 加强病毒防范。计算机病毒具有很强的传染性和破坏性，其传染性体现在病毒传播方式（网络、电子邮件、软盘、移动硬盘、U 盘、光盘等）比较多，传播速度比较快。其破坏性一般表现为争用 CPU，占用内存，导致系统运行速度慢，甚至改变文件信息，破坏系统的正常运行。

④ 确保操作系统安全。操作系统的安全是保证整个局域网安全的根本，系统管理员要及时下载并安装操作系统补丁，加强操作系统的用户管理和权限管理，关闭系统中的共享文件。

（2）企业外部广域网安全

广域网（Wide Area Network，WAN）也称远程网，是指覆盖范围广阔（通常可以覆盖一个城市、一个省或一个国家）的一类通信子网。由于广域网大多采用公网传输数据，信息在广域网上传输时被截取和利用的可能性就比局域网要大得多。如果没有专用的软件对数据进行控制，只要使用 Internet 上免费下载的"包检测"工具软件,就可以很容易地对通信数据进行截取和破译。

随着经济的发展,一些大型企业建立了很多子公司,这些子公司往往分布于全国各地,企业的信息系统为了覆盖所有的子公司,必须借助于广域网技术。为了达到上述安全目的,广域网通常采用以下安全解决方法,包括数据加密技术、VPN 技术、身份认证技术等。其中,数据加密技术和身份认证技术将在后面的内容中具体介绍,此处只介绍 VPN 技术。

虚拟专用网(Virtual Private Network,VPN)是指在公用网络上建立专用网络的技术,用户可以凭借公用网的环境,把属于自己的网络用户终端、有关的接入线路、模块及端口模拟成自己的专用网,并由专网管理人员通过 VPN 管理站对所属网络各部分的端口进行状态监视、数据查询、端口控制和测试以及告警、计费、统计信息的收集等网络管理操作,公网的管理人员协助管理各个 VPN。

VPN 将企业的远程用户、分支机构、业务伙伴及出差的办公人员等通过特定的加密通道连接起来,构成扩展的企业网,如图 13 - 1 所示。由于不需特别的专线租用,成本可大幅降低。VPN 具有很好的扩展性,当网络与远程办公室、国际区域、远程计算机、漫游的移动用户、商务伙伴等连接或是变更网络结构时,企业只需依靠提供 VPN 服务的 ISP 就可以随时扩大 VPN 的容量和覆盖范围。

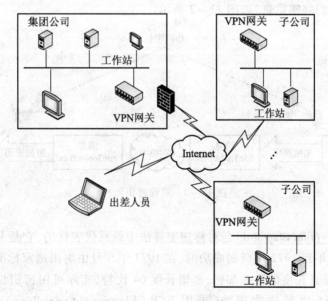

图 13 - 1 VPN 拓扑图

3. 信息安全

在信息时代,信息安全问题越来越重要。信息安全是指保证信息不受恶意修改、破坏或泄露,保证数据的准确性、完整性和一致性。信息系统中的信息一般分为动态信息和静态信息。其中,动态信息是指在网络传播中的数据,静态信息是指处于信息系统后台数据库中的数据。因此,信息安全主要从两方面来考虑:动态信息安全和静态信息的安全。

(1) 动态信息安全

信息在网络传播中可能会遭到破坏,例如信息被中断、伪造、截获、篡改等。其中,信息被中断是指信息在网络传送时通信线路被切断或遭到破坏,或是访问权限被禁用,导致信息无法正常传输;信息被伪造是指非法用户未经授权而发送一些伪造信息;信息被截获是指信息在传送时被未经授权的非法用户获取访问权限而导致信息被泄露;信息被篡改是指信息被非法用户截获并进行了篡改。

为了防止信息被泄露或破坏,可以对数据进行加密。数据加密主要用于对网络中传播的信息(即动态信息)进行保护。对动态信息的攻击一般分为主动攻击和被动攻击,其中,主动攻击虽无法避免,但却可以有效地检测;而被动攻击虽无法检测,但却可以避免,而实现这一切的基础就是数据加密。

数据加密实质上是对以符号为基础的数据进行移位和置换的变换算法。加密算法分为对称加密算法和非对称加密算法。

① 对称加密算法中,加密密钥与解密密钥是相同的,或者可以由其中一个推知另一个,称为对称密钥算法。这样的密钥必须秘密保管,只能为授权用户所知,授权用户既可以用该密钥加密信息,也可以用该密钥解密信息,如图 13-2 所示。

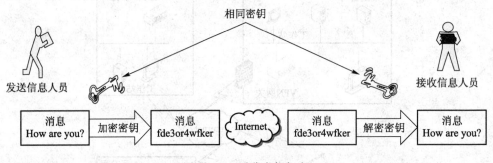

图 13-2　对称密钥加密

DES(Data Encryption Standard)是对称加密算法中最具代表性的,它是 IBM 公司 W. tuchman 和 C. meyer 在 1971 年到 1972 年研制成功的,在 1977 年 5 月由美国国家标准局颁布为数据加密标准。DES 可以对任意长度的数据加密,密钥长度 64 比特,实际可用密钥长度 56 比特,加密时首先将数据分为 64 比特的数据块,采用 ECB(Electronic Code Book)、CBC(Cipher Block Chaining)、CFB(Cipher Block Feedback)等模式之一,每次将输入的 64 比特明文变换为 64 比特密文。最终将所有输出数据块合并,实现数据加密。

② 非对称密钥加密。如果加密、解密过程各有不相干的密钥,构成加密、解密密钥对,则称这种加密算法为非对称加密算法,或称为公钥加密算法,相应的加密、解密密钥分别称为公钥、私钥。在公钥加密算法下,公钥是公开的,任何人可以用公钥加密信息,再将密文发送给私钥拥有

者;私钥是保密的,用于解密其接收的公钥加密过的信息,如图 13 - 3 所示。

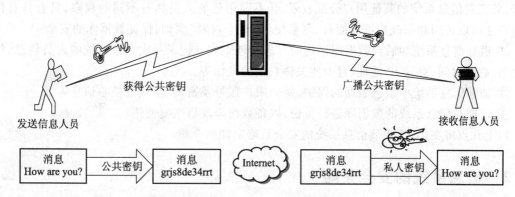

获得公共密钥　　　　　　　　　广播公共密钥

发送信息人员　　　　　　　　　　　　接收信息人员

| 消息 How are you? | 公共密钥 | 消息 grjs8de34rrt | Internet | 消息 grjs8de34rrt | 私人密钥 | 消息 How are you? |

图 13 - 3　非对称密钥加密

典型的公钥加密算法如 RSA(Ronald L Rivest,Adi Shamir,Leonard Adleman),是目前使用比较广泛的加密算法。在互联网上的数据安全传输,如 Netscape Navigator 和 Microsoft Internet Explorer 都使用了该算法。

RSA 算法建立在大数因子分解的复杂性上,算法简单描述如下。

(a) 先选取两个素数 p、q,一般要求两数均大于 10 的 100 次幂;

(b) 计算:$n = p * q$

$$z = (p - 1) * (q - 1)$$

(c) 选择一个与 z 互质的数 d,找一个数 e 满足 $d \times e \equiv 1(\bmod z)$;

(d) 将 (e,n) 作为公钥,将 (d,z) 作为密钥。

RSA 的保密性在于 n 的分解难度上,如果 n 分解成功,则可推知 (d,z),也就无保密性可言了。

通过信息加密可以对动态信息采取保护措施,将被传送的信息加密,使信息以密文的形式在网络上传输。这样,即使攻击者截获了信息,也只是密文,而无法获取信息的内容。为了检测出攻击者是否篡改了消息内容,可以采用认证的方法,即或是对整个信息加密,或是由一些消息认证函数(MAC 函数)生成消息认证码(Message Authentication Code),再对消息认证码加密,随信息一同发送。攻击者对信息的修改将导致信息与消息认证码的不一致,从而达到检测消息完整性的目的。为了检测出攻击者是否伪造信息,可以在信息中加入加密的消息认证码和时间戳,这样,若是攻击者发送自己生成的信息,将无法生成对应的消息认证码,若是攻击者重发以前的合法信息,接收方可以通过检验时间戳的方式加以识别。

(2) 静态信息安全

信息系统后台数据库的安全属于静态信息安全,是数据库管理人员日常工作中最为重要的一部分,也是保证系统正常运行不可缺少的一项工作。要保证这些数据的安全,可以采用用户授权访问控制技术,一般在操作系统或子系统设置中完成。

① 做好数据库访问权限的分配工作。数据库管理员是数据库系统的最高管理者,具有最高权限,负责对信息系统的其他用户分配权限,让不同角色的人员具有不同的权限,只有具有权限的用户才可以访问和修改数据。而且,尽量使用"最小权限"原则,保证数据库的安全。

② 做好信息系统和后台数据库系统的日志管理工作。记录每次登录系统的人员信息,包括用户名、登录时间、登录 IP 地址、对一些关键数据的操作等。

③ 加强信息系统中敏感数据的保护,例如用户账号及密码、企业的核心信息等。

④ 定期对信息系统的数据库进行备份,以备数据修改后恢复使用。

以上几点将在第 13.2 节信息系统的安全策略中详细介绍。

13.2　信息系统的安全策略

随着计算机网络的不断发展,信息系统在企业中的不断应用和普及,各种安全问题也不断涌现出来。信息安全策略(Security Policy)明确规定了企业"需要保护什么? 为什么需要保护? 由谁进行保护?"等一系列问题,因此,制定信息安全策略是一个企业解决信息安全问题最重要的步骤,也是企业整个信息安全体系的基础。一个企业的信息安全策略反映出它对现实安全威胁和未来安全风险的预期,反映出企业内部业务人员和技术人员对安全风险的认识与应对策略。没有合理的信息安全策略,再好的信息安全专家和安全工具也不能很好地保护系统安全。下面几节将分别介绍信息系统的各种安全策略。

13.2.1　运行环境的安全策略

运行环境的安全策略是保证信息系统正常运行的最基本保障,主要包括以下两个方面的内容。

1. 计算机运行环境要求

计算机运行环境管理要注意计算机放置地点的选择,确保空调、排风系统的工作正常;禁止室内吸烟,禁止携带易燃易爆物品,严禁超负荷用电。良好的周围环境将有利于计算机的正常运行。

2. 计算机线路的布局

计算机线路的布局要着重考虑系统的安全,预防线路被切断等安全隐患。

13.2.2　用户访问控制策略

首先介绍几个有关用户访问控制技术的术语:用户、角色和权限。其中,用户是指参与信息系统活动的主体,如人、系统等。权限是指用户对某对象或数据具有一定的访问权,包括对象访问控制和数据访问控制两种。角色代表了一种资格、权利和责任,是特定权限的集合。系统的用户和访问角色,如图 13 - 4 所示。

企业信息系统是一个大型的数据资源系统,数据量大、数据敏感性强。如果不对其数据访

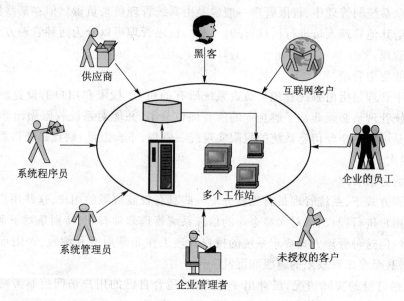

图 13 - 4 系统的用户和访问角色

问加以控制，系统的安全性就得不到保证，这很容易造成数据泄密、数据丢失等问题。因此，必须采取一定的策略对系统中各个用户的权限加以限制，这个策略称为用户访问控制策略。它明确规定系统中每个用户的访问权限，限制用户不必要的访问权利，从而可以有效地控制系统重要信息的破坏和泄露。

基于角色的信息系统安全控制模型是当前比较先进的一种管理方法，它的优点在于用户权限的授予和撤销是通过分配和撤销角色来完成的。系统安全管理员根据实际需要定义各种角色，并根据实际业务设置合适的访问权限。角色的划分方法可以根据实际情况划分，按部门或机构划分，用户根据其负责的任务再被授予不同的角色。经过以上两个步骤，整个访问控制过程就被分成了两大部分：一部分是访问权限与角色相关联，另一部分是角色与用户相关联。

由于实现了用户与访问权限的逻辑分离，基于角色的策略极大地方便了权限管理。例如，如果一个用户的职位发生变化，只要将用户当前的角色去掉，加入代表新职务或新任务的角色即可。研究表明，角色/权限之间的变化比角色/用户关系之间的变化相对要慢得多，并且委派用户到角色不需要很多技术，可以由行政管理人员来执行，而配置权限到角色的工作比较复杂，需要一定的技术，可以由专门的技术人员来承担，但是不给他们委派用户的权限，这与现实中情况正好一致。除了方便权限管理之外，基于角色的访问控制方法还可以很好地描述角色层次关系，实现最少权限原则和职责分离原则。

一般来说，一个用户可以拥有多种角色，但同一时刻用户只能用一种角色进入系统。用户－角色－权限的关键是角色，用户登录时以用户和角色两种属性进行登录，根据角色得到用户的权限，系统先对该用户进行身份验证，然后对其权限进行初始化。

在企业信息系统的管理中,权限管理一般也是由系统管理员来负责。但在某些情况下,某些权限可以下放给其他管理人员进行授权管理。因此,权限管理可以分为两种管理方式:权限的集中管理和分散管理。

(1) 权限的集中管理

权限的集中管理是指由系统管理员负责系统所有的角色、权限和用户的设置。这种管理方式的前提是系统管理员必须非常了解企业的所有岗位分工,并能对系统权限做出非常详细的分割。它的优点是可以对企业信息系统的权限实现统一管理,不会混乱;缺点是使得系统管理员负担较重,工作量大。

(2) 权限的分散管理

在分散管理方式下,系统管理员首先要分配一些具有较高权限的用户,这些用户再对其他拥有较低权限的用户进行授权,这对大型企业的信息系统管理非常有利,特别是对于企业工作岗位的分配和协调。但这种管理方式要求系统的授权管理工作非常周密和细致,否则可能会造成某些权限的疏漏,甚至会出现权限的越级和混乱。

企业应根据自身的实际情况,设计出一套合理、适合自己的用户访问控制策略和安全管理方案。

13.2.3　身份认证策略

身份认证是指计算机系统对操作者身份进行确认的过程,它是信息安全理论与技术的一个重要方面,是网络安全的第一道防线,用于限制非法用户访问受限的网络资源,是一切安全机制的基础。因此,使用一个强健有效的身份认证系统对于网络安全有着非同寻常的意义。

从国内外身份认证技术的发展状况来看,最传统的身份认证方式是账号和密码认证;新兴的身份认证方式包括:智能卡认证、动态口令认证、生物特征识别法、USB Key 认证等。

1. 账号和密码认证

鉴别用户身份最常见也是最简单的方法是密码核对法,即系统为每一个合法用户建立一个账号/密码对,当用户登录系统或使用某项功能时,提示用户输入账号和密码,系统通过核对用户输入的账号/密码与系统内已有的合法用户账号/密码对(这些账号/密码对在系统内是加密存储的)是否匹配,如果匹配,则认为该用户是合法用户。

这种方法的安全性仅仅基于用户密码的保密性,而用户密码一般较短且容易猜测,因此,这种方法不能抵御密码猜测攻击;另外,攻击者可能窃听通信信道或进行网络窥探,密码的明文传输使得攻击者只要能在密码传输过程中获得用户密码,系统就会被攻破。

2. 智能卡认证

基于智能卡的身份认证机制是指将用户的身份认证等信息存入一个智能卡中,在认证时需要用户提供此智能卡,只有持卡人才能被认证。这样可以有效地防止口令被猜测,但也存在一个严重的缺陷,即系统只认卡不认人,而智能卡可能丢失,拾到或窃得智能卡的人将很容易假冒原持卡人的身份。

　　为解决丢卡问题,可以将该方法与第一种方法综合起来,认证时既要求用户输入密码,又要求提供智能卡。这样,既不用担心卡的丢失(只要密码没有泄漏),又不用担心密码的泄漏(只要卡没有丢失)。

3. 动态口令认证

　　动态口令(Dynamic Password,DP),又称一次性口令(One Time Password,OTP),是相对于传统的静态口令而言的。它一般由某种终端设备,根据动态口令生成算法产生的随机动态参数变化而变化的口令。

　　一次性口令的概念是在 20 世纪 80 年代初由美国科学家 Leslie Lamport 提出的。之后贝尔通信研究中心于 1991 年研制出了第一个动态口令认证系统 S/KEY。随之美国著名加密算法研究室 RAS 研制成功了基于时间同步的动态口令认证系统 RSA Secure ID。

　　动态口令是变化的密码,其变化来源于产生密码的运算因子是变化的。动态口令的生成算法一般都采用双运算因子,一是用户身份的识别码,是固定不变的,如用户的私有密钥;二是变动因子,如时间、随机数、计数器值等。

　　基于动态口令的身份认证系统的优点在于动态性、一次性、随机性、多重安全性等特点,从根本上有效弥补了传统身份认证系统存在的一些安全隐患。图 13 - 5 所示是某企业的"账号 + 短信"动态口令身份认证方案。

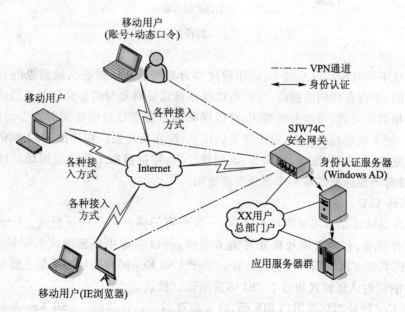

图 13 - 5　某企业的"账号 + 短信"动态口令身份认证方案

　　但就目前的研究成果、使用情况来看,它同样存在着一些不足之处以及技术上的难关。例如,由于网络应用多样性发展的需要,要求能够实现双向认证以确保双方利益,如电子商务、金融业务等,双向认证是身份认证的一个必然趋势。但是,基于动态口令的身份认证系统只能实现单向认证,即服务器对客户端的认证,无法避免来自服务器端的攻击。

4. 生物特征认证

生物特征认证是指采用每个人独一无二的生物特征来验证用户身份的技术,常见的有指纹识别、虹膜识别等。生物特征认证不需要密码和携带其他工具,非常方便。而且从理论上来讲,生物特征认证是最可靠的身份认证方式,因为它直接使用人的物理特征来表示每一个人的数字身份,不同的人具有不同的生物特征,几乎不可能被仿冒。图 13 - 6 所示是在公开密钥架构(PKI)中引入生物特征识别技术的示意图。

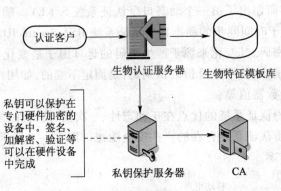

图 13 - 6　基于生物特征识别的 PKI

在网络环境下的身份认证系统中,应用指纹做为身份确认依据是比较理想的方法。因为指纹是独一无二的,不存在相同的指纹,这样可以保证被认证对象与需要验证的身份依据之间一一对应。指纹是相对固定的,很难发生变化,可以保证用户安全信息的长期有效性。而且,扫描指纹的速度很快,便于获取指纹样本,易于开发认证系统,实用性强。相比而言,人脸的特征则易受外界的影响而变化,如表情、眼镜、胡须等,识别难度大,特征提取工作比较困难。而视网膜不仅难于采样,也没有形成标准的样本库供开发者使用。

5. USB Key 认证

USB Key 身份认证是采用软硬件相结合、一次一密的强双因子认证模式。USB Key 是一种USB 接口的硬件设备,它内置单片机或智能卡芯片,可以存储用户密钥或数字证书,利用 USB Key 内置的密码算法实现对用户身份的认证。基于 USB Key 的身份认证系统主要有两种应用模式:基于冲击/响应的认证模式和基于 PKI 体系的认证模式。

每个 USB Key 硬件都具有用户 PIN 码,以实现双因子认证功能。USB Key 内置单向散列算法(MD5),预先在 USB Key 和服务器中存储一个证明用户身份的密钥,当需要在网络上验证用户身份时,先由客户端向服务器发出一个验证请求。服务器接到此请求后生成一个随机数并通过网络传输给客户端(此为冲击)。客户端将收到的随机数提供给插在客户端上的 USB Key,由USB Key 使用该随机数与存储在 USB Key 中的密钥进行带密钥的单向散列运算(HMAC - MD5)

并得到一个结果作为认证证据传送给服务器(此为响应)。与此同时,服务器使用该随机数与存储在服务器数据库中的该客户密钥进行 HMAC – MD5 运算,如果服务器的运算结果与客户端传回的响应结果相同,则认为客户端是一个合法用户。

冲击响应模式可以保证用户身份不被仿冒,却无法保护用户数据在网络传输过程中的安全。而基于 PKI(Public Key Infrastructure,公钥基础设施)构架的数字证书认证方式可以有效保证用户的身份安全和数据安全。数字证书是由可信任的第三方认证机构颁发的一组包含用户身份信息(密钥)的数据结构,PKI 体系通过采用加密算法构建了一套完善的流程,保证数字证书持有人的身份安全。然而,数字证书本身也是一种数字身份,还是存在被复制的危险。使用 USB Key 可以保障数字证书无法被复制,所有密钥运算由 USB Key 实现,用户密钥不在计算机内存出现也不在网络中传播,只有 USB Key 的持有人才能够对数字证书进行操作。

13.2.4 数据备份恢复策略

随着企业信息化建设的加快,企业中积累了大量的业务数据,这些数据必然成为各个企业的宝贵资源。但是,在信息化带来便捷的服务的同时,企业也面临着数据丢失的危险。因此,如何保护这些数据成了企业信息系统管理的一项重要工作。

影响企业数据安全的因素很多,主要包括:人为因素(如企业管理松散、人员的信息安全意识不强、误操作等)、计算机软硬件自身因素、外界因素(如火灾、地震等)等。在维护中,有很多因素都是不可避免的。因此,为了防止系统数据丢失,必须对企业数据进行备份,图 13 – 7 所示是某大型企业的数据备份系统结构。

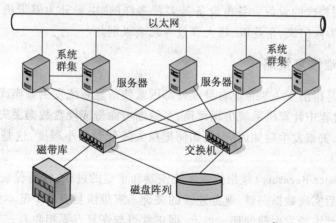

图 13 – 7 某大型企业数据备份系统结构

数据备份是指将数据以某种方式制作副本,以便在系统遭受破坏或其他特定情况下,重新恢复系统的过程。对一个完整的企业信息系统而言,备份工作必不可少,其意义不仅在于防范意外事件的发生,而且还是历史数据保存归档的最佳方式。换言之,即便系统正常工作,没有任何数据丢失或破坏发生,备份工作仍然具有非常大的意义,它为企业进行历史数据查询、统计、分析以及重要信息归档保存提供了依据。

过去的数据备份主要采用主机的磁带机进行冷备份,这种方式适合于数据量小、操作系统种类单一、服务器数量少的情况。然而,由于业务可能需要采取不同的操作平台,企业的数据量越来越大,而且不同地区要进行数据交换,早期的备份方式就显示出它的弊端。因此,企业需要建立一套完善的数据备份系统。

在构建数据备份系统的过程中需要注意以下几方面的问题。

① 拥有数据备份设备仅仅为数据保护工作提供了必要的物质基础,真正能够使之发挥效能的还在于完善的数据备份管理策略。信息系统的管理者应与专业备份服务提供商合作,建立完善、全面的数据备份恢复管理流程,制定日常的数据管理规则,对可能的数据灾难做好相应的应对程序。

② 应注意选择售后服务能力强的设备供应商和专业服务商作为合作伙伴。数据备份系统是一个较为专业的领域,专业知识和经验是做好售后服务的重要保障。对于备份软件而言,有经验的工程师能够根据用户系统的实际情况做出优化配置,并根据用户需求提供合理的管理策略,从而保证数据备份系统的高性能。

③ 要加强磁带介质的保护。数据最终保存在磁带中,只有保证磁带的可用性才能保证数据安全。磁带的使用、保存和运输不当均会对磁带造成损害。因此,应采用一些专用设备来保证磁带的完好,免受灰尘、高温、潮湿、磁场、碰撞等不利因素的损害。

④ 选择备份设备时,应根据企业需要(如备份数据量的大小、备份速度的要求、自动化程度的要求等)选择不同档次的设备。备份设备是多种多样的,主要分为磁带机、自动加载机、磁带库。而磁带库又分为入门级、企业级、超大容量等几个级别。

13.2.5　系统灾难恢复策略

信息系统灾难是指由于一些企业自身或外部因素使信息系统发生瘫痪或不能正常工作。例如,信息系统运行过程中计算机系统出现瘫痪,系统断电而造成硬盘数据丢失等。如何应对这些灾难性的事故发生,灾难发生后如何应对,如何把损失降低到最小程度,这是灾难恢复要做的主要工作。

灾难恢复(Disaster Recovery)是指信息系统恢复和重建的过程,它是保证企业信息系统在不可预期的灾难发生后实现数据完整、业务连续的关键。灾难恢复有两个基本要求:一是灾难恢复的程度要争取恢复到灾难发生前的那一点上,即正常点与恢复点要相吻合;二是争取用最短的时间恢复系统,尽量不耽误用户的正常工作。图 13 - 8 所示是某大型企业集团的灾难恢复系统架构图。

下面列出了一些应对突发灾难性事件的一系列措施。

① 成立系统恢复小组,小组主要由技术人员、管理人员、相应的业务人员等组成,要求分工明确,能在系统发生灾难时,用最短的时间投入到工作中去。

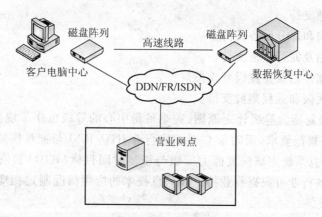

图 13-8 某大型企业集团的灾难恢复系统架构图

② 在进行信息系统灾难恢复之前需要制定一些灾难恢复预案,明确所需要完成的任务。

③ 定期检查系统的运行状况,做好一切防范措施,防患于未然,发现问题及时解决。

④ 要有备用预案,包括备用的工作环境、备用的信息系统、配备相应的技术人员和管理人员,保证在灾难发生时不影响信息系统用户的正常使用。

⑤ 对现行系统进行风险分析,确定系统所面临的各种潜在威胁,并通过技术或管理手段进行防范和控制。

⑥ 灾难恢复时首先要确定每个关键业务功能恢复的优先级,优先级高的业务先恢复,不同的业务采取不同的恢复策略。

⑦ 灾难恢复结束后,还要对系统运行进行严密观察。当系统正常运行一段时间后,若没有发现问题,灾难恢复工作便告一段落。

2007 年 7 月,国务院信息化工作办公室领导编制的《重要信息系统灾难恢复指南》正式升级成为国家标准《信息系统灾难恢复规范》(GB/T 20988—2007),这是中国灾难备份与恢复行业的第一个国家标准,并于 2007 年 11 月 1 日开始正式实施。

《信息系统灾难恢复规范》规定了信息系统灾难恢复应遵循的基本要求,适用于信息系统灾难恢复的规划、审批、实施和管理。《规范》具体对灾难恢复行业相应的术语和定义、灾难恢复概述(包括灾难恢复的工作范围、灾难恢复的组织机构、灾难恢复的规划管理、灾难恢复的外部协作、灾难恢复的审计和备案)、灾难恢复需求的确定(包括风险分析、业务影响分析、确定灾难恢复目标)、灾难恢复策略的制定(包括灾难恢复策略制定的要素、灾难恢复资源的获取方式、灾难恢复资源的要求)、灾难恢复策略的实现(包括灾难备份系统计数方案的实现、灾难备份中心的选择和建设、专业技术支持能力的实现、运行维护管理能力的实现、灾难恢复预案的实现)等内容作了具体描述。

同时,在附录 A 中对灾难恢复能力做了等级划分,共 6 级。

第 1 级:基本支持。

第 2 级:备用场地支持。

第 3 级:电子传输和部分设备支持。

第 4 级:电子传输及完整设备支持。

第 5 级:实时数据传输及完整设备支持。

第 6 级:数据零丢失和远程集群支持。

附录 A 对灾难恢复能力等级评定原则、灾难备份中心的等级也作了规范要求,附录 B 对灾难恢复预案框架作了规范要求,而附录 C 对相应行业 RTO/RPO 与灾难恢复能力等级的关系比例作了规范要求。信息系统灾难恢复能力等级与恢复时间目标(RTO)和恢复点目标(RPO)具有一定的对应关系,各行业可根据行业特点和信息技术的应用情况制定相应的灾难恢复能力等级要求和指标体系。

《信息系统灾难恢复规范》的出台有着划时代的意义,对国内重点行业及相关行业的灾难备份与恢复工作的开展和实施有着积极的指导意义。

13.2.6 安全教育策略

总结企业信息系统中出现的各种安全隐患,发现多数是由人为因素造成的。当信息系统受到外部人员入侵或攻击时,可以进行监测和防范,但当内部人员进行攻击时,却无法进行防范。所以说,外部的人为因素要防范,内部的人为因素也要加强防范,并需要企业引起高度重视。

1. 信息系统安全相关的法律

信息系统方面的法律法规一般分为两种:技术规范和社会规范。其中,技术规范指的是信息系统中的各种技术要达到的标准。例如,信息系统安全的标准要达到信息技术安全标准化技术委员会(CITS)以及中国通信标准化协会(CCSA)所规定的要求。社会规范指的是人与人之间的行为规范,要遵守一系列的规定,如用户合法化、资源限制化、信息合法化、信息公开化等。

我国有关信息安全方面的法律法规从 20 世纪 90 年代开始陆续颁布。1991 年颁布了《计算机软件保护条例》;1994 年颁布了《计算机信息系统安全保护条例》,其中明确规定公安部主管全国计算机信息系统的安全保护工作;1995 年在《警察法》中规定警察具有“监督管理计算机信息系统的安全保护工作”的职责;1997 年新刑法修订方案将计算机犯罪纳入刑事立法体系,增加了针对计算机信息系统和利用计算机犯罪的条款;同年公安部颁布了《计算机信息系统安全专用产品检测和销售许可证管理办法》、《计算机信息网络国际联网安全保护管理办法》;2000 年公安部又颁布了《计算机病毒防治管理办法》,国家保密局出台了《计算机信息系统国际联网保密管理规定》等。这些法律法规使得计算机网络及信息系统的安全管理更加规范。

2. 信息系统安全教育

信息系统的安全管理需要企业的所有员工参与,每个员工都要对信息安全管理体系有一定的了解,知道他们在日常工作中哪些与信息系统安全有关,哪些无关,对信息系统安全有什么影响等,这都依赖于信息系统安全培训和教育。

安全意识和一些相关技术的培训教育是一个企业安全管理的重要环节,通过培训教育可以提高员工对安全体系的认识,使得每个员工都了解并熟练掌握信息安全管理体系,从而保证信息安全管理体系能够顺利地实施。

为了保证取得较好的效果,信息系统安全培训需要根据实际情况和不同层次用户的需要,制定不同的教育培训计划及培训方案,对企业的各级人员进行安全培训。

① 与信息安全相关的技术人员要掌握信息安全策略,熟练掌握一些关键安全技术。

② 对信息系统安全管理员定期进行专业性的安全技术培训和教育,提高他们的安全警惕性和应对手段。

③ 信息安全主管人员需要掌握信息安全的整体策略和目标,负责制定一系列的安全管理文件。

④ 加强对一般工作人员的信息安全教育,普及信息安全基本知识,增强所有工作人员的信息安全意识、法制观念和技术防范水平,使用户自觉遵守信息系统安全的管理制度,以确保信息系统的安全运行。

13.3 信息系统的安全审计

随着网络的发展,网络信息系统的安全越来越引起世界各国的重视,防病毒产品、防火墙、入侵检测、漏洞扫描等安全产品都得到了广泛的应用,但这些信息安全产品都是为了防御外部的入侵和窃取。据有关研究统计,由于内部人员造成的泄密或入侵事件占了很大比例,所以防止内部非法违规行为应该与抵御外部入侵受到同样的重视,这就需要信息系统的安全审计。

1. 信息系统安全审计的概念

审计是指检查、验证目标的准确性和完整性,以及是否符合既定的标准、标竿和其他审计原则,防止虚假数据和欺骗行为。各国各级政府、组织一般都设有专门独立的审计部、审计委员会、审计署等机构。审计早年用于财务系统,信息手段成为财务审计的一种技术的同时,也间接带动了通用信息系统的审计。在美国安然公司(Enron)和世通(WorldCom)财务欺诈案爆发后,2002年美国紧急出台了萨班斯法案,赋予了"审计"新的意义,其中也包括了信息系统审计,"审计"成为企业内控、信息系统治理、安全风险控制等不可或缺的关键手段。

美国信息系统审计权威专家 Ron Weber 将信息系统安全审计定义为"收集并评估证据以决定一个计算机系统是否有效做到保护资产、维护数据完整、完成目标,同时最经济地使用资源"。本书对信息系统安全审计的定义是:对计算机上的操作内容和通信进行记录、分析、追踪,并记录到日志中。

2. 信息系统安全审计的类型

信息系统的安全审计包括三种类型:信息系统技术平台审计、信息系统管理制度审计和信息系统项目管理审计。

(1)信息系统技术平台审计

对信息系统软硬件技术平台的运行和安全进行评估和审计,看其是否符合相关的标准与要求。其中,硬件包括网络设备、通信线路、路由器、交换机、服务器、存储设备等,软件包括操作系统、数据库、应用软件、防火墙、杀毒软件等。

(2)信息系统管理制度审计

对信息系统管理中的一些技术规定、工作程序和条例、工作分配等安全管理制度和项目管理流程进行评估和审计,看其是否符合标准。

(3)信息系统项目管理审计

对信息系统的项目管理与监督情况进行监督和审计,评估信息系统开发中的每个环节(包括项目的系统规划、系统分析、系统设计、系统实施等),看其是否按照要求严格执行。此外,还要对系统开发的各个技术文档(包括开发合同、技术协议、验收报告等)进行评估,看其是否符合要求。

3. 信息系统安全审计的特点

信息系统安全审计具有两个特点:独立性和综合性。

(1)独立性

独立性是指信息系统审计人员独立于开发商和用户,一般以第三方身份对信息系统进行监督与审计,主要是为了安全审计的公平和公正性。

(2)综合性

综合性是指信息系统安全审计所涉及的面比较广,需要对信息系统开发的整个过程进行监督与审计,包括信息系统技术平台审计、信息系统管理制度审计和信息系统项目管理审计三个主要方面。也可以说,凡是涉及信息系统的安全性、可靠性的内容,都需要进行信息系统安全审计工作。

4. 信息系统安全审计的内容

具体来说,应该对一个信息系统的以下内容进行安全审计,见表13-1。

表13-1　信息系统安全审计的内容

被审计资源	安全审计内容
网络通信系统	网络流量中典型协议分析、识别、判断和记录,Telnet、HTTP、E-mail、FTP、网上聊天、文件共享等的检测,流量检测,对异常流量的识别和报警,网络设备运行的检测等
重要服务器主机操作系统	系统启动、运行情况,管理员登录、操作情况,系统配置更改(如注册表、配置文件、用户系统等)以及病毒或蠕虫的感染、资源消耗情况的审计,硬盘、CPU、内存、网络负载、进程、操作系统安全日志、系统内部事件、对重要文件的访问等
重要服务器主机应用平台软件	重要应用平台进程的运行、Web Server、Lotus、Exchange Server、中间件系统、健康状况(相应时间等)等

续表

被审计资源	安全审计内容
重要数据库操作	数据库进程运转情况、绕过应用软件直接操作数据库的违规访问行为、对数据库配置的更改、数据备份操作和其他维护管理操作、对重要数据的访问和更改、数据完整性等的审计
重要应用系统	办公自动化系统、公文流转和操作、网页完整性、相关业务系统(包括业务系统正常运转情况、用户开设/中止等重要操作、授权更改操作、数据提交/处理/访问/发布操作、业务流程等内容)等
重要网络区域的客户机	病毒感染情况、通过网络进行的文件共享操作、文件拷贝/打印操作、通过Modem擅自连接外网的情况、非事务异常软件的安装和运行等的审计

5. 信息系统安全审计过程

信息系统安全审计主要包括两步:审计准备和审计。

(1) 审计准备

审计准备是信息系统安全审计的第一步,需要完成以下准备工作。

① 确定信息系统安全审计的范围。根据实际情况确定是对信息系统进行全面审计,还是只对一部分进行专项审计。

② 制定审计预案。审计预案是审计工作的主要依据。审计预案中要明确审计的主要任务,根据业务实际情况进行任务分解和人员分工,将任务落实到每个人。

另外,审计预案中要指出任务的轻重缓急,哪些需要详细重点审计,哪些需要粗略审计,并根据紧急程度确定它们在时间上的安排,编写审计预案并印制成册,让每个审计人员都了解审计任务的具体安排。

(2) 审计

审计工作开始后,一定要严格按照审计预案来执行。对要审计的部门、硬件设施、技术平台、管理制度、工作流程等各个方面做出客观、公正的评价,并出具评价报告。对存在的问题以书面形式提出一些改进建议。

13.4 信息系统安全监控中心

良好的安全技术和产品为信息系统安全提供了基本保障,信息系统安全策略为信息系统安全提供了管理方向和支持,但仅靠某一个软件是无法解决所有的信息系统安全问题的,一个良好的安全技术组织是必不可少的。

信息系统安全是一个有机整体,为了提高信息系统的安全性,必须把涉及信息系统安全的方方面面组成一个整体,包括组织机构、安全产品、运营网络等,形成一个统一的安全管理平台,称为信息系统安全监控中心。

下面将介绍信息系统安全监控中心的几个要点。

1. 安全设备的统一管理

在企业的每个网络节点处一般都会安装一些安全设备和产品(例如,防火墙、病毒防护软件等),这些安全设备可以及时、全面地获取网络安全信息,帮助管理人员分析网络中存在的安全问题和隐患,并进行有目的的维护和改进。但是,现在很多企业的各种安全设备和产品往往都有各自的控制端,导致系统管理员必须同时运行多个控制端,造成管理上的不便。

为了解决上面的问题,可以考虑建立信息系统安全监控中心,它可以实现信息系统安全设备的集中监控和集中管理,发现问题后能及时地处理,提高了安全管理的工作效率。

2. 安全服务的统一管理

信息系统安全监控中心可以提供多种与安全相关的服务,实现了安全服务的统一管理。例如,能够提供安全相关软件的安装、补丁、升级等服务;提供对企业员工的安全培训服务,做好信息系统安全知识的共享,提高企业的整体安全意识;负责收集系统漏洞,对信息系统不安全因素进行分析,并采取相应措施进行补救等。

3. 组建安全管理队伍

根据企业实际情况,建立一支专门负责企业信息系统安全工作的队伍,这支队伍往往需要企业中多个部门的共同参与和相互配合,需要根据实际业务和人员数量分配岗位和职责。小组负责人负责制定安全职责措施,及时收集和更新信息系统安全知识,掌握最新的信息系统安全技术,并提供信息系统安全技术的交流平台。

信息系统安全是一个动态发展的过程,如果想彻底解决信息系统的安全隐患是不可能的,只能采取一些有效措施将信息系统安全风险降到最低,使信息系统安全保持良好状态。

13.5　案例分析

国税网络安全解决方案

13.5.1　方案背景

税收是我国国民经济宏观调控的重要手段之一,在国计民生中占有非常重要的地位。近年来,为了加强税收监管和保障税收来源,我国税务部门将信息化建设作为各项改革的突破口,大力实施"科技兴税"战略,广泛推行税收信息管理系统和机关办公自动化系统,使税收管理的现代化水平获得了较大提高。与此同时,我国税收收入持续快速增长,连年增收 1 000 亿元人民币左右,2000 年增收额超过 2 000 亿元人民币,税收收入已占到我国 GDP 比重的 14%。有关税务专家认为,这一切与我国税务系统突飞猛进的信息化建设是密不可分的。国家税务总局金人庆局长曾多次表示,科技加管理代表着税收管理今后的发展方向,税务系统将充分利用信息技术,为税收管理提供现代化服务手段,并在管理观念、管理体制、管理方法等方面不断创新,使之与现代化手段相适应,实现人机的最佳结合,真正建立起一个以税务管理信息系统为核心、以信息化管理为特征、高效优质的现代化税务管理体系。

同时,面对我国加入 WTO 的步伐日益加快,如何以更高的效率和准确性为企业、个人提供更好的服务,也对税务行业提出了严峻的挑战,这同样需要通过信息技术建立强大的支撑平台。根据发达国家的经验和我国税务行业的现状,计算机技术在我国税务系统的应用正朝着事务性工作集中、管理分散的模式发展,以便有效地降低税收成本,更好地加强对纳税人的监控和服务。例如,美国全国只有 5 个征税中心,而我国一个县就有 6 ~ 15 个征税中心。国家税务总局也充分认识到这一点,在"十五"规划中明确将"集中征收"作为信息化建设的发展目标。但目前,各地税务所运行的计算机业务处理系统无法形成上述管理模式,因此,建设一个全新的 IT 技术支持系统是实现税收改革的必由之路。

从网络应用上来讲,我国税务行业的典型 IT 应用与税务改革有着密切的关系。目前,我国税务改革主要集中在以下三个方面。

一是业务系统的改革,主要是对税收增收的管理,业务系统的改革是税务改革的灵魂,也是改革的主要部分;二是机构改革;三是人事改革。

税务改革的三大方向产生了相应的重点项目。

① 金税工程。

② 税收征管业务综合系统,包括从国家到省市、地市的三级征管系统。

③ 纳税人服务系统(网上报税、自动报税),包括省级地税之间的联网。

④ 对汇总数据进行分析的征收系统,包括数据仓库、决策支持系统等基础系统。

⑤ 办公自动化系统。

具体而言,我国税务行业的应用内容主要包括以下方面:支持各种申报方式、基层税收征管业务与省(市、县)级管理业务、实现通报通缴、定量考核、提高管理与核算的准确性和规范性、省(市、县)级税收监控和管理、税收分析系统、专家系统、税收辅助决策、提供数据产品和服务(如税收信息综合发布与查询等)、完善的税收法规库与简明检索系统、外部信息交换(省内信息交换)。其业务范围涵盖了税收的征收、管理、服务等各个方面,使税务行业全面进入高速信息化建设时代。

随着信息化的日益深刻,信息网络技术的应用日益普及,网络安全问题也会成为影响网络效能的重要问题。而 Internet 所具有的开放性、国际性和自由性在增加应用自由度的同时,对安全提出了更高的要求。如何使信息网络系统不受黑客和病毒的入侵,如何保障数据传输的安全性、可靠性,也是税务信息化过程中所必须考虑的重要事情之一。网络的组成是网络安全设计的依据。

省国税局计算机网络系统总体上是一个星型结构的局域网,从管理的分工上可以分为四个层次。

① 省国税局内部网。由于整个国税网络的服务器均集中在这个局域网上,所以该局域网是整个系统的心脏部分。该网络向上与国税总局连接,横向与其他各省国税局连接,向下与所辖地市国税局连接。

② 省国税局下属地市国税局网络。该网络向上通过专线与 XX 国税局连接,向下与区县国

税局连接。

　　③ 区县国税局网络。该网络向上与地市国税局连接,向下与基层税务征收点连接(可能)。

　　④ 省国税局 Internet 访问和对外信息发布区域。根据国家政策规定,该网络与国税内部网物理隔离。

　　国税计算机网络系统的应用应该主要包括三个方面:一是处理国税业务信息,二是办公自动化,三是对外发布信息。无论是哪一种应用都会涉及一些敏感或涉密信息,所以,采取相应的技术措施加强信息系统的安全保密是一项十分重要的工作。

13.5.2　解决方案

1. 网络风险分析

　　风险分析的一个步骤是判定需要保护的所有资源,特别是容易遭受安全问题影响的资源。这些资源包括:主机、工作站、各种网络设备等硬件;源程序、应用程序、操作系统等软件;在线存储、传输、备份数据等。

　　国税计算机网络系统包含了上述几乎所有的网络资源,系统较为复杂,目前尚未建立系统的安全防护体制,存在着明显的安全威胁。

　　(1) 全网易受入侵

　　首先,网络各个部分没有按照其应用的安全要求不同划分为不同的安全域;同时,整个网络通过基本简单静态的通行字进行身份鉴别(可能),一旦身份鉴别通过,用户即可访问整个网络。侵袭者可以通过三种方式很容易地获取通行字:一是内部的管理人员因安全管理不当而造成泄密;二是通过在公用网上搭线窃取通行字;三是通过假冒,植入嗅探程序,截获通行字。侵袭者一旦掌握了通行字,即可在任何地方通过网络访问全网,并可能造成不可估量的损失。而且由于不可控制的接入点比较多,导致全网受攻击点明显增多。

　　(2) 信息发布安全得不到保障

　　Internet 访问和对外信息发布区域与 Internet 直接连接,未采取有效的访问控制措施,该区域将面临着来自 Internet 网络的安全威胁。

　　(3) 系统保密性差

　　由于与外部连接通路采用公用线路连接,全部线路上的信息多以明文的方式传送,其中包括登录通行字和一些敏感信息,这些信息可能被侵袭者截获、窃取和篡改,造成泄密。

　　(4) 易受欺骗性

　　由于网络主要采用的是 TCP/IP 协议,不法分子就可能获取 IP 地址,在合法用户关机时,冒充该合法用户,从而窜入网络服务或应用系统,窃取甚至篡改有关信息,乃至破坏整个网络。

　　(5) 数据易损

　　由于目前尚无安全的数据库及个人终端安全保护措施,还不能抵御来自网络上的各种对数据库及个人终端的攻击;同时一旦不法分子针对网上传输数据做出伪造、删除、窃取、篡改等攻击,都将造成十分严重的影响和损失。

（6）缺乏对全网的安全控制与管理

当网络出现攻击行为或网络受到其他一些安全威胁时（如内部人员的违规操作等），无法进行实时的检测、监控、报告与预警。同时，当事故发生后，也无法提供黑客攻击行为的追踪线索及破案依据，即缺乏对网络的可控性与可审查性。

（7）缺乏防范泄密行为的安全措施

国税计算机网络系统目前应该有一些敏感信息，如果这些信息由内部工作人员有意或无意通过网络传播或扩散出去，可能造成十分严重的影响和损失。

了解了攻击手段和安全隐患之后，国恒联合科技结合现有的网络技术，设计了如图 13-9 所示的动态安全防护体系。通过这样的设计可以尽可能地阻止来自外部的攻击、监控和管理内部的访问，尽量杜绝现存的安全隐患。

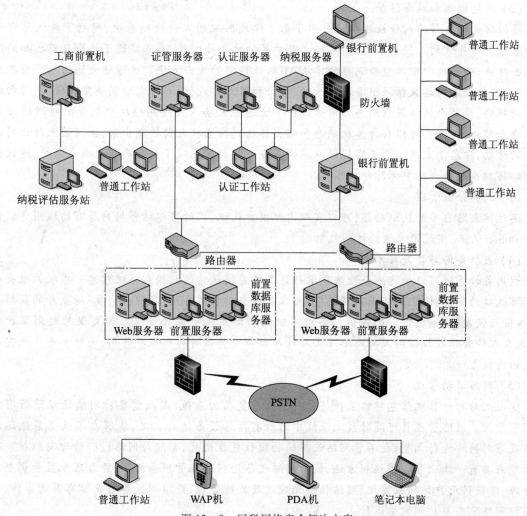

图 13-9　国税网络安全解决方案

2. 整个方案设计

整个方案设计分为以下几部分。

(1) 采用防火墙进行访问控制

国税局域网安全保护的基本措施是采用防火墙进行访问控制。关于这一措施应该从两个层次进行考虑,即对于局域网与外部网之间的访问控制和内部网中各个安全域之间的访问控制。

① 局域网与银行网络之间的访问控制,在局域网与银行前置机之间安装防火墙,来实现对国税局域网的安全保护,利用防火墙的过滤来实现它与外部网之间相互访问控制;

② 省级、地市级国税网络与国税用户之间的访问控制,国税用户主要是通过 Internet 访问国税网络,可在国税网络与 Internet 接入路由器之间安装防火墙,来实现对国税局域网的安全保护,利用防火墙的过滤来实现它与外部网之间相互访问控制。

(2) 入侵检测和病毒防护

通过防火墙自带的入侵检测功能采用了基于模式匹配的入侵检测系统,超越了传统防火墙中的基于统计异常的入侵检测功能,实现了可扩展的攻击检测库,真正实现了抵御目前已知的各种攻击方法,并通过升级入侵检测库的方法,不断抵御新的攻击方法。速通防火墙的入侵检测模块,可以自动检测网络数据流中潜在的入侵、攻击和滥用方式,并与防火墙模块实现联动,自动调整控制规则,为整个网络提供动态的网络保护。速通防火墙入侵检测模块中包含了对网络上传输病毒和蠕虫的检测,可以在计算机病毒和蠕虫传输到宿主机之前检测出来,在网关上防止网络病毒的传播,防患于未然。真正实现了少花钱多办事的效果。对于网络内部的病毒防护,建议使用网络防病毒软件进行整体防护。

(3) 用户分级管理

通过防火墙自带的认证功能,可以实现内部用户认证,同时可以结合用户原有的域用户认证或者 radius 认证,实现用户级的访问控制。

(4) 数据备份与恢复技术

利用备份系统可以快速地全盘恢复运行计算机系统所需的数据和系统信息。根据系统安全需求可选择的备份机制有:场点内高速度、大容量的自动数据存储、备份与恢复;场点外的数据存储、备份与恢复;对系统设备的备份。备份不仅在网络系统硬件故障或人为失误时起到保护作用,也在入侵者非授权访问或对网络攻击及破坏数据完整性时起到保护作用,同时亦是系统灾难恢复的前提之一。

(5) 网络活动管理

建成之后的计算机信息网络系统将是一个比较复杂的系统,因此需要对网络活动进行有效控制和管理。网络管理员可随时监测系统中的所有网络设备运行状况,能够在不改变系统运行的情况下对网络进行调整;也不管网络设备的物理位置在何处,都能对网络进行管理与维护。网络管理应具有一体化管理措施和方法,能对网络设备进行远程管理和维护,能合理配置和调整网络资源,能提供用户访问权管理、网络性能管理以及故障管理,能准确报告与故障有关的事件,并能监视网络状态与控制网络运行。

（本案例源自 IT 人网，http://safe.itren.cn/content.asp? id = 69303，国税网络安全解决方案，作者不详。）

案例思考题

利用所学过的信息安全知识，对该国税网络安全解决方案进行分析和评价。

习　　题

1. 影响信息系统安全的因素有哪些？
2. 应该从哪些方面考虑信息系统的安全性？
3. 提高信息系统安全的策略都有哪些？
4. 简述信息系统安全审计的类型。
5. 什么是信息系统安全监控中心？为什么要建立信息系统安全监控中心？

参 考 文 献

[1] （美）Whitten Jeffrey L.，Bentley Lonnie D.，Dittman Kevin C..系统分析与设计方法[M].肖刚,等译.北京:机械工业出版社,2004.

[2] （美）Kendall Kenneth E.，Kendall Julie E..系统分析与设计[M].施平安,译.北京:清华大学出版社,2006.

[3] （美）劳顿肯尼斯 C.，劳顿简 P..管理信息系统[M].薛华成,译.北京:机械工业出版社,2007.

[4] （美）麦克劳德·小瑞芒德,谢尔·乔治.管理信息系统[M].张成洪,顾卓珺,等译.北京:电子工业出版社,2007.

[5] （美）奥布赖恩·詹姆斯,马拉卡斯·乔治.管理信息系统[M].李红,姚忠,译.北京:人民邮电出版社,2007.

[6] （美）Satzinger John W.，Jackson Robert B.，Burd Stephen D..系统分析与设计[M].李芳,朱群雄,李澄非,耿志强,等译.北京:电子工业出版社,2006.

[7] （美）阿沃德.信息系统分析与设计[M].戚安邦,等译.天津:天津科技翻译出版公司,1989.

[8] （日）佐佐木宏,（中）李东.图解管理信息系统[M].北京:中国人民大学出版社,1999.

[9] Specker Adrian.信息系统建模[M].黄官伟,霍佳震,魏巍,译.北京:清华大学出版社,2006.

[10] Booch Crady.面向对象分析与设计[M].冯博琴,冯岚,薛涛,等译.北京:机械工业出版社,2003.

[11] Stiller Evelyn,Blanc Cathie Le.基于项目的软件工程[M].影印版.北京:高等教育出版社,2002.

[12] http://topoint.com.cn/Html/wenku/jygl/20051123_theory_6780.html

[13] http://wiki.mbalib.com/wiki/%E8%BD%AF%E4%BB%B6%E5%B7%A5%E7%A8%8B

[14] http://www.amteam.org/k/Board/2004-5/0/476998.html

[15] http://www.cnblogs.com/blusehuang/archive/2007/10/17/926802.html

[16] http://www.nuist.edu.cn/newindex/

[17] http://www.translationatnet.com/pubb/indexb.htm

[18] Whitten Jeffrey L.，Bentley Lonnie D.，Dittman Kevin C..系统分析与设计方法[M].北京:高等教育出版社,2001.

[19] Satzinger John W.，Jackson Robert B.，Burd Stephen D.，系统分析与设计.朱群雄,等译.北

京:机械工业出版社,2002.

[20] Laudon Kenneth C.,Laudon Jane P.管理信息系统[M].影印版6版.北京:高等教育出版社,2001.

[21] Sommerville Lan.软件工程[M].程成,陈霞,译.北京:机械工业出版社,2006.

[22] Maciaszek Leszek A.需求分析与系统设计[M].金芝,译.北京:机械工业出版社,中信出版社,2003.

[23] O'Docherty Mike.面向对象分析与设计[M].俞志翔,译.北京:清华大学出版社,2006.

[24] McLeod Raymond,Schell Jr. George.管理信息系统[M].张成洪,顾卓珺,等译.北京:电子工业出版社,2007.

[25] Malaga Ross A.信息系统技术[M].张瑞萍,景玲,等译.北京:清华大学出版社,2006.

[26] Hutchinson Sarah E.,Sawyer Stacey C..信息技术与应用导论[M].影印版7版.北京:高等教育出版社,2001.

[27] Pfleeger Shari Lawrence.软件工程——理论与实践[M].影印版2版.北京:高等教育出版社,2003.

[28] 曹汉平,王强,贾素玲.信息系统开发与IT项目管理[M].北京:清华大学出版社,2006.

[29] 曹锦芳.信息系统分析与设计[M].北京:北京航空航天大学出版社,1987.

[30] 常晋义,邹永林,周蓓.管理信息系统[M].北京:中国电力出版社,2005.

[31] 常晋义.管理信息系统——原理、方法与应用[M].北京:高等教育出版社,2005.

[32] 陈朝辉.管理信息系统[M].北京:机械工业出版社,2007.

[33] 陈国青,李一军.管理信息系统[M].北京:高等教育出版社,2007.

[34] 陈景艳.管理信息系统[M].北京:中国铁道出版社,2001.

[35] 陈晓红,罗新星.信息系统教程[M].北京:清华大学出版社,2002.

[36] 陈禹.信息经济学教程[M].北京:清华大学出版社,1998.

[37] 陈禹.信息系统分析与设计[M].北京:高等教育出版社,2005.

[38] 戴伟辉,孙海,黄丽华.信息系统分析与设计[M].北京:高等教育出版社,2004.

[39] 傅铅生.信息系统分析与设计[M].北京:国防工业出版社,2005.

[40] 甘仞初,颜志军,杜晖,等.信息系统分析与设计[M].北京:高等教育出版社,2003.

[41] 甘仞初,颜志军.信息系统原理与应用[M].北京:高等教育出版社,2004.

[42] 顾培亮.系统分析与协调[M].天津:天津大学出版社,1998.

[43] 郭宁,郑小玲.管理信息系统[M].北京:人民邮电出版社,2006.

[44] 哈尔滨建筑工程学院.管理信息系统及数据处理[M].北京:中国建筑工业出版社,1988.

[45] 黄梯云.管理信息系统[M].北京:高等教育出版社,2000.

[46] 霍发仁,谢质彬.信息产品人机界面设计方法探索[J].宁波大学学报(理工版),2006,19(1):107-109

[47] 姜旭平,姚爱群.信息系统开发方法[M].2版.北京:清华大学出版社,2004.

[48] 邝孔武,王晓敏.信息系统分析与设计[M].2版.北京:清华大学出版社,2002.

[49] 邝孔武,王晓敏.信息系统分析与设计[M].3版.北京:清华大学出版社,2006.

[50] 邝孔武.管理信息系统分析与设计[M].西安:西安电子科技大学出版社,1995.

[51] 黎连业,李淑春.管理信息系统设计与实施[M].北京:清华大学出版社,1998.

[52] 李劲东,姜遇姬,吕辉.管理信息系统原理[M].西安:西安电子科技大学出版社,2003.

[53] 李平,赵丽华,马丽.管理信息系统[M].北京:清华大学出版社,2006.

[54] 李晔,等.管理信息系统原理与实践[M].北京:电子工业出版社,1990.

[55] 梁南燕,赖茂生.信息技术在商业经营管理中的应用——零售之王沃尔玛成功经验介绍 [J].情报理论与实践,2003,26(3):249-251

[56] 林杰斌,刘明德.MIS管理信息系统[M].北京:清华大学出版社,2006.

[57] 刘鲁.信息系统:原理、方法与应用[M].北京:高等教育出版社,2006.

[58] 刘兆毓.信息系统开发方法及原理[M].重庆:重庆大学出版社,1989.

[59] 卢有杰.现代项目管理学[M].北京:首都经济贸易大学出版社,2004.

[60] 罗超理,李万红.管理信息系统原理与应用[M].北京:清华大学出版社,2002.

[61] 马谦杰,于本海.信息资源评价的理论与方法[M].北京:经济科学出版社,2003.

[62] 马秀麟,郊示德.管理信息系统及其开发技术[M].北京:清华大学出版社,北京交通大学 出版社,2006.

[63] 牛少彰.信息安全概论[M].北京:北京邮电大学出版社,2007.

[64] 朴顺玉,陈禹.管理信息系统[M].北京:中国人民大学出版社,1995.

[65] 邓良松,刘海岩,陆丽娜.软件工程[M].西安:西安电子科技大学出版社,2005.

[66] 邵维忠,杨芙清.面向对象的系统分析[M].北京:清华大学出版社,2006.

[67] 孙惠民著.UML设计实作宝典[M].北京:中国铁道出版社,2003.

[68] 孙永正.管理学[M].北京:清华大学出版社出版,2003.

[69] 谭祥金,党跃武.信息管理导论[M].北京:高等教育出版社,2000.

[70] 汤庸.软件工程方法与管理[M].北京:冶金工业出版社,2002.

[71] 唐晓波.管理信息系统[M].北京:科学出版社,2005.

[72] 陶峻.BPR中信息系统开发战略及过程框架[J].价值工程,2004,8:123-126

[73] 汪树玉,刘国华等.系统分析[M].杭州:浙江大学出版社,2002.

[74] 汪星明,朱福东.企业管理信息系统——开发·运行·发展[M].北京:中国人民大学出 版社,1992.

[75] 汪应洛.系统工程学理论、方法与应用[M].2版.高等教育出版社,1998.

[76] 王恒山.管理信息系统[M].北京:机械工业出版社,2005.

[77] 王景光.信息系统应用原理[M].北京:机械工业出版社,2005.

[78] 王庆育,宁奎喜.管理信息系统(MIS)的开发方法及实例[M].北京:电子工业出版 社,1996.

[79] 王欣. 管理信息系统[M]. 北京:中国水利水电出版社,2004.

[80] 王要武. 管理信息系统[M]. 北京:电子工业出版社,2003.

[81] 王勇领. 系统分析与设计[M]. 北京:清华大学出版社,1991.

[82] 卫红春. 信息系统分析与设计[M]. 西安:西安电子科技大学出版社,2003.

[83] 吴琮璠,谢清佳. 管理信息系统[M]. 上海:复旦大学出版社,2003.

[84] 吴民伟. 信息系统的开发与管理[M]. 北京:中国人民大学出版社,1992.

[85] 向阳. 信息系统分析与设计[M]. 北京:机械工业出版社,2007.

[86] 徐绪松. 信息系统原理[M]. 北京:科学出版社,2005.

[87] 许国志. 系统科学[M]. 上海:上海科技教育出版社,2000.

[88] 薛华成. 管理信息系统[M].5 版. 北京:清华大学出版社,2007.

[89] 杨善林,李兴国,何建民. 信息管理学[M]. 北京:高等教育出版社,2003.

[90] 杨善林,刘业政. 管理信息学[M]. 北京:高等教育出版社,2004.

[91] 庄莉娜. 业务流程与信息技术[M]. 北京:清华大学出版社.

[92] 叶明芷. 信息系统测评技术[M]. 北京:电子工业出版社,2007.

[93] 易荣华. 管理信息系统[M]. 北京:中国计量出版社,2006.

[94] 殷树勋. 管理信息系统的分析与设计[M]. 北京:清华大学出版社,1988.

[95] 于本海,李月强. 谈电子商务技术在物资供应管理系统的应用[J]. 煤炭经济研究,2006, 5:52 - 53.

[96] 于本海,张金隆. IT 项目知识管理模型与支持系统研究[J]. 图书情报工作,2008,52(8): 93 - 97.

[97] 于本海,张金隆. 基于神经网络的软件项目案例相似度算法的研究[J]. 辽宁工程技术大学学报(自然科学版),2008,30(1):100 - 104.

[98] 于本海,张金隆. 软件项目绩效评价研究述评[J]. 武汉理工大学学报(信息与管理工程版),2008,30(1):100 - 104.

[99] 于本海,郑丽伟. 基于电子商务技术的大中型企业物资供应管理系统的实现[J]. 中国管理信息化,2006,9(7):7 - 9.

[100] 于本海. IT 项目绩效评价及过程改进模型研究[M]. 北京:电子工业出版社,2009.

[101] 张东凤,张金隆,于本海. 基于 Vague 集可能度的多目标模糊决策[J]. 武汉理工大学学报(信息与管理工程版),2008,30(5):804 - 807.

[102] 张海娟,陶树人,张连棠. 对企业流程再造(BPR)的系统化认识[J]. 科研管理.2002, 23(3):112 - 117.

[103] 张金隆,宋华龄,于本海. 信息化与管理创新[M]. 北京:电子工业出版社,2007.

[104] 张金隆,于本海. 面向项目绩效评价的软件过程改进模型与决策支持研究[M]. 计算机应用研究,2008,25(6):1720 - 1723.

[105] 张宽海. 管理信息系统概论[M]. 北京:高等教育出版社,2005.

[106]　张立厚,莫赞,张延林,等.管理信息系统[M].北京:清华大学出版社,2007.

[107]　张维明主编.信息系统原理与工程[M].北京:电子工业出版社,2002.

[108]　张艺全主编.管理信息系统实验教程[M].广州:华南理工大学出版社,2004.

[109]　张毅.信息系统分析与设计[M].北京:中国财政经济出版社,1989.

[110]　章祥荪,赵庆祯,刘方爱.管理信息系统的系统理论与规划方法[M].北京:科学出版社,2001.

[111]　赵乃真.信息系统工程[M].北京:机械工业出版社,2006.

[112]　甄镭.信息系统升级与整合:策略・方法・技巧[M].北京:电子工业出版社,2003.

[113]　周荣春.管理信息系统(MIS)开发与标准化技术[M].北京:宇航出版社,1988.

[114]　周三多,陈传明.管理学[M].北京:高等教育出版社,2005.

[115]　左美云,邝孔武.信息系统的开发与管理教程[M].北京:清华大学出版社,2001.

郑 重 声 明